计算机维修与维护技术速成

夏建群　编著

本书由一线计算机维修与维护人员精心编写，全书共 7 章。第 1 章为计算机硬件基础，主要讲解硬件性能与选购技巧、计算机选配原则等。第 2 章为计算机组装与维修，主要讲解计算机组装知识、硬件故障诊断原则和方法、计算机硬件常见故障排查等。第 3 章为计算机软件维护，主要讲解 Windows 操作系统和 Linux 操作系统（CentOS 7.6）的安装和相关维护方法等。第 4 章为计算机网络维护，主要讲解网络基础、网线制作、网络共享、远程控制与网络诊断等。第 5 章为常用数据库维护，主要讲解 SQL Server 2008 R2 安装和维护、CentOS 7.6 操作系统下 Oracle 11g R2 安装和维护等。第 6 章为应用管理系统维护，主要讲解 Libsys 系统安装和维护、Oracle 11g 客户端安装配置以及 OPAC 检索系统安装配置等。第 7 章为无盘网络应用系统维护，主要讲解 Phantosys 无盘网络系统的相关操作等。

本书内容全面、图文并茂、讲解清晰、易学易用、注重实操，不仅可以作为各类计算机维护人员的培训教程，也可以作为从事计算机管理者和计算机爱好者的学习手册。

图书在版编目(CIP)数据

计算机维修与维护技术速成/夏建群编著. —北京：机械工业出版社，2020.9

ISBN 978-7-111-66481-9

Ⅰ.①计… Ⅱ.①夏… Ⅲ.①电子计算机—维修 Ⅳ.①TP307

中国版本图书馆 CIP 数据核字(2020)第 169569 号

机械工业出版社(北京市百万庄大街 22 号 邮政编码 100037)
策划编辑：丁 伦 责任编辑：丁 伦
责任校对：徐红语 责任印制：李 昂
2020 年 10 月第 1 版第 1 次印刷
北京机工印刷厂印刷
185mm×260mm · 17.75 印张 · 440 千字
标准书号：ISBN 978-7-111-66481-9
定价：89.90 元

电话服务 网络服务
客服电话：010-88361066 机 工 官 网：www.cmpbook.com
010-88379833 机 工 官 博：weibo.com/cmp1952
010-68326294 金 书 网：www.golden-book.com
封底无防伪标均为盗版 机工教育服务网：www.cmpedu.com

前言

计算机维修与维护是一种实践性很强的工作。只有通过不断积累经验，熟练应对计算机软件、硬件的各类常见故障，及时排除问题，才能最大程度减少因计算机故障对学习、工作的影响。本书在长期实践工作的基础上认真总结而成，书中呈现的维修、维护操作技巧具有良好的可实践性。

编者身为一名理工院校长期从事计算机管理维护的人员，有时发现用户即便面对并不复杂的故障也无法应对处理。在当今无纸化办公环境下，工作人员若能积累一些计算机故障维修、维护技能无疑可以提升工作效率。本书无意追求深奥的计算机理论知识阐述，旨在立足于计算机使用过程中的常见软件、硬件故障，为计算机管理者或计算机用户提供计算机维修、维护方面的速成技巧。

本书内容全面，共7章，第1章介绍计算机硬件基础，第2章介绍计算机组装与维护，第3章介绍计算机软件维护，第4章介绍计算机网络维护，第5章介绍常用数据库维护，第6章介绍应用管理系统维护，第7章介绍无盘网络应用系统维护。

本书具有以下特色。

- 易懂性：凡技巧性知识均以案例进行展示，一步一图对照操作，力求各类常见故障、问题及时排除。
- 全面性：涵盖计算机组装与维修，软件、网络、数据库、应用管理系统维护，日常应用一本就够了。
- 实用性：包含Windows和Linux双操作系统及SQL Server/Oracle/Phantosys/Libsys等工具使用技巧。
- 丰富性：提供20+段实践工作教学视频，以及授课用电子教案等诸多学习资源，方便读者快速上手。

本书既可以作为专业技术人员计算机系统日常维修与维护的参考指南，也可以作为具备一定计算机专业基础人员的培训教程，还可以作为计算机初学者及业余爱好者的学习手册。

由于编者水平有限，书中难免存在不足之处，恳请广大读者朋友不吝赐教。

编　者

目录

第6章 应用管理系统维护 ······························ 230

第7章 无盘网络应用系统维护 ······························ 251

第1章 计算机硬件基础

1.1 计算机发展简史

自1946年世界上第一台计算机诞生至今，先后经历以电子管、晶体管、集成电路（IC）、大规模（LSI）和超大规模集成电路（VLSI）为主要电子元件的四代变革，电子元件呈现出集成度高、精密化、微型化、节能化等总体发展趋势。

目前，计算机已经广泛应用于科学计算、数据处理、过程控制、辅助工程（计算机辅助设计CAD、计算机辅助制造CAM和计算机集成制造系统CIMS）、人工智能及网络应用等各个领域，计算机正朝着巨型化、微型化、网络化、智能化、多媒体化等方向发展。依据计算机功能、体积和价格等综合因素，可将计算机分为巨型机、大型机、小型机、微型机和嵌入式计算机。其中微型计算机包括台式机（桌面机）、一体机、笔记本计算机（以下简称笔记本）、PDA和平板计算机等。

总体而言，计算机系统是一套精密、复杂、协同运行的电子系统，由计算机硬件系统和计算机软件系统两部分构成。

1.2 计算机硬件系统

计算机硬件系统是保证整个计算机系统运行的物质基础和实体装置，由主机和外设组成。主机主要由主板、CPU、内存、显卡、声卡、网卡、硬盘、电源等部件组成。外设分为输入设备（键盘、鼠标、扫描仪等）、输出设备（显示器、打印机、音箱等）和外存储器等三类。

冯·诺依曼结构计算机包括输入设备、输出设备、存储器、控制器和运算器五大组成部分，如图1-1所示。

1.2.1 CPU解析与选购技巧

中央处理器（Central Processing Unit，CPU），是计算机主机的运算和控制大脑，用来解

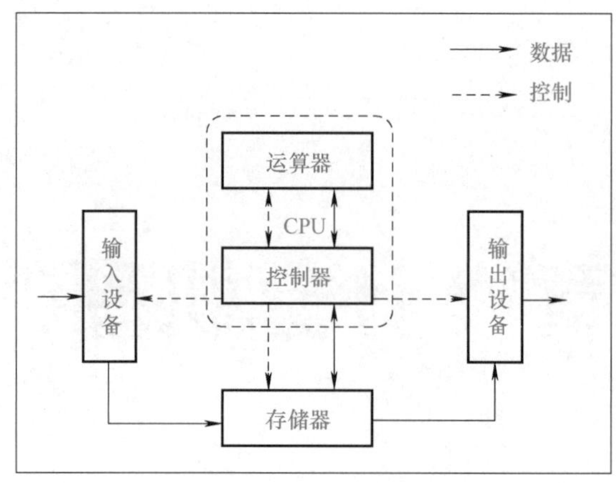

图 1-1　计算机结构

释计算机指令和处理计算机数据。CPU 由运算器、控制器、寄存器、内部总线和系统总线等组成。CPU 处理流程大致是指令先进入控制单元进行调度，分配到逻辑运算单元运算，将运算结果存放在存储单元等待调用。目前，普通用户主流 CPU 产品核心主要为四核和八核。CPU 有 Intel（英特尔）和 AMD（超微）两大品牌。

1. 总线区分

总线是计算机各种功能部件之间传送信息的共享性公共通信干线，依据其连接功能标准可以将总线划分为不同的类型。

1）内部总线：即“片总线”，用于 CPU 结构单元内部连接技术，属于 CPU 片内总线，包括 I2C 总线、SPI 总线和 SCI 总线等。运行速度比外部总线和系统总线快。

2）系统总线：即“内总线”和“板级总线”，具体有 ISA 总线和 PCI 总线等，主要用来连接计算机各功能部件。按功能可分为数据总线、地址总线和控制总线 3 种。

- 数据总线（Data Bus）：是用来在 CPU 与内存或 I/O 接口间传输数据的双向三态总线。常见的数据总线分为 ISA、EISA、VESA 和 PCI 等。
- 地址总线（Address Bus）：是用来将 CPU 中的地址传送至外部存储器或 I/O 接口传送地址的单向三态总线。地址总线位数（N）决定 CPU 直接寻址内存空间大小（2^N）。地址总线宽度为 32 位时，CPU 最多可直接访问 4096MB 物理空间（4GB）。
- 控制总线（Control Bus）：是用来传输控制信号和时序信号的双向总线。

3）外部总线：是计算机和外部设备之间的通信总线，如 USB 总线、RS-485 总线和 IEEE-488 总线等。

2. 频率换算

频率是描述周期性循环信号（包括脉冲信号）在单位时间内所出现的脉冲数量多少的计量名称。计算机的不同设备存在不同的频率计量指标，常用有以下几种频率。

1）主频：是 CPU 内部时钟频率，也是 CPU 运算和处理数据速度的主要参数，单位是 MHz（兆赫）或 GHz（千兆赫）。同一系列 CPU，主频越高，性能越好，速度越快。不同系列的 CPU，频率高低与性能不能做简单比较。

2）外频：是 CPU 及计算机系统基准频率，通常为系统总线基准工作频率，就是 CPU

与其他芯片组等周边设备之间传输数据的频率，即总线速度，单位是 MHz。绝大部分计算机系统，CPU 与主板间运行速度同步，可以理解为 CPU 外频直接与内存相连通。CPU 外频决定主板运行速度。Intel Core i3/i5/i7 外频为 100MHz ~ 133MHz，Athlon II X2/X3/X4 外频为 200MHz。“超频” 指突破 CPU 外频，对于倍频被锁的 CPU 不能超频。因此，购买时需要关注外频数值，外频对系统性能有决定性作用。另外，为确保系统稳定，服务器 CPU 不能超频。

3）倍频：是 CPU 主频与外频之间的比例关系，计算公式为：主频 = 外频 × 倍频。倍频是以 1.5 为起点，以 0.5 为间隔单位。目前流行的 CPU 倍频为 7.5X ~ 39X。相同外频，倍频越高，CPU 主频越高。过于追求高倍频和高主频，CPU 从系统获取数据速度难以满足 CPU 高倍频要求，会出现系统 “瓶颈”。

4）前端总线频率（Front Side BUS，FSB）：前端总线位于 CPU 和北桥芯片之间，是 CPU 与外界数据传输的唯一通道，也称 CPU 总线。前端总线频率有两个概念：一是总线的物理工作频率（外频）；二是有效的工作频率（FSB 频率），直接决定前端总线的数据传输速率。前端总线频率有 266MHz、333MHz、400MHz、533MHz、800MHz、1066MHz 和 1333MHz 等几种。CPU 前端总线带宽 = 前端总线频率（FSB）×64 位总线位宽 ÷ 8。例如，外频为 133MHz 的 P4 CPU 的前端总线频率为 533MHz，带宽为 533 × 64 ÷ 8 = 4.2GB/s。

基于 Intel 与 AMD 采用不同的技术，FSB 频率与外频关系式不同：①Intel 公司 CPU：FSB 频率 = 外频 ×4；②AMD 公司 CPU：FSB 频率 = 外频 ×2。

外频与前端总线 FSB 频率区别：外频是 CPU 与主板之间的同步运行速度，前端总线的频率指数据的传输速率。例如，100MHz 外频特指数字脉冲信号每秒振荡 1 亿次。100MHz 前端总线指 CPU 每秒可接收的数据传输量 800MB/s。

3. 接口类型

CPU 接口类型有 Slot 和 Socket 两种。CPU 接口以封装技术 + 触点数目或针脚数目来命名。Slot 接口为卡式接口，插槽型、长方形接口成本高，已被淘汰。Socket 接口为方形插座，针脚式接口，有 Socket 7、Socket 370 和 Socket 754 等，如图 1-2 所示。

Intel 接口类型有 Socket LGA（Land Grid Array，平面网格阵列封装），又叫 Socket T，包括 LGA775、LGA1150、LGA1151、LGA1155、LGA1156（支持两通道）、LGA1366（支持三通道）、LGA2011（支持四通道）和 LGA2011-V3 等。LGA1150 插座如图 1-3 所示。LGA 接口 CPU 底部采用触点式，通过与对应的插槽内有弹性的触针接触传输信号，有效提升处理器信号强度和处理器频率，避免损坏。笔记本计算机采用 BGA 插槽类型，用锡焊死，不方便更换芯片。

图 1-2　Socket 754 插座图

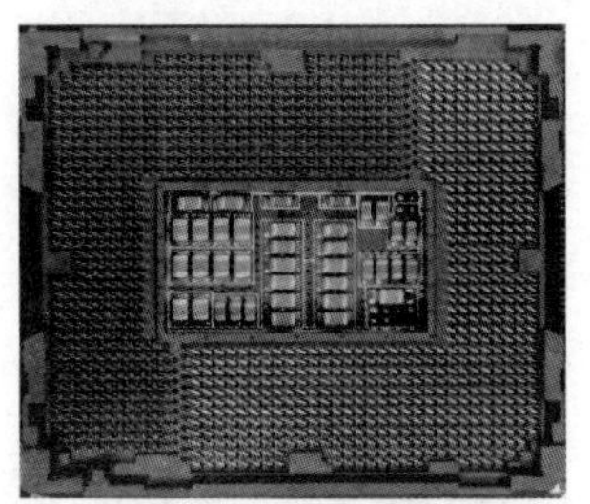

图 1-3　LGA1150 插座图

AMD 接口类型有 Socket，内部亦存在相应的系列细分和发展迭代，且 AMD CPU 可向下兼容。

CPU 接口类型决定对应插槽类型主板，不能混搭。

4. 缓存

缓存是集成在 CPU 内部，速度快于内存的存储空间。为解决 CPU 和内存速度差异，减少 CPU 工作时因等待低速主存所导致的延迟，引入一级、二级和三级缓存技术，通过读取缓存数据加快运行速度。

1）一级缓存：即 L1 Cache，使用 SRAM（静态内存，直接存储不必刷新电路）包括数据缓存和指令缓存，建立在 CPU 内部，与 CPU 同步工作，CPU 工作时先调用其中的数据，对 CPU 性能影响较大。因其结构复杂，受 CPU 管芯面积影响，容量通常较小，为 32 ~ 256KB。

2）二级缓存：即 L2 Cache，使用 DRAM（动态随机存取存储器，存储数据须刷新电路）包括内部和外部两种芯片，内部芯片二级缓存运行速度与主频相同，外部芯片二级缓存运行速度为主频的一半。L2 Cache 容量越大，CPU 性能越好，容量通常为 512KB ~ 6MB。

3）三级缓存：即 L3 Cache，速度低于一、二级缓存，但容量大于一、二级缓存。目前，主流三级缓存在 12MB 左右。三级缓存可降低内存延迟，提升数据计算处理性能。

5. CPU 选购原则

CPU 是计算机的大脑，其性能优劣直接决定计算机运行稳定性和可靠性。CPU 更新换代快，芯片技术日新月异。因此，熟悉 CPU 各项技术指标对理性选择一款符合自己需求的高性价比 CPU 十分重要。

1）按需定档：一般家用娱乐与学习用机，注重适用性与性价比，双核 CPU 即可，而对于有较高性能要求的游戏玩家或专业设计则应选用较高性能的四核以上 CPU。

2）品牌选择：从经验数据看，Intel CPU 性价比较低，但兼容性强，AMD CPU 性价比高，但兼容性弱。CPU 性能好坏在于运算能力水平，Intel CPU 一般只有两个浮点执行单元，AMD CPU 有三个并行浮点执行单元，在相同档次的 CPU 中，AMD CPU 浮点运算能力优于 Intel CPU。因此，两类同档次的 CPU 进行比较，AMD CPU 在三维制作、游戏应用、视频处理等方面有优势；Intel 开发有 SSE3 指令集提升多媒体性能，Intel CPU 在商业应用、多媒体应用、平面设计等方面有优势。

3）主频和核心数：主频越高越好，核心数越多越好，同时兼顾价格，做到价廉物美。

4）购买时机：建议购买推出半年到一年时间的产品，性价比最高。

5）注意分辨包装方式：正品盒装 CPU 能享有完善的售后服务，有品质保证。为防止商家用散片 CPU 和劣质散热风扇以盒装方式出售，购买时应仔细辨别，防止被欺诈。CPU 可选散片、原包而非盒装（后包），应学会看 CPU 铭牌。Intel CPU 铭牌如图 1-4 所示，其常用的一些标识解读见表 1-1。AMD CPU 铭牌如图 1-5 所示，其标识解读见表 1-2。

图 1-4　Intel CPU 铭牌

图 1-5　AMD CPU 铭牌

表 1-1　Intel CPU 铭牌参数解读

字符标识	含义解读
INTEL CORE i7	英特尔酷睿
i7-6700K	i7 是系列号；6 指 i7 第六代内核；K 指不锁倍频，其他字母含义如下。 X 代表至尊版，代表同时代性能最强的 CPU。 S 代表该处理器功耗降至 65W 低功耗版桌面级 CPU。 T 代表该处理器功耗降至 45W 节能版桌面级 CPU。 M 代表标准电压可拆卸 CPU。 U 代表低电压节能可拆卸 CPU。 H 代表高电压焊接不可拆卸 CPU。 Q 代表最高性能级别 CPU。 Y 代表超低电压不能拆卸 CPU
SR2BR4.00GHz	SR2BR 代表核心代号，4.00GHz 代表主频
L523B667	CPU 序列号

表 1-2　AMD　CPU 铭牌参数解读

字符标识	含义解读
AMD FX	美国超微半导体公司推土机系列
FD8350FRW8KHK	F：FX 系列。D：产品定位桌面级。 8350：型号。FR：TDP 热功率 125W。 W：封装 Socket-AM3 +；8：8 核心。 K：8MB 缓冲容量。 HK：内核修订及步进情况
FA1709PGS	生产制造工艺信息
9HA1386M80344	CPU 的 ID 信息
常用后缀	K：代表超频。 E：特指 FX 系列 CPU 节能版，95W 低功耗版本。 B：特指 APU 的低功耗商务版本。 M：特指 APU 移动版

小知识

○超线程技术：操作系统是通过线程执行任务，增加 CPU 核心数目是为增加线程数，一般为 1∶1 对应关系，四核 CPU 一般拥有四线程。Intel 引入超线程（Hyper-Threading，HT）技术后，使核心数与线程数形成 1∶2 对应关系，如四核 Core i7 支持八线程，大幅提升多任务、多线程性能。

○双核心技术：一块 CPU 基板上集成两个处理器核心，通过并行总线将各处理器核心连接起来，提高计算能力。因为一个处理器集成了两个独立的物理执行内核，双内核处理器能提供比超线程技术更出色的运算和处理能力，而超线程技术仅仅是通过模拟逻辑双核提升系统多线程应用效能。

1.2.2 主板解析与选购技巧

主板（Mainboard 或 Motherboard），又称系统板或母板，是计算机最重要的核心集成电路板，也是计算机配件和外设控制与信号传输的平台，相当于计算机的“躯干”，为 CPU、内存、显卡、存储器及外设提供接口及插座。主板包括接口、电源插座、插槽、芯片组、BIOS 芯片和 CMOS 电池等。主板的类型、档次和性能决定整个计算机系统的类型、档次和性能。主板芯片组和 CPU 插座决定支持 CPU 系列和接口；主板内存插槽决定支持内存类型，主板内存插槽个数决定支持内存容量。目前，主板呈现小型化、低热化、绿色节能、智能化的发展趋势。联想 IH81M 主板主要部件说明如图 1-6 所示。

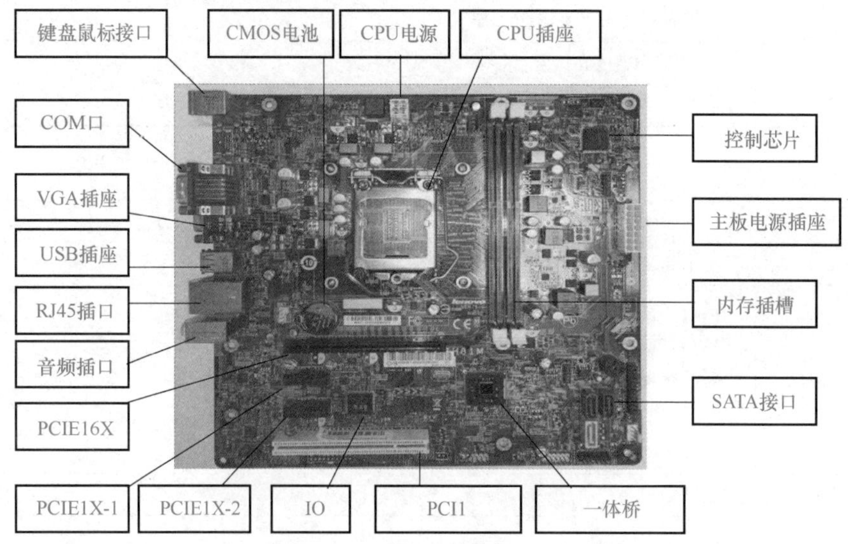

图 1-6 联想 IH81M 主板

1. 主板类型

主板按结构不同分为 AT、Baby-AT、ATX、Micro-ATX、BTX、NLX 和 EATX 等。不同类型的主板在尺寸、规格、接口、性能和用料等方面均有一定的差异。ATX 主板具有节能、环保和自动休眠等功能。

2. 芯片组

主板芯片主要有主芯片组、BIOS 芯片、CMOS 芯片及其他功能控制芯片。主芯片组是主板的核心组成部分，是 CPU 与周边设备联系的桥梁，分为北桥芯片和南桥芯片。南北桥芯片发展趋势是南北桥合一的单芯片形式。

1）北桥芯片（MCH）：主板上距离 CPU 最近，位于 CPU 插座与 PCI-E 插座中间，且尺寸仅次于 CPU，也称为“主桥”。北桥芯片负责内存控制器、PCI-E 控制器、集成显卡和前/后端总线等数据中转，决定计算机性能，工作强度大，发热量大，一般覆盖散热片，如图 1-7 所示。人们通常用北桥芯片型号来区分主板的种类，例如“H87 主板”，是指采用 Intel H87 芯片组作为北桥芯片的主板。

2）南桥芯片（ICH）：位置较北桥芯片离 CPU 远一些，主要负责控制输入/输出部分，包括磁盘控制器、网络端口、扩展卡槽、音频模块和 I/O 接口等。南桥芯片支持的接口越

多，计算机性能越好。南桥芯片数据处理量不大，一般没有覆盖散热片，裸露在 PCI 插槽旁边，体积较大，如图 1-7 所示。南桥芯片的发展方向主要是集成更多的功能。

图 1-7 北桥、南桥分布图

生产主板芯片组的公司主要有 Intel、VIA、AMD 和 NVIDIA 四家，前三家也研发 CPU。Intel 公司的控制芯片在性能、兼容性和稳定性方面较优，而且同档次的价格较其他三家要高。选择主板以 CPU 型号为依据，基于主板与芯片组固定在一起，选择主板实际是选择芯片组，常用主板芯片组资料见表 1-3。

表 1-3 常用主板芯片组资料

公 司	芯 片	型 号
Intel	100 系列芯片组	Z170、H170、Q170、Q150、B150、H110
	9 系列芯片组	Z97、H97
	8 系列芯片组	Z87、H87、Q87、B85、H81
	7 系列芯片组	Z77、Z75、H77、Q77、X79、B75
	6 系列芯片组	Z68、Q67、Q65、P67、B65、H67、H61
AMD	9 系列芯片组	990FX、990X、970
	8 系列芯片组	890FX、890GX、880G、870
	7 系列芯片组	790FX、790X、785G、780G、770、760G
	APU 系列芯片组	A88X、A85X、A78、A75、A55

3. BIOS 芯片

BIOS 芯片作为基本输入/输出系统芯片，是一块装入启动和自检程序固化在主板上的 EPROM 集成块，也是控制计算机最基本的功能，每次开机时执行自检。市场上流行主板的 BIOS 主要有 Award BIOS、AMI BIOS 和 Phoenix BIOS 三种类型，AMI BIOS 芯片如图 1-8 所示。

图 1-8 常见 BIOS 芯片

4. 总线扩展槽

总线扩展槽是用来扩展系统并连接外部设备接口，如显卡、声卡和网卡等扩展卡的安装。显卡总线插槽类型有 PCI（外部设备互联总线）、AGP 和 PCI-E（PCI-Express）。AGP 是 Intel 开发的图形加速接口，专用于显卡的插槽，一般位于 CPU 插座旁边，呈棕褐色。AGP 3.0 传输速率达到 2.1GB/s。AGP 接口正逐渐被 PCI-Express 取代，因为 PCI-Express 总线接口标准数据传输速率高。

1）CPU 插座：Intel CPU 插槽是小针（对应 Intel 触点型 CPU），AMD CPU 插槽为小孔（对应 AMD 针脚型 CPU）。

2）内存插槽：DDR 采用 184 针插槽，DDR2 和 DDR3 使用 240 针插槽，但卡口位置不同。DDR4 采用 284 针插槽，底部缺口位于中间偏右，相同颜色插槽能够组成双通道，如图 1-9 所示。

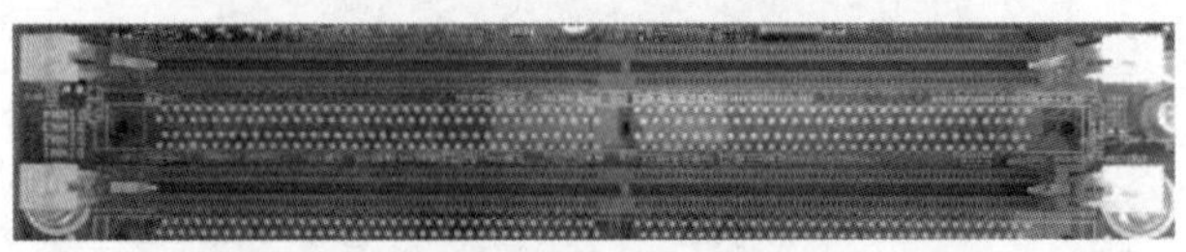

图 1-9　DDR4 内存插槽

3）PCI-E ×16 插槽：用于安装显卡，数据传输速率可达 8GB/s，在 PCI-E 3.0 标准下，双向带宽传输速率可达 32GB/s。SSD 固态硬盘也有使用此接口的情形。

4）PCI-E ×1 插槽：通用插槽，代替 PCI 插槽，可安装声卡、网卡等。

5）PCI 插槽：老式通用插槽，为白色插槽，主要用来安装声卡、网卡或视频采集卡等，最大传输速率可达到 133MB/s，支持即插即用。

6）USB：USB 2.0 信号线数为 9 根，最大传输速率为 480Mbit/s（60MB/s）半双工。USB 2.0 有标准型、Mini 和 Micro 三大类型，每一类型又分为 A（位于设备上，从设备到主机，数据下行传输）和 B（位于主机上，从主机到设备，数据上行传输）两种。每一类型又分插头和插座，如图 1-10 所示。USB 3.0 信号线数为 9 根，最大传输速率为 5Gbit/s（5000MB/s，采用与 SATA 相同的 10bit 传输模式）全双工，插座如图 1-11 所示。USB 3.1 传输速率达 10Gbit/s。

图 1-10　USB 2.0 插座

图 1-11　USB 3.0 插座

7）USB 扩展连接器：红色接口为 IEEE1394 连接器，主要用于连接数字照相机、摄像机等设备，蓝色接口为 USB 扩展连接器。作为外部多媒体设备与计算机连接高速串行总线，支持即时数据传输、热插拔、驱动程序安装简易和数据传输速度快，传输速率可达 400Mbit/s。IEEE 1394b 接口标准传输速率为 800Mbit/s。

8）IDE 接口：主板上有两个 IDE 接口，分别为 Primary IDE 接口（IDE1）和 Secondary IDE 接口（IDE2），第一个 IDE 接口硬盘为主盘，第二个 IDE 接口硬盘为从盘。IDE 使用 ATA 接口标准并行数据传输方式，双排 40 针插座，有 ATA-1 ~ ATA-7 共 7 个版本，如图 1-12 所示。ATA 133 标准中硬盘支持 133MB/s 数据传输速率，用来连接老式硬盘和光驱。

9）SATA 接口：即串行 ATA，接口主要包括 SATA 接口、SATA II 接口和 SATA III 接口等标准，SATA 传输速率为 1.5Gbit/s。SATA 接口用来连接 SATA 硬盘和光驱，采用 7 针数据电缆，如图 1-13 所示。SATA 总线使用嵌入式时钟信号，提高数据传输的可靠性，结构简单，支持热插拔。

图 1-12 IDE 硬盘接口

图 1-13 SATA 硬盘接口

10）电源接口：包括 ATX 和 AT 两种。ATX 有 2 排 20 或 24 根双列直插型插座，比 AT 结构电源多提供 3.3V 电压，支持软关机功能。24 针电源插座：ATX 电源为主流主板供电插座，以前用 20 针。CPU 辅助电源插座：ATX 电源专供 CPU 接口，一般是 4 针或 8 针。

11）PS/2 接口：紫色接口连接键盘，绿色接口连接鼠标，如图 1-14 所示。

图 1-14 键盘鼠标接口

图 1-15 串口

12）串口与并口：串口，即 COM 口，主板有两个 COM 口，分别为 COM1 和 COM2。串口通常是 9 针，也有 25 针接口，最大速率为 115200bit/s。RS232 串口旁边一般有“|O|O|”标识，如图 1-15 所示。并口，即 LPT，主要用来连接打印机。

5. 主板选购原则

主板是计算机运行的基础环境，挑选一款价廉物美，质量可靠，符合需求的主板对使用与升级具有重要意义。选择主板应从品牌影响力、质量可靠性、价格、实际需求和未来可升级空间等多方面考虑。

1）品牌：首选一线品牌，如华硕（ASUS）、技嘉（GIGABYTE）和微星（MSI）等，不买包工、代工主板（OEM）。

2）CPU：AMD 和 Intel 的 CPU 需要搭配各自匹配的主板。

3）芯片组：先进的芯片组，生产时差不超过 3 个月。芯片生产日期为“0242”表示 2002 年第 42 个星期。

4）结构：ATX 结构（节能、环保、自动休眠）。

5）集成度：适中，并非越高越好。

6）可升级性能：可以考虑适度升级空间。

7）印制电路板（PCB）：4 层为低档板（主信号层、接地层、电源层和辅助信号层）起步，6 层为佳，8 层为高档板。层次越多，制作工艺越复杂，成本越高。

8）固态电容：日系（三洋 SANYO、日化 NIPPON、尼吉康 Nichicon 和富士通 FuJitsu）优先，其他次之。

9）首选小板：小板满足节能环保要求。

1.2.3 内存解析与选购技巧

内存储器也叫主存储器，是 CPU 可以直接寻址的存储空间。作为暂时用于存放计算机运行所需的指令或数据，关机后数据丢失。与外存储器（辅助存储器）相比，存储容量较小，但工作速度较快。决定存储器性能的指标有存储容量、存取速度和延时周期。内存历经了第一代（SDR SDRAM）、第二代（DDR SDRAM）、第三代（DDR2 SDRAM）、第四代（DDR3 SDRAM）和第五代（DDR4 SDRAM）发展，呈现出频率愈高、电压愈低的趋势。SDRAM 在一个时钟周期内仅时钟上升期传输一次数据。DDR 内存则能够在时钟的上升期和下降期各传输一次数据，即一个时钟周期内传输两次数据。DDR2 较 DDR 内存技术拥有两倍内存预读取能力（即：4bit 数据预读取）。DDR2 内存每个时钟能够以 4 倍外部总线的速度读/写数据，并且能够以内部控制总线 4 倍的速度运行。DDR3 则为 DDR2 核心同频率下数据传输量的两倍。SDRAM、DDR、DDR2、DDR3 和 DDR4 位宽都是 64bit。如果组成双通道，位宽可以达到 128bit。不同型号的内存条在外形上存在差异，如图 1-16 所示。

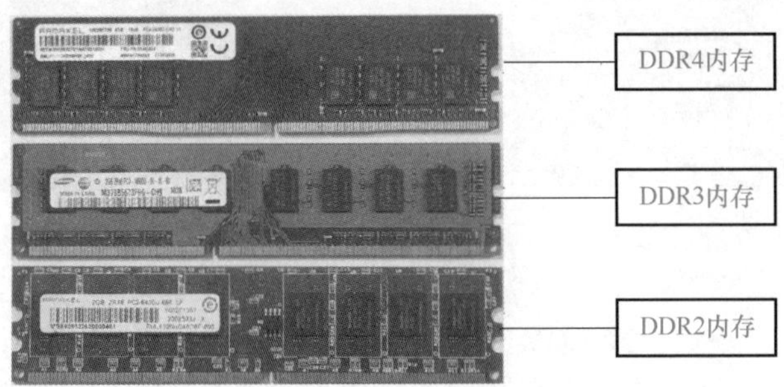

图 1-16　内存条对比图

1. 内存的组成

内存主要包括 PCB 板、内存芯片、金手指、内存固定卡缺口和内存缺口（定位卡口、防呆口）等部分。SPD 是 8 脚 EEPROM 芯片，记载内存条容量、速度、电压、行列地址和宽度等信息，开机时 BIOS 自动读取 SPD 中记录的信息。打开计算机时，由 BIOS 检验，先读 EEPROM 内容，再检测和显示。

2. 内存带宽

内存带宽，即数据传输率，指每秒钟访问内存的最大位节数。带宽是影响 CPU 和内存数据交换的关键因素，要让两者发挥最佳性能，CPU 的外频和总线带宽最好与内存相匹配。内存工作频率宁大毋小，以免造成内存瓶颈。当内存带宽比前端总线大或者相等时，内存不会影响 CPU 性能。

（1）内存带宽的计算

内存带宽(MB/s) = 最大时钟频率(MHz) × 总线宽度(bit) × 每时钟周期数据包数量 ÷ 8

其中：每时钟周期数据包数量：SDRAM = 1，DDR SDRAM 或 RDRAM = 2，DDR2 = 4，DDR3 = 8，DDR4 = 16。

PC2100 DDR 内存，最大时钟频率为 133MHz，总线宽度为 64 位，每时钟周期数据包为 2，则 133MHz × 64bit × 2 ÷ 8 = 2128MB ≈ 2GB。

（2）内存带宽的表示方式

PC3 10700 与 DDR3 1333 实际指的是同一性能的内存条。PC3 10700 是用内存带宽命名，DDR3 1333 是用频率命名。

（3）内存的工作模式

1）同步模式：内存工作频率与 CPU 外频一致。

2）异步模式：内存工作频率与 CPU 外频不一致，内存工作频率高于或低于系统总线速率或者按一定比例工作，避免超频导致的内存瓶颈问题。

3. 内存频率

内存频率分核心频率（物理频率）、工作频率和等效频率三种。

1）核心频率：为内存电路实际工作时的一个振荡频率，代表着该内存芯片所能达到的最高工作频率。DDR 266、DDR 333、DDR 400 芯片的核心频率分别为 133MHz、166MHz、200MHz。受制造工艺影响，从 DDR 到 DRR4，内存核心频率基本在 133MHz ~ 200MHz。

2）工作频率：为内存实际工作的频率，工作频率 = 内存芯片核心频率 ×2。

3）等效频率：即标称频率，是内存有效数据传输频率。DDR 内存在脉冲上升或下降时均能传输数据，其传输数据的等效频率是工作频率的两倍。例如 DDR 266/333/400 等效频率（标称频率）为 266/333/400，工作频率分别是 133/166/200。DDR2 内存每个时钟以四倍于工作频率的速度读写数据，等效频率是工作频率的四倍。例如 DDR2 800/667/533 等效频率分别为 800/667/533，工作频率分别为 200/166/133。标称频率 = 核心频率 × 倍增系数。核心频率与标称频率对照见表 1-4。

表 1-4 核心频率与标称频率对照表

核心频率	标称频率
100MHz	DDR 200、DDR2 400、DDR3 800
133MHz	DDR 266、DDR2 533、DDR3 1067、DDR4 2133
166MHz	DDR 333、DDR2 667、DDR3 1333、DDR4 2666
200MHz	DDR 400、DDR2 800、DDR3 1600、DDR4 3200
233MHz	DDR3 1887、DDR4 3733
266MHz	DDR2 1066、DDR3 2133、DDR4 4266

4. 通道技术

通道技术旨在解决内存带宽的瓶颈，常见的通道技术有双通道和三通道技术等。

1）双通道：在芯片中设计两个可相互独立工作的内存控制器，CPU 可以分别寻址与读取数据，使内存带宽增加一倍。因前端总线 FSB 与内存带宽不匹配，为解决内存带宽的瓶颈，在 CPU 和内存之间增加一个数据传输通道，内存总线带宽变为原来的两倍，更好地与 CPU 传输数据。DDR2 667 内存总线实际带宽 = 667MHz × 64bit/8 ≈ 5300MB/s ≈ 5GB/s，组成双通道后内存总线实际带宽 = 667MHz × 64bit × 2/8 ≈ 10600MB/s ≈ 11GB/s，计算机性能提升了一倍。CPU 6. 4GB/s 带宽成系统瓶颈时采取超频技术。

双通道对内存的要求：两条内存容量相同，内存芯片相同，总线带宽相同，须同时是单面或双面（即成套购买），尽可能依据主板厂商推荐的放入同一颜色插槽不同的通道。

双通道分为对称双通道模式与非对称双通道模式（两个通道容量可以不等，但双通道内存容量取决于较小内存的通道）。利用双通道技术，两条 2GB 内存要比单条 4GB 内存存取速度快。

2）三通道：Intel Core i7 平台发布三通道技术。例如，前端总线频率为 800Hz，前端总线带宽 800MHz ×64bit/8 =6.4GB/s。使用单通道 DDR400 内存，单通道内存位宽 64bit，内存总线带宽 400MHz ×64bit/8 =3.2GB/s，可见前端总线有一半被浪费。采用三通道内存将内存总线位宽扩大到 64bit ×3 =192bit，比如 DDR3 1066，内存总线带宽 1066MHz ×192bit/8 =25.5GB/s，内存带宽大大提升了。

5. CPU 与内存的搭配

内存与 CPU 进行合理搭配可以实现最高的性价比，避免出现瓶颈。

1）双核 CPU：搭配 2GB ~4GB 内存。

2）四核 CPU：搭配 8GB 内存。

3）高端四核、6 核心 CPU：搭配 8GB ~16GB 内存。

4）八核 CPU：搭配 32GB 或者更高内存。

注意：32bit 系统最大只支持 3.2GB 内存。64bit 系统 CPU 主频多大，内存就用多大，例如 i3-550 的 CPU 主频是 3.2GB，双核是 6.4GB，内存搭配 6GB 即可。

6. 内存的选购

内存品质影响着计算机运行的稳定性，因此，选购内存时应关注内存品质。

1）关注内存芯片：内存芯片分为原厂芯片和 OEM 芯片。原厂芯片内存相对 OEM 芯片内存质量好，价格更高。市场反馈是现代、三星和镁光等内存芯片品质好。

2）关注内存 PCB 板质量：内存 PCB 板并不是层数越多质量越好。

3）注意金手指：金手指不能存在色斑或氧化现象，防止买到二手翻新产品。

1.2.4 显卡解析与选购技巧

显卡，亦称显示适配器，是显示器与主机通信的接口，主要作用是对图形运算进行加速，负责将 CPU 送来的影像数据处理成显示器可接受的格式，输送到显示器屏幕形成图文信息影像。显卡的作用是将数字输出信号转换为模拟信号（D/A 转换）和图形处理。显卡由显示芯片（GPU 图形处理器）、显卡 BIOS、显存、数字/模拟转换器和接口等主要部件构成。显卡的性能指标主要包括核心频率、显存频率、显存容量和显存位宽等。显卡分为独立显卡和集成显卡。

1）集成显卡：指集成在主板上的显卡，不能对显卡进行硬件升级，没有单独的 GPU 显示芯片，主要的图形、图像处理任务仍由 GPU 完成。集成显卡使用内存作为显示缓存，具有功耗低、发热量小、不需单独购买和不便维护等特点。

2）独立显卡：指独立板卡，需占用主板专用扩展槽，具有独立 GPU 和显存的显卡。独立显卡一般不占系统内存，显示效果和性能强劲，但系统功耗大、发热量大、需要单独购买和支持硬件升级等特点。独立显卡的外观如图 1-17 所示。

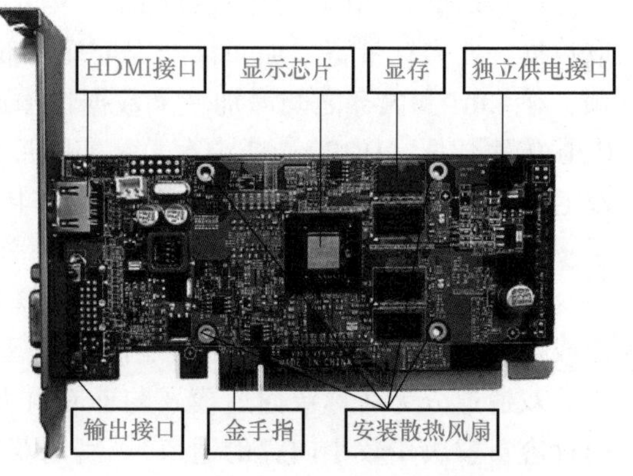

图 1-17 NVIDIA GetForce GT 720 显卡

1. 显卡处理器型号命名规则

显卡遵循一定的命名规则。A 卡（AMD 显卡）采用公版卡，型号命名较统一，数字越大性能越好。N 卡（nVIDIA 显卡）采用尾缀形式表示不同的性能，N 卡的尾缀主要有 5 种，见表 1-5。

表 1-5　显卡尾缀含义对照表

尾　缀	含　义
LE	表示管线缩水产品
GS	表示标准版，部分型号可能存在缩水
GE	表示影驰显卡，管线没有缩水，频率接近 GT，性价比较高
GT	表示高频显卡，稳定，但价格比较高
GTX	表示高端显卡，价格高，性能强

2. 显存类型

显存类型主要包括 GDDR2、GDDR3、SDDR3 和 GDDR5 四种。GDDR5 是一种高性能显卡内存，理论速度为 GDDR3 的 4 倍以上。SDDR3 单芯片位宽仅 GDDR3 的一半，但存储密度为 GDDR3 的两倍，有大容量、低成本、低功耗特性。显存芯片制造商三星、现代（Hynix）、镁光（Micron）和钰创（EtronTech）等几个品牌显存性能和质量有较好的保障。

3. 显卡接口

显卡的输出接口有 VGA（15 针 D-sub，分 3 排，每排 5 孔）、DVI（数字视频接口）和 HDMI（高清晰多媒体接口）等。

1）VGA 接口：D-SUB 接口，3 排 15 针脚，如图 1-18 所示。VGA 接口与显示器 D 形插头相连，将模拟信号输出到显示器。

2）DVI 接口：数字视频接口，3 排 24 针脚。DVI 通常有两种：仅支持数字信号的 DVI-D 接口（如图 1-19 所示）和同时支持数字与模拟信号的 DVI-I 接口（如图 1-20 所示）。

图 1-18　VGA 接口

图 1-19　DVI-D 接口

图 1-20　DVI-I 接口

3）HDMI 接口：高清晰多媒体接口，强化 DVI 接口和多声道音频结合，直接传输数字信号，适合高清晰视频和音频的传输，如图 1-21 所示。

4）DP 接口：Display Port 是由视频电子标准协会（VESA）发布的显示接口，扮演着 DVI 继任者的角色，目前 1.4 版已经支持高带宽、高刷新率和高分辨率。DP 接口是未来发展的主流方向，如图 1-22 所示。

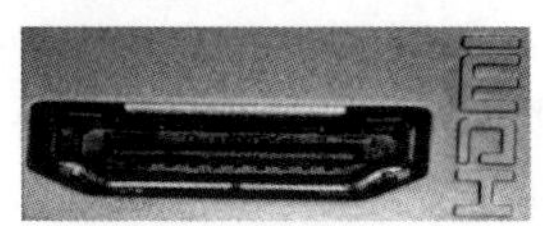

图 1-21　HDMI 接口

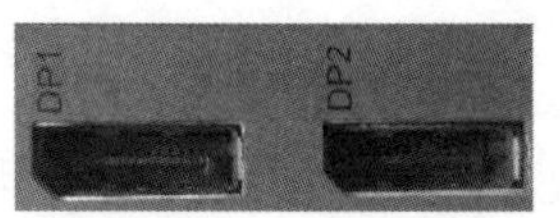

图 1-22　DP 接口

4. 显卡选购技巧

选购显卡主要基于自身用途，做到质优价廉，高性价比。

1）实际需求：基于家用上网、文字处理需求，可选购集成显卡或价格较低的独立入门级显卡；基于一般工作需求，可以选购中低端显卡；基于网络游戏、专业图形图像设计的，可以选购配置高性能独立或集成显卡。

2）性能指标：显示芯片是显卡的核心部件，直接影响显卡性能。一般娱乐性显卡采用单芯片设计，高档专业型显卡采用多芯片设计；显存位宽是显示芯片处理数据时使用的数据传输位数，显存位宽越大，显示芯片传输数据量越大，显卡整体性能就越好。主流显存位宽一般达256位，高端显卡显存位宽高达512位；显存容量是衡量显存临时存储数据能力的重要指标，对显卡性能有一定影响，并非容量越大性能就越好；显存频率是指显示核心的工作频率，中高端显卡显存频率主要有1600MHz、1800MHz和3800MHz等；显存类型主要包括GDDR2、GDDR3、SDDR3和GDDR5四种；接口类型主要是PCI-E，优点是带宽可为所有外围设备共同使用。AGP图形加速接口，直接为图形系统存储器提供高速带宽，大幅度提高计算机对3D图形的处理速度和信息传递速度。PCI接口有PCI Express 2.0 16X、PCI Express 2.1 16X和PCI Express 3.0 16X三种。PCI-E X16：全长89mm、164针脚、短插槽22根、长插槽142根，主要用于显卡及RAID阵列卡等，可向下兼容X1/X4/X8设备。

显卡的性能取决于显卡分辨率、显卡色深、刷新率和像素填充率四个基本指标。色深是指在某一分辨率下，每一个像素点可有多少种色彩来描述，以位为单位。8位色深是将所有颜色分为256（2^8），每一个像素点可以取256种颜色的一种描述；增强色16位色深有65536（2^{16}），真彩色24位，色深为2^{24}位，32位色深为2^{32}位。色深位数越高，同屏显示颜色越多，显示图像质量越好。

3）品牌效应：显卡主流品牌有Intel、ATI、NVIDIA、VIA、SIS、Matrox和3D Labs。其中Intel、VIA和SIS主要生产集成芯片；ATI和NVIDIA主要生产独立芯片；Matrox和3D Labs生产的显卡主要针对专业图形处理。

1.2.5 声卡解析与选购技巧

声卡，也称音频卡，是实现模拟音频信号与数字信号相互转换的硬件，可以将计算机音频数字信号转换成模拟信号发送到音频接口，或者将音频接口模拟信息转换成数字信号存储在计算机中的设备，用于实现对音频信息的采集与回放。声卡具有模拟音频处理、语音合成、混音和音效处理等三种基本功能。声卡可分为集成声卡、独立声卡和外置声卡。集成（板载）声卡是指芯片组支持整合的声卡类型，常见的是AC'97和HD Audio。

1）AC'97：全称Audio CODEC'97，是Intel和雅玛哈等多家厂商联合制定的一个音频电路系统标准。

2）HD Audio（高保真音频）：是Intel与杜比（Dolby）公司合力推出的新一代音频规范，具有数据传输带宽大、音频回放精度高、支持多声道阵列麦克风音频输入、CPU占用率低和底层驱动程序可通用等特点，支持设备感知和接口定义功能。

板载声卡又分为软声卡和硬声卡。软声卡没有主处理芯片，只有一个解码芯片，通过

CPU 运算代替声卡主处理芯片作用。硬声卡有主处理芯片，音频处理基本不需要 CPU 参与。Realtek ALC662 板载声卡接口，如图 1-23 所示。

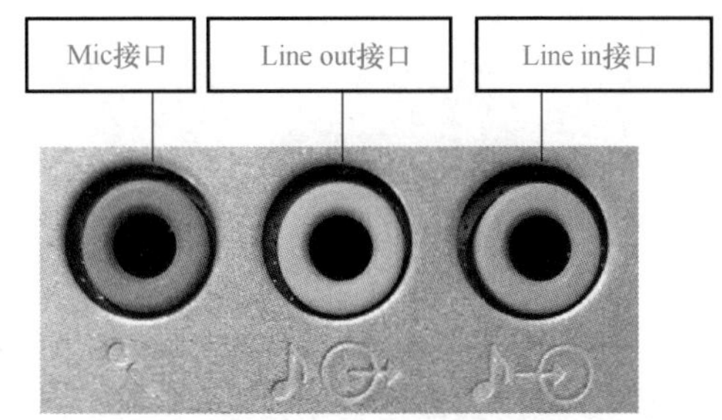

图 1-23　Realtek ALC662 板载声卡接口

1. 声卡接口

声卡有以下几种常用的输入、输出接口。

1）Line in 接口：线型输入接口。

2）Line out 接口：线型输出接口，用于外接具有功率扩大功能的音箱。

3）Speak out 接口：扬声器输出接口，用于连外接音箱音频插头，该接口不具有功率扩大功能的音箱。

4）Mic 接口：话筒输入接口，用于连接麦克风。

5）S/PDIF 接口：音频传输格式，通过光纤进行数字音频传输，获得高品质音质效果。

声卡性能的优劣可以通过信噪比、频响、总谐波失真、复音数量、采样位数、采样频率和多声道等不同的技术参数来综合判断。

2. 声卡选购

选购声卡时应立足于实际需求，兼顾声卡做工材质和品牌影响力来做出采购决定。

1）需求：普通用户听音乐或玩游戏，建议采用主板集成声卡，降低整体计算机配置费用，而且板载声卡性能完全不输中低端独立声卡。对于音质要求高的纯音乐欣赏用户，建议配置信噪比出色的双声道或多声道声卡，例如 MAYA 系列。对于经常观看 DVD 的用户，建议配置 5.1 声道音频系统的声卡，如 Creative 的高端 Audigy 2 产品。

2）做工材质：选择焊点为银白色与锡金属光泽未被氧化，以及带有保护涂层的声卡。首选金属膜电阻声卡，噪声小，而不选碳膜电阻声卡；钽电解电容较铝电解电容寿命长、可靠性高、频率特性好，但价格昂贵；防止声卡与主板兼容性问题，根据主板类型选择适合的声卡；关注音频芯片。

3）常见的声卡：市场上常见的声卡有创新（Creative）、帝盟（Diamond）、丽台（Leadtek）、傲锐（Aureal）、水晶（Crystal）和威盛（VIA）等品牌。

1.2.6　网卡解析与选购技巧

网卡（Network Interface Card，NIC），亦称网络接口卡或网络适配器，是将计算机与网络设备相互连通的硬件，负责将用户要传递的数据转换为网络上其他设备能够识别的格式，承担与其他计算机设备交换数据、共享资源的作用。网卡按是否独立于主板，可分为独立网卡和集成网卡；按传输信息媒介不同，可分为有线网卡和无线网卡；按带宽，可分为 10Mbit/s 网卡、100Mbit/s 网卡、10Mbit/s/100Mbit/s 自适应网卡和 1000Mbit/s 网卡等。

1. 网卡接口

网卡常见的接口有 PCI（如图 1-24 所示）、PCI-E（如图 1-25 所示）和笔记本计算机 PCMCIA（如图 1-26 所示）等。常见的网卡品牌有 TP-Link、Intel、Realtek（瑞昱）、Broadcom（博通）和 3COM 和 VIA 等。

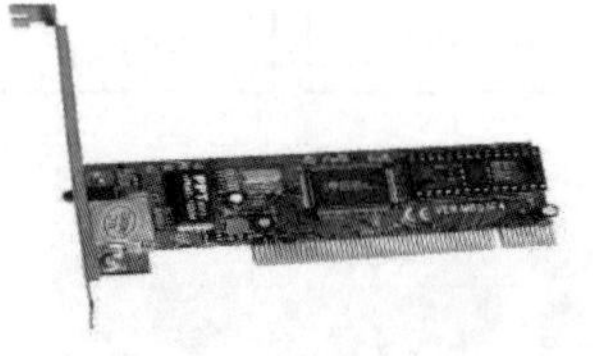

图 1-24　PCI 接口网卡

图 1-25　PCI-E 接口网卡

图 1-26　PCMCIA 接口网卡

2. PCI 接口网卡基本组成

PCI 网卡主要由 PCB 线路板、主芯片、数据汞、金手指（总线插槽接口）、BOOTROM、EEPROM、晶振、RJ45 接口、指示灯、二极管、电阻电容和固定片等组成，如图 1-27 所示。网卡包括硬件和固件程序（只读存储器中的软件例程），该固件程序实现逻辑链路控制和媒体访问控制的功能，还记录唯一的硬件地址，即 MAC 地址。

1）主控芯片：主控芯片可分为 Realtek 8139 系列、VT610 * 系列、Intel 82550PM/82559 系列和 3C920 系列等。

2）BOOTROM 槽：无盘启动 ROM 接口。将 PXE 启动程序烧录到 EEPROM 芯片，将 EEPROM 芯片插入到 BOOTROM 槽上，实现 PXE 网络启动。

3）数据汞：即网络隔离变压器，用来传输数据，隔离网络连接的不同网络设备间的不同电平，对设备起防雷保护作用。

4）晶振：即石英振荡器，时钟电路重要部分，提供基准频率。

5）LED 指示灯：Link/Act 为连接活动状态，FULL 为是否全双工，Power 为电源指示。

6）网线接口：BNC 接口和 8 芯 RJ-45 接口。

7）总线接口：内置式网卡“金手指”。

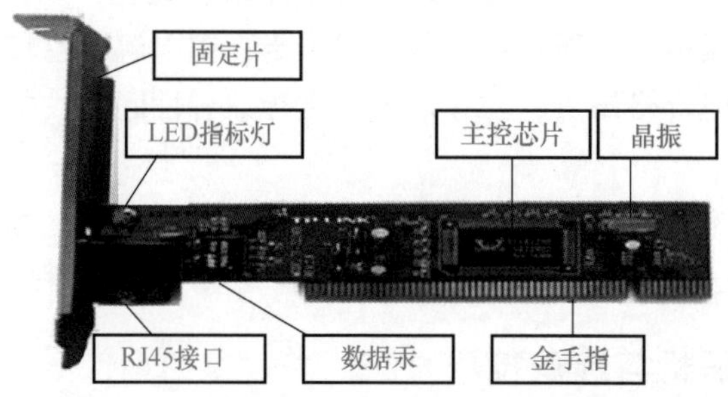

图 1-27　TP-LINK TF-3239DL 网卡结构

小知识

远程唤醒技术（Wake-on-LAN，WOL），通过局域网实现对支持远程唤醒的计算机实行远程开机的技术。支持被远程唤醒的计算机对硬件有一定要求，网卡本身应具有 WOL 功能，主板 CMOS 项菜单 Power Management Setup 有 Wake on LAN，电源符合 ATX 2.01 标准。

1.2.7 硬盘解析与选购技巧

外部存储器，也叫辅助存储器。分为机械硬盘（HDD）和固态硬盘（SSD），用于保存用户所需的数据。随着硬盘容量技术的发展，家用计算机硬盘现在主要有 360GB、500GB、1TB、1.5TB 和 2TB 等容量。按照接口不同，硬盘可分为 IDE（采用 16 位数据并行传输数据，只能连接两个 IDE 设备，传输数据缓慢）、SATA（Serial ATA，采用串行连接方式，支持热插拔、传输速度快、执行效率高）、SCSI（小型机系统接口）、SAS（串行连接 SCSI）、USB 和 FC 光纤接口硬盘等类型；按外形尺寸分类，有 3.5 英寸、2.5 英寸、1.8 英寸和 1.0 英寸硬盘；按用途分为普通硬盘、服务器硬盘、企业硬盘和军工硬盘等。常见的机械硬盘和固态硬盘分别如图 1-28 和图 1-29 所示。

图 1-28　机械硬盘

图 1-29　固态硬盘

1. 硬盘参数

硬盘生产厂家在生产硬盘时会遵循一定的编码标准，并在硬盘外壳上标注技术参数，方便用户识别。硬盘主编号命名规则：公司前缀 + 容量 + 容量等级/外形规格 + 市场等级/品牌 + 转速/缓存大小或属性 + 接口。

一块标注为“WD20EARS”的硬盘，其参数含义：WD 是公司，2 代表 2TB，0 为产品编码，E 代表 GB/3.5 英寸，A 代表桌面级，R 代表转速 5400r/min 64MB 缓存，S 代表 SATA 3GB/s 22 针 SATA 接口。

2. 硬盘选购

选购硬盘时应立足于自身需求，关注硬盘性能和品牌可信度。

1）性能：硬盘性能主要包括硬盘外部接口速率、硬盘容量、缓冲区容量、内部接口速率和无故障时间等。SATA 1.0 接口传输速率达 150MB/s，SATA 2.0 传输速率达 300MB/s，容量在 1TB 以上，转速在 7200r/min。SCSI 接口硬盘转速达到 10000r/min 以上，主要用于服务器，缓存尽可能大，一般为 64MB。机械硬盘和固态硬盘性能对照见表 1-6。

表 1-6　机械硬盘和固态硬盘性能对照表

机 械 硬 盘	固 态 硬 盘
启动系统慢，读取写入速度慢	启动系统快，读取写入速度快
工作有噪声	工作无噪声
易发生机械故障，怕碰撞、冲击、振动	不发生机械故障，不怕碰撞、冲击、振动
工作环境下温度范围较小	工作环境下温度范围较大
重量大、体积大、容量大、单位成本低、写入寿命较长	重量小、体积小、容量小、单位成本高、写入寿命较短
数据损坏可部分恢复	数据损坏难以恢复
使用时能耗较低	基于 DRAM 固态硬盘使用时能耗高

2）用途：企业级硬盘可靠性能好，具备更高的容错性和安全性，主要应用于服务器、存储磁盘阵列、图形工作站等要求长时间运行或数据安全保存的场合。

3）品牌：机械硬盘生产厂商有希捷（Seagate）、西部数据（WD）、日立（Hitachi）、三星（SAMSUNG）和富士通（Fujitsu）等。固态硬盘厂商有希捷、西部数据、日立、三星、IBM、Intel、金士顿和现代等。

4）保修：免费保修期限为1～5年不等。

3. 移动硬盘

移动硬盘采用USB接口，支持热插拔，数据传输较快，大容量、轻巧，硅氧材质，安全、稳定、防磁、防静电，有2.5英寸和3.5英寸两种。移动硬盘选购时需关注以下几点。

1）主控芯片：选Marvell、浦科特或闪迪等。

2）闪存：首选MLC，例如Intel、美光、三星、海力士、东芝和闪迪等能自己生产闪存的厂家，其次选浦科特、建兴、海盗船等使用原厂闪存的厂家。

3）固件：选择独立固件研发SSD的厂商，如Intel、英睿达、浦科特、OCA和三星等厂商。

4）缓存：选择较大缓存有助于减少固态硬盘Flash芯片读写次数，提高读写能力。

5）IOPS：IOPS可认为是每秒的读写次数，选择IOPS性能较高的固态硬盘。

6）断电保护：确保有断电保护，避免意外断电导致资源丢失。

7）售后保障：选择有强大售后保障能力的品牌。三星和闪迪支持十年质保，闪迪支持全球联保。三星拥有主控、内存和固件算法一体式开发能力。

4. U盘

U盘即优盘，也称闪存（盘），属于移动存储设备，用于备份数据。U盘具有安装简单、使用方便、速度快、容量大、抗震性能好、可靠性较高、耗电低和方便携带等特点。将数据存储于闪速存储器（Flash Memory），利用USB接口与主机进行数据交换。U盘性能主要取决于容量（GB）、存取速度（MB/s）和接口标准（1.0～3.0）等指标。闪存卡即存储卡、记忆卡，是利用闪速存储器存储电子信息的电子卡片。闪存卡有CF（Compact Flash）卡、MMC（Multi Media Card）卡、SD（Secure Digital）卡和记忆棒（Memory Stick）等。其中，CF卡体积较大，SD卡目前已经基本淘汰。

USB 2.0接口的标准为480Mbit/s，USB 3.0接口的标准为5Gbit/s。而另一种数据接口的eSATA（即外部串行ATA、SATA的外接式接口）传输率约3Gbit/s，比USB 2.0快约6倍。

5. 磁盘阵列

阵列就是将一组磁盘用某种逻辑方式联系起来作为一个逻辑磁盘使用，具有传输快、安全性高的特点。

（1）磁盘阵列分类

磁盘阵列基于不同的容错能力和存储机制可以分为不同的种类。

1）RAID 0：数据分块，数据同时分布在各个磁盘上，没有容错能力，任何一个磁盘损坏均会使整个RAID系统失败，但读写速度快。

2）RAID 1：映像磁盘，每个磁盘均有一个映像磁盘，映像磁盘随时与原磁盘内容保持一致，只有一半磁盘空间被用来存储数据。系统安全可靠性高，使用效率低。

3）RAID 2：属于位交叉式海明编码阵列，原理上优越，但冗余信息开销大。

4）RAID 3：属于单盘容错并行传输阵列，数据以位或字节交叉方式存于各盘，冗余奇偶校验信息存储在一台专用盘上，任何一个磁盘损坏均可恢复，读取速度较快。

5）RAID 4：属于专用奇偶校验独立存取阵列，数据以块交叉方式存于各盘，冗余奇偶校验信息存于专用盘。RAID 3 和 RAID 4 使用不多。

6）RAID 5：属于旋转奇偶校验独立存取阵列，数据以块交叉方式存于各盘，无专用校验盘，冗余奇偶校验信息均匀分布于各盘，读写性能好，应用广泛，需要三个硬盘以上才能组建。

7）RAID 6：属于奇偶校验独立存取阵列，数据以块交叉方式存于各盘，冗余校验纠错信息均匀分布于各盘，写入数据需要访问一个数据盘和两个校验盘，容忍双盘出错。

8）RAID 7：采用 Cache 和异步技术，响应速度和传输速率提高。

（2）磁盘阵列制作

基于不同的 BIOS 类型，磁盘阵列制作稍有差异。下面我们以浪潮服务器为例，演示磁盘阵列的制作过程。

1）开机启动，按屏幕提示按〈Ctrl + A〉组合键，进入 RAID Configuration Utility 程序界面，如图 1-30 所示。

```
Adaptec RAID BIOS V5.2-0 [Build 16343]
(c) 1998-2008 Adaptec, Inc. All Rights Reserved.

◄◄◄ Press <Ctrl><A> for Adaptec RAID Configuration Utility! ►►►

Adaptec RAID Configuration Utility will be invoked after initializ
Booting the Controller Kernel....../
```

图 1-30　进入 RAID Configuration Utility 程序界面

2）弹出 Adaptec RAID Configuration Utility 窗口后，选择 Array Configuration Utility 命令，如图 1-31 所示。

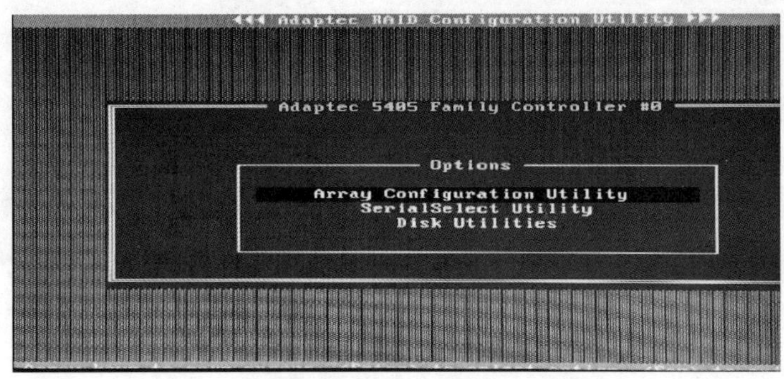

图 1-31　RAID 配置主界面

3）在弹出的新窗口中单击 Accept 按钮，进行下一步具体配置，如图 1-32 所示。

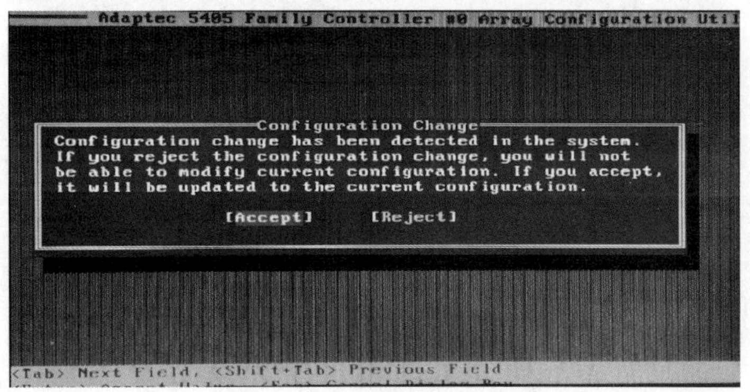

图 1-32　配置改变前接受窗口

4）执行 Main Menu→Create Array 命令，开始创建阵列，如图 1-33 所示。

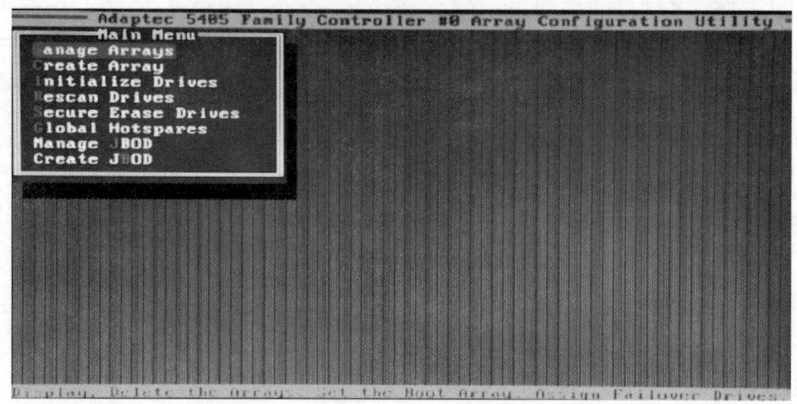

图 1-33　RAID 配置主菜单窗口

5）将光标移到第一行，按〈Ins〉键，将第一个硬盘选入右边开始组建 RAID 5。同理，依次将第二行、第三行硬盘加入到右边创建 RAID 5 的硬盘列表中，如图 1-34 所示。

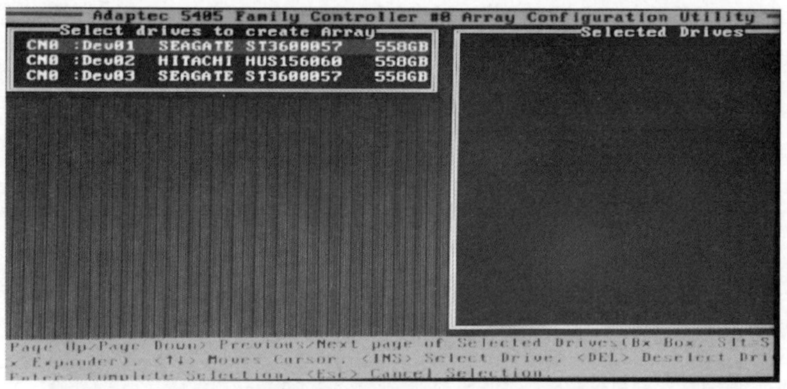

图 1-34　创建 RAID 阵列窗口

6）依次将三个硬盘加入到右边窗口创建 RAID 5 阵列，如图 1-35 所示。

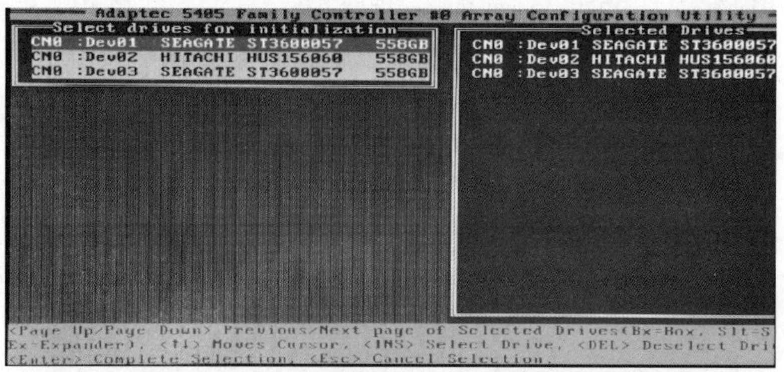

图 1-35　选择创建 RAID 与阵列

7）按〈Enter〉键后，显示将要创建的阵列属性窗口，选择阵列类型为 RAID 5，将阵列标签名修改为 LIB，其他参数也可做出相应修改，完成单击 Done 按钮，如图 1-36 所示。

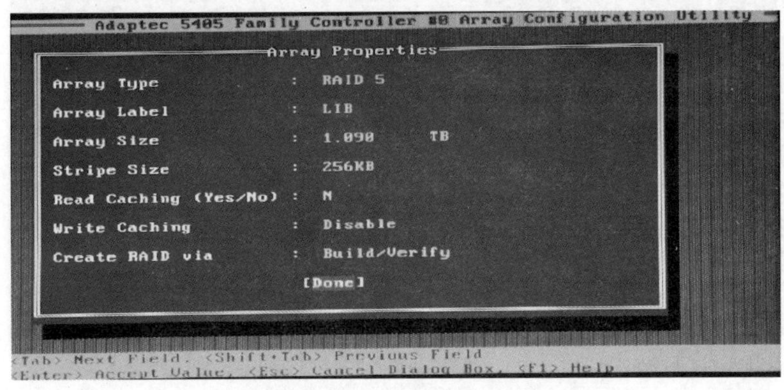

图 1-36 创建 RAID 阵列属性窗口

8）开始创建 RAID 5 阵列，并显示阵列立即可用，但在阵列建立过程中性能会有影响，如图 1-37 所示。

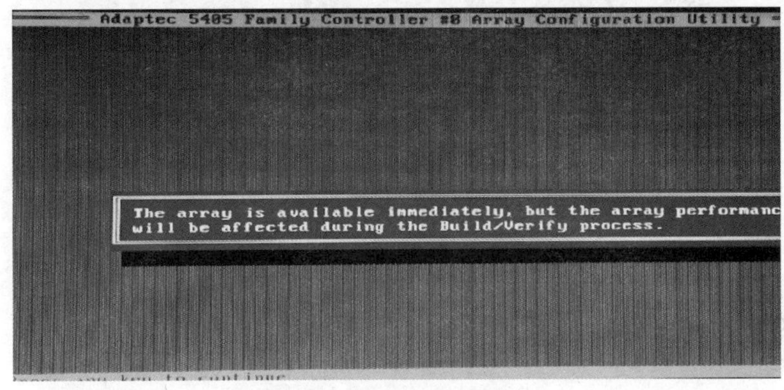

图 1-37 阵列初步创建提示窗口

9）返回主菜单窗口，可以看到默认停留在主菜单 Manage Arrays 命令上，右边显示出刚创建的阵列名称、类型和容量信息，如图 1-38 所示。

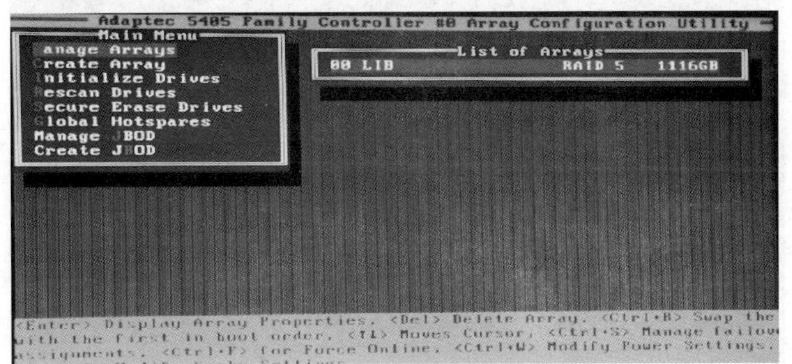

图 1-38 创建 RAID 5 阵列后显示主窗口

10）单击右边的阵列清单选项，出现阵列的详细信息，如图 1-39 所示。

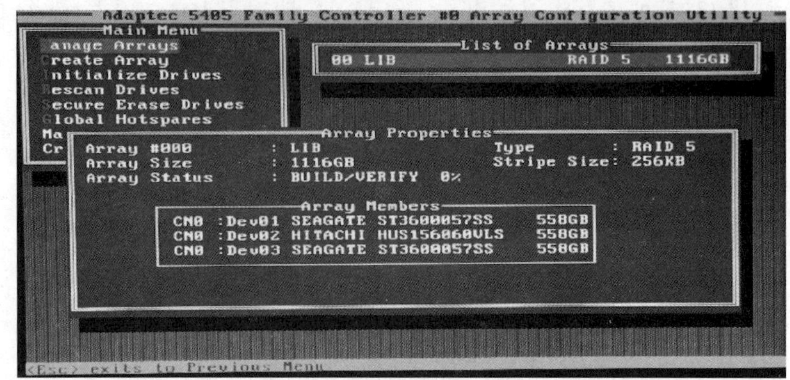

图 1-39　查看创建的 RAID 5 属性摘要

11）此时不要启动计算机，阵列在后台开始校验，阵列状态为 BUILD/VERIFY，从 0% 开始校验，直至 100% 完成校验，如图 1-40 所示。

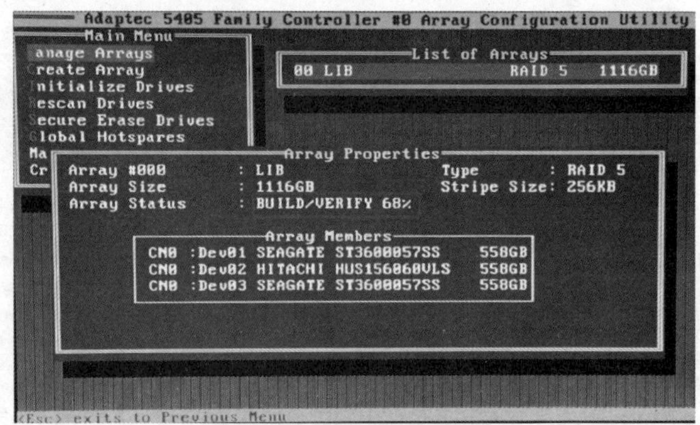

图 1-40　阵列校验过程图

12）阵列创建校验完成后，阵列状态显示为 OPTIMAL，证明校验完成，可以重启计算机，如图 1-41 所示。

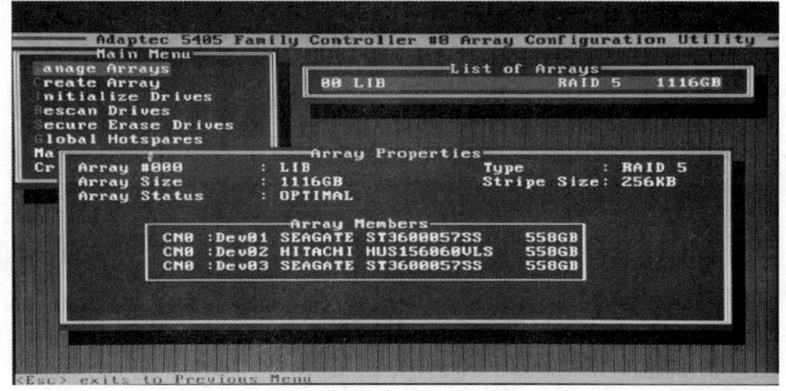

图 1-41　阵列检验完成图

1.2.8 电源解析与选购技巧

电源是将220V交流电转换成低压直流电的装置。电源是整个计算机硬件系统稳定、安全运行的动力保障。电源品质直接决定着计算机硬件运行的稳定性与硬件的使用寿命。ATX主板电源插座分为ATX 20针和ATX 24针，CPU供电插座分为4针插座和8针插座。电源一般可为计算机提供+5V、+3.3V、+12V、+5VSB、-5V和-12V等电压。

图1-42　24针电源线

目前主流电源输出接口一般采用黄、红、橙、紫、蓝、白、灰、绿、黑9种颜色的电源线，如图1-42所示。

1. 电源线解析

基于计算机系统电子元器件的不同用电需求，电源提供多组不同的电源电压。为了便于识别不同的电压，电源线采用不同的颜色表示不同的电压。熟悉不同颜色所代表的不同电压值方便检测电源的故障。

1）黄色电源线：输出+12V电压，为CPU、PCI-E显卡、硬盘和光驱等供电，电压不正常，会造成相关设备运行不稳定，无法正常工作。

2）红色电源线：输出+5V电压，为CPU、PCI、AGP和ISA等集成电路提供工作电压。

3）橙色电源线：输出+3.3V电压，专门为内存提供电源，输出电流在20A以上，确保内存工作正常，如果供电出现问题，会直接引起内存供电电路故障，导致内存工作不稳定，出现死机或无法启动等故障。

4）紫色电源线：+5VSB待机电源，通过电源主板接口第9针向主板提供电压+5V、电流为720mA，主要供网络唤醒、开机电路和USB接口电路使用，出现故障可能造成无法开机的现象。

5）蓝色电源线：输出-12V电压，主要为串口提供逻辑判断电平，电流一般在1A以下，一般电压偏差不会造成计算机故障。目前主板已不常用，转由+12V直流电转换获得需要的电流。

6）白色电源线：输出-5V电压。类似蓝色电源线功能，主要为逻辑电路提供判断电平，一般不会影响系统正常工作。目前已经不用该电源线了。

7）绿色电源线：电源开关端（PS-ON），通过此电源线电平控制ATX电源开启。该端信号电平高于1.8V时，主电源为关；如果信号电平低于1.8V时，主电源为开。待机时，该脚输出信号电平一般为4V左右。

8）灰色电源线：电源信号线（POWER-GOOD），该信号线如果输出电压在2V以上，则这个电源可以正常使用；如果输出电压在1V以下，则这个电源不能保证系统正常工作，需要更换。它是用来判断电源寿命及合格性要求的手段。

9）黑色电源线：地线（GND），与其他颜色的电源线配合使用为计算机供电。ATX电源接口中一般有8根。

2. 电源选购

选购电源时，要注意选购有强制认证的市场名牌产品，同时关注自己计算机配置的实际功率负荷，留出一定的功率余量。

1）功率：电源功率分为额定功率、最大输出功率和峰值功率三种。选购电源时一定要注意电源额定功率大于所有硬件最大输出功率之和。一般电源的输出功率为250W～420W，电源额定功率越大，计算机连接硬件设备越多。家庭一般购买输出功率为300W～350W的电源，尽量不要选小功率的电源。Intel、AMD多核心处理器要求电源功率为300W（或350W）左右，应选择较大功率的电源。高端计算机电源应在450W以上，入门级计算机电源应在350W以上。

2）电源标准：一般来说版本标准越高，电源效率越高，用户根据不同主机的要求选用适合的电源标准。如果CPU功耗较大，可选购符合ATX12V 2.2标准的电源，有为CPU专供的电源；如果CPU功耗不大，显卡功耗大，可选购ATX12V 2.3标准的电源。

3）认证标志：电源认证标志是权威机构颁发证明电源安全水平与性能的标记，包括3C认证［中国强制性产品认证，将CCEE（长城认证）、CCIB（中国进口电子产品安全认证）、EMC（电磁兼容认证）三证合一］、S&E认证（安全与电磁兼容认证）、FCC（美国联邦通信委员会）认证、UL（美国保险商实验室认证）、CSA（加拿大认证）、CE认证（欧洲合格认证）和RoHS认证（产品有害物质认证）等。

4）品牌：尽量选择知名度高的品牌电源，如航嘉（Huntkey）、长城（GreatWall）、酷冷至尊（CoolerMaster）、金河田（GOLDENFIELD）、鑫谷（Segotep）、大水牛（BUBALUS）、海盗船（Corsair）和安钛克（ANTEC）等。

5）做工：好的电源外壳一般使用优质钢材，电源内部零件做工扎实，用料足，总体感觉比较重；一般使用粗线材，散热孔面积大；散热片用铝或铜，较大、较厚；通电启动后外壳略有被电击的感觉。

1.2.9 光驱解析与选购技巧

光驱全称为光盘驱动器，是用来读取光盘数据的设备。光驱是一个结合光学、机械及电子技术的产品。激光二极管作为光源产生光束，经过处理控制照射在光盘上，由光盘反射回光检测器捕获信号解析成数据。

1. 光驱的结构

光驱正面有防尘盖、光驱托盘、弹出按键、工作指示灯、手动退盘孔、耳机插孔、音量控制键、播放按键和外壳等，如图1-43所示。光驱背部有电源接口、跳线和数据接口。光驱数据接口可分为IDE接口、SATA接口和USB接口等。

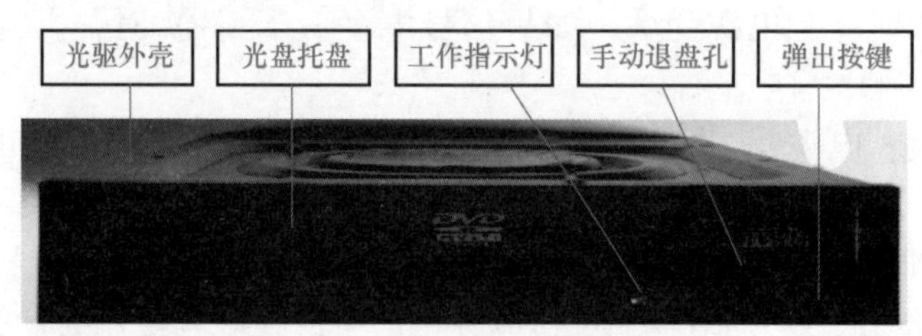

图1-43 DVD光驱外观结构图

光驱依据功能可大致分为CD-ROM、DVD-ROM、COMBO、蓝光光驱和刻录机等。

2. 光驱的选购

光驱属于计算机常备外设产品，选购时适当关注品牌度及性能参数即可。

1）选择名牌产品：常见的光驱品牌有先锋（Pioneer）、华硕（ASUS）、明基（BENQ）、索尼（SONY）、LG、三星（SAMSUNG）和宏基（ACER）等，质量可靠。

2）关注光驱性能：性能优劣主要取决于倍速、平均寻道时间、缓存容量、接口类型、平均无故障时间和纠错能力等技术指标。

1.2.10 显示器解析与选购技巧

显示器是计算机重要的输出设备，用于将计算机操作信息以文字、图像等直观地显示出来，实现交互。LCD 显示器体积小、厚度薄、质量轻、耗能少、工作电压低（1.5-6V）、无辐射、无闪烁，应用领域较广泛。

1. 显示器常用参数指标

显示器主要有可视面积、可视角度、点距、响应时间、色彩饱和度、对比度、亮度和接口类型等技术参数。

1）可视面积：是显示器标示可使用的尺寸。

2）可视角度：可视角度始于屏幕法线向左右偏斜可以清晰看见屏幕图像的角度。可视角度左右对称，但上下不一定对称。大部分液晶显示器可视角度在 160°左右，LCD 显示器可达 170°。

3）点距：是显示屏上两个相邻同颜色荧光点之间的距离。点距 = 可视宽度/水平像素，或者：点距 = 可视高度/垂直像素。例如：14 英寸 LCD 可视面积为 285.7mm × 214.3mm，最大分辨率为 1024 × 768，则点距 = 285.7 ÷ 1024 = 0.279mm，或者：点距 = 214.3 ÷ 768 = 0.279mm。点距大小决定显示图像的精细度，字体大小。相同尺寸屏幕，点距越小，像素越高，显示图像越精细，显示字体越小。相反，点距越大，图像越粗糙，字体越大。0.27 ~ 0.30mm 点距舒适度较好。

4）响应时间：是液晶显示器像素点对输入信号的反应速度，即由暗转亮或由亮到暗所需的时间，值越小越好。一般显示器响应速度在 5 ~ 10ms，一线品牌普遍达到 5ms 以下，避免了尾影摇曳问题。

5）色彩饱和度：LCD 面板由不同密度的像素点组成显像，每个独立的像素色彩由红绿蓝三个基本色控制，每个基本色达到不同的位数，即具有不同数量的表现度，通过不同表现度的像素点组成丰富多彩的画面。

6）对比度：是屏幕上同一点最大亮度值（全白）/最小亮度值（全黑）的比值。液晶显示器对比度可达 1000:1，主流显示器对比度在 400:1 至 600:1，肉眼可接受的对比度约 250:1。高对比度则相对有较高的亮度、清晰的图像和呈现更艳丽的颜色。目前，有的液晶显示器对比度已经超过 80000:1。

7）亮度：是指光源通过液晶透射出的光强度（cd/m^2）。液晶显示器最大亮度值一般在 $200 \sim 250cd/m^2$，高档 LCD 亮度值一般在 $300cd/m^2$。工作时，显示器的对比度最好在 60 ~ 80，亮度最好在 40 ~ 60。玩游戏时，建议亮度和对比度调整至 80 ~ 100，视觉效果会更好。

8）接口类型：显示器有不同的接口类型，如 DVI 数字视频接口，避免像素抖动，提高画面质量，最远可传输 8 米；HDMI 高清晰多媒体接口，可提供高达 5Gbit/s 数据传输带宽，可传送无压缩音频信号及高分辨率视频信号，省去信号传送前数模间的转换，保证最高质量影音信号传送，最远可传输 15 米；VGA（15 针 D-Sub 数字输入接口）只能接收模拟信号，基本包含 R/G/B/H/V（红、绿、蓝、行、场）5 个分量信号。常用接口为 D-15，即 D 形三排 15 针接口。

9）分辨率：是指显示器上能够显示出来的像素数目，是与点距和屏幕大小有关的指标，表示显示器的相对清晰度。相同尺寸屏幕，点距越小，分辨率高；同样点距，屏幕越大，分辨率越高。显示器尺寸相同时，分辨率越高，显示画面越清晰。显示器分辨率设定由显示器分辨率和显卡分辨率共同决定，即由两组值中上限值较小的数值决定。目前主流显示器屏幕比例以 16:9 和 16:10 为主，16:9 宽屏显示适合娱乐，16:10 标准显示适合专业作图和设计人员使用。

图像分辨率是组成一幅图像像素密度度量的方法，以水平和垂直像素点表示。例如，一幅分辨率为 320×240 的彩色图像，在显示分辨率为 640×480 像素的屏幕上显示只占整屏的 1/4，当图像分辨率为 640×480 时，则可铺满 640×480 的屏幕。图像分辨率和显示分辨率共同决定显示图像大小。

像素深度指存储每个像素所有的二进制位数，也称图像深度。彩色图像的像素深度决定该图像使用的最大颜色数目；灰度图像的像素深度决定该图像的亮度级别数目。彩色图像每个像素用 R、G、B 三个分量表示，若每个分量用 8 位，则一个像素共用 24 位表示，像素深度为 24，每个像素可为 $2^{24}=16777216$ 种颜色的一种。一个像素位数越多，深度越深，颜色数目越多，显示图像色彩越丰富，画面越好，数据量自然越大。注意：显示深度是显示缓存表示一个像素点的最大位数，也就是显示器可以显示的颜色数。因此，在屏幕上一幅图像显示出来的颜色效果由像素深度及显示深度共同决定。

图像数据量（B）=水平方向像素数×垂直方向像素数×图像深度（bit）/8

640×480 的 256 色图像文件大小为 640×480×8bit/8=300KB。

1024×768 的真彩色图像文件大小为 1024×768×24bit/8=2304KB=2.25MB。

10）面板类型：液晶面板技术高低和质量优劣关系到液晶显示器功能参数、显示效果和使用寿命。市场上主要的液晶面板有 TN、PVA 和 IPS 等几大类型。TN 类面板生产技术成熟、良品率高、价格便宜、视角小、灰阶数少、响应快，应用于入门级和中低端的液晶显示器。IPS 面板具有超强逼真的色彩还原能力，可视角度很大，但其响应时间比较长，且制作成本较高，多应用在高端专业的绘图液晶显示器上，但在对比度、响应时间、黑底色以及色彩饱和度上表现欠佳。PVA 面板视角可达到 170°，响应时间、对比度以及色彩还原能力等比较优秀，但制作成本较高，PVA 面板多用于液晶电视以及高端绘图 LCD。

11）品牌：市场上显示器品牌主要有三星、飞利浦、明基、AOC、LG、优派、Acer 和联想等。购买时主要从显示器色彩、分辨率、坏点率、视角和售后服务等方面考量，尽量选购大品牌。

2. 显示器性能识别技巧

选购或识别显示器的好坏，一方面要了解性能参数，另一方面也应当具有从外观上辨识判断显示器好坏的能力。

1）查看坏点：分别在全白、全黑、全红、全绿和全蓝纯色画面状态下观察有没有坏点（一般坏点以绿色及蓝色居多）。LCD 每个像素都由 3 个单元组成，分别负责红、绿和蓝色

显示。每一个单元破坏，形成一个坏点，若三个单元都破坏，则称为亮点。显示器级别：AA 级没有坏点；A 级坏点在 3 个以下，亮点不超过 1 个且不在屏幕中部；B 级坏点在 3 个以下，亮点不超过 2 个且不在屏幕中部；C 级坏点在 5 个以下，亮点不超过 3 个且不在屏幕中部。

2）查看发白情况：全黑画面有无发白区域。

3）关注文字显示：显示网页时文字是否清晰，有无重影现象。

3. 显示器选购技巧

选择一款品质优良的高性能显示器，可以提高使用计算机时的舒适度，保护使用者的视力。选购显示器时，应注意从品牌的市场影响力、尺寸、高清晰的分辨率等着手。

1.2.11 键盘解析与选购技巧

键盘是计算机最主要的输入设备。键盘主要分为主键盘区、编辑键区（Insert 键、Delete 键、Home 键、End 键、PageUp 键、PageDown 键）、功能按键区（F1 ~ F12 键）、小键盘区、特殊键区（ESC 键、PrintScreen/SysRq 键、ScrollLock 键、Pause/Break 键）和控制键（Caps Lock 大写锁定键、Shift 换档键、Backspace 退格键、Tab 制表键、Ctrl 控制键、Alt 转换键、Space 空格键）。

键盘的选购应关注其操控的灵巧性与耐用品质。

1）实际需求：依据自己的实际使用需求选择适合的键盘。键盘依据不同的分类标准可以划分为：编码键盘和非编码键盘；机械键盘、塑料薄膜式键盘、导电橡胶式键盘和无接点静电电容键盘；标准键盘和人体工程学键盘；PS/2 键盘、USB 键盘和无线键盘；101 键盘、102 键盘、104 键盘、107 键盘和多媒体键盘。

2）品牌影响力：选择操控灵巧，经久耐用的产品。键盘主流厂商有雷蛇、罗技、精灵、双飞燕、雷柏和技嘉等。

1.2.12 鼠标解析与选购技巧

鼠标是确定光标在屏幕的位置、执行相应程序的设备。鼠标按接口类型分为 COM 串行鼠标、PS/2 鼠标、总线鼠标和 USB 鼠标四种。串行鼠标有 9 针接口和 25 针接口两种。PS/2 鼠标通过一个 6 针微型 DIN 接口与计算机相连。鼠标一般用绿色标志，键盘一般用紫色标志，半绿半紫是键鼠通用接口。按其工作原理与内部结构不同可分机械式、光机式和光电式。按有无线缆可分为有线鼠标和无线鼠标。机械鼠标主要由滚球、辊柱和光栅信号传感器组成，目前已经被淘汰。光学鼠标主要由发光二极管、透镜组件和光学引擎及控制芯片组成。光学鼠标分为普通光电鼠标和激光鼠标。

鼠标厂商主要有微软、罗技、戴尔、雷蛇、精灵、联想、双飞燕、雷柏、爱国者和紫光电子等。选购时注意按键手感，灵敏度适中，尽量选择大品牌。

1.2.13 机箱解析与选购技巧

机箱提供主机电源、主板、扩展板卡和存储设备等各部件固定安放空间，保护各部件，防压、防冲击、防尘，屏蔽电磁辐射，且提供面板开关，方便操作计算机。

计算机常用的机箱主要包括 ATX、Micro ATX（Mini ATX）和 BTX 等。BTX 机箱与 ATX

机箱最大区别在于侧面板改为右侧开启，且改进散热，CPU 移到机箱前板，机箱前部吸入冷却气流，沿内部线性配置设备，从机箱背部流出。

基于环境与节能要求，尽可能选购一款轻便、绿色和散热性能优良的机箱。

1.3 计算机选配原则

计算机选配需要关注多方面因素，一是考虑自身实际需求，二是考虑计算机自身的内在性能指标。不要过分追求最新配置，但要求质量稳定，注重高性价比，购买时主要定位于大品牌，要有良好的售后保障。

1.3.1 用途决定配置档次

对于家用上网型用户，要求较低，选中、低端配置的计算机即可完全可以满足日常要求，不必苛求高端配置，使用集成显卡和集成声卡，价格在 2500 元左右即可；对于商务办公型用户，力求办公时计算机工作性能长时间稳定，不要求过高的性能，中端配置即可，价格在 4500 元左右；对于专业图形设计型用户，要求性能较高，配置运算速度快，可以考虑选用高性能 CPU 与显卡，大容量内存配置方案，价格在 6500 元左右；对于游戏娱乐型用户，大型 3D 游戏对计算机整体性能要求较高，应该选用高性能 CPU、显卡及大容量内存，价格在 8500 元左右。

1.3.2 品牌机与兼容机取舍

品牌机是指具有一定规模和技术实力的计算机厂商生产的标有注册商标品牌的计算机。特点是品质有保证、性能可靠，兼容性与稳定性好，易用性能好，但价格相对较高。兼容机是指计算机配件销售商根据用户的消费需求，现场搭配组装的计算机。特点是配置灵活，升级方便，性价比较高，但有可能存在兼容性、稳定性问题，售后服务保障可能存在差异。如果用户缺乏计算机知识，动手能力较差，建议采购品牌机。对具有较好的计算机软硬件知识，动手能力较强，可以自己搭配组装计算机的用户，不妨购买兼容机。

1.3.3 笔记本与台式机抉择

基于两种机型主机尺寸悬殊，导致二者性能也有所差异。在价格与性能方面，同等价位下，台式机性能优于笔记本。打算购置笔记本的用户，要想获得与某型号台式机同样的性能，则需付出更多的采购成本；在可移动性方面，笔记本小巧时尚，携带方便，功耗低，对于移动性要求较高的商务人士尽可能选择笔记本。从家居空间环境考量，建议购买一体机或笔记本。

第2章 计算机组装与维修

2.1 计算机组装技巧

计算机组装是每个维护人员应该掌握的基础性实用技能。熟悉装机顺序，对计算机每个部件安装要点做到心中有数是确保计算机顺利安装到位的重要保证。

2.1.1 计算机装机流程

结合工作实践经验，可以按照下面的流程图组装计算机硬件，如图 2-1 所示。

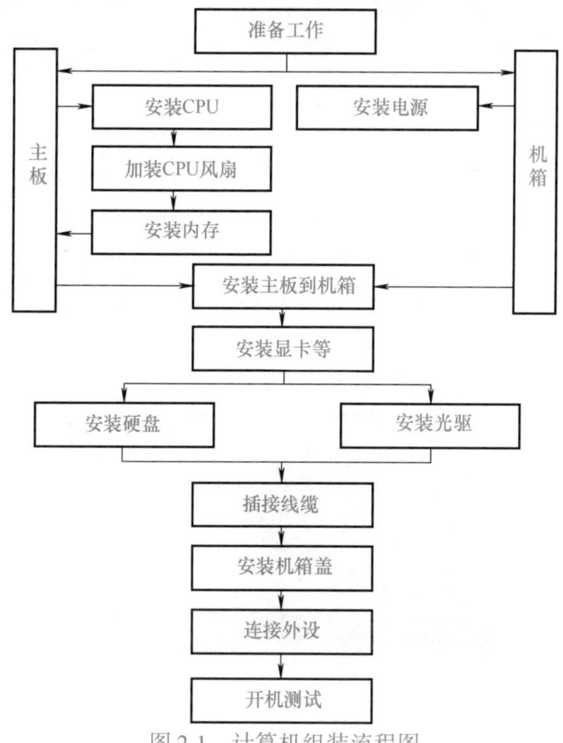

图 2-1 计算机组装流程图

2.1.2 计算机装机准备

提前完成必要的装机准备工作可以确保装机顺利进行，比如创造一个整洁安全的装机场地环境或提前准备好必要的装机工具等。

1. 装机工具准备

选择一块敞亮的空间，准备一张铺好布料的工作台、磁性十字螺丝刀、尖嘴钳和捆扎带等。

2. 安全装机准备

因人体自身一般都带有不同程度的静电，如果贸然接触主板上的精密电子元件，极易造成元件故障。因此，采取预防性措施，在装机前应提前洗手或触摸有可靠接地的金属体，以释放身体的静电。

3. 拆除包装准备

将主板与机箱纸质包装拆除，将主板所带的挡板、螺丝等配件集中放置，方便装机时取用。

2.1.3 计算机装机要领

正式安装开始后，因有诸多设备需要组装，应遵循科学流程、有序原则，逐一安装到位。

1. 拆卸机箱

一般机箱侧盖上下两边与机箱处存在卡槽，机箱后部用螺丝将侧盖固定在机箱上。先将机箱平放于桌面上，从后面将固定侧盖的两个螺丝拆卸掉，然后可借用一字螺丝刀稍加用力将侧盖向后撬动，最后双手用暗劲将机箱侧盖向机箱后部推出即可。

2. 安装电源

打开机箱，先将电源后面四个螺丝孔对准机箱上面的电源安装位置。同时电源风扇面正对机箱后面，依据电源厂商铭牌标志面处于外可见面来决定电源侧面的安放，确保螺丝孔对正吻合，然后分别拧紧四角螺丝即可。

3. 安装 CPU

CPU 安装步骤要领如下。

1）将主机上的 CPU 固定杆稍向下压的同时，往外拉一点，即可将固定杆抬起。

2）注意 CPU 上防呆口与 CPU 插座上留存的相应凸起标记相吻合，防止放错。同时注意 CPU 上的三角标志与 CPU 插座上的缺角处对齐，如图 2-2 所示。轻轻晃动 CPU，使 CPU 与插座充分接触。

3）将金属固定框上盖轻扣，撬杆卡回原位。

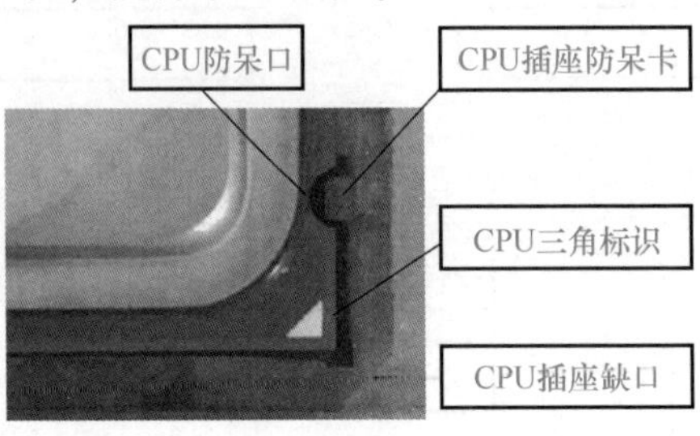

图 2-2　CPU 安装图

4. 安装 CPU 散热器风扇

CPU 散热器通常有两种形式：一种是四脚带有插栓；一种是金属簧片散热器。

（1）金属簧片散热器安装

1）CPU 表面中间涂抹一层薄硅胶，以压上散热器后刚好能覆盖 CPU 表面为宜，谨防硅胶溢出到 CPU 周边，出现短路故障。

2）散热器平放在 CPU 上，簧片勾住 CPU 底座上专用的牙勾，再将簧片开关按下，紧固住散热器。

3）散热器电源线插在主板 CPU 风扇上。

（2）四脚插栓散热器安装

1）将底座下片和上片分别扣在主板的 CPU 插座上、下两面，用螺丝固定住。

2）将 4 个脚上的特殊插栓插在对应的底座上，按住插栓上帽，当听到“咔”的一声，插栓完全卡住。

注意：现在有部分散热风扇用的不是插栓，改用四个螺丝固定到主板上，则依次用十字螺丝刀将螺丝固定到主板上，如图 2-3 所示。

图 2-3 CPU 散热器风扇

5. 安装内存条

内存条安装应注意确保防呆卡位与卡口对应吻合。

内存条安装步骤如下。

1）将内存条插槽两端的塑料卡扣向外打开，然后将内存条对准内存插槽，将内存条上的缺口对准插槽上凸起的防呆位置。

2）双手握住内存条上边的两端，将内存条上边平行于主板对准放入插槽。

3）确定内存条缺口和插槽凸起的防呆位置对准，然后同时用力按压内存条上边的两端，听到“咔”的声音后，插槽两端卡扣自动卡住内存条两端的固定口。

4）如果没有听到“咔”的声音，卡扣没有自动卡到位，说明内存条没有按插到位，需要取下重新按插。

DDR3 内存条与内存槽，如图 2-4 所示。

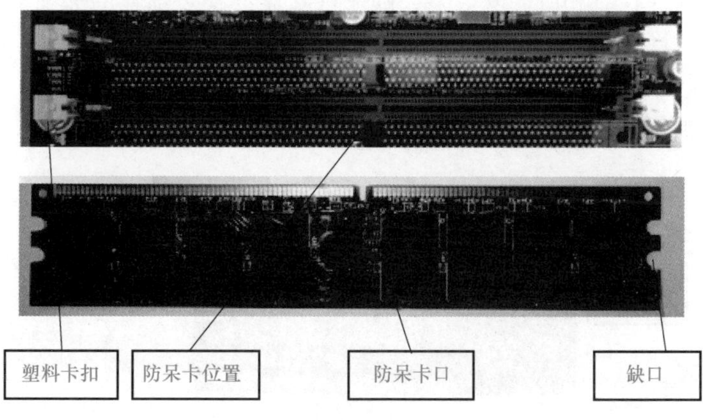

图 2-4 内存槽、内存条外观图

6. 安装主板

主板是计算机中一块面积最大的集成电路板，要确保平整安装。提前清理机箱底部是否跌落螺丝或其他部件妨碍后续安装，防止主板安装变形以至引起其他故障，从而影响计算机正常运行。

主板安装步骤如下。

1）先将主板自带的挡板固定到机箱上。

2）将主板放置到机箱里，确定主板螺丝孔（一般为 8 个）和机箱孔对应位置吻合，在机箱上做好标记，然后取出主板。

3）将铜柱螺丝先固定在主板上。

4）将固定主板的螺丝逐个拧入主板螺丝孔中，切勿一次拧到位，防止孔位出现错位。确保全部螺丝能较轻松地拧入（说明孔位相吻合，没错位），然后逐个拧紧螺丝固定主板。

7. 安装显卡

安装显卡一是注意确定拆除挡板位置，二是要注意卡槽位置的对应。

显卡安装步骤如下。

1）先将显卡放入机箱与显卡相适应的插槽上方，进行比对确认安装显卡的位置，记下拆挡板位。

2）确定位置后，拆除机箱主板上相应位置的挡板。

3）手持显卡固定片，将显卡对准卡槽位置平行放入，同时让固定片插入机箱背板的空隙。

4）两手平行用力向下压显卡上边，安装到位后，将显卡槽卡扣卡住显卡即可。

8. 安装硬盘

机箱一般都备有不同尺寸的硬盘安装架，其中 5. 25 英寸固定架用来安装光驱和硬盘，还有 3. 5 英寸固定架用于安装硬盘。不同的机箱硬盘架设计不一样，部分机箱硬盘架设置为横置，类似于光驱安装位置，安装时甚至需要将机箱两侧面板都打开，从侧面安装螺丝，设计欠科学。现在的机箱硬盘安装位置是竖置的，可打开机箱左侧面板，从机箱外通过硬盘架固定四个螺丝到硬盘底面。

硬盘安装步骤如下。

1）根据硬盘尺寸找到相应的安装架，确保将硬盘上安装螺丝的那面对准安装架内部螺丝孔位，且保持接口位朝外放置，如图 2-5 所示。

2）然后逐个将螺丝安装到位。

3）插接硬盘数据线和电源线。

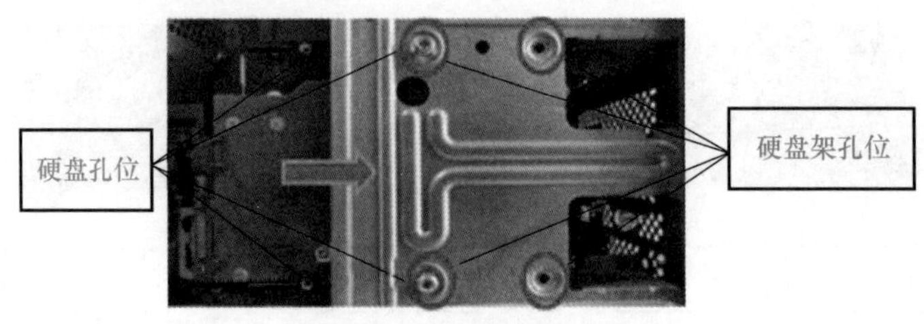

图 2-5　硬盘安装图

9. 插接线缆

线缆连接相对比较简单，掌握几个技巧很容易插接好。

下面总结插接线缆的几点技巧。

1）通过插头与主板插座颜色相对应。

2）通过插座与插头形状进行区分匹配。

3）通过插座针脚数与插头孔数多少进行区分。

4）通过防插反设计进行区分。

5）机箱面板连接线，一般借助主板上插座旁边的字符标识与插头上的字母一一对应插接即可。现在机箱面板接线也集成到排线上，使插接更加方便，如图 2-6 所示。

图 2-6 机箱面板插座与排线

2.2 计算机维修技巧

计算机维修技巧需要长期实践摸索，总结经验。因此，除了可以通过学习间接方式获取他人经验外，更多是要亲自动手实践，经常排查故障才能快速提高技巧。

2.2.1 计算机维修原则

计算机故障一般分为硬件和软件两个层面。导致计算机硬件故障的主要原因有电、热、灰尘、静电、物理损坏、安装不当或使用不当等。具体判断属于哪种硬件发生故障需要通过故障现象进行初步判断，有时是由一种硬件故障引起的，有时是由多种硬件问题引起的，对于有些复杂的故障甚至还需要借助诊断工具才能最终确定。计算机软件故障主要包括 Windows 系统错误、应用程序错误、网络故障和安全故障等。具体属于哪部分软件故障需要依据故障现象提示进行判断。

1. 故障判断原则

计算机故障判断应该遵循科学的指导原则，避免少走弯路。以下几种思路是经常检查故障的原则。

（1）先软后硬

从经济角度和可替换性考虑，软件修复比硬件维修更容易实现。因此，根据故障提示先排除软件原因，系统没法启动或运行过程中突然死机的情况是否是因为最新安装软件引起的，不妨卸载相关软件进行测试，或者重设相关系统参数来解决。如果通过卸载软件的方式没法解决故障，再从硬件下手查找故障原因。

（2）由外及里

遇到开机无显示故障，应该遵循由外到里的检查步骤，先看线缆连接是否正常，电源是否开启，显示器开关是否打开，计算机视频输出信号线是否松动、插接是否错误等，把相关线缆重新拔插一下再开机。如果故障依然，则打开机箱，看内存条是否接触正常，重新拔插到位；如果故障尚未排除，同时有独立显卡，则查看显卡是否松动，重新拔插一下。

（3）先整体后个体

发现计算机故障，先从总体上判断是硬件故障还是软件故障，然后再一步步细分到具体故障的原因。属于硬件故障先判断是主机故障还是外设故障，排除外设故障后，主机故障先判断是主板故障还是其他内存、显卡或 CPU 故障等。先从总体上把握分析，方便一步步排查故障，最后顺利解决找出故障点加以排除。

（4）先简后繁

解决问题的科学思路应该是花最小的代价，快速解决问题。先从简单问题着手，比如开机没有显示，首先考虑的是电源插座开关是否已经打开，计算机是否已经连上电源，主机开关是否已经打开，而不是先打开机箱去看内存是否松动或显卡是否接触不良等复杂的处理方式。

2.2.2 计算机维修方法

依赖科学的原则指导，通过有效的方法付诸实践，快速解决问题。

1. 观察法

借助“听”“看”“闻”“摸”四法判断故障比较经济便捷。当计算机出现故障时，一般伴有报警或有异常，比如启动时内存故障、风扇异常、硬盘“嗒嗒”声都可以通过“听”的方式进行识别。仔细观察故障现象也是发现故障的通用方式，比如启动计算机时屏幕无显示，计算机运行时花屏，主板元件有腐蚀或氧化、引脚断裂、线缆松动或异物等均可以通过观看进行初步判断。如果计算机无法启动，通过“听”“看”无法判断故障来源，则打开机箱闻机箱里是否有烧焦异味，确定元器件是否有损坏。如果怀疑 CPU 故障，最直接方法是开机一段时间后直接用手触摸 CPU 上表面是否有明显烫手感觉。如果 CPU 不烫手，明显是 CPU 没有运作，可能是 CPU 损坏，当然也不能排除主板故障或电源故障。

2. 清洁法

计算机运行一段时间后，通过机箱风扇搅动与散热孔，空气中的灰尘会累积在主板上面引起主板部分元器件短路故障。另外空气中水汽也容易造成内存条、显卡等金手指腐蚀，造成接触不良故障。因此，每过一段时间，清理一下机箱灰尘，将风扇中的灰尘处理，甚至将内存条等金手指进行擦拭清洁，都可以有效防止计算机故障发生。

3. 最小系统法

当计算机发生无法开机故障时，可以有意移去主机系统中不必要的硬件，只需确保计算机主机上保留 CPU、内存、显卡等计算机开机必要的设备，尽可能缩小故障排查范围，然后逐一添加其他设备开机测试，最快确定故障点所在。

4. 替换法

当计算机开机无法显示时，排除外部连接原因前提下，通过连续拔插几次后仍然没有排除故障，若怀疑内存条故障，则可以试着用其他好的相同的内存条替换疑似有问题的内存条，如果故障消失，很可能就是内存条故障。当有相同硬件备份时，可以采用替换法。

5. 拔插法

当计算机出现故障时，如果确定是硬件问题，首先应怀疑可能存在接触问题，通常会通

过拔插相关硬件的方式进行排查。

2.2.3 计算机开机故障排查

诸多原因可以引起计算机无法开机故障。因此，只能逐项排查。开机故障排查步骤如下。

1）首先检查外接电源是否正常，即检查线路与插座是否完好连上计算机主机和显示器。

2）主板电源接口和机箱开关线连接是否正常。

3）主机箱内有无多余金属物或观察主板有无与机箱外壳接触（可能引起主板短路保护开不了机）。

4）主板电源开关针短接测试开关线是否损坏。

5）电源是否正常（短接绿线孔与黑线孔使 PS-ON 引脚接地，观察电源风扇是否转动）。

6）主机正常，检查显示器，首先确认显示器开关已经打开，若开关打开后指示灯无显示，则查看电源线是否连上或接触不良；若显示器开关指示灯亮，显示器显示相关提示符号，则检查信号线是否连上或接触不良，或信号线损坏，甚至是错接信号线。

7）黑屏故障有可能是内存、显示或 CPU 等与主板接触不良引起。

2.2.4 主板故障排查

主板一旦出现故障，基本无法承载其他硬件设备，而不能正常开机运行。因此，在确定其他设备没有故障的前提下出现无法正常开机时，基本可以确定是主板故障。主板故障排查方法如下。

1）确认 BIOS 是否为最新版本，如果不是，则升级到最新版本。

2）确认芯片组是否已经打补丁，在设备管理器中查看有无叹号或者无法识别的设备。

3）打开机箱确认主板有无烧焦、虚焊或电容爆浆等情况。

4）更换数据线，或交换硬盘和光驱数据线。

5）依次取下不必要的设备再测试，例如板卡（声卡、网卡）、光驱和硬盘。

6）取下所有其他设备，主板上只留下 CPU 和内存后，开机听主板提示音是否正常。

2.2.5 CPU 故障排查

CPU 出现故障可能导致无法开机，或者开机运行中突然死机，甚至运行过程中反复重启乃至直接关机。常见 CPU 故障总结见表 2-1。

表 2-1 CPU 故障一览表

CPU 故障	CPU 可能故障原因
计算机不能启动或启动过程中重启	CPU 损毁或安装不当
计算机运行中死机或运算错误	CPU 损毁或内部故障
不进行任何操作，CPU 温度在 80℃以上，而且持续升高直至死机	CPU 内部故障或散热系统故障
运行特定程序时死机	主板有关 CPU 部分的补丁缺失
不能关闭计算机	CPU 内部故障

1. CPU 故障原因

多种原因可以引起 CPU 故障，大致总结如下。

1）针脚折断或与主板插槽接触不良。

2）散热不正常导致温度过高。

3）超频设置不正确。

4）电压设置不正确。

5）CPU 彻底损坏。

2. CPU 故障检测

CPU 检测可以从以下几方面进行。

1）开机后，试触 CPU 背面，看有无温度，若不发热，则 CPU 没工作。若 CPU 不工作有可能 CPU 损坏，或集成内存控制器的 CPU 是内存问题导致 CPU 不工作，需要更换内存测试。

2）若 CPU 工作，但不稳定或频繁死机、关机或重启，可能散热存在问题。散热可能是因风扇转速太低或硅胶干固造成散热不良。

3）通过运行多个大型应用程序，观察任务管理器中 CPU 性能监控和高负荷下 CPU 的稳定性。

4）利用软件进行运算稳定性测试。

5）检查 CPU 温度：一是计算机开机时进入 BIOS，在 PC Health Status 选项中更改 CPU 温度和散热风扇转速的数值；一是利用软件 EVEREST 进行监控。

6）取下散热器，检查 CPU 在插槽中状态是否正常。取下 CPU，查看针脚是否有弯曲，以及是否有烧焦等痕迹。

注意：任务管理器选择“性能”选项卡，可以查看 CPU 运行情况。如在没有打开大型应用程序时，CPU 使用率长期保持在很高程度，计算机运行明显缓慢，说明计算机被恶意代码或病毒攻击，应立即安装杀毒软件查杀。

2.2.6 内存故障排查

内存出现故障经常会引起开机无显示、系统发生致命错误、DLL 模块错误或死机等。

1. 常见内存故障

内存常见故障现象如表 2-2 所示。

表 2-2　内存常见故障一览表

内存故障表现	故 障 原 因
系统发生致命错误	内存损毁或接触问题
电源灯和 CPU 散热器正常，显示器黑屏无图像	内存损毁
DLL 模块错误，死机	内存损毁

2. 内存故障解决方法

1）开机无显示。可能内存接触不良，用橡皮擦拭内存金手指后，重新插紧内存，如果仍然无法解决，可将内存取下，换一个插槽，先插上一条内存条，开机测试一下，还不行再换另一根内存测试，确定内存本身是否完好能用。

2）运行过程中随机性死机。多根内存条之间是否存在不兼容或内存与主板不兼容，可以在 CMOS 中降低内存运行速率、更换成同型号内存条。

3）内存不可读。内存过热时，需要加装风扇。

2.2.7 显卡故障排查

显卡故障引起显示不正常，包括无显示、花屏或颜色出现偏色等。

（1）显卡常见故障

1）开机无显示报警。

2）系统不稳定死机。

3）显示器花屏，看不清字迹。

4）颜色显示不正常，偏色。

5）屏幕出现异常杂点或图案。

（2）显卡故障排除

1）显卡超频容易造成系统不稳定，先将显卡调回原来设置。

2）检查 Windows 显卡设置和驱动是否正确。

3）安装显卡支持的 DirectX。

4）查看显卡散热器风扇和散热片出风口。

5）取下显卡查看显卡金手指有无氧化污垢（用橡皮轻轻擦拭），以及插槽有无异物。

2.2.8 显示器故障排查

显示器故障经常与显卡或其他硬件故障交织在一起，通过显示器故障现象可以一同判断出其他硬件故障。

显示器常见故障表现及原因如下。

1）从上到下贯穿屏幕的一条线：主板与内存不兼容引起，更换质量好的内存条。

2）显示器出现色偏：数据线问题。

3）显示器花屏：显卡故障或数据线问题。

4）液晶显示器出现横纹，原因总结如下。

① 显示器、显卡或内存故障。

② 数据线或显卡等存在接触不良。

③ 存在外部电磁干扰。

④ 液晶显示器色彩问题。

⑤ 显示器或显卡信号线接触故障。

⑥ 显示器或显卡信号线抗干扰能力差。

⑦ 显示器出现元件老化。

2.2.9 电源故障排查

电源故障会影响计算机是否能正常开机及运行的稳定性。

电源故障排查思路如下。

1）利用带皮铜线制成简易 U 型连接头，连接上电源插头上任意一根绿色电源线孔和黑色电源线孔，然后向电源供电，电源风扇正常转动，证明电源良好。

2）确认供电是否正常。

3）确认电源与主板连接是否正常。

4）确认电源能否启动（将电源开关接头拔下来，用金属物连接主板上两根电源开关插针 PWR SW）。

5）检查电源保险丝是否被烧断（电源内部有高压线圈和大容量电容，容易残存高压电流，具有致命性，需保证电源断电后放置一天以上再打开电源，更换保险丝）。

2.2.10 计算机蓝屏故障

计算机蓝屏故障除了软件原因外，一般与内存、显卡等硬件有关。因此，计算机出现蓝屏后，应根据系统蓝屏代码提示积极排查软硬件方面的原因。针对不同的蓝屏故障代码采取相应的处理办法，具体包括重启选择最后一次正确配置、重新拔插或更换相关硬件、重装驱动、修复磁盘、查杀病毒、安装最新系统补丁、检查 BIOS 和硬件兼容性等针对性处理措施。

完整的死机（BSOD）错误代码列表从 STOP 0x1 到 STOP 0xC0000221，一个 STOP 代码是一组基于十六进制的 STOP 代码组成。系统蓝屏 70% 是由于内存（病毒）Windows 蓝屏错误引起。常见蓝屏代码及故障分析如表 2-3 所示。

表 2-3 常见蓝屏代码及故障分析表

STOP 代码	故障分析与排除
0x0000000A：IRQL_NOT_LESS_OR_EQUAL	驱动问题、软件与硬件不兼容造成：卸载软件，重装驱动
0x0000001A：MEMORY_MANAGEMENT	新安装硬件、内存本身问题引起内存管理错误：查找内存大小是否达标，磁盘空间问题
0x0000001E：KMODE_EXCEPTION_NOT_HANDLED	内存或驱动软件兼容问题
0x00000024：NTFS_FILE_SYSTEM	磁盘损坏或中断要求封包（IRP）损坏：利用最后一次正确配置启动计算机或更换有故障的磁盘
0x00000051：REGISTRY_ERROR	硬盘本身有物理损坏或文件系统存在问题导致注册表或系统配置管理器出现错误：检查修复磁盘
0x0000007A：KERNEL_DATA_INPAGE_ERROR	虚拟内存页面文件存在坏簇、病毒、磁盘控制器出错、内存有问题引起虚拟内存数据无法读入内存造成的：病毒查杀、重装系统、硬件排查
0x0000009F：RIVER_POWER_STATE_FAILURE	电源问题或 ACPI 高级电源选项配置不正确引起：检查 ACPI 高级电源选项配置是否正确
0x000000BE：ATTEMPTED _ WRITE _ TO _ READONLY _MEMORY	硬件设备驱动程序存在 BUG 或安装不正确：尝试将近期更新过的驱动程序、BIOS 及 Firmware 逐一还原
0x000000ED：UNMOUNTABLE_BOOT_VOLUME	硬盘存在磁盘错误或文件错误，硬盘数据线或电源线接触不良或与硬盘的规格不符等原因引起：先磁盘扫描修复，不行再从硬件着手
0x000000116	显卡驱动不兼容：建议更换厂商驱动
0x000000124	硬件出错，如内存问题导致蓝屏：重新拔插或擦拭内存条

（续）

STOP 代码	故障分析与排除
0x00000135：UNABLE_TO_LOCATE_DLL	文件丢失、损坏或者注册表错误：恢复丢失文件或修复注册表
0xC000021A：STATUS_SYSTEM_PROCESS_TERMINATED	用户模式子系统有所损坏：尝试“最后一次正确的配置”启动；故障依旧，重装系统

2.2.11 计算机开机报错

计算机开机后基于不同的设备问题会出现不同的故障提示，找到相应故障设备采取针对性解决策略。

常见故障及解决方式如下。

1）提示 BIOS ROM Checksum Error-System Halted（BIOS 检验和失败，系统挂起）：BIOS 程序资料被更改，重新刷新 BIOS 程序解决。

2）提示 CMOS Battery State Low（CMOS 电池电力不足）：更换 CMOS 电池解决。

3）提示 CMOS Checksum Failure（CMOS 检验失败）：重新设置 BIOS 程序解决。

4）提示 Keyboard Error（键盘错误）：重插键盘或更换键盘解决。

5）提示 HDD Controller Failure（磁盘控制器失败）：检查并重新连接硬盘线。

6）提示 C:Drive Failure Run Setup Utility，Press（F1）To Resume：重设硬盘参数或重新格式化硬盘。

7）提示 Non -System Disk Or Disk Error，Replace and Strike Any Key When Ready：硬盘参数丢失、硬盘类型设置错误或硬盘接触故障。

8）提示 Error Loading Operating System，Missing Operation System：修复硬盘主引导程序。

9）提示 Invalid Drive Specification：利用磁盘工具恢复分区表。

10）提示 Disk Boot Failure，Insert System Disk：硬盘主引导记录破坏，利用磁盘工具恢复硬盘分区表。

2.2.12 计算机开机流程

计算机开关机过程中电源产生的瞬间电流会对电子元器件有较大的冲击。因此，掌握正确的开机步骤是必要的。

1. 正确的开关机顺序

计算机开关机过程中涉及主机与外设的开启，先开什么，后开什么顺序应掌握好。

（1）开机

先开显示器，再开主机。先开显示器再开主机防止因后开显示器造成电流变化对主机电流干扰。

（2）关机

先关主机，再关显示器。先关主机后关显示器防止因关闭显示器时对主机造成不必要的电流冲击。

2. 计算机启动步骤

计算机启动过程中会依序对主机硬件与外设部件进行一系列检查，只有全部检测正常通过才能顺利启动计算机。

计算机启动巡检过程如下。

1）主板故障。总线检测正常，喇叭发出“嘟”的一声，进入下一检测环节，如果检测失败，计算机启动停止，显示器不显示，但听到 CPU 风扇和电源风扇转运。

2）BIOS 故障。显示器出现 BIOS 名称和版本，进入下一检测环节，如果出现死机，说明 BIOS 存在故障。

3）设备接触不良。开机后显示器上迟迟没有画面，同时系统喇叭发出长短不一的报警声，说明设备接触不良。

4）显卡故障。BIOS 信息出现下一行新信息，对显卡检测，显示核心型号、显存大小和显卡 BIOS 版本等，然后进入下一检测环节。此时，如计算机死机或重新启动，说明显卡存在故障。

5）CPU 和内存检测。画面出现 CPU 名称、类型、主频和型号等信息，下一行显示内存大小，检测正常进入下一环节，如果此时死机、重启或机箱喇叭报警，说明 CPU、内存可能存在故障。常见 BIOS 报警声音说明如表 2-4、表 2-5 所示。

表 2-4　AWARD BIOS 警报声说明

提　示　音	故 障 原 因
1 次短音	正常
2 次短音	非致命错误
3 次短音	键盘故障或连接不正确
1 长 1 短音	设备连接不稳定
1 长 2 短音	显卡错误
尖锐警报声	系统错误（设备安装错误）

表 2-5　AMI BIOS 警报声说明

提　示　音	故 障 原 因
1 次短音	正常
2 次短音	内存安装错误
3 次短音	内存测试失败，检测内存是否可用
4 次短音	主板电池没电
5 次短音	CPU 检测失败，重新安装或更换
6 次短音	键盘检测失败
7 次短音	CPU 中断错误，可能损坏

6）BIOS 控制的 POST 过程。计算机将会对连接在计算机上设备与 BIOS 存储设备信息进行比对，如果出现死机或重启，说明 BIOS 进入 POST 过程中出现故障，可尝试升级 BIOS 或将 BIOS 内容设置为默认。此时可按〈Delete〉键进入 BIOS 设置，也可用〈Pause〉键使启动画面暂停。若启动停止，显示器上提示 Keyboard not Found，表示键盘出现故障或没有

正确连接。

7）检测主硬盘和从硬盘。如硬盘正常，将会进入下一检测环节，如出现死机或重启，说明硬盘存在故障；如启动停止，并出现提示 Reboot and Select proper Boot device or Insert Boot Media in selected Boot device and press a key，说明硬盘存在问题，很有可能存在供电问题。

8）接下来检测光驱和即插即用设备。如果正常会进入下一环节，但如果此时死机或重启，说明光驱存在短路或其他硬件冲突故障。

9）POST 检测过程结束。如检测到硬件设备与 BIOS 中记录的硬件信息一致，进入下一环节。

10）通过主板 DMI 为设备分配资源，此过程基本不会出现问题。

11）进入 Windows 欢迎界面，将硬盘系统文件装载到内存的过程。

2.2.13 BIOS 与 CMOS 解析

操作系统启动过程中，固件最先参与系统启动。固件是主板上一块包含用于初始化计算机和操作系统代码的芯片。固件与操作系统之间的接口负责系统启动工作。同时，固件接口类型决定固件接口的工作方式。固件接口有 BIOS（Basic Input/Output System，基本输入/输出系统）、EFI（Extensible Firmware Interface，可扩展固件接口）和 UEFI（Unified Extensible Firmware Interface，统一可扩展固件接口）三种类型。

1. BIOS

BIOS 程序直接对计算机系统中输入输出设备进行设备级、硬件级的控制，是连接软件程序和硬件设备之间的枢纽，提供计算机系统工程最低级、最基本的硬件控制程序。主要有 POST（Power On Self Test，加电自检）与系统自举装入程序、CMOS Setup 程序、基本 I/O 设备驱动程序和底层中断服务程序。当系统硬件与原 CMOS 参数不符合时，CMOS 参数遗失或系统不稳定时，需要进入 BIOS 设定程序（一般固化在 BIOS 芯片中），以重新配置正确的设备组态。通过设置程序对硬件系统设置参数，参数存放在主板 CMOS 芯片。

BIOS 程序以 16 位汇编代码、寄存器参数调用方式、静态链接以及 1MB 以下内存固定编址，BIOS 芯片写入空间有限。主要基于 X86 和 16 位实模式架构，作为固件到操作系统之间的接口，负责平台初始化工作，检测计算机连接的硬件设备是否正常工作，然后加载操作系统。

目前，通过 Intel 授权的 BIOS 程序有 AWARD BIOS、AMI BIOS、Phoenix BIOS 和 Byosoft BIOS 四家。

CMOS（Complementary Metal Oxide Semiconductor），主板上用来保存 BIOS 硬件配置和用户设定参数的一块可读写的 RAM 芯片，集成在南桥芯片中，可由主板电池供电，确保系统掉电时信息不会丢失。

BIOS 中系统设置程序放在一块 BIOS ROM 中，完成 CMOS 各种参数设置的手段，CMOS 的 RAM 芯片既是 BIOS 设定系统参数的存放场所，又是 BIOS 设定系统参数的结果。

（1）CMOS 设置

1）兼容台式机用户 Award、AMI 和 Phoenix 公司 BIOS 设置程序。

① AWARD BIOS：〈Ctrl + Alt + Esc〉组合键、〈Del〉键和〈F2〉功能键。

② AMI BIOS：〈Del〉键和〈Esc〉键。

③ COMPAQ BIOS：〈F10〉键开机后按〈Del〉键进入 CMOS 设置界面。

2）品牌机可根据开机屏幕提示或常用〈F2〉、〈F10〉、〈F12〉等功能键进入。

（2）CMOS 放电

1）忘记 CMOS 设置的口令，就无法进入计算机或进行 CMOS 设置，此时需要取下 CMOS 电池放电后，CMOS 设置信息被清除。

2）通过跳线短接清除 CMOS 信息。

2. EFI

EFI 起初是 Intel 针对 Itanium（安腾）计算机开发的固件接口，主要在于为兼容不同架构（IT-64 位）和平台的计算机硬件。采用模块化、高级语言（采用 C 语言，基于标准的通信接口，主板厂商可根据自身需求添加 EFI 的功能与驱动）构建一个小型化系统，直接利用加载 EFI 驱动程序方式识别系统硬件并完成硬件初始化，摒弃中断执行和 16 位实模式。EFI 驱动采用专用于 EFI 的虚拟机器中间指令编写而成，具有良好的兼容性（兼容不同操作系统）、扩展性（驱动开发简单，方便厂商进行硬件驱动定制）和图形化界面，支持鼠标操作。EFI 层负责向操作系统提供硬件操作接口，不需操作系统调用驱动，可以直接通过网络完成更新驱动程序。EFI 以小型磁盘分区（50MB ~ 100MB）形式存放在硬盘上，并且需要主板支持 EFI 功能。EFI 包含 Pre-EFI 初始化模块、EFI 驱动执行环境、EFI 驱动程序、兼容性支持模块（CSM，将不具备 EFI 引导能力的操作系统提供类似传统 BIOS 的系统服务）、EFI 高层应用和 GUID 磁盘分区几部分。EFI 初始化模块和驱动执行环境通常被集成在一个只读存储器中。EFI 将主要程序文件放在硬盘上，被破坏时可以使用光盘进行维修。

要在 GPT 磁盘上引导 Windows，磁盘上必须有 EFI 系统分区和 Microsoft 保留分区（MSR）。如果错误删除系统磁盘上的 EFI 分区，Windows 将无法启动。此时，需要创建 EFI 分区，然后安装 EFI 引导加载程序使硬盘驱动器可引导。但是，建议在进行任何更改前先做好磁盘数据备份工作，预防数据丢失。

3. UEFI BIOS

UEFI BIOS 用模块化，C 语言风格的参数堆栈传递方式，动态链接形式构建的系统，运行于 32 位或 64 位模式上，突破传统 16 位代码寻址能力，比传统 BIOS 更易于实现，容错和纠错能力增强。可扩展固件接口旨在提供一组在 OS 加载启动前在所有平台上一致的启动服务。UEFI BIOS 利用加载 UEFI 驱动形式识别及操作硬件，自动从预启动的操作环境加载到操作系统，减少 BIOS 自检步骤，节省平台启动时间。UEFI 可编程性好，兼容性好，可扩展性好，性能高，安全性高。

UEFI 主要有 UEFI 初始化模块、UEFI 驱动执行环境、UEFI 驱动程序、兼容性支持模块、UEFI 高层应用和 GUID 磁盘分区等几部分。

UEFI 启动有一个独立分区，将系统启动文件和操作系统本身隔离，即使系统启动出错需要重新配置，只需简单对启动分区重新配置即可。UEFI 启动和 GRUB 启动类似，启动时可调用 EFIShell，可加载指定硬件驱动，选择启动文件。

在 UEFI 模式下，Windows 操作系统版本须与计算机架构相匹配。64 位架构计算机只能运行 64 位版本 Windows 操作系统，32 位架构计算机只能运行 32 位版本 Windows 操作系统。64 位 Windows 7 及以后版本 Windows 操作系统支持 UEFI 启动。

查看计算机固件类型方法如下。

1）利用〈Win + R〉组合键调出命令行窗口，输入 CMD 命令按回车键。

2）命令行输入 msinfo32. exe。

3）查看 BIOS 模式。

4. 主板 BIOS 设置

BIOS 设置程序由 Award、AMI 和 Phoenix 等公司生产，均包含几个通用的模块，比如标准参数设置、高级参数设置、整合外设设置、电源管理设置、启动菜单设置、安全设置和退出设置等，设置方式大同小异。下面以 AMI BIOS 程序说明 BIOS 程序设置技巧。

AMI 公司 BIOS 设置方法如下。

1）开机启动计算机后，长按〈Del〉键，进入 Setup，窗口会停留在 BIOS 第一个菜单项内容。窗口显示包含有 BIOS 版本、CPU、内存和系统时间等基本信息。其中，只有系统时间可以修改设置，如图 2-7 所示。

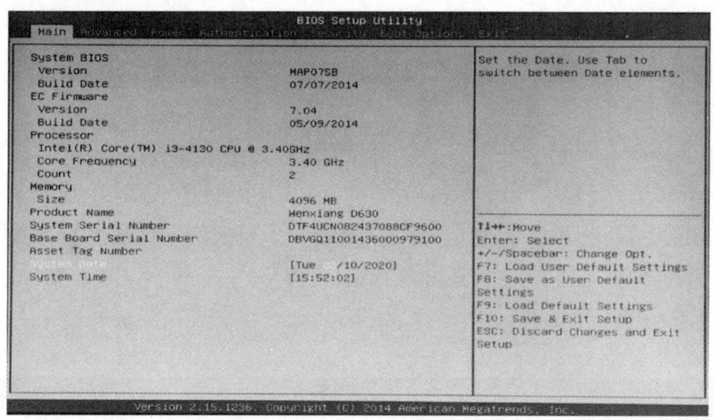

图 2-7 打开 BIOS 设置主窗口

2）单击 Advanced 标签，切换至 Advanced 选项卡，包含 Miscellaneous（混合设置）、Advanced Chipset Configuration（高级芯片设置）、Integrated Peripherals（周边设备设置）和 PC Health Status（计算机健康状况）等选项，如图 2-8 所示。

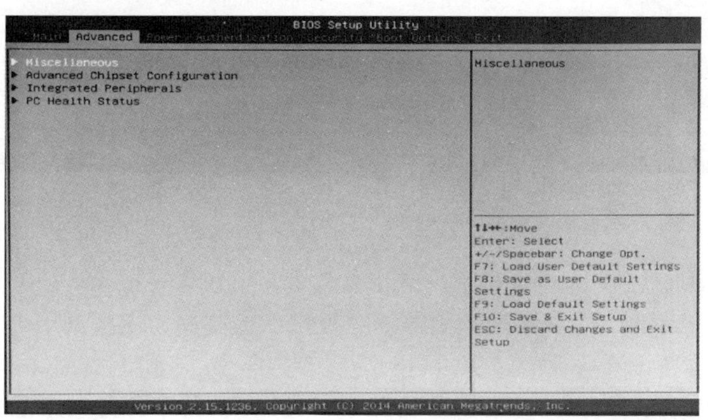

图 2-8 打开 Advanced 菜单窗口

① 选择 Miscellaneous 选项，弹出新设置窗口包含 AHCI Port、Spread Spectrum（频展）和开机小键盘状态等子选项，如图 2-9 所示。注意当存在电磁干扰和 CPU 超频时，Spread Spectrum 设定为 disabled。

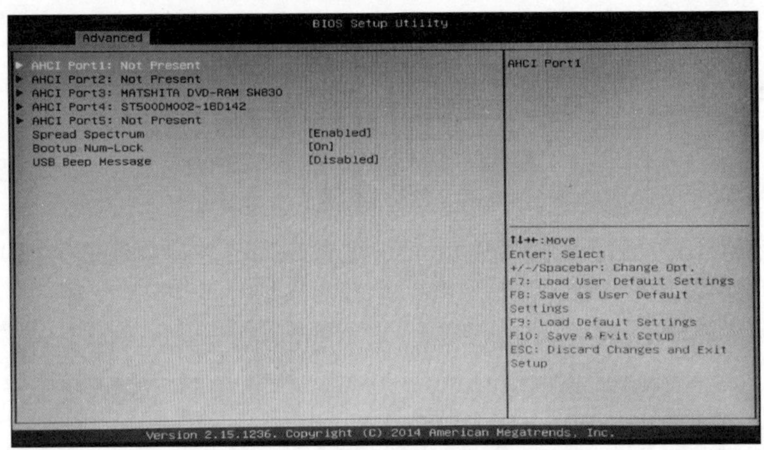

图 2-9　打开 Miscellaneous 命令窗口

② 选择 Advanced Chipset Configuration 选项，弹出新窗口包含 Intel、Video 和 Memory 等参数设置选项，如图 2-10 所示。其中：Intel EIST 为节能技术；Intel AES-NI 为硬件加密指令集；Intel XD Bit 为硬件防毒功能；Primary Video 为基本视频；Video Memory Size 为显存修改；DVMT Mode 为动态显存模式。

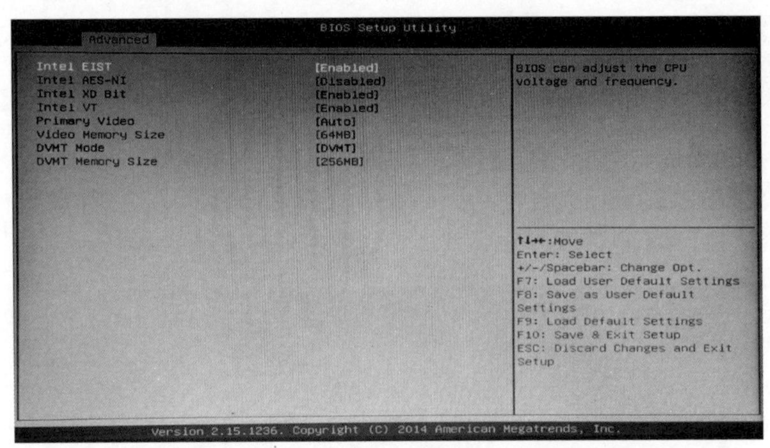

图 2-10　打开 Advanced Chipset Configuration 命令窗口

③ 选择 Integrated Peripherals 选项，弹出新设置窗口包含主板 SATA 控制器、主板 SATA 模式、主板 USB 控制器、主板图形控制器、主板网卡控制器、主板网卡 ROM、串口地址和并口地址等主板支持设置选项，如图 2-11 所示。其中：Onboard SATA Mode 存在 Native IDE 和 AHCI 选项，如果系统为 XP，则需要选择 Native IDE，若不挂载 AHCI 驱动而选择 AHCI 启动过程会蓝屏。Onboard Lan Controller 为板载网卡是否启用。

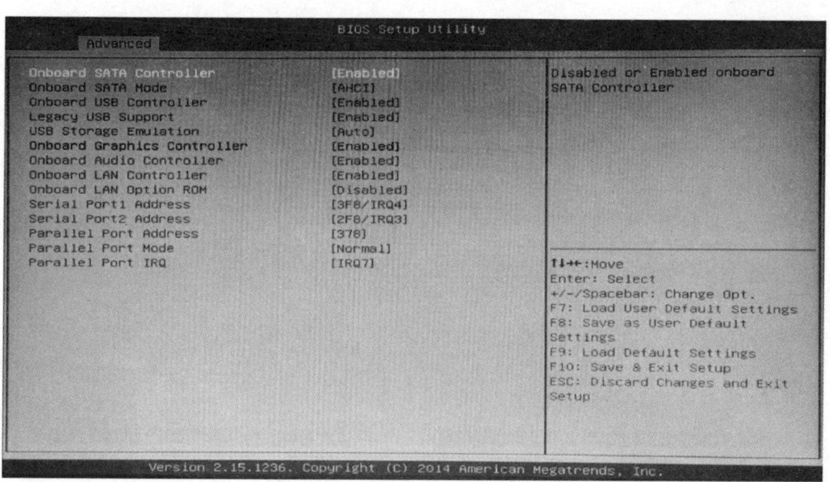

图 2-11 打开 Integrated Peripherals 命令窗口

④ 选择 PC Health Status 选项，进入 PC Health Status 命令窗口，窗口主要为 CPU 温度控制设置，可以设定系统 CPU 关机温度以保护 CPU 硬件，可以设定风扇智能运行，如图 2-12 所示。

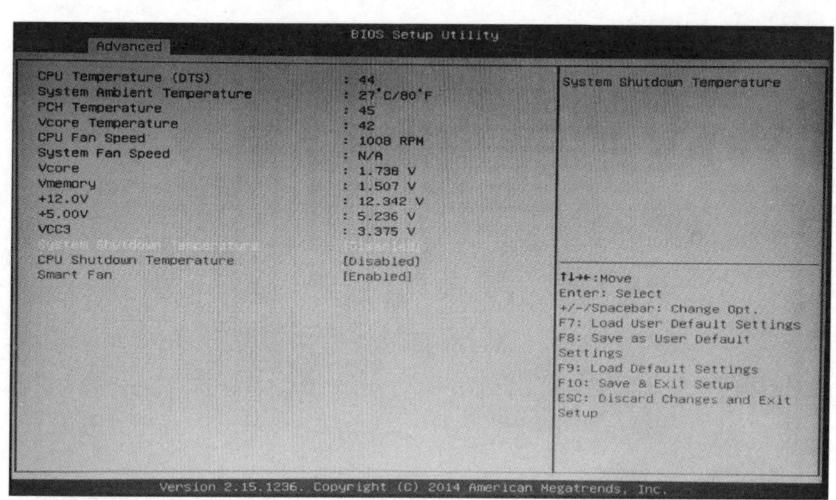

图 2-12 打开 PC Health Status 命令窗口

3）单击 Power 标签，切换至 Power 选项卡，包含 ACPI（高级配置和电源管理接口）Suspend Mode（ACPI 休眠模式）、Deep Power off mode（深度掉电模式）、Power on by RTC Alarm（定时开机）、Power on by PCIE Devices（PCIE 设备开机）、Power on by Onboard LAN（通过板载网卡开机）和 Restore on AC Power Loss（掉电后恢复最近状态）等选项可供设置，如图 2-13 所示。对于需要定时开启的终端设备，将 Power on by RTC Alarm 设置为 Enabled 后，接着设置定时开机周期与具体时间，可确保终端按设定时间准时启动，消除人力开机困扰。将 Restore on AC Power Loss 设置为 Last State 或 On，则因停电引起服务器等设备停止运转，来电后会自动开机启动，省去人力干预。

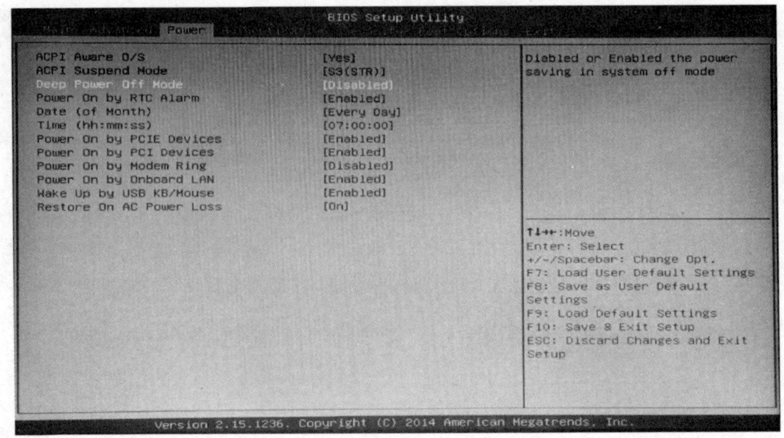

图 2-13　打开 Power 菜单窗口

4）单击 Authentication 标签，切换至 Authentication 选项卡，如图 2-14 所示。如果系统预装 Windows 8，需要改安装成 Win7 时，需要将 Secure Boot（安全启动）设为 Disabled，同时将 Boot Option 主菜单项下将 Launch CSM 选项设为 Enabled。如果将 Secure Boot 设为 Enabled，则 Boot Option 主菜单下将 Launch CSM（调用兼容支持模式）选项设为 Never，而且是不可修改的灰色，无法从硬盘启动。

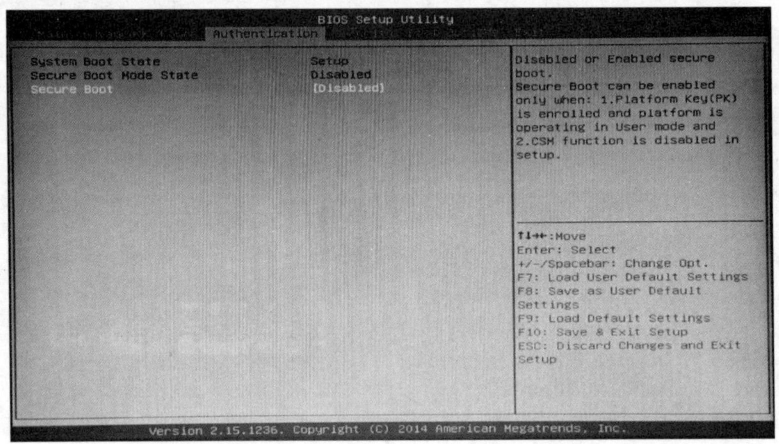

图 2-14　打开 Authentication 菜单窗口

5）单击 Security 标签，切换至 Security 选项卡，窗口主要有 Supervisor Password（管理员密码）、User Password（用户密码）、HDD Password（硬盘密码）和 BIOS Write Protect（BIOS 写保护）等设置选项，如图 2-15 所示。设置管理员密码有两种方式，一种是选择 Always 选项，则启动计算机和进入 CMOS 设置均需要密码，另一种是选择 Setup 选项，则只有进入 CMOS 设置需要密码。用户密码是指开机启动计算机进入系统需要输入密码。

6）单击 Boot Options 标签，切换至 Boot Options 选项卡，可以设置启动计算机的优先顺序方式，如 2-16 所示。

7）单击 Exit 标签，切换至 Exit 选项卡，包含 Save & Exit Setup（保存并退出修改）、

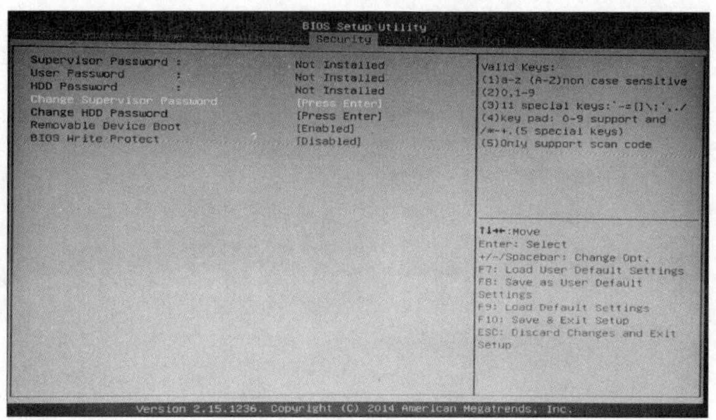

图 2-15　打开 Security 菜单窗口

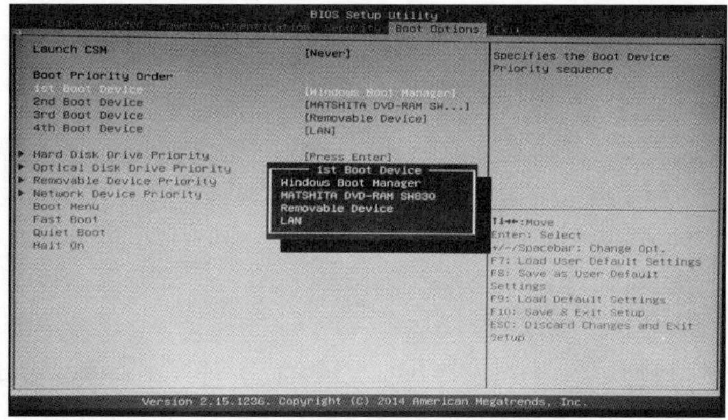

图 2-16　打开 Boot Options 菜单窗口

Discard Changes and Exit setup（放弃修改并退出）、Load Default Setting（调用默认配置）、Save as User Default settings（保存为用户默认配置）和 Load User Default Settings（调用用户默认配置）等选项，如图 2-17 所示。

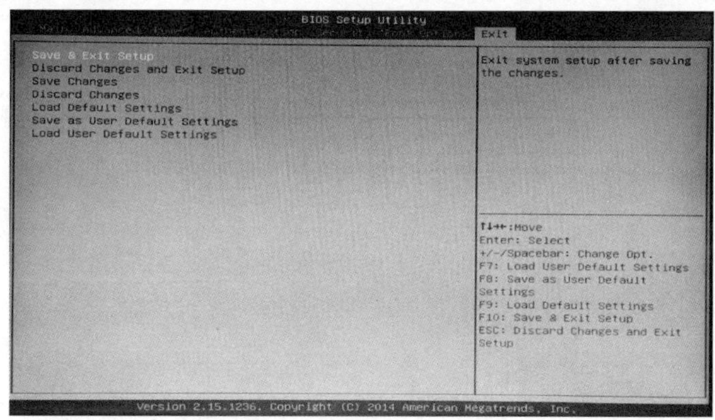

图 2-17　打开 EXIT 菜单窗口

第3章 计算机软件维护

3.1 Windows 操作系统

Windows 操作系统作为新一代视窗操作系统，操作界面友好，使用普遍。熟悉使用与维护技巧，无疑可以更好地助力工作和学习。

3.1.1 硬盘分区规划

新购置硬盘在开拆前商家一般没有经过科学地分区处理，用户购买后使用前需要经过分区操作，方便日后科学管理操作系统与分类有序保存数据。

1. Windows 7/8/10 硬件配置要求

安装 Windows 操作系统对计算机的 CPU、内存和硬盘等硬件配置有一个最基本的要求，见表 3-1。

表 3-1 常见操作系统最低配置要求表

操作系统	CPU	内　存	系统分区
32 位	1GHz	1GB	16GB
64 位	2GHz	4GB	20GB

事实上，完全参照最低硬件配置要求规划计算机，根本无法保证计算机顺畅运行。经过大量用户实践总结，操作系统存在一个较理想的经验配置：就内存来说，内存 4G 以下建议安装 32 位操作系统，内存 4G 以上建议安装 64 位操作系统；就系统分区来说，并不是越大越好，Windows 7/8/10 系统盘分区大小在 80GB～100GB 比较理想。

2. 硬盘分区

硬盘分区在于为不同类型、不同用途的文件有序存放提前规划逻辑分区单位，科学实现文件分类管理，提升系统运行效率。

(1) 硬盘分区类型

常见的硬盘分区类型为以下几种。

1）基本分区（主分区）：操作系统启动文件所放置的分区，一个操作系统须有且只能有一个主分区，一个硬盘上可设置不超过四个主分区。

2）活动分区：用于启动 x86 计算机的分区。当硬盘启动系统时，有且只有一个主分区操作系统运行，成为活动分区，用于加载系统启动信息。若硬盘中没有一个主分区被设置为活动分区，则该硬盘无法正常启动操作系统。

3）扩展分区：用户根据系统需要设置，是建立逻辑盘的前提。扩展分区并不能直接使用，须将其进一步划分为逻辑盘方可被识别用于存放数据。

4）逻辑分区：在扩展分区基础上划分而来，用于存储数据。最多可创建 23 个逻辑分区。

操作系统中驱动器盘符规定如下 A：和 B：为固定分配给软盘驱动器使用，目前软驱基本被淘汰使用；C：分配给主分区；D：到 Z：按序先分配给逻辑盘，然后再分配给光驱和 U 盘。

（2）系统分区和引导分区

以硬件信息文件存放位置和操作系统文件相关存放为标准进行分区划分。

1）系统分区：包含启动 Windows 所需硬件特定文件的分区，提供恢复工具、安全工具和多个操作系统列表信息存储。在 x86 计算机中系统分区必须被标记为活动的主分区，在动态磁盘上将系统分区称为系统卷。在高版本 Windows 操作系统组成的单系统或多系统环境中，安装系统时会自动创建一个几百兆大小的独立系统分区，通过“磁盘管理”窗口才能看到该系统分区。

2）启动（引导）分区：安装 Windows 操作系统的分区。在安装多个操作系统时，计算机存在多个启动分区，但只会有一个系统分区。

（3）基本磁盘和动态磁盘

Windows 操作系统中存在两种磁盘配置类型，所有 Windows 操作系统可以识别和使用基本磁盘，但只有 Windows 2000 以上版本才能识别和使用动态磁盘。基本磁盘和动态磁盘并非针对单个分区而是整个磁盘。

1）基本磁盘：个人计算机通常使用的配置，仅允许同一磁盘上的连续空间划分为一个分区。简单卷是动态磁盘中最基本的卷，相当于基本磁盘中的主分区。

2）动态磁盘：以“卷”命名，没有分区概念，同一个卷可以跨越多达 32 个物理磁盘。可以创建带区卷（通过将两个以上的可用空间区域合并到一个逻辑卷）、镜像卷（通过使用卷的两个副本或镜像复制存储在卷上的数据，从而提供数据冗余性）和 RAID 5 卷（数据和奇偶校验间断分布在三个以上物理磁盘的容错卷）等不同类型的高级卷，以提高数据读写性能和容错功能。高级卷在服务器上应用广泛。

注意：基本磁盘可以在不损失数据情况下直接转换为动态磁盘，但动态磁盘转换为基本磁盘则需要先删除动态磁盘中所有卷。

（4）创建基本磁盘

创建基本磁盘是磁盘的一种基本创建方式。具体创建步骤如下。

1）右击桌面“计算机”图标，在弹出的快捷菜单中选择“管理”命令，弹出“计算机管理”窗口，如图 3-1 所示。

2）单击“磁盘 0”，然后右击右边未分配磁盘，在弹出的快捷菜单中选择“新建简单卷”命令，输入 80GB 卷容量，然后单击“下一步”按钮，如图 3-2 所示。

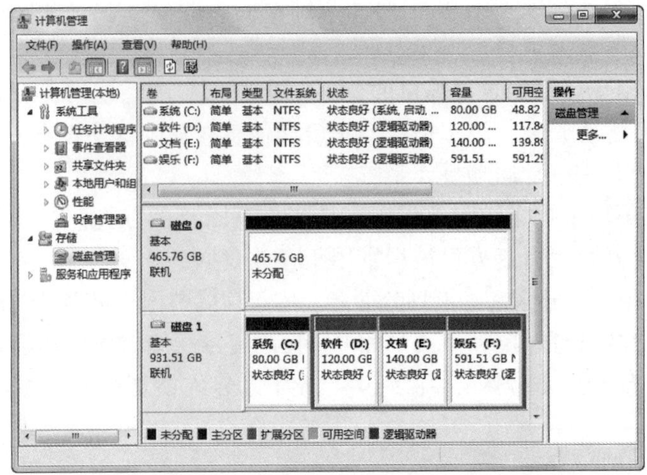

图 3-1　计算机磁盘管理主窗口

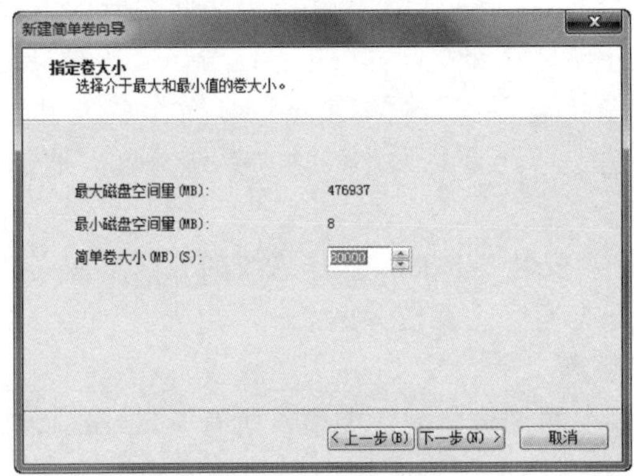

图 3-2　指定卷大小

3）为新建简单卷分配驱动器号，默认选择 G，然后单击“下一步”按钮，如图 3-3 所示。

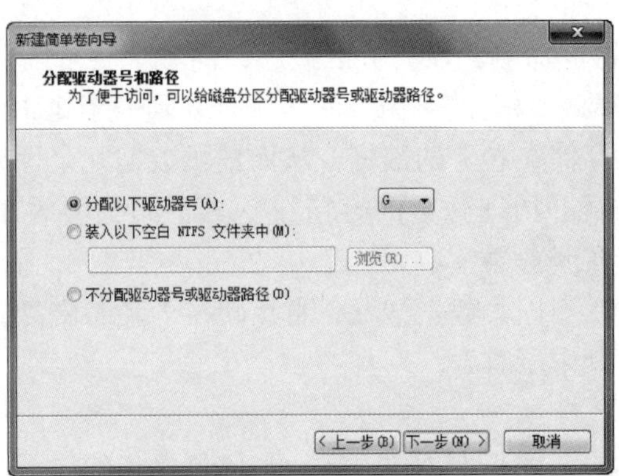

图 3-3　分配驱动器号和路径

4）在格式化分区窗口中，可以根据需要选择，也可采用默认系统选项，然后单击“下一步”按钮，如图 3-4 所示。

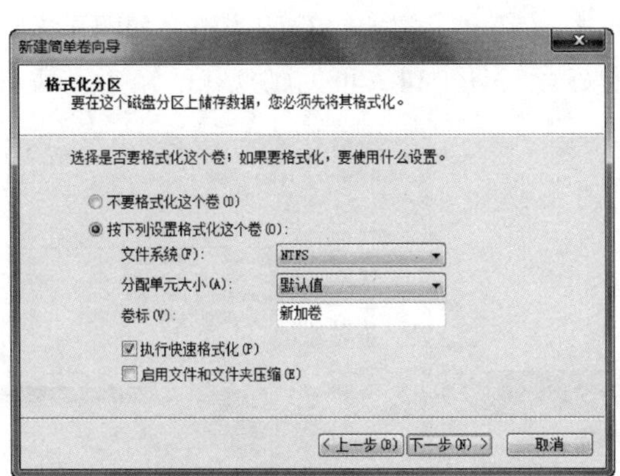

图 3-4 格式化分区

5）等待系统创建完成后显示简单卷摘要信息，单击“完成”按钮，如图 3-5 所示。

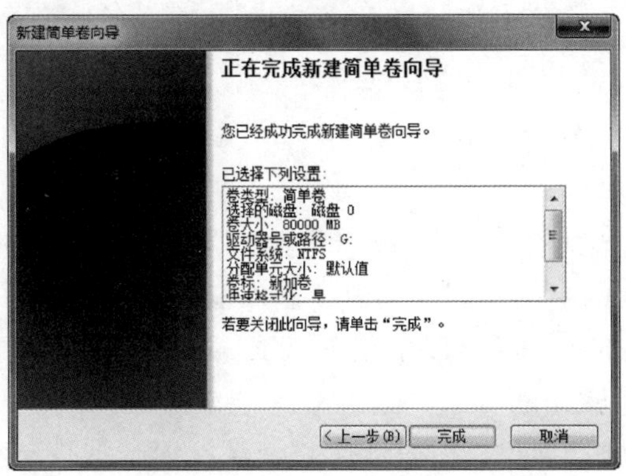

图 3-5 显示简单卷摘要信息

（5）创建动态磁盘

1）右击“磁盘 0”，在弹出的快捷菜单中选择“转换到动态磁盘”命令，如图 3-6 所示。

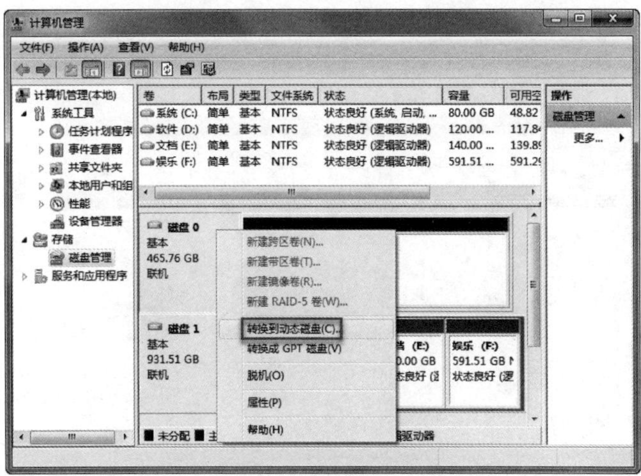

图 3-6 创建动态磁盘

2）保持默认设置，单击“确定”按钮，开始转换，如图 3-7 所示。

3）转换完成后，查看磁盘管理窗口，可见磁盘 0 已经变成动态磁盘，如图 3-8 所示。

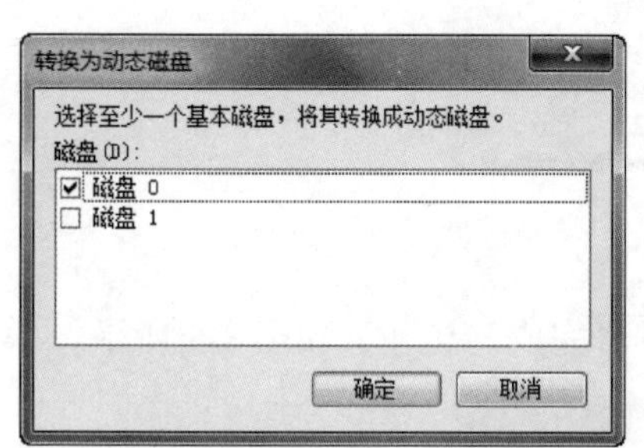

图 3-7　选择动态磁盘

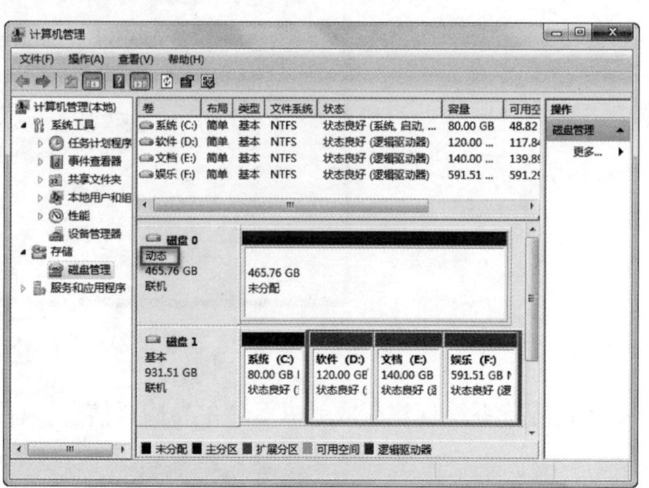

图 3-8　计算机磁盘管理主窗口

（6）创建 RAID 5 高级卷

创建前，要先在准备创建 RAID 5 卷硬盘上留足预定空间，比如创建 400GB，则需要先在磁盘 1 上整理出 400GB 的空闲空间。同时，制作 RAID 5 高级卷需要在动态磁盘上进行。因此，要先将基本卷转换成动态卷。以下基于 Windows 2008 Server R2 系统操作环境，创建 RAID 5 高级卷具体操作步骤如下。

1）打开“服务器管理”窗口，然后选择“磁盘管理”选项，右边窗口出现三块磁盘，右击“磁盘 1”，在弹出的快捷菜单中选择“新建 RAID -5 卷（W）”命令，如图 3-9 所示。

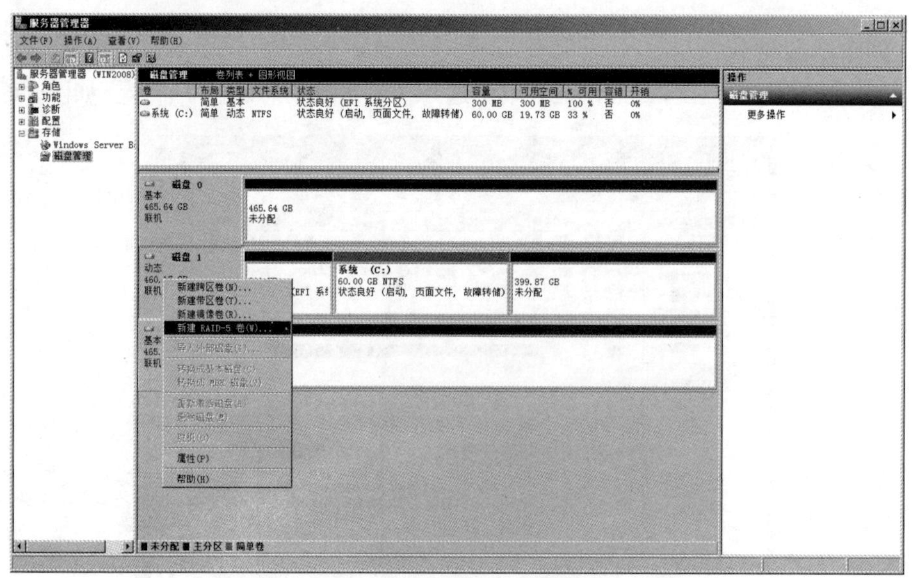

图 3-9　打开服务器管理窗口

2）打开“欢迎使用新建 RAID 5 卷向导”界面，然后单击“下一步”按钮，如图 3-10 所示。

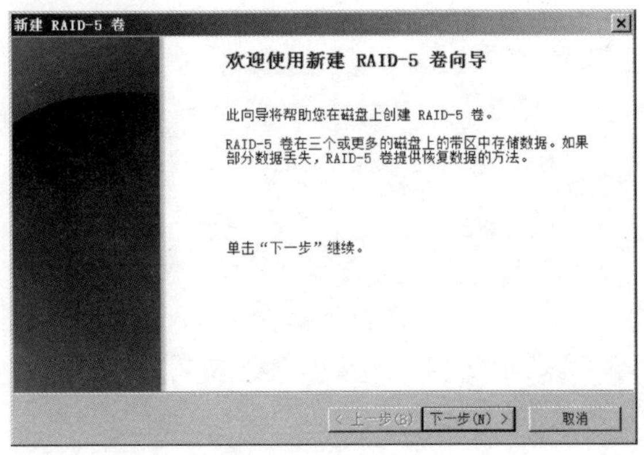

图 3-10　打开“新建 RAID 5 卷”窗口

3）弹出新窗口，将要做 RAID 5 的可用磁盘添加到右边“已选的”区域，如图 3-11 所示。

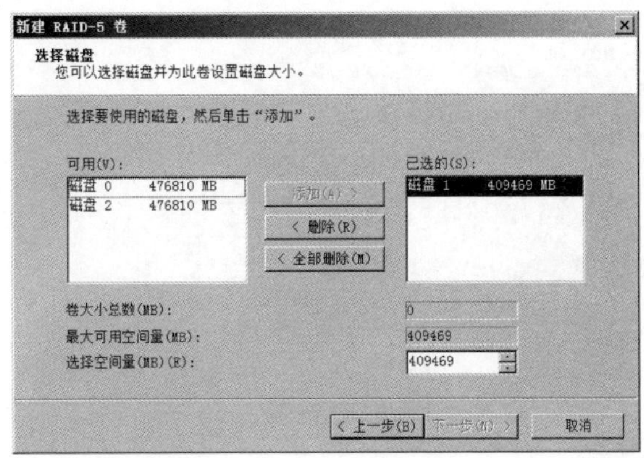

图 3-11　进入选择磁盘界面

4）当把三块硬盘全部添加过去后，单击“下一步”按钮，如图 3-12 所示。

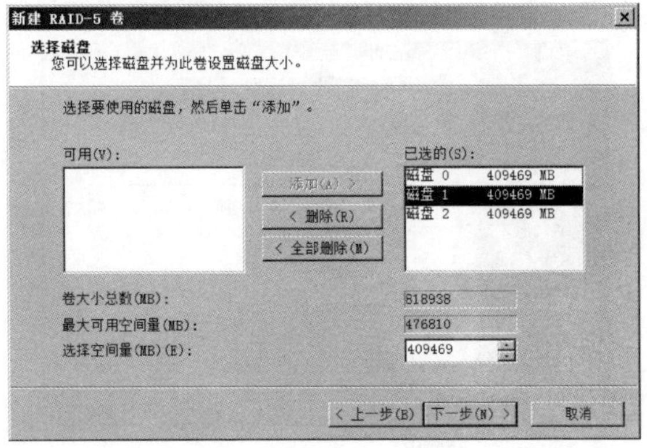

图 3-12　添加完三块硬盘

5）给新建的磁盘阵列分配驱动器号，选择默认即可，直接单击“下一步”按钮，如图 3-13 所示。

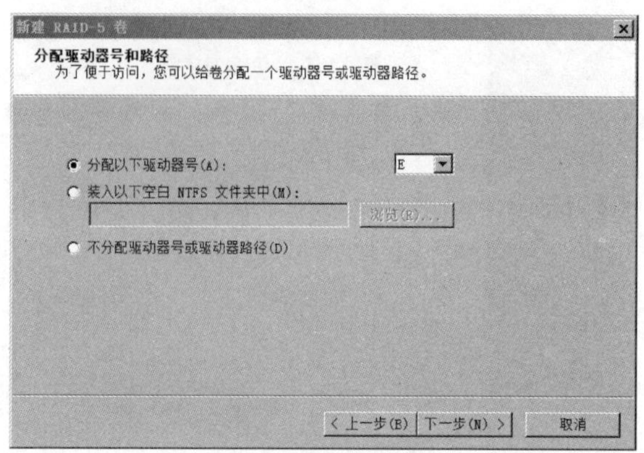

图 3-13　进入分配驱动器号和路径界面

6）设置卷区格式化参数，并勾选“执行快速格式化（P）”复选框，然后单击“下一步”按钮，如图 3-14 所示。

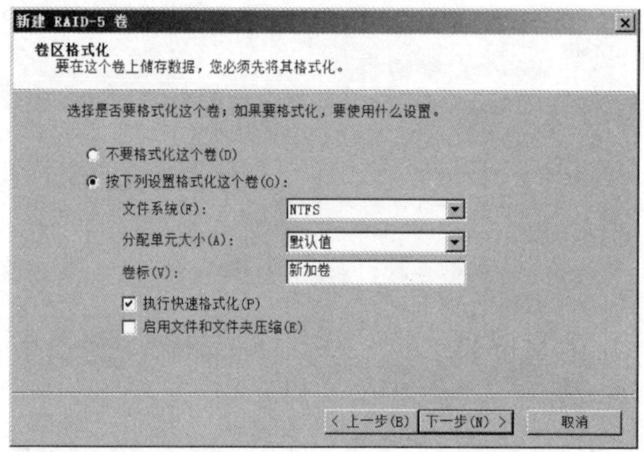

图 3-14　进入卷区格式化界面

7）进入“正在完成新建 RAID 5 卷向导”界面，显示即将创建 RAID 5 方案的相关信息。如果想变更，单击“上一步”按钮，否则单击“完成”按钮，如图 3-15 所示。

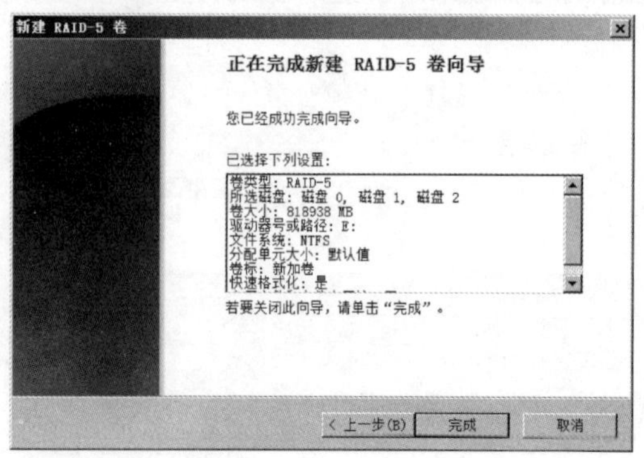

图 3-15　进入新建卷摘要界面

8）创建 RAID 5 阵列完成后，E 新加卷实际包含三个同样容量的磁盘，如图 3-16 所示。

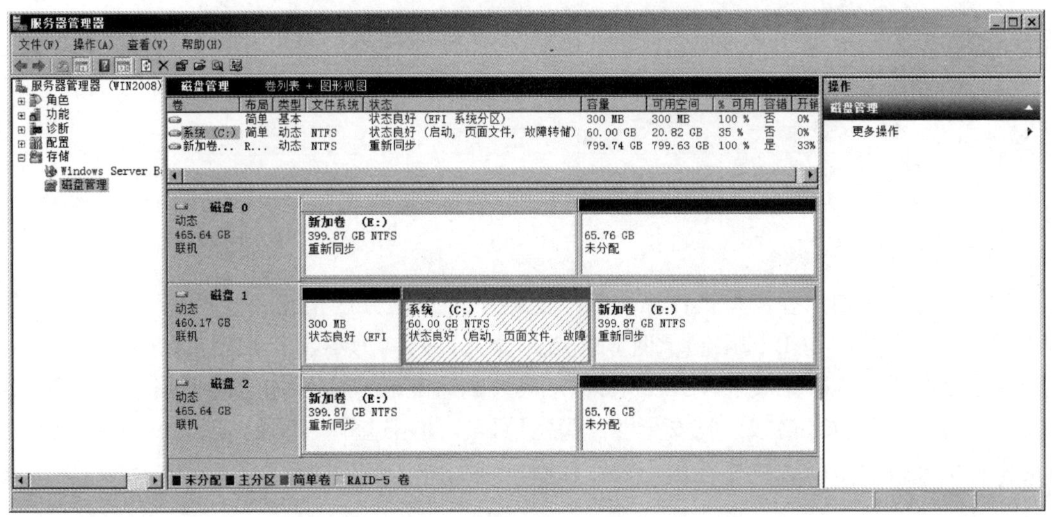

图 3-16 查看已经创建阵列的磁盘分布情况

3. 分区表格式

硬盘分区表格式存在 MBR 和 GPT 两种形式。

（1）MBR 分区表

采用 MBR（Master Boot Record，主引导记录）分区形式能识别的最大磁盘容量为 2.19TB。MBR 包含一个分区表，用于描述分区在磁盘中位置及分区所使用的文件系统。磁盘第一个隐藏扇区包含主引导记录和一个用于引导系统的二进制文件（即主引导代码），独立于磁盘分区而存在。磁盘 MBR 分区表类型如图 3-17 所示。

接口类型:	ATA	序列号:	WXJ1A17RNYX4
型号:	WDCWD5000LPCX-75VHA	分区表类型:	MBR
柱面数:	60801		
磁头数:	255		
每道扇区数:	63		
总容量:	465.8GB	总字节数:	500107862016
总扇区数:	976773168	扇区大小:	512 Bytes
附加扇区数:	5103	物理扇区大小:	4096 Bytes

图 3-17 磁盘 MBR 分区表类型

（2）GPT 分区表（GUID 分区表）

采用 GPT（GUID Partition Table，全名 Globally Unique Identifier Partition Table Format，即全局唯一标识磁盘分区表格式）分区形式能识别的最大磁盘容量为 9.4ZB（94 亿 TB）。GPT 是一种由基于 Itanium 计算机中的 EFI 使用的磁盘分区形式，采用 8 字节存储扇区数，最大可支持 264 个扇区。GPT 分区能针对不同数据建立不同分区，并为不同分区创建不同权限。为保证磁盘数据安全性，不允许整个硬盘复制。GPT 是 UEFI BIOS 所使用的磁盘分区格式，Windows 7 64 位及以上系统盘可以采用 GPT 格式。若要实现快速开机，硬盘格式须采用 GPT 格式，最好安装 Windows 8/10 操作系统。GPT 分区表硬盘在传统 BIOS 固件计算机中只能存储数据，不能安装操作系统。磁盘 GPT 分区表类型如图 3-18 所示。

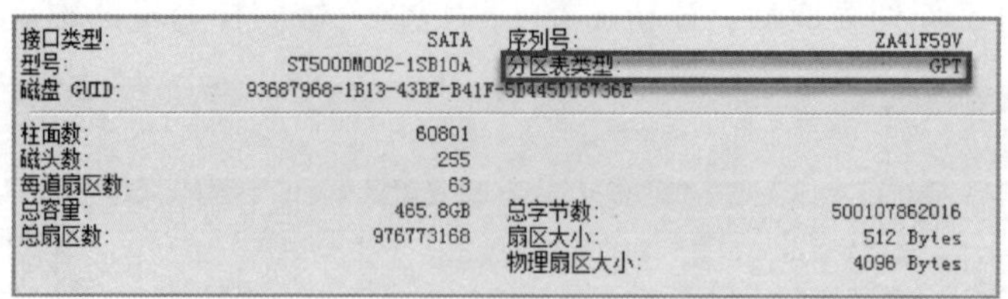

图 3-18 磁盘 GPT 分区表类型

4. 分区文件格式系统

FAT16 是较早使用并支持操作系统最广泛的一种磁盘分区格式，支持最大分区为 2GB。FAT32 突破一个分区 2GB 的限制，但 FAT32 单个文件限制为 4GB。NTFS 文件系统作为当前主流磁盘格式，突破单个文件 4GB 的限制，是为磁盘配额、文件加密和网络应用等管理安全特性设计的硬盘分区格式。它安全性、稳定性好，使用过程中不易出现文件碎片，而且可以对不同的文件目录设置严格的用户操作权限。

5. 磁盘分区

不同等级容量的硬盘可以采用不同的工具进行分区管理。

（1）对 2TB 以下机械硬盘分区

使用系统安装光盘或者带分区工具（如 DiskGenius）的引导盘进行分区或完成转换（如 MBR 到 GPT）。

1）分区操作：利用 U 盘进入 PE 工具，运行 DiskGenius 工具可以完成分区操作。一般手动分区遵循以下操作步骤：建立主分区→建立扩展分区→建立逻辑分区→激活主分区→格式化所有分区。安装操作系统的分区需要激活为主分区。

2）调整分区大小问题：增加分区容量前提是存在空闲空间。因此，需要提前删除其他分区或先减小其他分区实现。减小分区容量时，用户可以根据需要将一个分区容量减小，同时将减少的容量并入另一个分区。

3）磁盘文件格式转换：可以利用分区软件，或者利用命令行窗口输入转换命令进行格式转换。如将 D 分区转换为 NTFS 格式命令：convert D：/fs：ntfs。

注意：文件转换时，如果将 FAT16 或 FAT32 格式转换成 NTFS 格式，不会影响分区数据，但一经转换后不可由 NTFS 格式再转换回 FAT32 格式。如果要转换的分区包括系统文件，则需要重新启动计算机才能进行转换；如果磁盘没有空闲空间，则转换可能失败。

（2）对 2TB 以上的硬盘分区

对 2T 以上的硬盘需要借助专门的分区工具进行分区，如华硕主板 Disk Unlocker 软件、技嘉主板 3TB + Unlock 软件和希捷硬盘 DiscWizard 工具软件等。

（3）硬盘分区操作

【实例 3-1】 将一块 500GB 的新硬盘分成系统、程序、文档、娱乐四个区，大小分别为 80GB、100GB、120GB、166GB，分区表类型为 GPT，同时创建 ESP、MSR 两个特殊分区。EFI 系统分区（ESP）是一个使用 FAT32 格式化的小分区，通常为 100MB，其中存储已安装系统的 EFI 引导加载程序以及启动时固件使用的应用程序。如果硬盘驱动器初始化为 GUID 分区表（GPT）分区样式，它将在安装 Windows 后生成 EFI 系统分区。具体操作步骤如下。

1）利用带 PE 系统的可启动 U 盘或光盘进入 PE 环境，然后运行 DiskGenius 分区工具，

如图 3-19 所示。

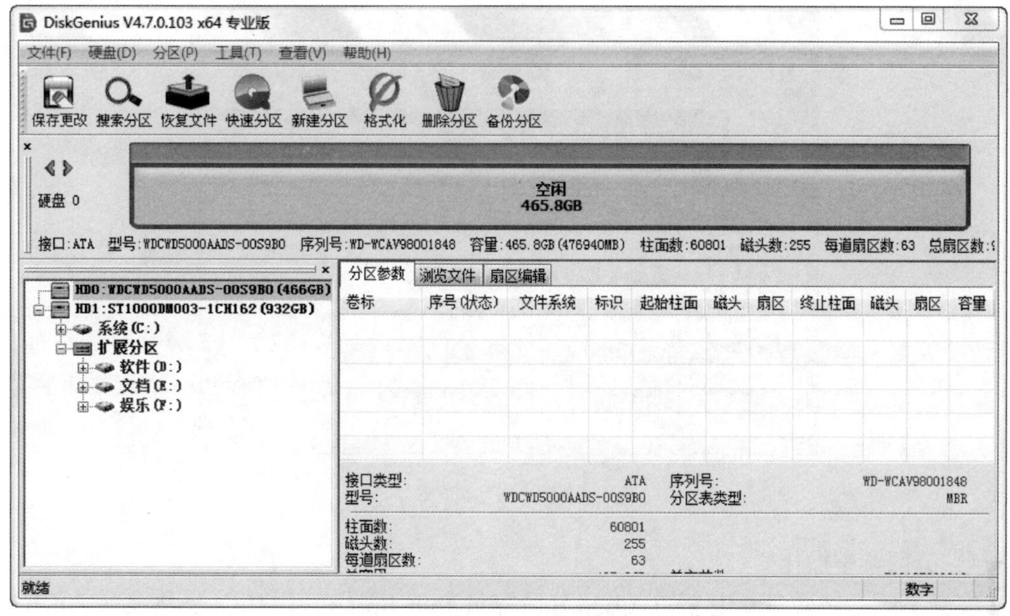

图 3-19　分区工具主窗口

2）单击工具栏菜单中“快速分区”按钮，系统会根据硬盘大小给出默认参考，用户可以更改默认参数，自行设定分区个数，分区表类型等。在此设置为 GUID 分区表类型，分区数目为 4 个分区，4 个分区大小依次为 80GB、100GB、120GB、166GB，最后勾选“创建新 ESP 分区”“创建 MSR 分区”“对齐分区到此扇区数的整数倍”复选框，如图 3-20 所示。

快速分区 - HD0:WDCWD5000AADS-00S9B0(466GB)
当前磁盘(点击选择)
HD0:WDCWD5000AADS-00S9B0(46
分区表类型:
MBR GUID
分区数目
3个分区 4个分区
5个分区 6个分区
自定(C): 2 个分区
重建主引导记录(MBR)
保留现有ESP分区
创建新ESP分区
创建MSR分区
高级设置
1: NTFS 80 GB 卷标: 系统
2: NTFS 100 GB 卷标: 软件
3: NTFS 120 GB 卷标: 文档
4: NTFS 166 GB 卷标: 娱乐
默认大小 清空所有卷标
对齐分区到此扇区数的整数倍: 2048 扇区 (1048576 字节)
提示: 可按下"3、4、5、6"快速选择分区个数。
注意: 此功能执行后，当前磁盘上的现有分区将被删除。新分区将会被快速格式化。
确定 取消

图 3-20　快速分区窗口

3）单击“确定”按钮，系统开始并完成相应的分区操作，分区完成后如图 3-21 所示。

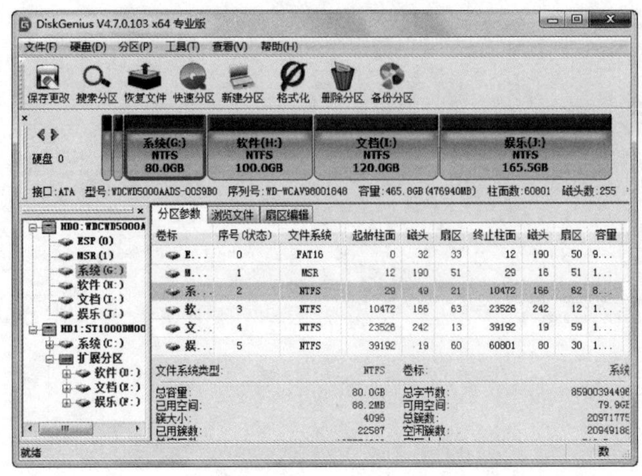

图 3-21　分区操作

（4）分区调整操作

【实例 3-2】　将磁盘 0 中文档（E）分区容量 130GB 调整为 110GB，将剩余 20GB 合并到娱乐（F）分区中。具体操作步骤如下。

1）打开 DiskGenius 工具，显示主界面窗口如图 3-22 所示。

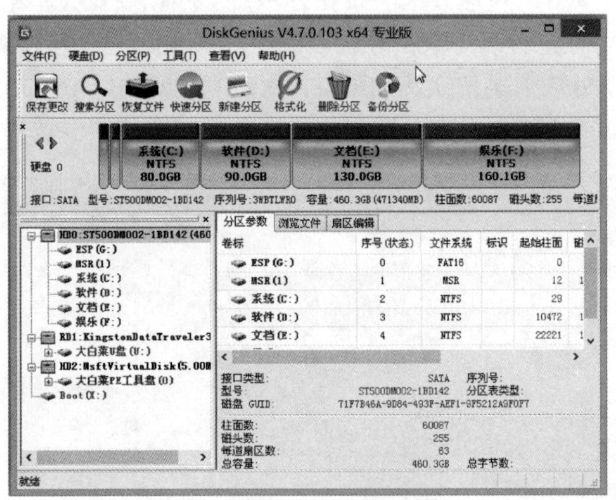

图 3-22　打开分区工具主窗口

2）将文档（E）分区容量调整为 110GB，将空余空间合并到娱乐（F）分区。具体操作：①将调整后的文档（E）分区容量设为 110GB；②单击“起始扇区号”数字后面空白处；③单击“分区后部的空间”数字后面空白处；③“保持空闲”下三角按钮变为可操作状态；④在列表中选择“合并到娱乐（F）”选项。最后单击“开始”按钮，如图 3-23 所示。

3）弹出调整分区大小步骤和安全提示对话框，单击“是”按钮，开始调整操作，如图 3-24 所示。

4）显示系统分区调整进度，调整完毕，单击“完成”按钮，如图 3-25 所示。

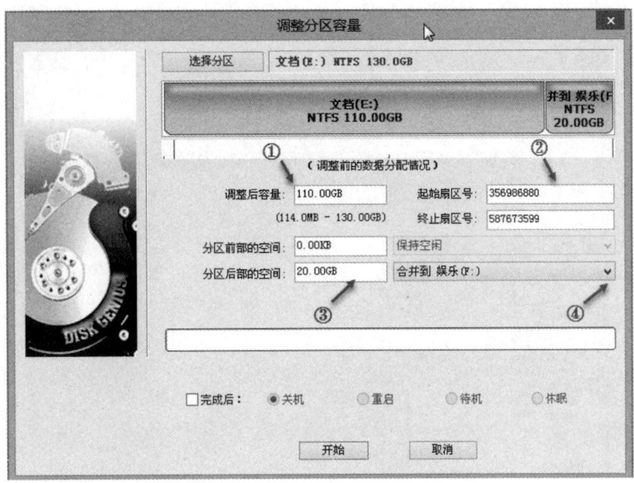

图 3-23　分区调整操作界面

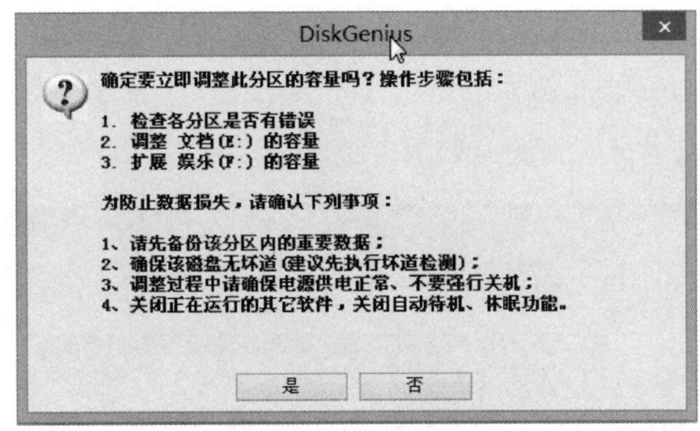

图 3-24　调整前安全确认对话框

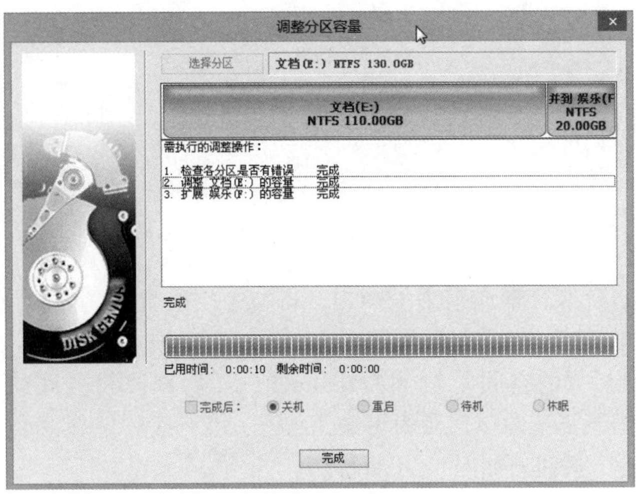

图 3-25　调整分区进度界面

5）选择被调整的磁盘选项，可以查看调整后分区大小情况，如图 3-26 所示。

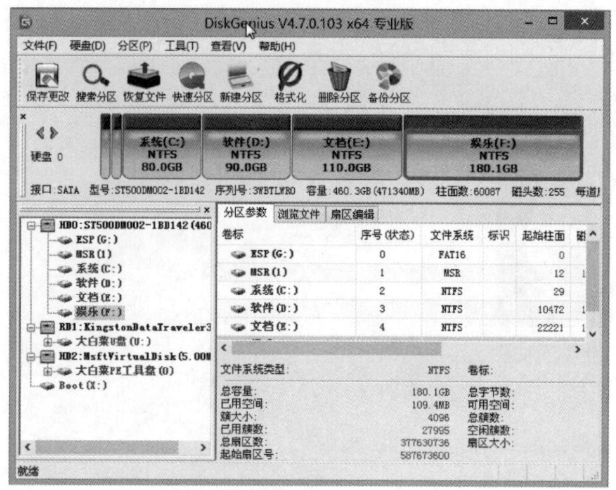

图 3-26　分区调整后的整体情况

【实例 3-3】　将磁盘 0 中文档（E）分区容量 130GB 调整为 110GB，将剩余 20GB 并到软件（D）分区中。具体操作步骤如下。

1）查看分区调整前各分区情况，如图 3-27 所示。

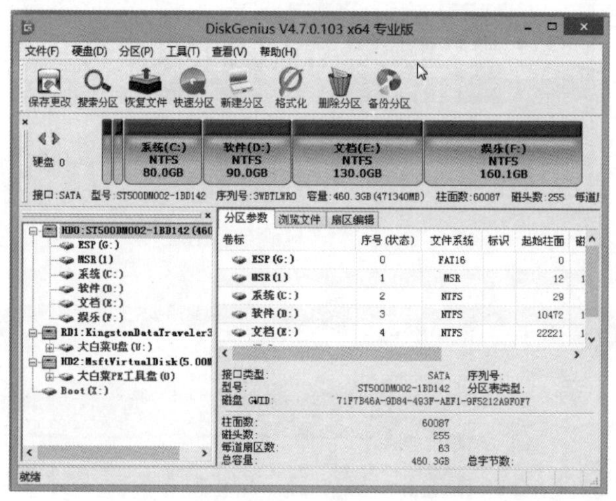

图 3-27　查看分区调整前各分区大小情况

2）将文档（E）分区容量调整为 110GB，将空余空间合并到软件（D）分区。具体操作：将调整后的文档（E）分区容量设为 110GB，然后单击“起始扇区号”数字后面空白处，接着修改“分区后部的空间”数字为 0.00KB，然后修改“分区前部的空间”数字为 20.00GB，“保持空闲”下三角按钮变为可操作状态，在列表中选择“合并到软件（D）”选项，最后单击“开始”按钮，如图 3-28 所示。

3）显示系统分区调整进度，调整完毕，单击“完成”按钮，如图 3-29 所示。弹出安全提示对话框时单击“是”按钮即可，开始分区调整。

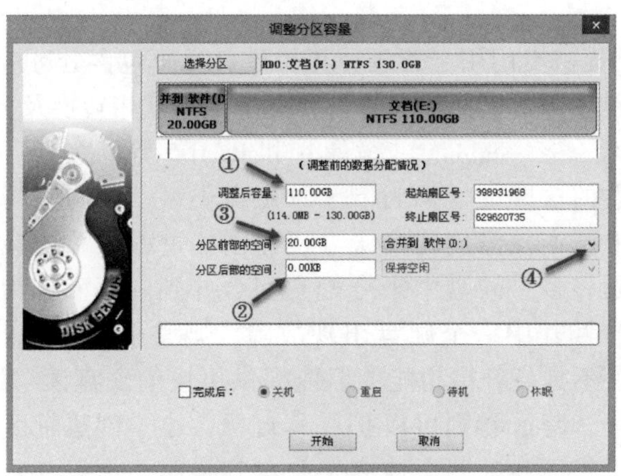

图 3-28　分区调整操作界面

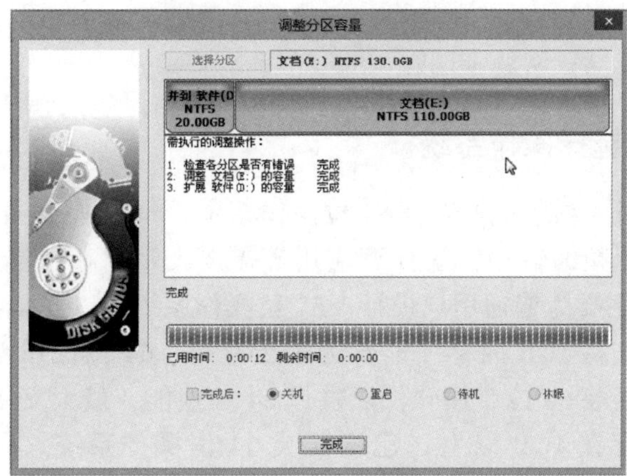

图 3-29　调整分区进度界面

4）选择被调整的磁盘，可以查看调整后分区大小情况，如图 3-30 所示。

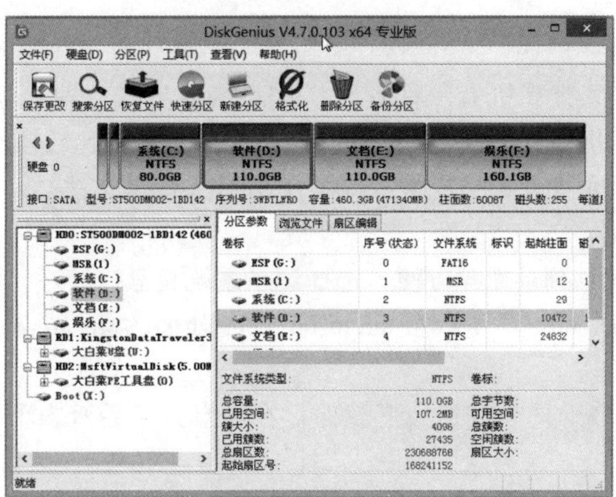

图 3-30　分区调整后的整体情况

6. 磁盘管理

Windows 操作系统提供专门用于管理计算机磁盘及所包含分区或卷的系统工具，具体包括查看磁盘信息、硬盘初始化、基本磁盘和动态磁盘互相转换及分区格式化等。

动态磁盘要创建跨区卷、带区卷、镜像卷和 RAID5 等高级卷，需要至少包括两个硬盘，而且要创建高级卷的这些硬盘须为同一种磁盘类型，即同为基本磁盘或同为动态磁盘。如果使用两个以上基本磁盘创建高级卷，在创建过程中系统会自动将基本磁盘转换为动态磁盘。跨区卷是将多个硬盘中未分配空间合并到一起而作为一个卷来使用。跨区卷不具备容错能力，涉及其中一个硬盘出现故障，则整个跨区卷的所有数据都会丢失。带区卷类似于跨区卷，不具备容错功能，但能提供更快的磁盘读/写速度。创建好的带区卷无法扩展其自身大小，跨区卷则可以扩展其自身大小。创建带区卷与创建跨区卷基本相同，只是在设置用于带区卷的两个或多个磁盘容量时，为每个磁盘设置选择空间量值应完全相同，若不同，则以其中最小值为准。镜像卷通常使用两个硬盘中大小相同的卷来存储完全相同的数据，意味着一个硬盘数据出现问题时，还可以使用另一个硬盘数据副本。因此，镜像卷具有容错功能，但需要使用两倍于数据容量的空间存储数据。镜像卷可基于一个现有分区或简单卷来创建。

3.1.2 科学选择操作系统

x86 代表 32 位操作系统，x64 代表 64 位操作系统。64 位操作系统可以更好地满足机械设计、三维动画、视频编辑和科学计算应用等需要大量内存和浮点性能的特殊领域客户，32 位操作系统则主要为普通用户设计。32 位操作系统可以安装在 32 位 CPU 或 64 位 CPU 计算机上，最大支持 4GB 内存（显示为 3.25GB）。64 位操作系统只能安装在 64 位 CPU 计算机上，配以安装 64 位常用软件以发挥 64 位性能，最大支持 128GB 内存和 16TB 虚拟内存。因此，内存在 4GB 以上，建议安装 64 位操作系统。另外，32 位系统安装 32 位应用软件，64 位系统安装 64 位软件以充分发挥性能（64 位系统亦可兼容 32 位软件，但性能受限）。64 位性能发挥需要 CPU、操作系统和应用软件三者同为 64 位配合共同完成。

3.1.3 利用光盘安装 Windows 10 操作系统

一般而言，普通个人计算机有三种安装操作系统的方式，即光盘安装、硬盘安装和 U 盘安装。针对具体计算机硬件配置差异，用户可以采用自认为比较便捷的方式来安装操作系统。下面首先演示利用光盘方式安装 Windows 10 操作系统的方法。

（1）创建安装介质

如果手边没有 U 盘且刻录光盘方便，选择刻录系统光盘比较好，而且光盘经久耐用。

1）打开微软官网 https://www.microsoft.com/zh-cn/software-download/windows10，如图 3-31 所示。

2）单击“立即下载工具”按钮，下载保存在硬盘，然后双击下载工具图标进行安装，如图 3-32 所示。

3）准备工作执行完毕，程序会提示接下来需要执行什么操作，选中“为另一台计算机创建安装介质（U 盘、DVD 或 ISO 文件）”单选按钮，如图 3-33 所示。

图 3-31　下载安装工具界面

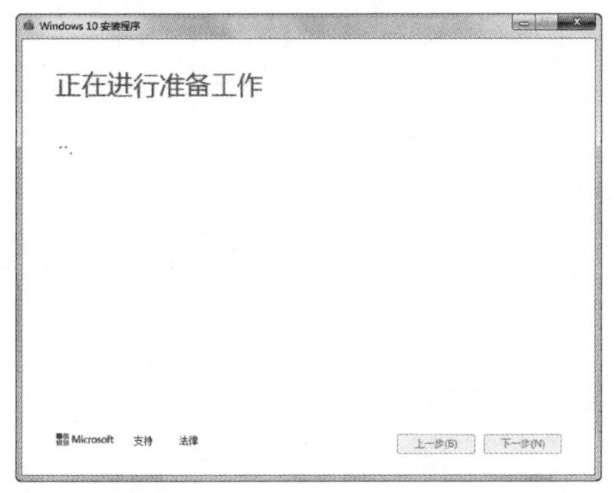

图 3-32　下载工具准备运行界面

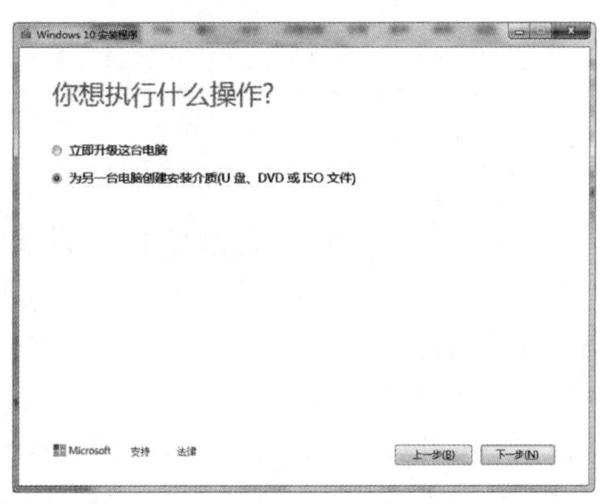

图 3-33　选择执行操作界面

4）设置语言、体系结构和版本。一般保持中文语言、Windows 10 版本和 64 位体系结构，单击“下一步”按钮，如图 3-34 所示。

5）选择要使用的介质。若要通过 U 盘安装系统，则选择“U 盘”单选按钮。此处，利用光盘安装，选中“ISO 文件”单选按钮，然后单击“下一步”按钮，如图 3-35 所示。

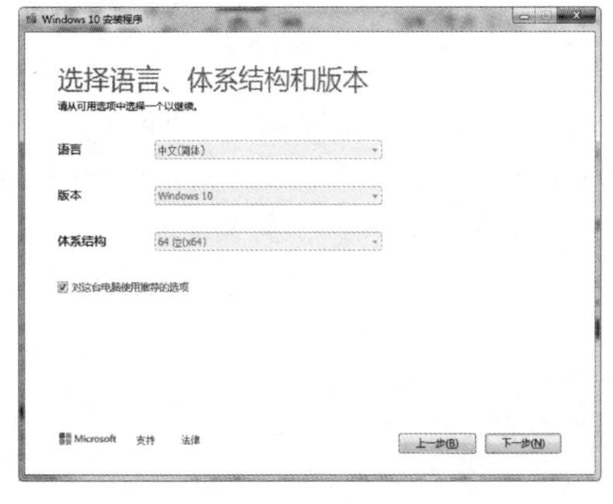

图 3-34　选择语言、体系结构和版本界面

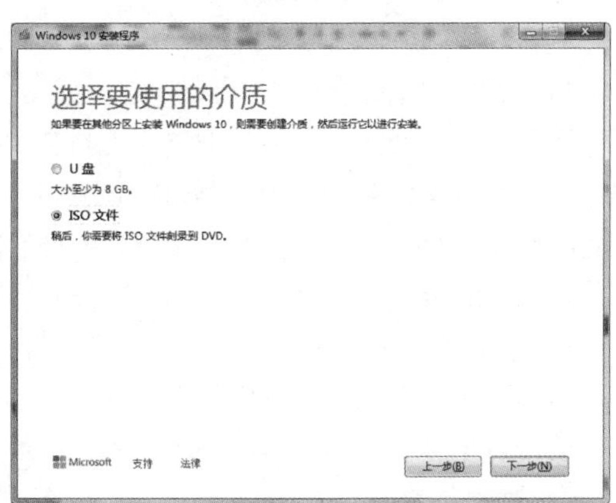

图 3-35　选择安装介质界面

6）让系统开始下载 Windows 10 系统，下载完成后，系统会自动跳过“下一步”按钮，如图 3-36 所示。

7）下载完成后，ISO 文件保存于 F 盘根目录，打开 DVD 刻录机，准备刻录系统到光盘，如图 3-37 所示。

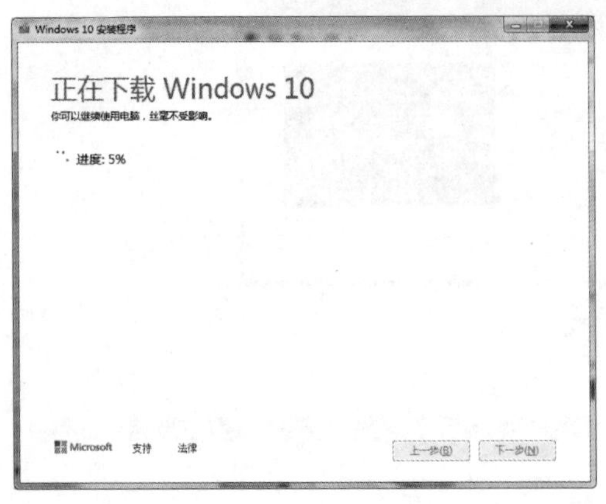

图 3-36　下载操作系统窗口

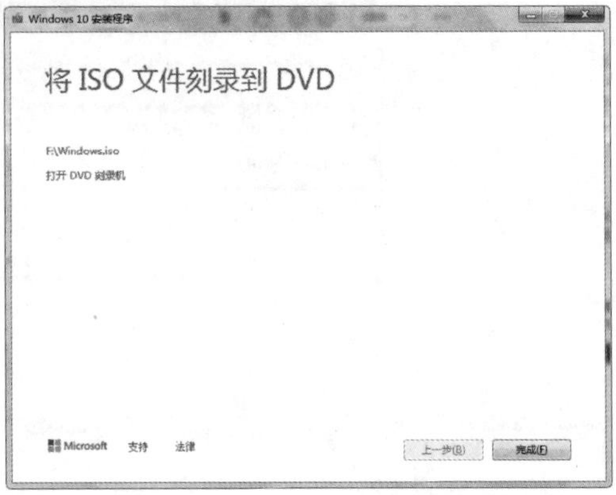

将 ISO 文件刻录到 DVD

F:\Windows.iso

打开 DVD 刻录机

图 3-37　准备刻录 DVD

8）弹出“Windows 光盘映像刻录机”窗口，单击“刻录”按钮，等待光盘刻录完毕并完成验证光盘工作，如图 3-38 所示。

图 3-38　刻录系统光盘窗口

（2）光盘正式安装

在安装操作系统前，设置 BIOS 从光驱启动。对于支持 UEFI 启动的 BIOS，可以通过设置 UEFI 模式启动计算机。

1）进入 BIOS 打开 UEFI 模式。

① 打开 BIOS 中 UEFI 支持：Boot mode = UEFI only；Lunch CSM = Enabled；

② 关闭安全引导：Security 菜单项下 Secure Boot = Disabled Windows 8 安全机制，不关闭不能安装其他操作系统。

2）安装介质支持 UEFI 启动。

注意：用 U 盘或移动硬盘安装支持 UEFI 启动的 Windows 7 系统时，需要提前从 Windows 8 的安装文件或已经安装好的系统中提取 Bootmgfw. efi 文件，重命名为 BOOTX64. efi，并复制到 Windows 7 安装文件“EFI \ Boot”路径下，完成添加 UEFI 支持文件。

3）设置 UEFI 光盘启动，保存 BIOS 设置。

4）插入 Windows 10 系统光盘，重启计算机。

5）启动计算机后，安装程序进行检测，然后进入安装选择语言、时间等信息界面，保持默认设置不变，单击“下一步”按钮，如图 3-39 所示。

6）弹出新窗口，单击“现在安装”按钮，正式进入安装程序，如图 3-40 所示。

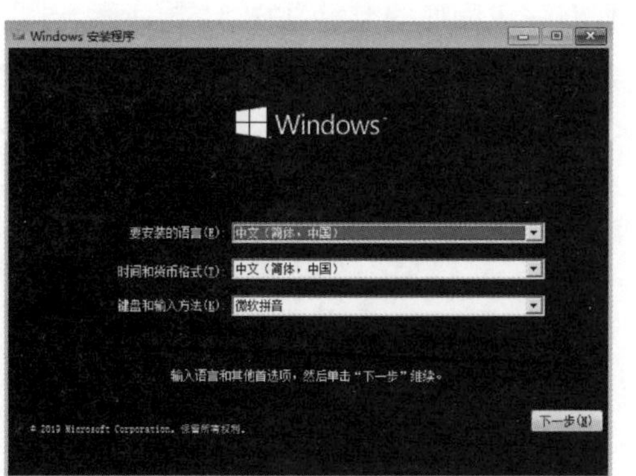

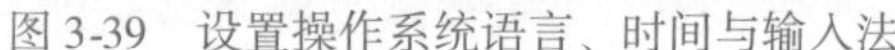
图 3-39　设置操作系统语言、时间与输入法

图 3-40　准备安装系统

7）弹出激活 Windows 界面，填入正版序列号，单击“下一步”按钮，如图 3-41 所示。

8）选中“我接受认可条款”单选按钮，然后单击“下一步”按钮，如图 3-42 所示。

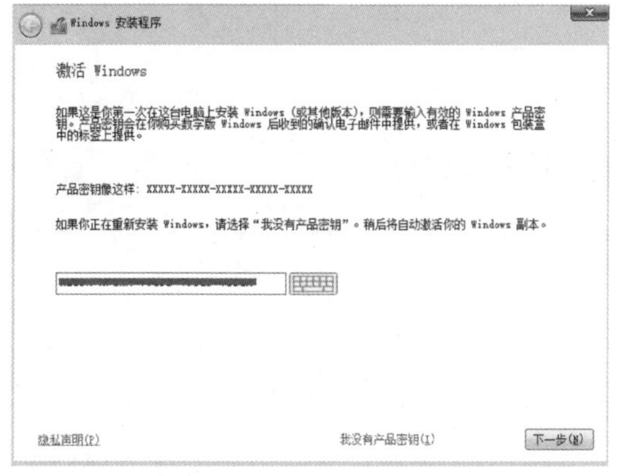

图 3-41　输入正版序列号

Windows 安装程序

适用的声明和许可条款

您对该软件的使用受您为获得该软件而签订的许可协议的条款和条件的约束。如果您是批量许可客户，则您对该软件的使用应受批量许可协议的约束。如果您未从 Microsoft 或其许可的分销商处获得该软件的有效许可，则不得使用该软件。

☑ 我接受许可条款(A)

下一步(N)

图 3-42　接受许可条款

9）有两种安装方式可供选择，第一种是默认升级安装，保留旧版本；第二种是全新安装，删除旧版本操作系统。此处选择“自定义：仅安装 Windows（高级）（C）”安装方式，会跳到另一个界面，如图 3-43 所示。

10）在弹出的界面中，选择安装程序目的所在分区，单击“下一步”按钮，如图 3-44 所示。

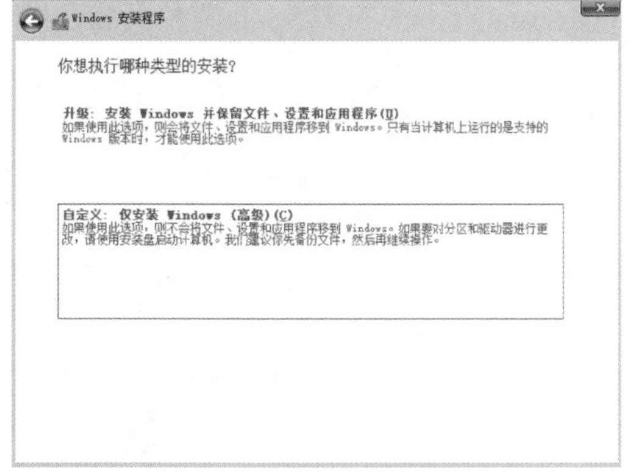

图 3-43　选择安装类型

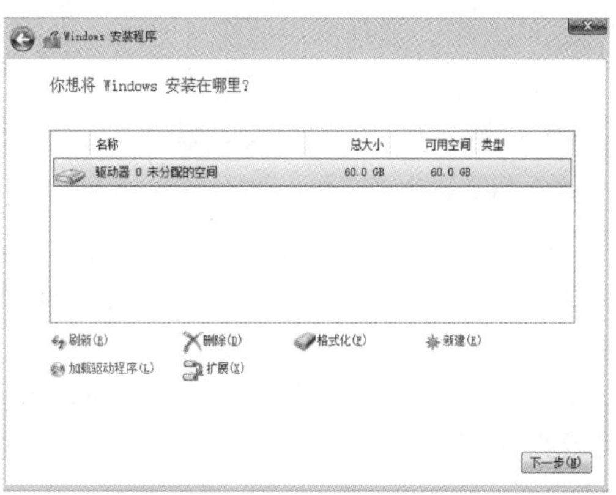

图 3-44　选择安装磁盘分区

11）耐心等待，经过复制文件、安装系统过程后完成程序安装，如图 3-45 所示。

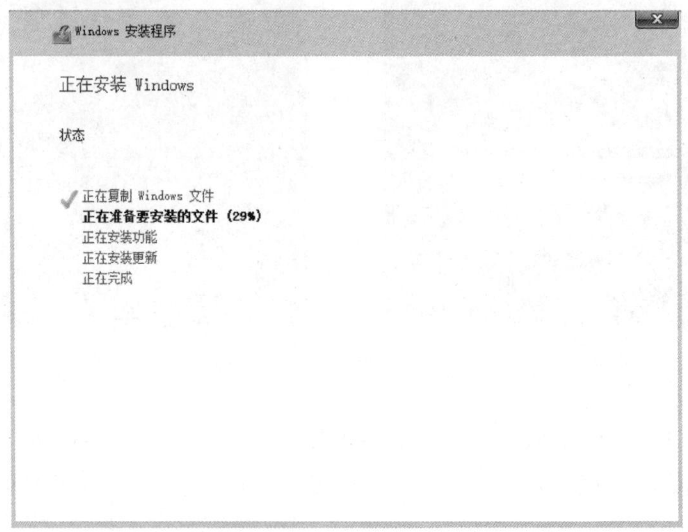

图 3-45　正式安装操作系统

3.1.4 利用 U 盘安装 Windows 10 操作系统

U 盘安装比较经济便捷，制作工具易获取。U 盘越来越成为一种优于光盘的装机方式。

利用 U 盘安装操作系统的步骤如下。

1）利用工具将硬盘系统分区规划为 GPT 格式。

2）通过网络下载 Windows 10 系统安装程序，利用制作工具创建好 U 盘安装盘（U 盘需格式化为 FAT32，UEFI BIOS 才能识别）。

3）设置 UEFI BIOS 启动顺序为 U 盘启动，或者直接按启动菜单快捷键（部分常见主板为〈F12〉或〈ESC〉键，还有的主板用〈F8〉、〈F9〉、〈F10〉或〈F11〉键）。

4）利用 U 盘启动系统，进入安装界面。具体的安装步骤同光盘安装相同。

3.1.5 利用硬盘安装程序安装 Windows 10 操作系统

硬盘安装在缺少启动 U 盘和光盘情况下，利用已有操作系统直接从硬盘调用相关程序进行系统升级安装是可用的变通方式。常用 Nt6 hdd installer 和 WinNTSetup 两种安装程序可供选择。

（1）利用 Nt6 hdd installer 程序安装系统

Nt6 hdd Installer 是一款针对没有光驱或者 U 盘安装系统通过硬盘安装系统的工具。具体安装步骤如下。

1）下载并解压 Windows 10 系统映像文件至非系统安装分区，如 D 分区，如图 3-46 所示。

2）下载、安装并启动 Nt6 hdd installer 程序，弹出安装窗口，如图 3-47 所示。

3）选择“安装”选项，程序在 D 分区上自动搜索到安装文件，并弹出新窗口，如图 3-48 所示。

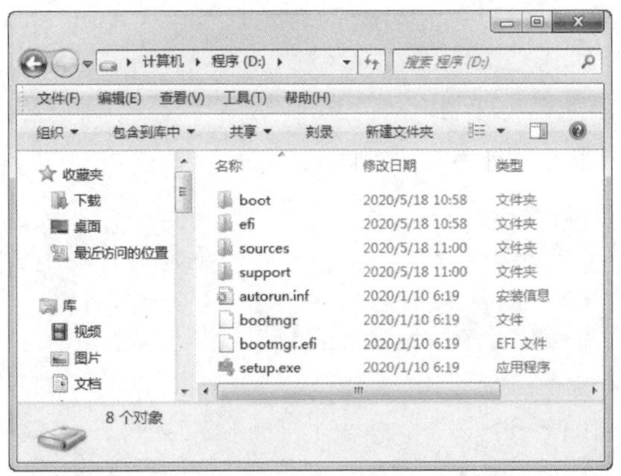

图 3-46　解压映像文件

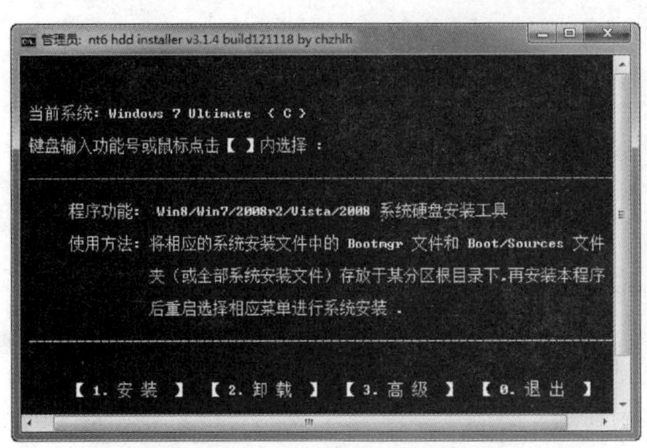

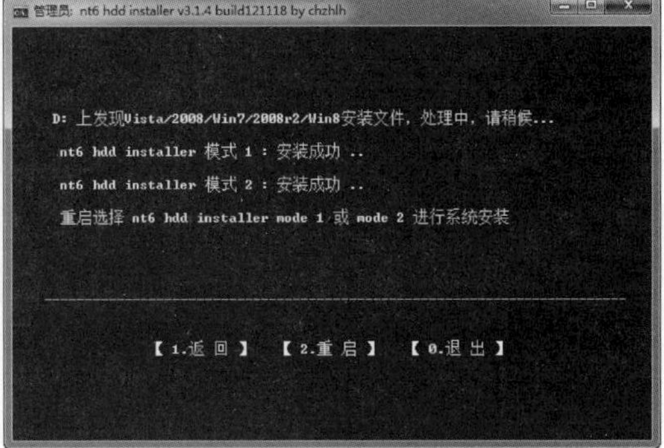

图 3-47　安装程序主窗口　　　　图 3-48　程序搜索安装文件

4）重启计算机后，选择启动菜单 nt6 hdd installer mode 1 命令启动系统，如图 3-49 所示。

5）系统自动进入操作系统安装界面，如图 3-50 所示。后面安装步骤和光盘安装相同。

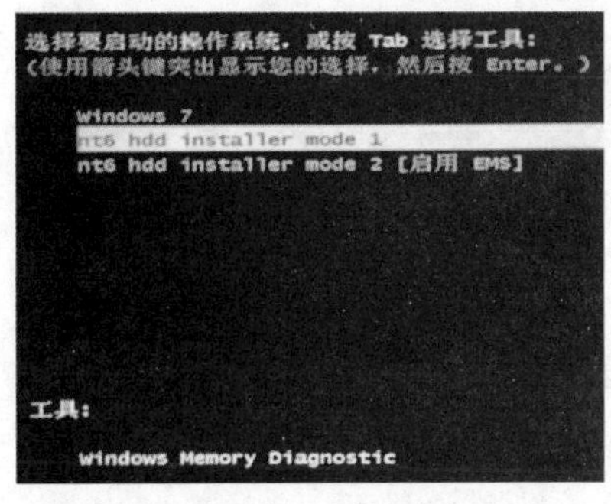

图 3-49　系统启动菜单窗口　　　　图 3-50　安装系统界面

（2）通过 WinNTSetup 程序安装系统

WinNTSetup 是一款 Windows 系统硬盘安装器，支持从 PE 和本地部署系统，支持 NT 内核系统。只需定位好 Windows 安装文件位置及引导和安装位置即可，具体安装步骤如下。

1）下载 WinNTSetup 安装程序，双击运行打开 WinNTSetup 程序主窗口，进行相关设置。①单击 Windows Vista/7/8/10/2008/2012 标签，切换至该选项卡；②选择 Windows 安装文件夹下 install. esd 文件；③选择 C 区作为引导驱动器；④选择安装文件所在磁盘分区位置；⑤单击“开始安装”按钮，如图 3-51 所示。

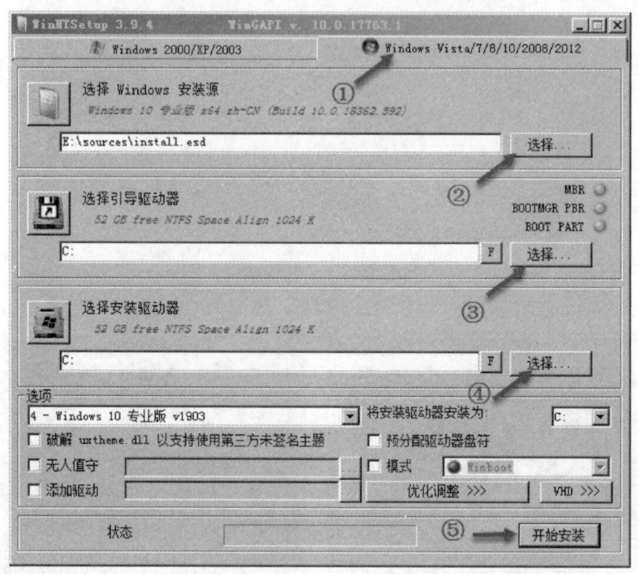

图 3-51　设置主窗口

2）系统自动完成安装准备，单击“确定”按钮，重启计算机，系统自动完成部署安装，如图 3-52 所示。

图 3-52　程序安装完成提示

3.1.6 安装多操作系统

如果同一台计算机上需要安装两个以上的操作系统，一般要先安装低版本操作系统，再安装高版本操作系统，这样才能确保操作系统启动菜单能正常显示。Windows XP 的启动管理器是 Ntldr 而不是 Bootmgr，Ntldr 位于活动分区根目录中。Windows XP 使用 Boot. ini 文件保存系统启动参数而不是用启动配置数据 BCD 存储。在有多种系统启动环境中，系统启动列表由 Bootmgr 创建，并自动将使用 Ntldr 启动方式的操作系统名称统一显示为“早期版本的 Windows”。Bootmgr 向下兼容 Ntldr，如果先安装高版本，再安装低版本，会出现 Ntldr 取代 Bootmgr 而导致系统无法正常启动。因此，安装多版本操作系统时应注意安装顺序。

3.1.7 升级 Windows 10 操作系统

Windows 7 以后的操作系统可以升级为 Windows 10 操作系统。当然不同版本操作系统升级后版本存在一定差异，版本对应关系见表 3-2。

表 3-2 操作系统升级前后版本对应关系表

操作系统	升级前版本	升级后版本
Windows 7	Windows 7 简易版	Windows 10 家庭版
	Windows 7 家庭版	
	Windows 7 专业版	Windows 10 专业版
	Windows 7 旗舰版	
Windows 8	Windows 8 专业版	
	WindowsPhone 8	Windows 10 移动版

（1）升级前准备事项

为了确保成功升级操作系统，务必做好以下几点准备工作。

1）务必保证 C 分区有 8G 以上的空闲空间。

2）激活当前 Windows 操作系统。

3）升级前备份系统盘中的重要数据。

（2）升级系统方式

利用微软官网主页下载安装升级系统工具进行操作系统升级工作。

1）根据“创建安装介质”中第 1 – 3 步骤操作，选中“立即升级这台电脑”单选按钮，然后单击“下一步”按钮，如图 3-53 所示。

2）进入“正在下载 Windows 10”界面，如图 3-54 所示。

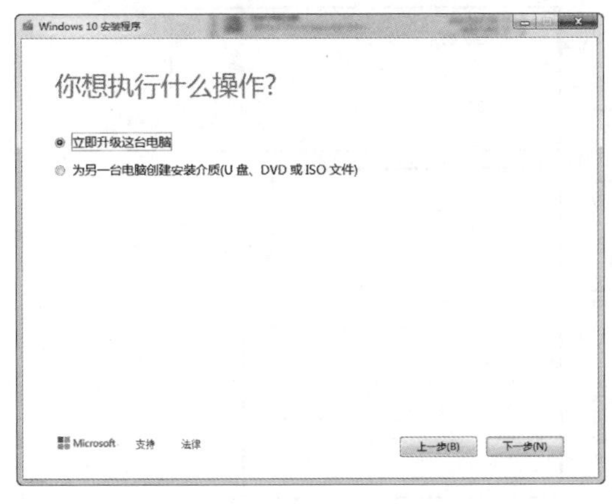

图 3-53 选择执行操作方式

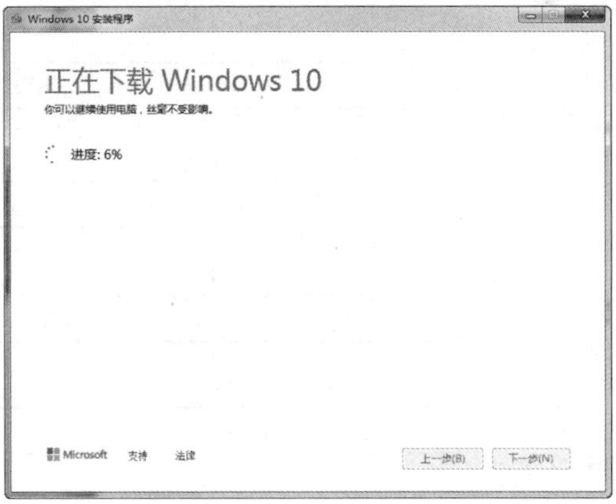

图 3-54 下载界面

3）创建介质完毕后，自动弹出适用的声明和许可条款界面，单击“接受”按钮，如图 3-55 所示。

4）弹出正在获取更新界面，系统自动检查更新情况，检查完毕，单击“安装”按钮，如图 3-56 所示。

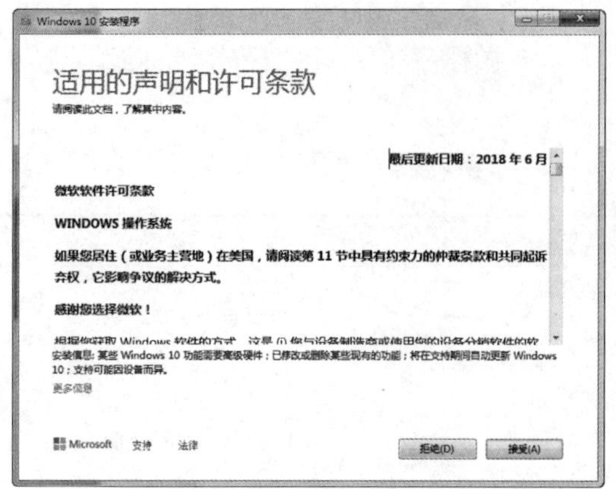

图 3-55　声明许可条款

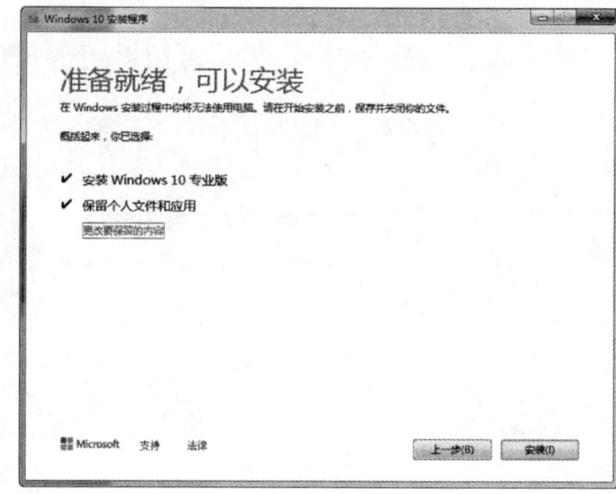

图 3-56　正式安装前提示

3.1.8 Windows 7/8/10 启动机制

Windows 系列操作系统开机启动过程中，要经过一系列软硬件检测和模块调用，计算机启动时只有不出现重大检测错误才能最终完成系统的正常启动过程。系统启动过程大致如图 3-57 所示。

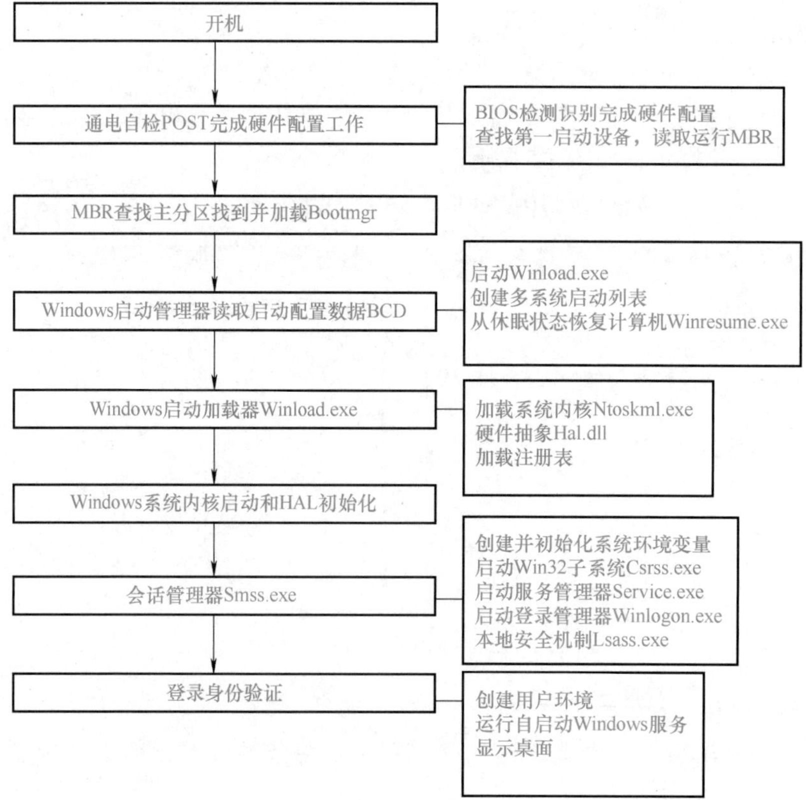

图 3-57　Windows 操作系统启动过程图

3.1.9 利用 Ghost 备份还原系统

如果采用 GPT 分区硬盘格式，硬盘会产生一个额外容量的引导分区。如果用 Ghost 备份系统盘，无法备份额外的引导分区。利用 Ghost 恢复系统时，可能会造成无法引导，需要通过进入 PE 修复或者用 Windows 10 安装盘来修复。如果安装 Windows 10 时，采用 MBR 硬盘格式，并且是先手工对硬盘进行分区，再为 Windows 10 选择安装位置，则用 Ghost 备份可以恢复。

1. Ghost 备份系统

Ghost 工具是常用的系统备份软件，熟悉其基本操作便于快速维护计算机系统。Ghost 主界面菜单如图 3-58 所示。

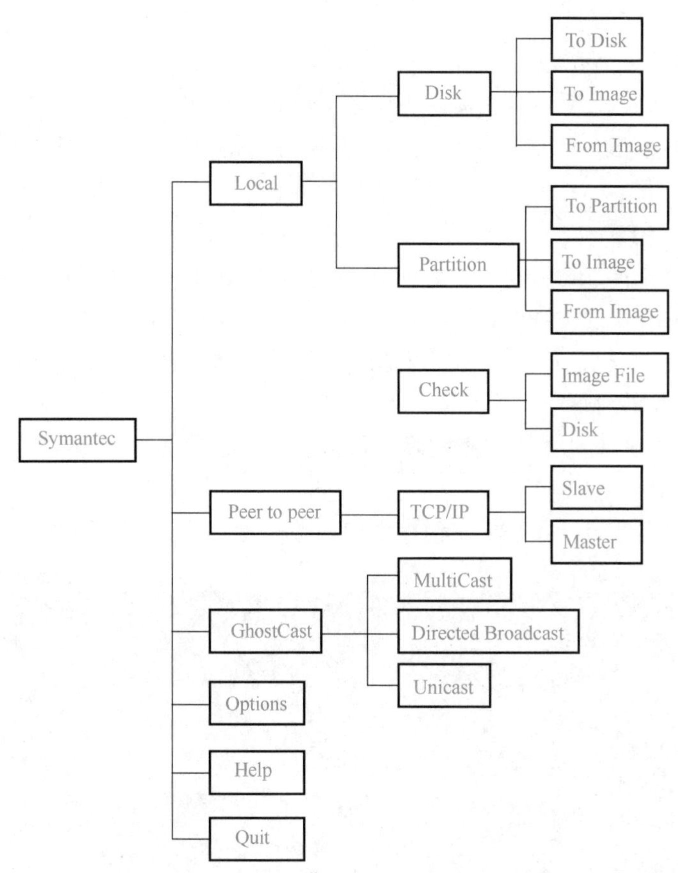

图 3-58　Ghost 主菜单窗口

（1）Ghost 启动备份方式

Ghost 启动备份方式一般为两种，一种是用可启动 U 盘或光盘启动过程中进入自带的 PE 系统后调用 Ghost 工具进行系统备份，如图 3-59 所示。另一种是在 Windows 系统中安装 Ghost 软件，然后在 Windows 正常运行状态下运行 Ghost 程序，然后重启后进入 Ghost 运行状态，即在系统启动过程中通过选择 Ghost 菜单方式调用 Ghost 进行系统备份，如图 3-60 所示。

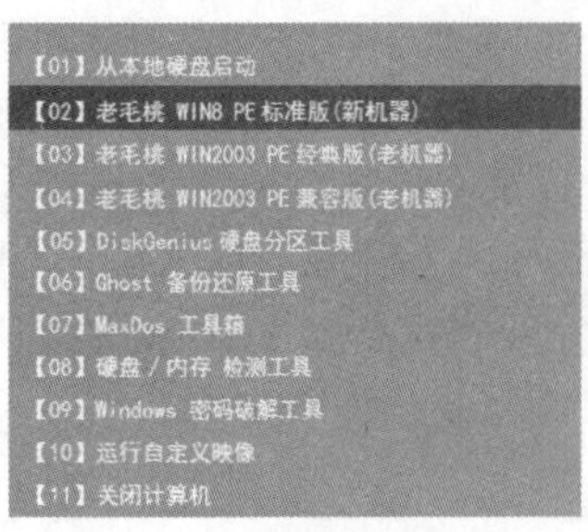

图 3-59　U 盘或光盘启动菜单

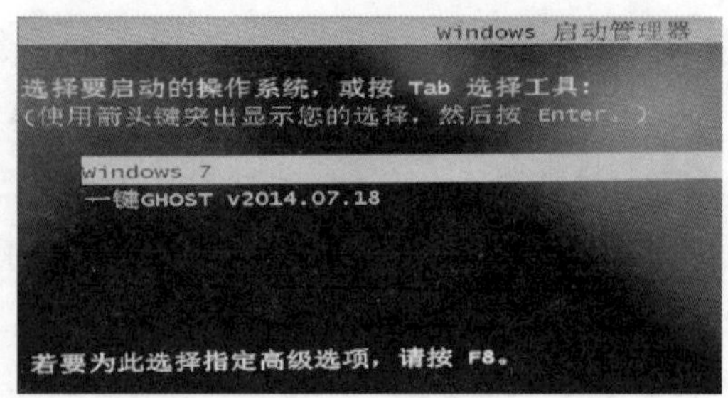

图 3-60　硬盘启动菜单

（2）备份准备工作

先要根据不同的启动方式准备好 Ghost 工具，包括制作启动盘或在 Windows 环境中安装 Ghost 工具软件。

（3）确定硬盘主从盘顺序

如果计算机有两块硬盘，其中有一块硬盘已经装好操作系统，另一块是数据盘或备份盘的话，可能先要通过进入 BIOS 主从盘等容量参数进行确定其顺位，必要时打开机箱确定操作系统盘。

（4）备份系统操作

备份系统一定要谨慎操作，以免在备份过程中破坏硬盘数据。备份方式包括硬盘（disk）和分区（partition）两种方式。其中，硬盘对硬盘的复制方式也经常用于硬件配置完全相同时批量安装计算机，可以大幅度节省系统安装配置时间。此外，还可以选择从一个硬盘备份到另一个硬盘的分区。

【实例 3-4】　从硬盘到硬盘（需要确保目标硬盘大于或等于来源硬盘）备份，操作步骤如下。

1）启动 Ghost 程序后，在 Ghost 程序主窗口单击 OK 按钮，如图 3-61 所示。

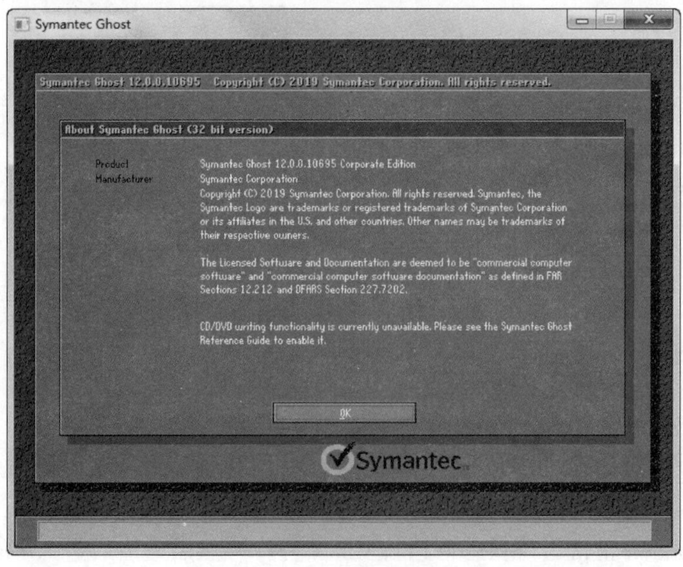

图 3-61　Ghost 程序主窗口

2）选择 Local→Disk→To Disk 命令，如图 3-62 所示。

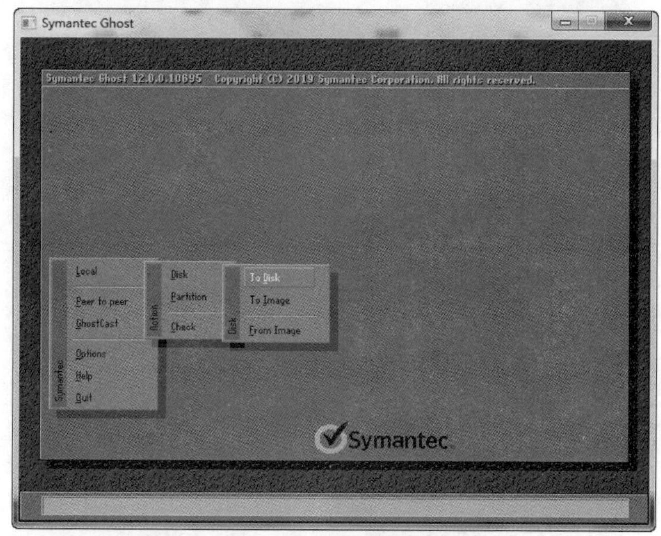

图 3-62　主操作菜单

3）选择源盘驱动号 2（确信源盘与目标盘正确，混淆会导致源盘数据被覆写），单击 OK 按钮，如图 3-63 所示。

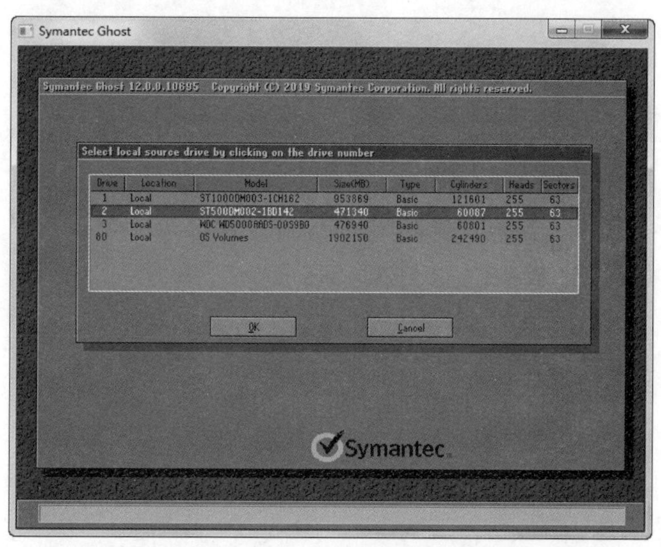

图 3-63　选择源盘

4）在弹出的窗口中选择目标盘驱动号 3（源盘被选择后在选择目标盘时自然变成灰色的，不能再选择，另外 1 号盘为操作系统盘不能做目标盘），单击 OK 按钮，如图 3-64 所示。

5）对目标盘分区情况进行核对，确定无误后继续单击 OK 按钮，如图 3-65 所示。

6）弹出提示对话框，这是系统复制前最后提示，执行操作目标硬盘将会被重写，确定无误后，单击 Yes 按钮，如图 3-66 所示。

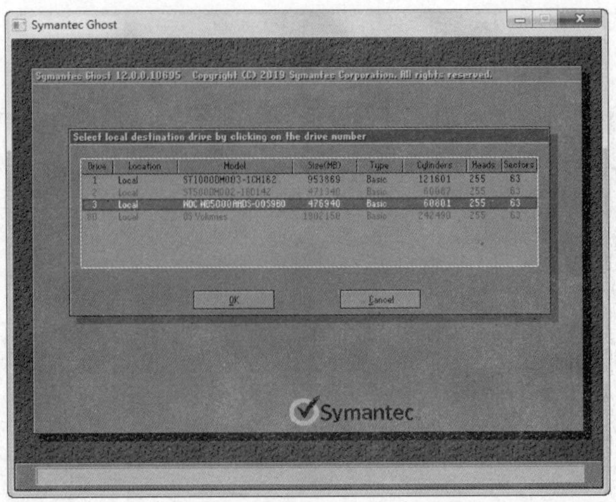

图 3-64　选择目标盘

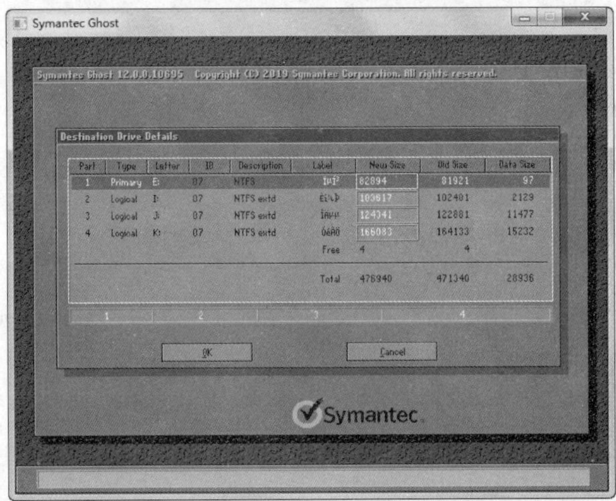

图 3-65　目标盘分区

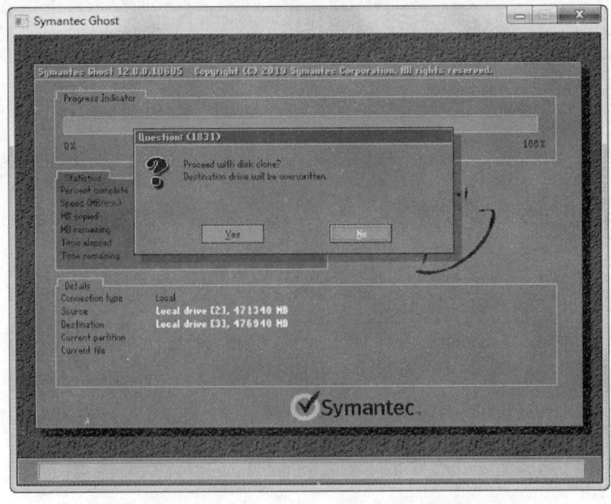

图 3-66　复制前确认

7）硬盘开始整盘对应复制，因为计算机性能、硬盘数据量及读取速度差异，整个复制过程会持续长短不同的时间，如图 3-67 所示。

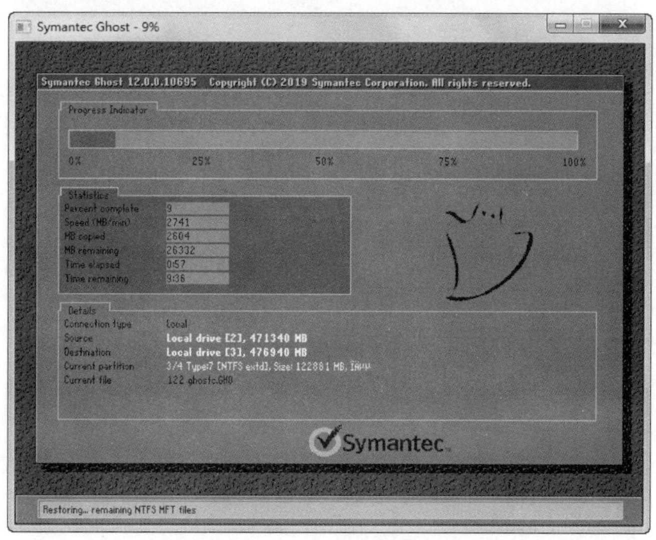

图 3-67 硬盘复制过程

8）整个复制结束后，提示：Clone Completed Successfully，说明复制成功，可以单击 Continue 按钮，然后在 Ghost 菜单中选择 exit 命令退出 Ghost 程序，也可单击 Reset Computer 按钮重启计算机，如图 3-68 所示。

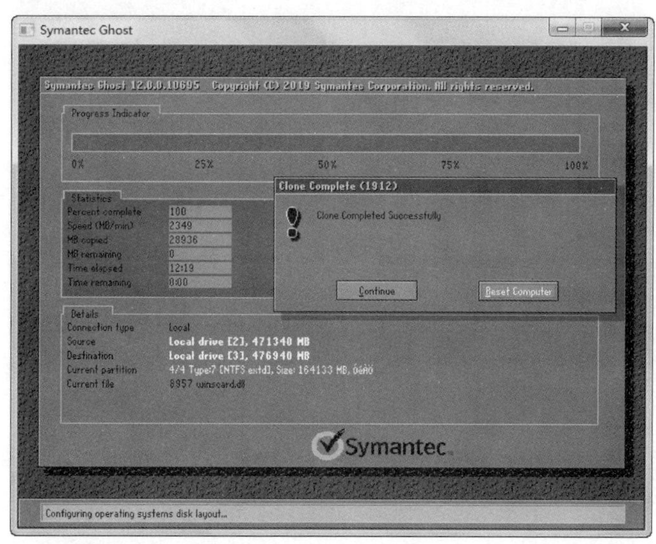

图 3-68 复制成功提示

【实例 3-5】 从分区到映像备份，具体操作步骤如下。

1）打开 Ghost 主程序窗口，可以选择源盘分区备份到源盘其他非分区或数据盘分区的备份方式。选择 Ghost 主窗口菜单中 Local→Partition→To Image 命令，如图 3-69 所示。

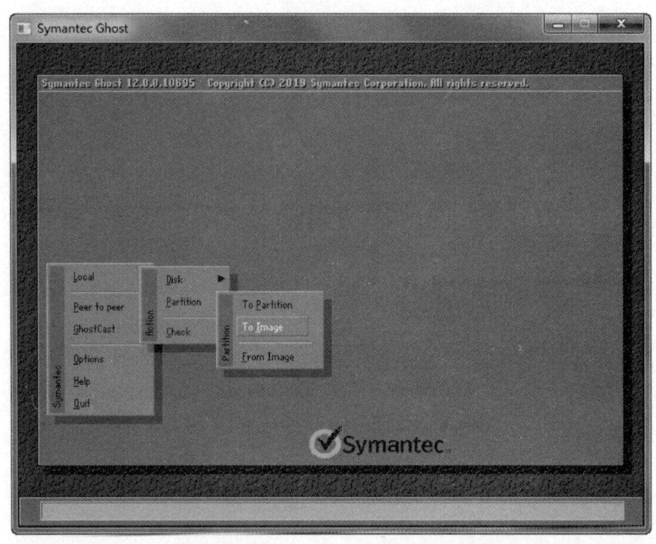

图 3-69 主要操作菜单

2）选择需要备份分区所在源盘 2 后，整个选择条变颜色变深，然后再单击 OK 按钮，选择源盘即可生效，如图 3-70 所示。

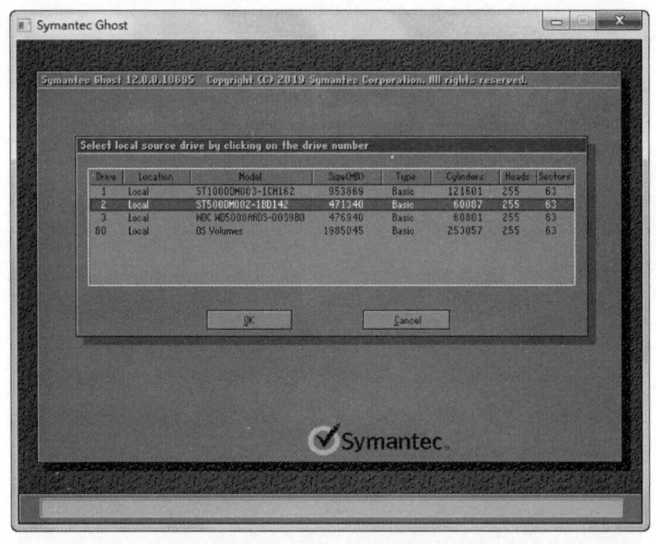

图 3-70 选择源盘

3）弹出源盘分区详细信息，选择系统分区类型为 Primary 选项，颜色变深后，单击 OK 按钮，如图 3-71 所示。

4）选择系统备份要存放的分区，单击 Look in 文本框右侧的下三角按钮，在列表中选择好分区，然后在下面 File name 文本框中输入映像文件名，比如 ghostc，如图 3-72 所示。

5）弹出压缩映像窗口，提示是否需要压缩映像文件，有三个选择项：No（不压缩、容量大、速度最快）、Fast（标准压缩、容量较大、速度较快）和 High（高压缩、容量小、速度慢），一般默认单击 No 按钮，如图 3-73 所示。

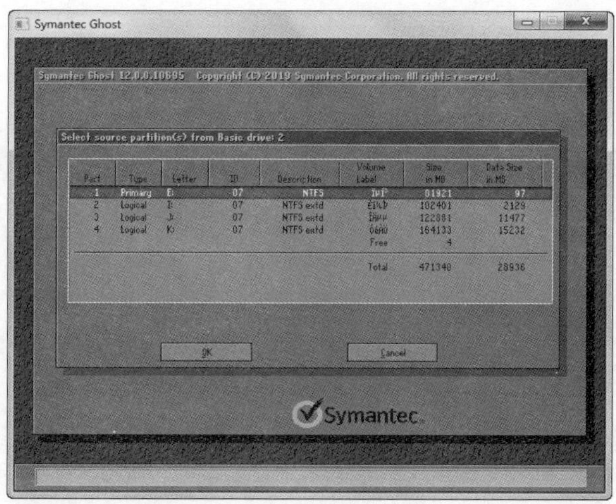

图 3-71 选择源盘备份分区

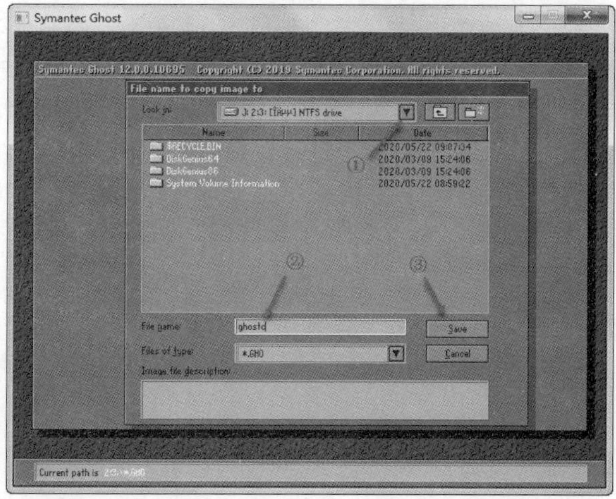

图 3-72 选择备份存放分区

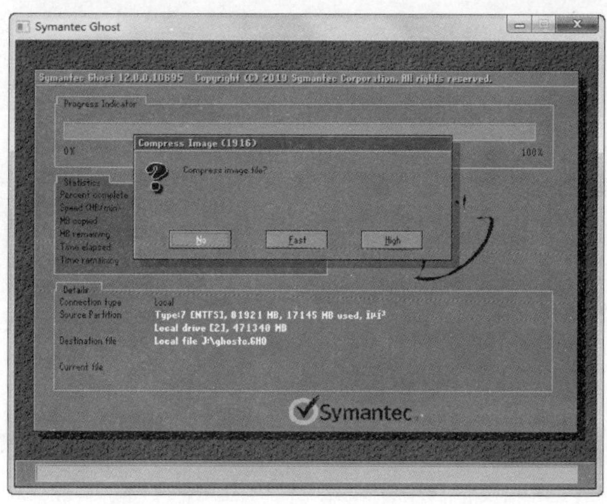

图 3-73 选择备份压缩方式

6）弹出提示对话框进行最后确定，各个选项确定无误，单击 Yes 按钮，开始备份系统分区。若发现设置有问题，则单击 No 按钮，撤销此前设置后重新操作，如图 3-74 所示。

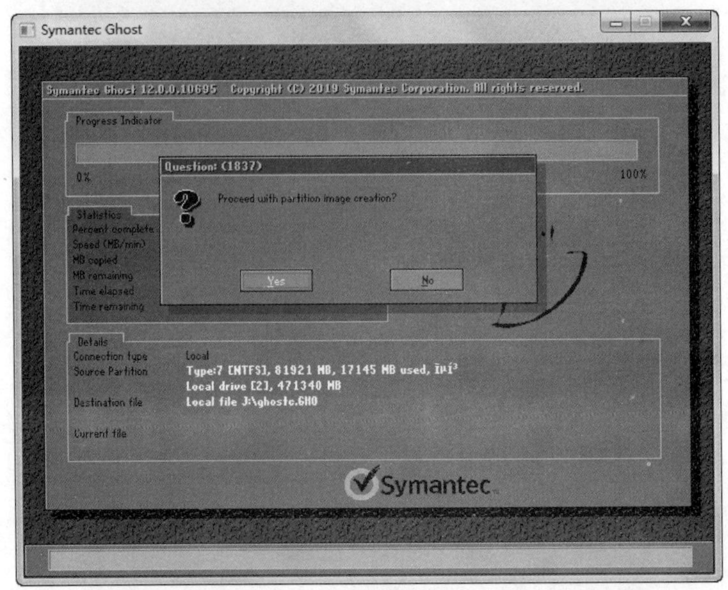

图 3-74　备份前特别提示

7）开始备份分区，备份速度比备份整个硬盘速度明显加快，耗时更短，整个备份完成前不需人工干预，如图 3-75 所示。

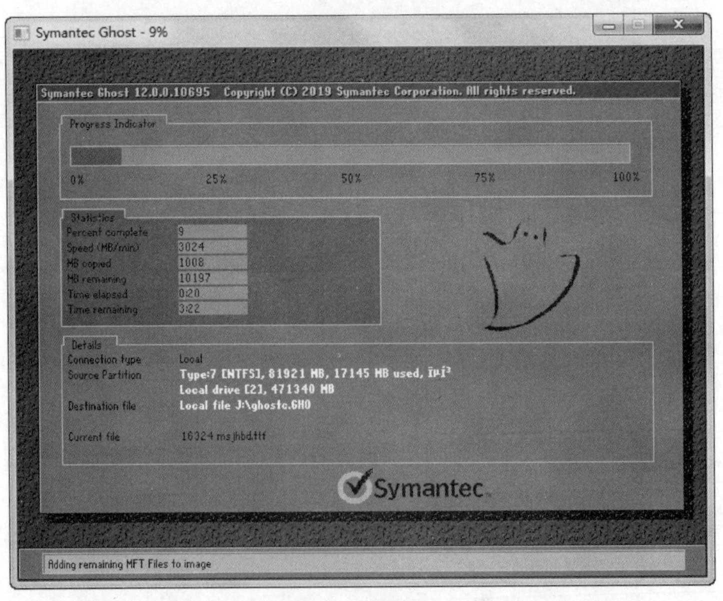

图 3-75　分区备份过程

8）备份完成后，弹出对话框并提示：Image Creation Completed Successfully，说明复制成功，单击 Continue 按钮，完成复制操作，如图 3-76 所示。

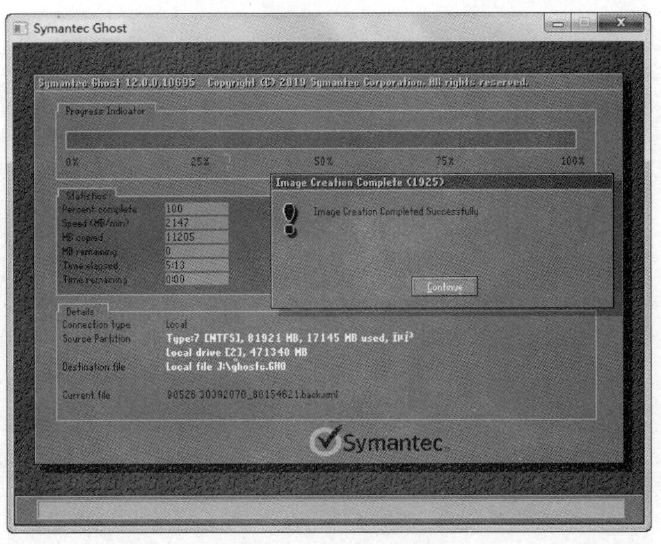

图 3-76 成功复制提示

2. 还原系统操作

还原系统，如果是硬盘对拷，操作步骤和硬盘复制操作类似，但是要清楚知道源盘号和目标盘号。

【实例 3-6】 从映像文件到分区还原操作，具体步骤如下。

1）打开 Ghost 程序，单击 OK 按钮，窗口左下部弹出操作菜单，选择 Local→Partition→From Image 命令，如图 3-77 所示。

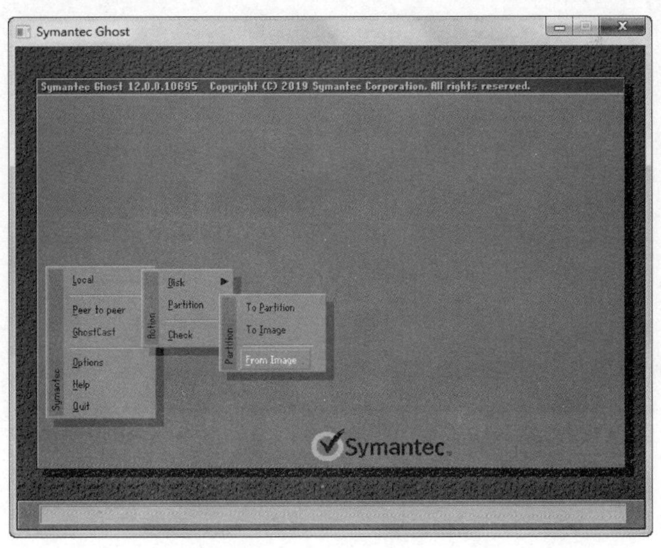

图 3-77 主操作菜单

2）在弹出的窗口中，单击 Look in 右侧的下三角按钮，在列表中选择原备份文件 ghostc. GHO 所在的硬盘分区，此处选中 ghostc. GHO 文件，单击 Open 按钮，如图 3-78 所示。

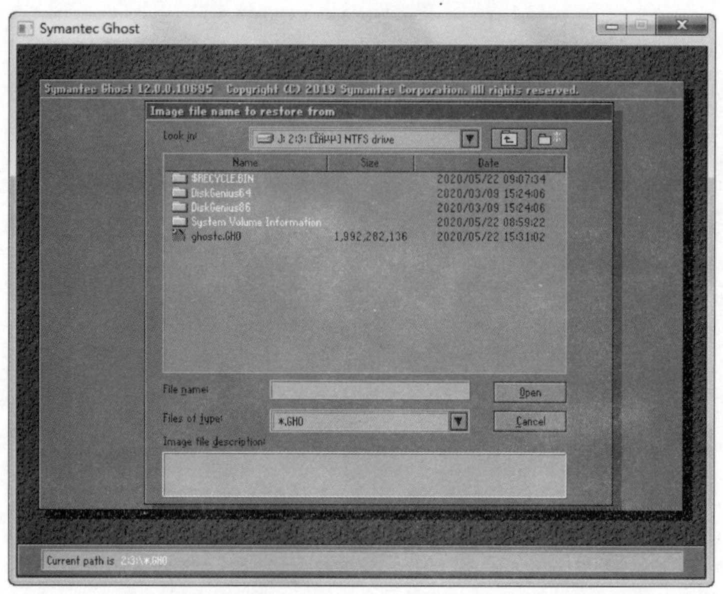

图 3-78 选择备份文件

3）选择 ghostc. GHO 文件后，会出现映像文件所在来源分区，如图 3-79 所示。

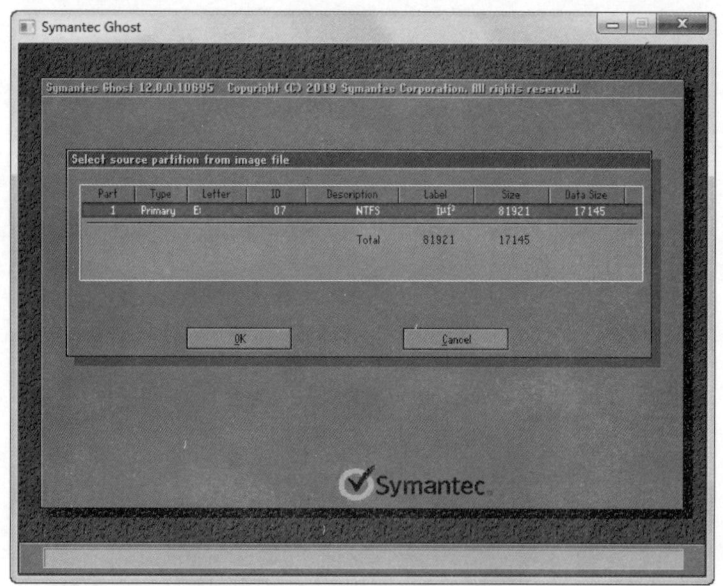

图 3-79 显示备份所在分区

4）接下来选择恢复映像到系统分区所在目标硬盘，然后单击 OK 按钮，如图 3-80 所示。

5）继续选择目标盘所在目标分区 Primary，单击 OK 按钮，如图 3-81 所示。

6）在正式恢复分区前，弹出提示对话框进一步确认信息，确信选择没有问题，则选择 Yes 按钮，如图 3-82 所示。

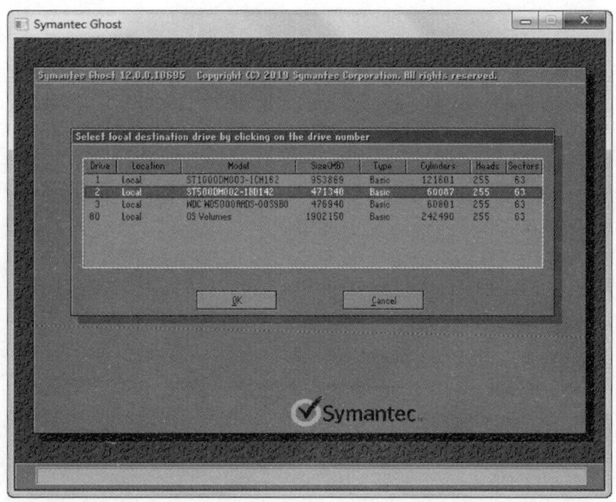

图 3-80 选择恢复备份的目标硬盘

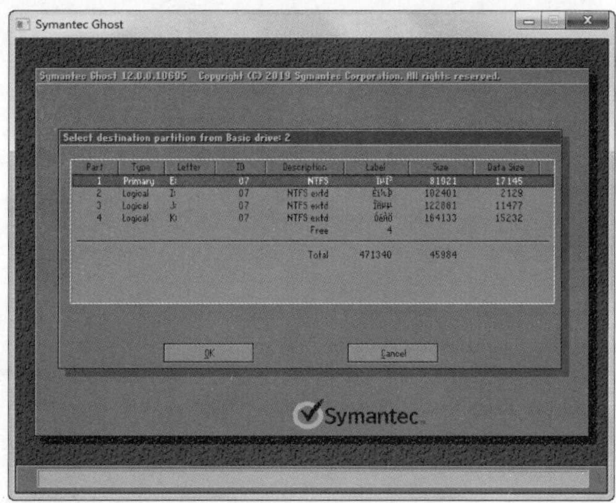

图 3-81 选择恢复的目标分区

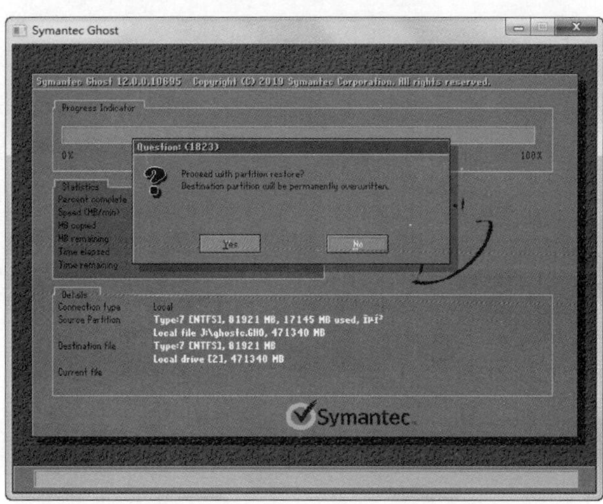

图 3-82 恢复分区前确认提示

7）开始分区恢复，在出现恢复完成前不要做任何操作，以防止恢复系统过程失败，如图 3-83 所示。

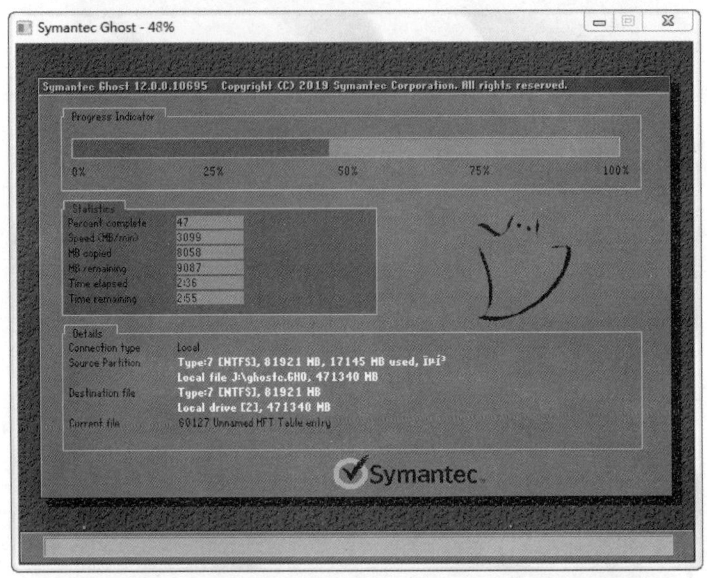

图 3-83　恢复分区映像过程

8）恢复完成，复制成功完成的话，会弹出提示对话框，并提示：Clone Completed Successfully，如图 3-84 所示。

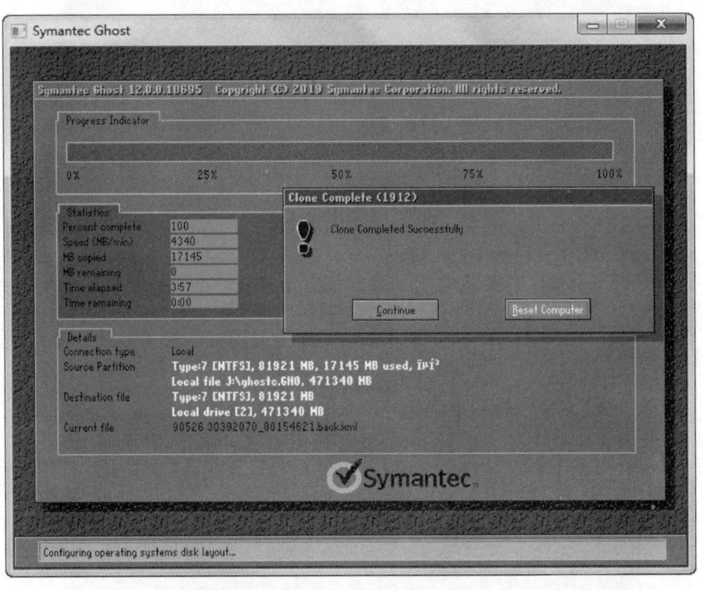

图 3-84　成功恢复映像提示

3.1.10　Windows 10 自带备份恢复功能

利用 Windows 10 自身的系统备份恢复功能可在系统遭到部分破坏后对其进行恢复。因此，熟悉该备份恢复方法很有必要。

（1）系统备份

通过系统自带的备份功能将系统备份到硬盘上。具体步骤如下。

1）从开始按钮打开“设置”窗口，选择“备份”选项，然后单击右侧“转到‘备份和还原（Windows 7）’”链接，如图 3-85 所示。

2）进入创建系统映像窗口，选择在较大剩余容量的分区作为存放系统备份的位置，也可以选择移动 U 盘等，如图 3-86 所示。

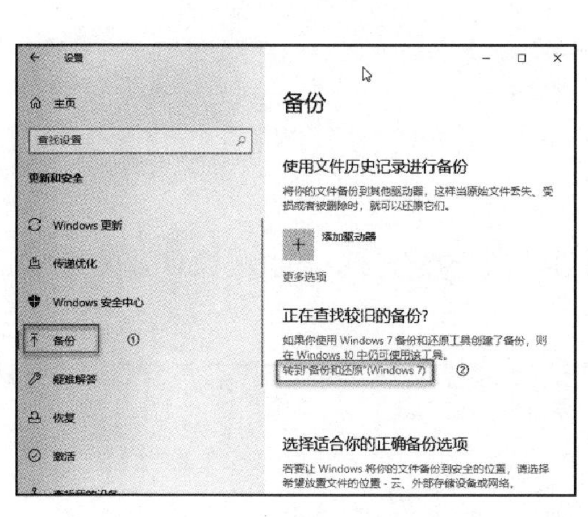

图 3-85　打开设置主窗口

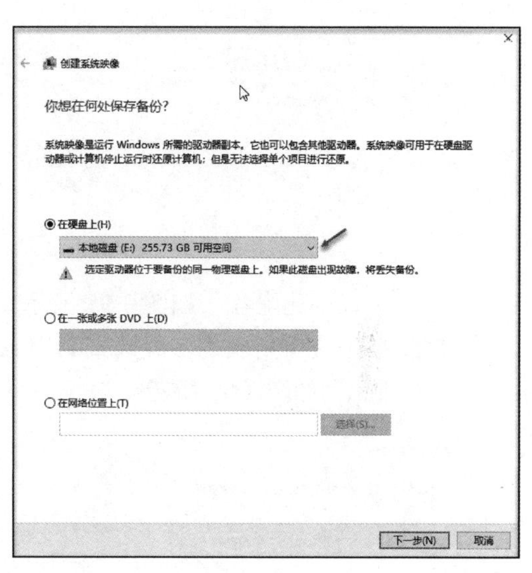

图 3-86　选择系统映像备份存放位置

3）选择好备份位置后，系统自动识别并显示需要备份的分区，然后单击“开始备份”按钮，如图 3-87 所示。

4）经过系统准备后开始备份系统，如图 3-88 所示。

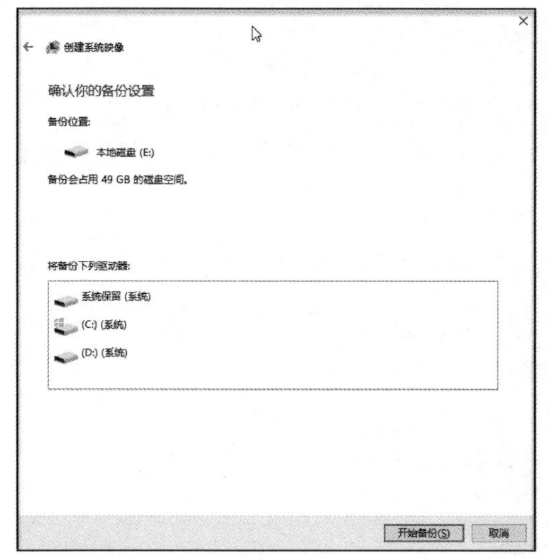

图 3-87　备份前相关信息确认

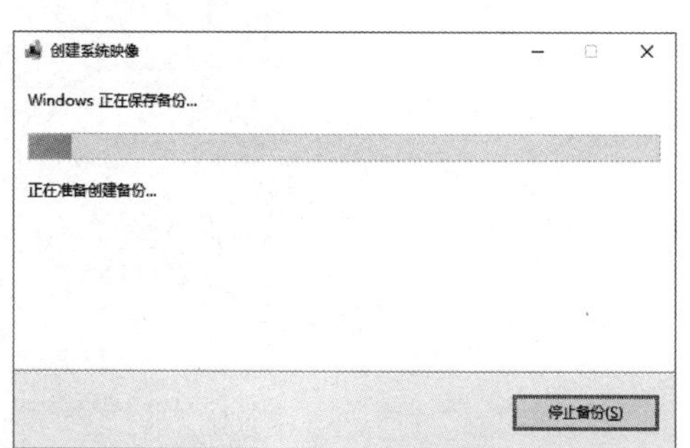

图 3-88　开始备份系统

5）备份系统完成后提示是否要创建系统修复光盘，如果单击“是”按钮，则需要提前准备好已经插入空白 DVD 光盘的可刻录光驱，如图 3-89 所示。

6）弹出新窗口，空白光盘和光驱准备就绪，单击“创建光盘”按钮，如图 3-90 所示。

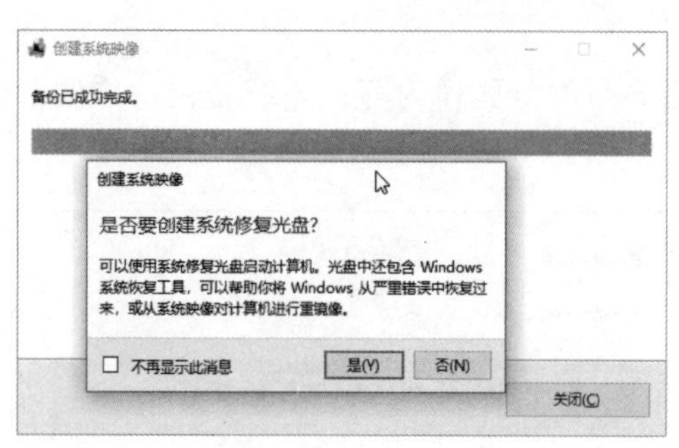

图 3-89　选择创建系统修复光盘

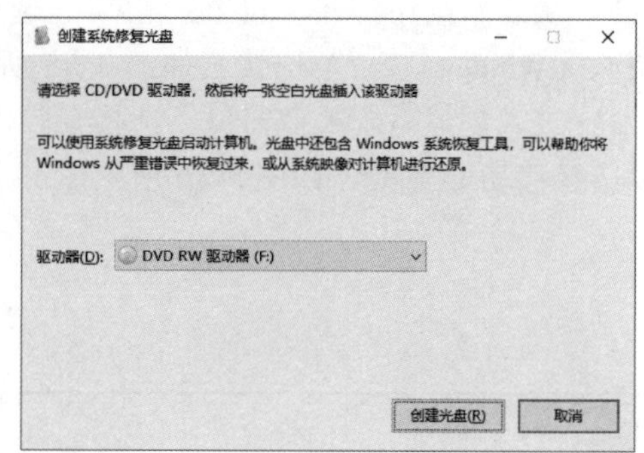

图 3-90　准备创建系统修复光盘

7）系统正式创建光盘，如图 3-91 所示。

8）创建系统映像完成后，可以查看系统备份映像所在分区，备份映像目录名为 WindowsImageBackup，如图 3-92 所示。

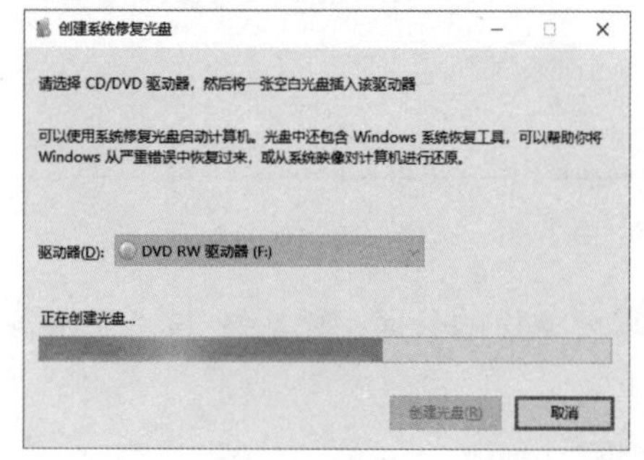

图 3-91　正在创建光盘

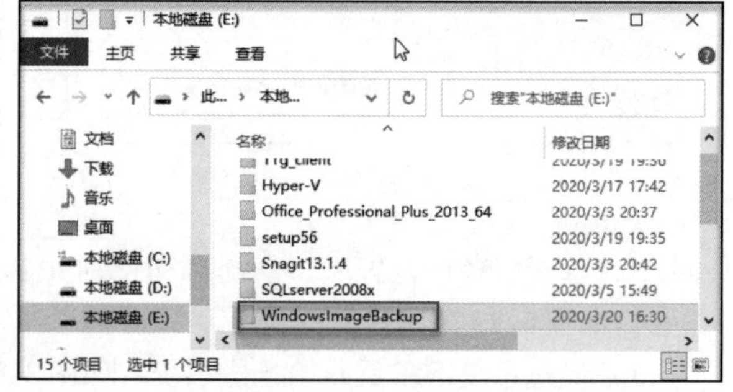

图 3-92　查看系统映像备份存放形式

（2）系统恢复

系统恢复是将通过系统备份的文件对系统进行复原操作。具体操作步骤如下。

1）打开“设置”窗口，选择“恢复”选项，然后单击右侧“立即重新启动”按钮，如图 3-93 所示。

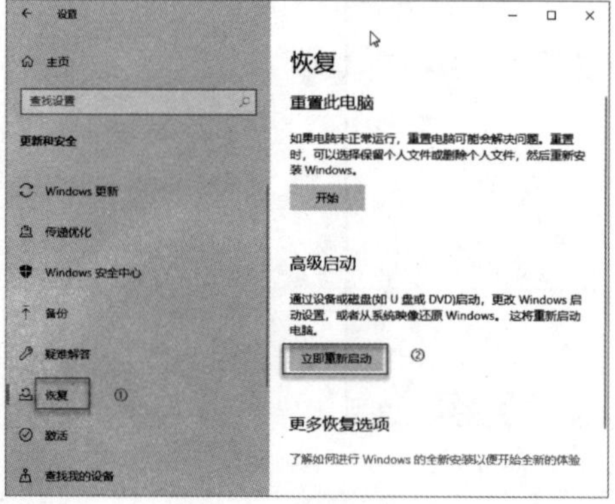

图 3-93　系统恢复界面

2）按〈F12〉功能键选择从光盘启动系统，然后出现选择键盘布局窗口，默认选择“微软拼音”选项，如图 3-94 所示。

3）选择“疑难解答”选项，如图 3-95 所示。

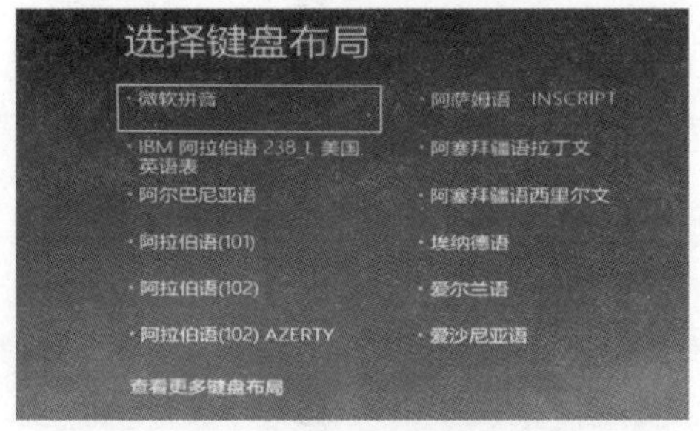

图 3-94　选择键盘布局

图 3-95　选择疑难解答

4）弹出高级选项窗口，选择“系统映像恢复”选项，如图 3-96 所示。

5）弹出系统映像恢复窗口，选择 Windows 10 选项，如图 3-97 所示。

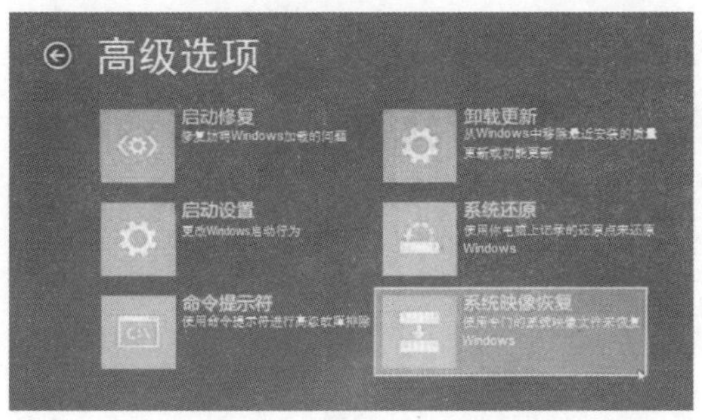

图 3-96　选择高级选项

图 3-97　系统映像恢复窗口

6）选择系统映像备份位置，使用默认保存位置系统映像，单击“下一步”按钮，如图 3-98 所示。

图 3-98　选择系统映像备份位置

7）选择其他的还原方式，保持默认，直接单击“下一步”按钮，如图 3-99 所示。

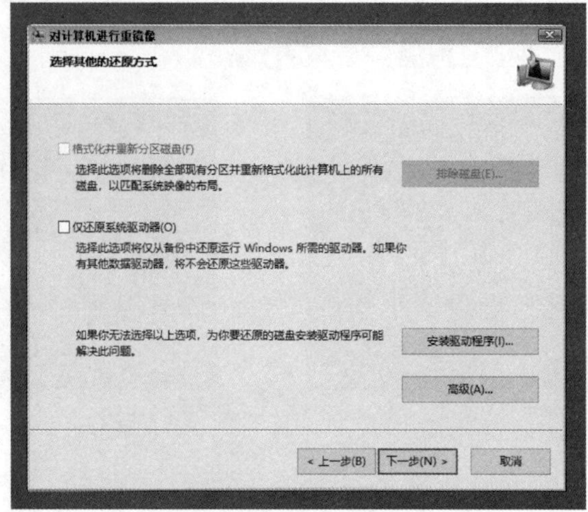

图 3-99　选择其他的还原方式

8）显示系统映像还原相关信息，确定无误，单击“完成”按钮，如图 3-100 所示。

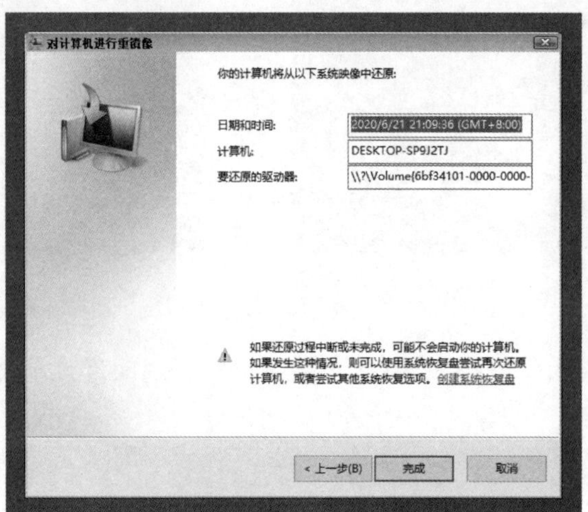

图 3-100　显示系统映像信息

9）弹出提示对话框，确定无误后单击“是”按钮，如图 3-101 所示。

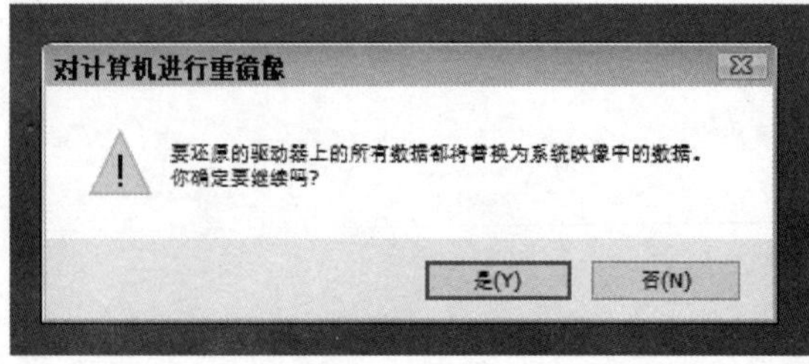

图 3-101　还原前警示信息

10）系统开始还原首先还原 C 分区，如图 3-102 所示。

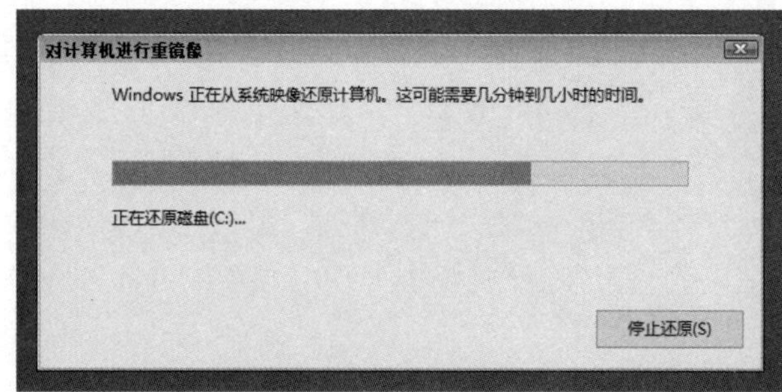

图 3-102 系统还原 C 分区

11）然后开始还原 D 分区，还原成功后系统将会自动重启，如图 3-103 所示。

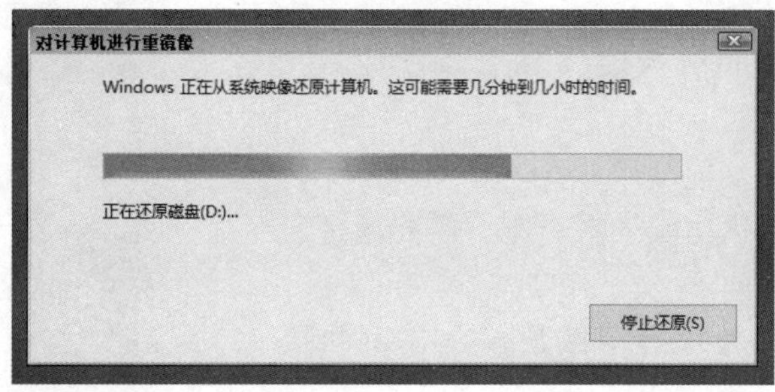

图 3-103 系统还原 D 分区

3.1.11 Hyper-V 虚拟化技术

Windows 10 专业版和企业版中提供了 Hyper-V 虚拟化技术，用户可以通过虚拟化技术创建虚拟机。第一代虚拟机使用 BIOS 固件，支持安装 Windows 7/8/10 等操作系统；第二代虚拟机使用 UEFI 固件，启用安全启动功能，支持安装 64 位架构 Windows 8 或更高版本的 Windows 操作系统。

（1）硬件配置要求

虚拟化技术是一种高级实用技术，需要满足以下几点基本的硬件配置条件。

1）CPU 基于 64 位架构。打开“系统”窗口，通过“系统类型”查看，如果显示为“64 位操作系统，基于 x64 的处理器”即可说明 CPU 是 64 位架构。

2）CPU 支持硬件虚拟化。Intel 公司的 CPU 硬件虚拟化名称为 VT-x，AMD 公司的 CPU 硬件虚拟化名称为 AMD-V。打开“系统信息”窗口，在“系统摘要”中“固件中已启用虚拟化”显示为“是”，则说明 CPU 支持硬件虚拟化。以管理员权限打开“命令提示符”，输入“systeminfo”命令，查看固件中已启用虚拟化，如图 3-104 所示。

3）CPU 支持 SLAT（Second Level Address Translation，二级地址转换）功能。Intel 公司生产的 CPU 称为 EPT（Extended Page Tables，扩展页表）；AMD 生产的 CPU 称为 RVI（Rapid Virtualization Indexing，快速虚拟化索引）。打开“系统信息”窗口，在“系统摘要”中“二级地址转换”显示为“是”，说明 CPU 支持 SLAT。

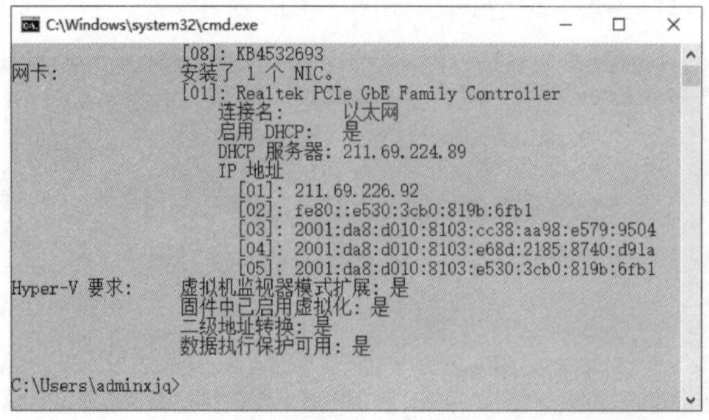

图 3-104　查看固件虚拟化信息

4）启用硬件 DEP（Data Execution Prevention，数据执行保护）功能，实现内存检查，防止运行恶意代码。数据执行保护机制可分为硬件 DEP 和软件 DEP 两种。

（2）启用 Hyper-V 功能

新安装的系统虚拟化功能没有启用，需要通过启用功能设置，具体步骤如下。

1）右击左下角的“开始”按钮，在弹出的快捷菜单中选择“应用和功能”命令，如图 3-105 所示。

2）打开“应用和功能”窗口，在“相关设置”区域中单击“程序和功能”选项，在打开的窗口中选择“启用或关闭 Windows 功能”选项，如图 3-106 所示。

3）打开“Windows 功能”对话框，勾选 Hyper-V 复选框，然后单击“确定”按钮，如图 3-107 所示。

图 3-105　打开程序和功能菜单项

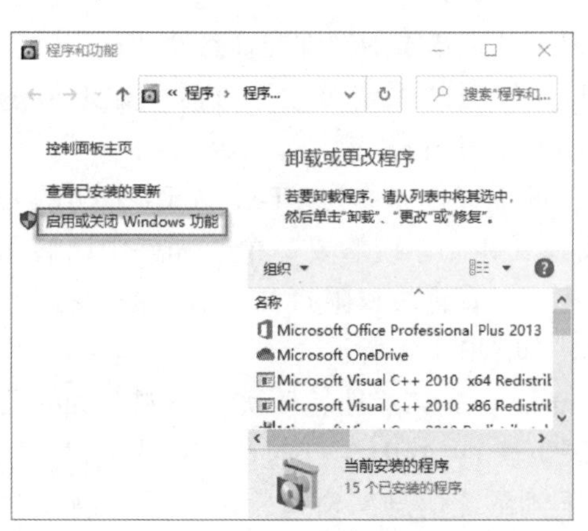

图 3-106　打开程序和功能窗口

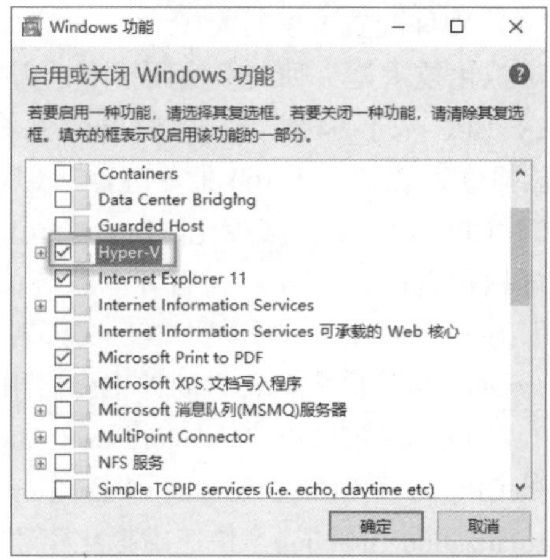

图 3-107　启用 Hyper-V 功能

4）系统开始完成更改，安装 Hyper-V 组件，安装完成后，重新启动计算机。

（3）创建虚拟机

通过 Hyper-V 组件创建虚拟机，具体步骤如下。

1）单击“开始”按钮，选择“所有应用”→“Windows 管理工具”→Hyper-V 命令，打开“Hyper-V 管理器”窗口，如图 3-108 所示。

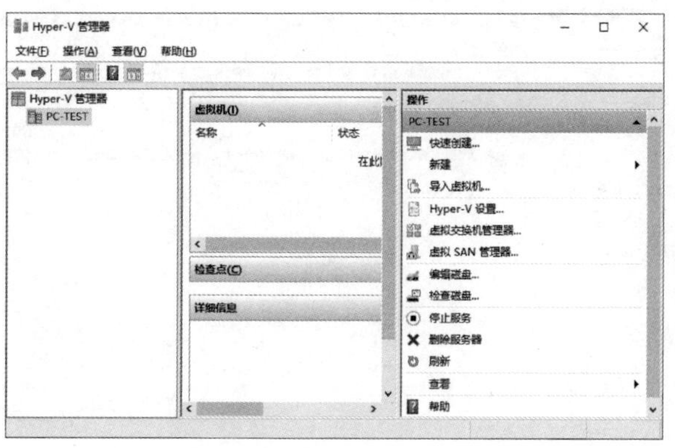

图 3-108　打开“Hyper-V 管理器”窗口

2）右击左侧窗格中的本地计算机，在弹出快捷菜单中选择“新建”→“虚拟机”命令，如图 3-109 所示。

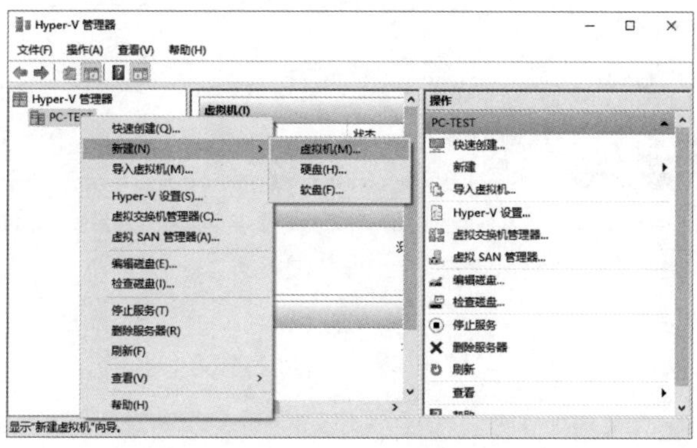

图 3-109　打开新建虚拟机向导

3）打开“新建虚拟机向导”对话框，单击“下一步”按钮，分步创建个性化虚拟机（也可单击“完成”按钮一次性创建系统默认配置虚拟机），如图 3-110 所示。

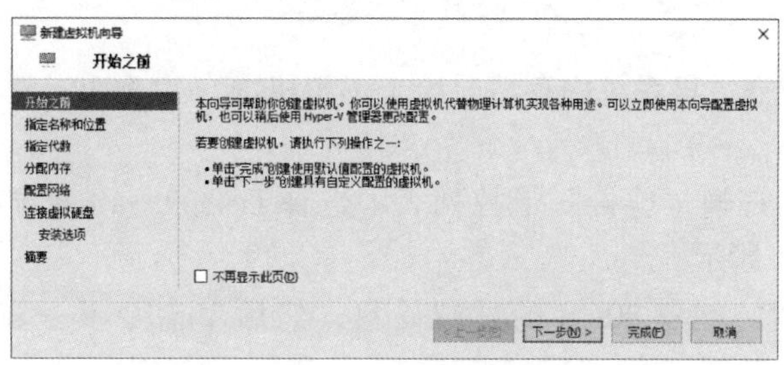

图 3-110　选择向导创建方式

4）指定名称和位置。修改虚拟机名称为VM001，将虚拟机存放路径修改为E:\Hyper-V\，然后单击“下一步”按钮，如图3-111所示。

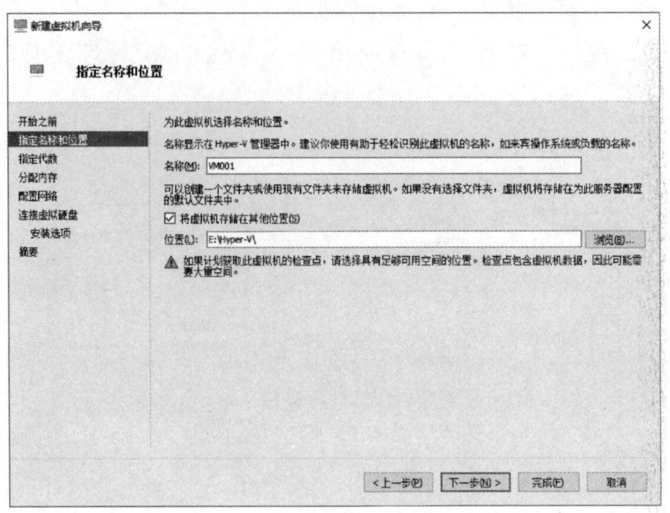

图3-111　指定名称和位置

5）指定虚拟机的代数。默认选中“第一代”单选按钮，单击“下一步”按钮，如图3-112所示。

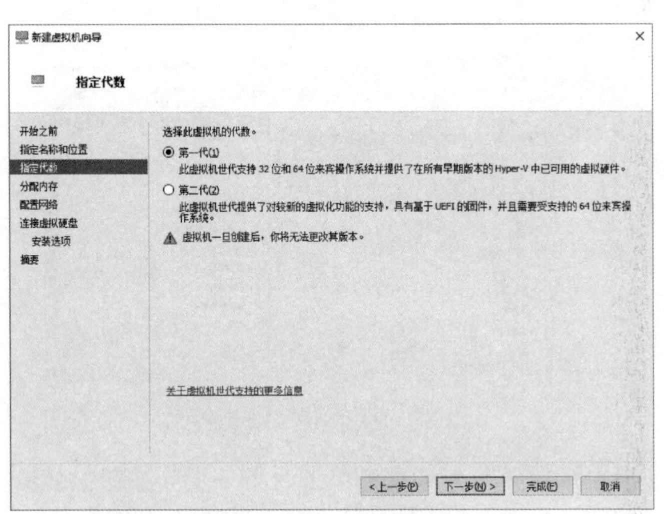

图3-112　指定代数

6）分配内存。根据主机系统内存情况给予虚拟机内存为3GB，然后单击“下一步”按钮，如图3-113所示。

7）配置网络。在右侧“连接”下拉列表中选择Default Switch选项，然后单击“下一步”按钮，如图3-114所示。

8）连接虚拟硬盘。创建80GB的虚拟硬盘，然后单击“下一步”按钮，如图3-115所示。

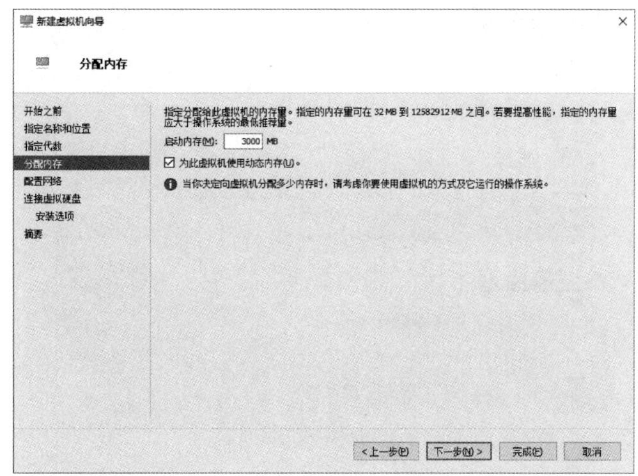

图 3-113　分配内存

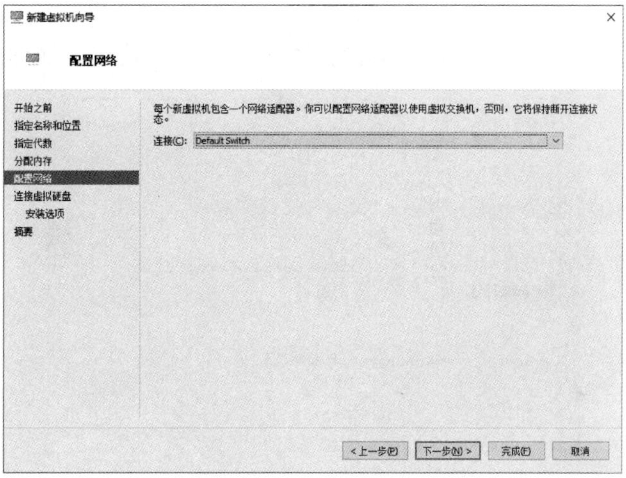

图 3-114　配置网络

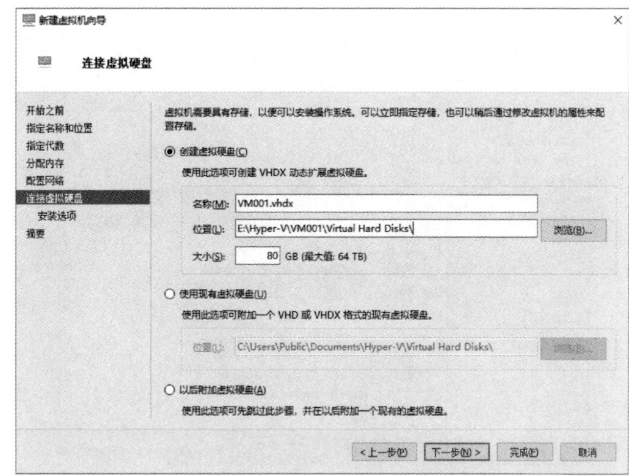

图 3-115　创建虚拟机硬盘

9）安装选项。采用默认选项，以后利用 ISO 文件映像安装操作系统，单击“下一步”按钮，如图 3-116 所示。

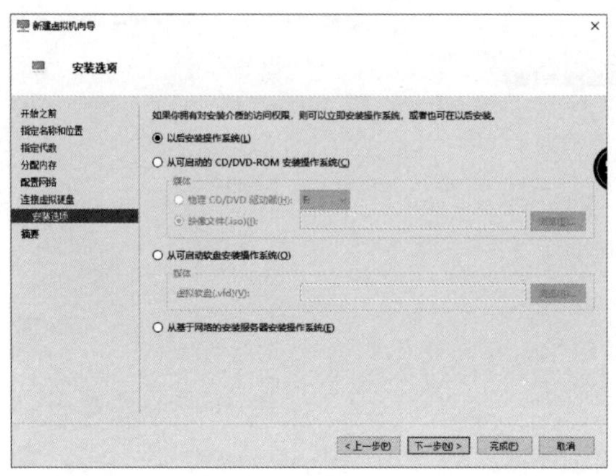

图 3-116　选择安装方式

10）弹出正在完成新建虚拟机向导界面，单击“完成”按钮，如图 3-117 所示。

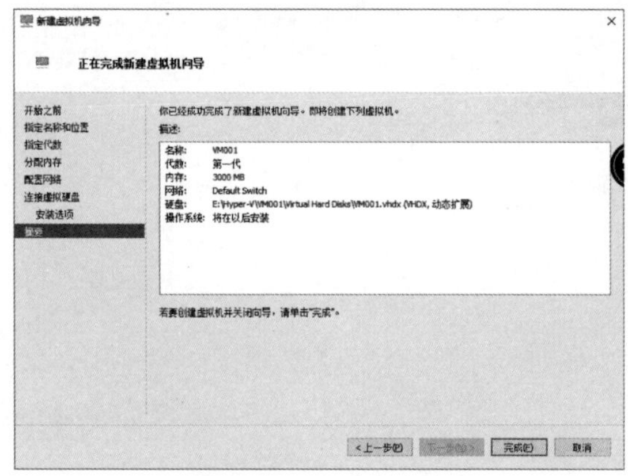

图 3-117　新建虚拟机信息摘要

11）创建完成后，在 Hyper-V 管理器窗口中间会出现刚才新建的虚拟机，如图 3-118 所示。

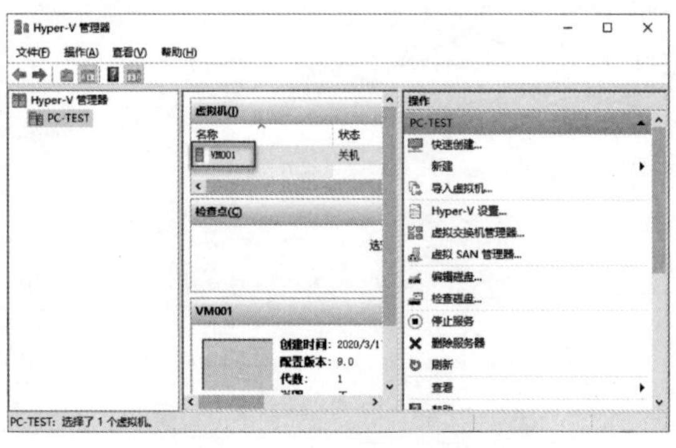

图 3-118　成功创建虚拟机

（4）在虚拟机中安装操作系统

第一次启动新创建的虚拟机时，可能出现虚拟机内存不足而无法启动的情况，相应的解决办法如下。

1）启动监控程序，利用管理员身份打开命令行提示符，输入 bcdedit /set hypervisorlaunchtype Auto，重启计算机。

2）如果实体主机内存不大，比如 4G，则虚拟内存设置小一点，比如虚拟机内存可设为 1G，切勿占有内存太多。通过虚拟内存技术，实际虚拟机内存使用并不需要设置太大，以免影响虚拟机程序正常启动。

在虚拟机中安装 Windows7 操作系统，具体步骤如下。

1）右击新创建的虚拟机，在弹出的快捷菜单中选择“设置”命令，弹出 VM001 虚拟机设置窗口，如图 3-119 所示。

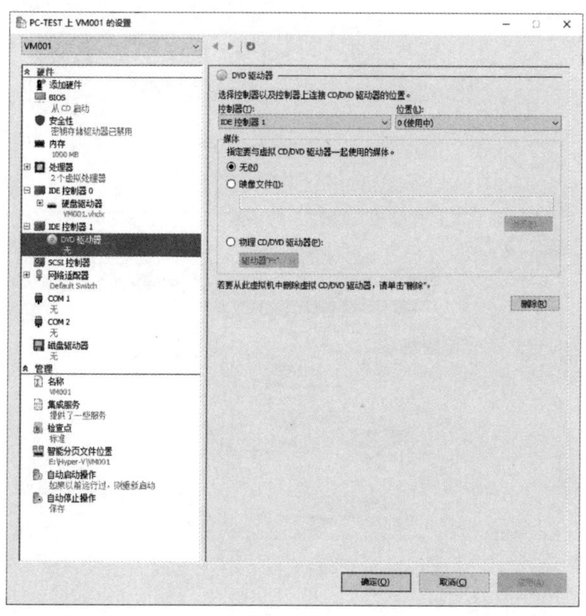

图 3-119　虚拟机设置窗口

2）选择左侧“DVD 驱动器”选项，选中右侧“映像文件”单选按钮，然后单击“浏览”按钮找到 Windows7 映像文件，如图 3-120 所示。

3）右击虚拟机，在弹出的快捷菜单中选择“连接”命令，启动虚拟机，如图 3-121 所示。

4）虚拟机成功安装 Windows7 操作系统。因为安装步骤和实体机安装基本相同，此处不再介绍。安装完成后如图 3-122 所示。

（5）安装并启用 Hyper-V 集成服务

为方便物理计算机与虚拟机操作系统之间数据与设备交互和共享，安装虚拟机操作系统后应该安装并启用 Hyper-V 集成服务。如果虚拟机操作系统版本高于 Windows 8，则在安装操作系统时会自动安装 Hyper-V 集成服务；若虚拟机操作系统版本低于 Windows 8，则应该手动安装 Hyper-V 集成服务。

图 3-120　添加系统映像文件

图 3-121　连接并启动虚拟机

图 3-122　安装操作系统

1）获取 vmguest. iso 映像文件。通过网络下载集成服务安装盘或从 Windows 8.1 的%WinDir% \ System32 文件夹中提取 vmguest. iso 文件。

2）将 vmguest. iso 文件加载到虚拟光驱。

3）在虚拟机操作系统中安装 vmguest. iso。

（6）启用 Hyper-V 增强会话功能

启用增强会话功能可以方便在物理计算机与虚拟机之间复制与粘贴文件的操作，并且可以让虚拟机使用物理计算机中的硬件设备和配置。启用增强会话功能的条件有如下几点。

1）“新建虚拟机向导”对话框中创建虚拟机时选择“第一代”或“第二代”虚拟机都可以启用增强会话功能。

2）虚拟机安装的操作系统版本必须是 Windows 8.1 以上版本或者是 Windows Server 2012 R2 以上版本。

3）安装虚拟机操作系统后，需要启用服务器增强会话模式和用户增强会话模式。

4）设置完成并重启虚拟机操作系统后启用增强会话功能。

（7）配置 Hyper-V 虚拟网络

为使虚拟机获得网络功能，需要手动配置虚拟交换机，将虚拟机同时连接到虚拟网络和物理网络的功能。Hyper-V 可以创建以下三种类型的虚拟网络。

1）外部虚拟网络：允许虚拟机、物理计算机及外部网络的计算机进行互相通信。创建外部虚拟网络时，物理计算机中操作系统会使用一个新的虚拟网卡连接物理网络，同时将虚拟网络服务协议绑定到物理网卡，所有网络通信都通过虚拟交换机传输。

2）内部虚拟网络：允许用户创建的多个虚拟机之间及虚拟机与物理计算机之间互相通信。内部虚拟网络未绑定物理网卡，无法访问外部网络。

3）专用虚拟网络：允许用户创建的多个虚拟机之间互相通信，但无法与物理计算机及外部网络计算机通信。

创建外部虚拟交换机步骤如下。

1）打开“Hyper-V 管理器”窗口，右击左侧的本地计算机，在弹出快捷菜单中选择“虚拟交换机管理器”命令，如图 3-123 所示。

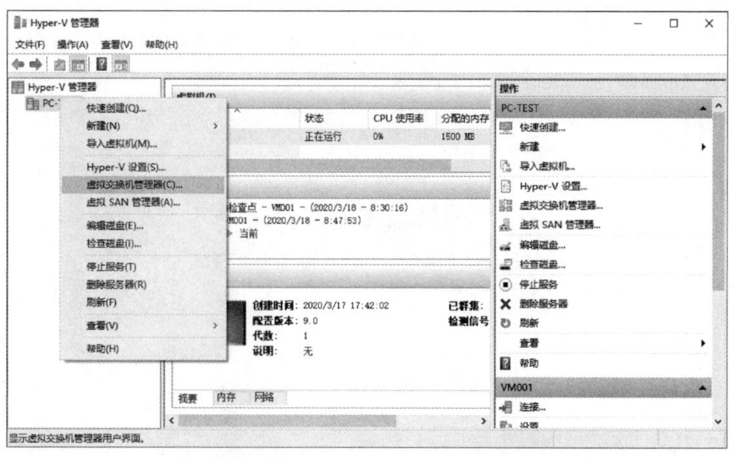

图 3-123 打开创建虚拟交换机管理器窗口

2）打开“PC-TEST 的虚拟交换机管理器”，在右侧“你要创建哪种类型的虚拟交换机”列表框中选择“外部”选项，单击“创建虚拟交换机”按钮，如图 3-124 所示。

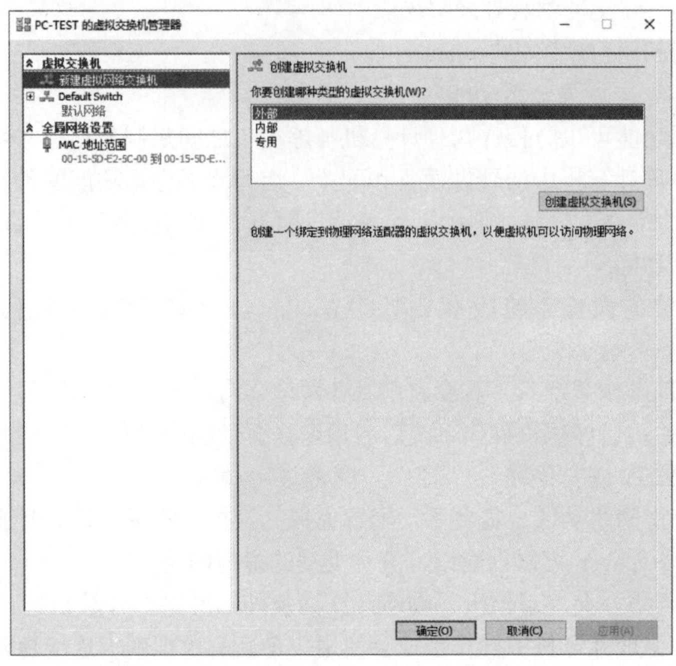

图 3-124　选择创建外网虚拟交换机

3）在打开的对话框中，设置虚拟交换机名称为 VmSwitch，绑定物理网卡，单击“确定”按钮，系统自动弹出“正在应用更改”完成创建虚拟交换机任务，如图 3-125 所示。

图 3-125　为虚拟交换机命名

4）打开虚拟机设置对话框，在左侧列表中选择“网络适配器”选项，在右侧“虚拟交换机”列表中选择刚创建的虚拟交换机，单击“确定”按钮完成设置，如图 3-126 所示。

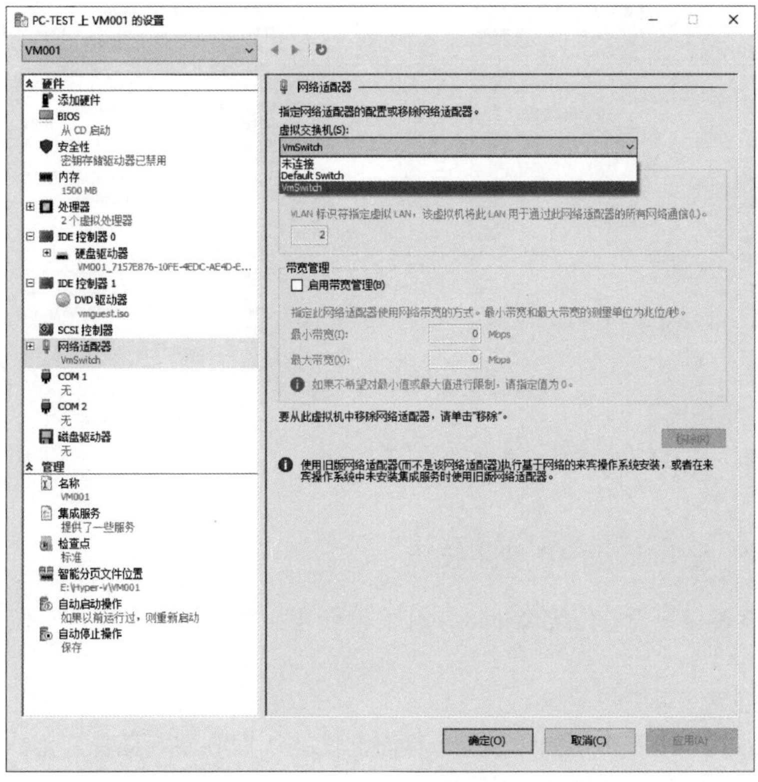

图 3-126　启用刚创建的虚拟交换机

5）打开物理计算机中“网络和共享中心”窗口，选择左侧列表中“更改适配器设置”选项，可看到创建的虚拟交换机，如图 3-127 所示。

图 3-127　打开物理计算机网络适配器设置窗口

6）查看网络适配器信息。虚拟机网络连接信息已经变为原实体主机的网络连接信息，如图 3-128 所示。主机本地网络连接信息有变动，如图 3-129 所示。

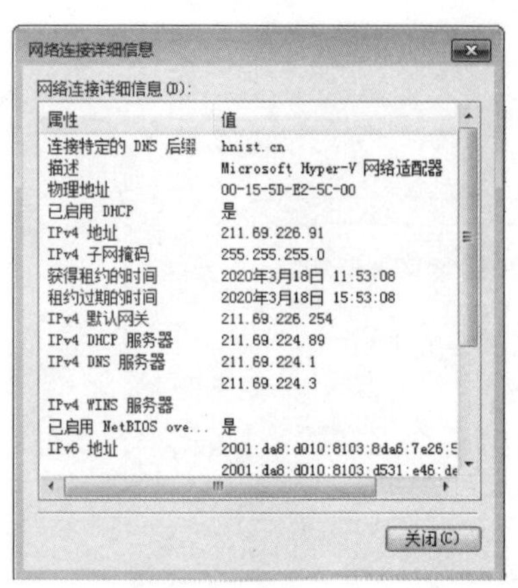

图 3-128　虚拟机网络连接信息

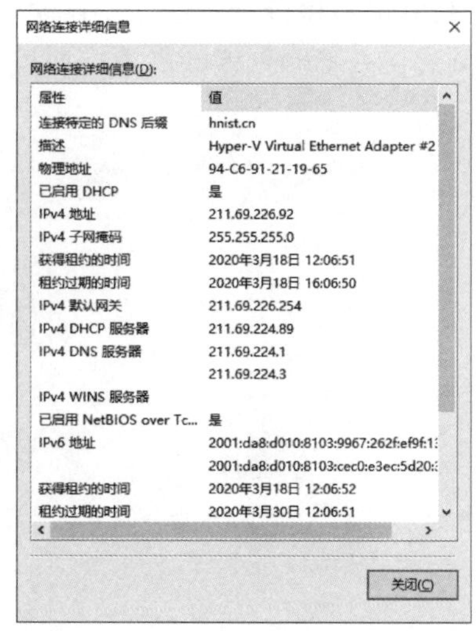

图 3-129　实体网络连接信息

3.1.12　Windows 10 使用技巧

Windows 10 窗口界面较传统 Windows 有很大变化，熟悉一些常用技巧便于更好地使用操作系统。

1. 显示或隐藏桌面系统图标

新安装 Windows 10 专业版操作系统，桌面上仅有“回收站”图标，用户可以通过系统设置将常用图标显示在桌面上，方便日常操作。

显示桌面系统图标的具体操作步骤如下。

1）右击桌面空白处，在弹出的快捷菜单中选择“个性化”命令，调出“设置”窗口，选择“主题”选项，如图 3-130 所示。

2）然后将窗口右侧滚动条向下拉，在“相关的设置”区域中选择“桌面图标设置”选项，如图 3-131 所示。

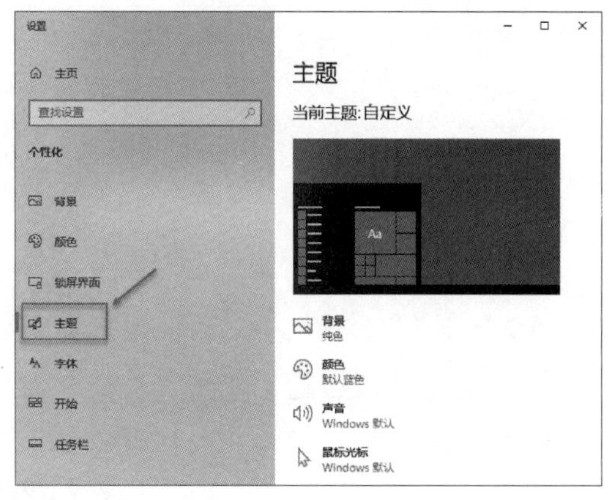

图 3-130　打开设置主窗口

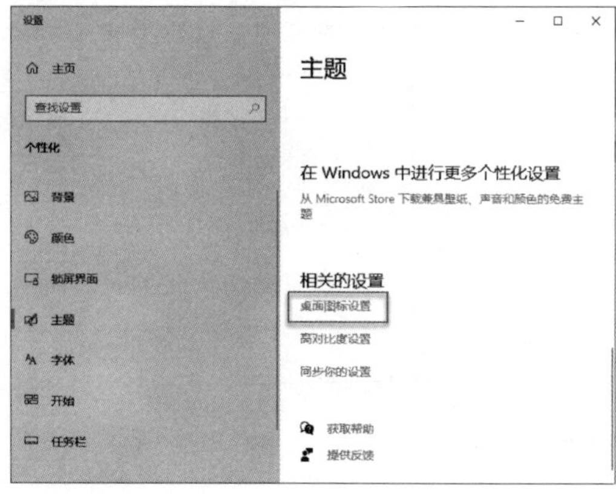

图 3-131　定位桌面图标设置

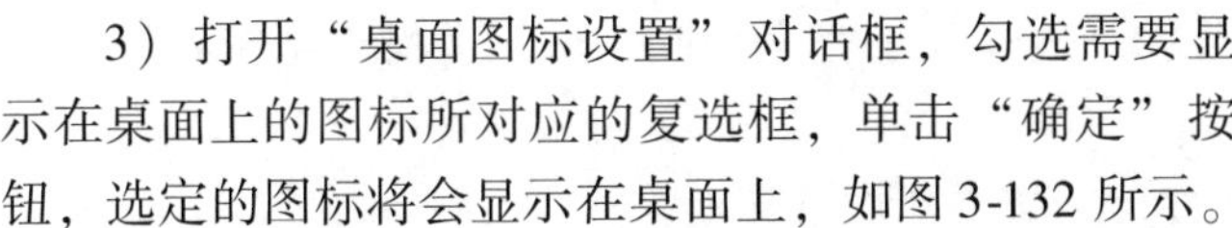

3）打开“桌面图标设置”对话框，勾选需要显示在桌面上的图标所对应的复选框，单击“确定”按钮，选定的图标将会显示在桌面上，如图 3-132 所示。

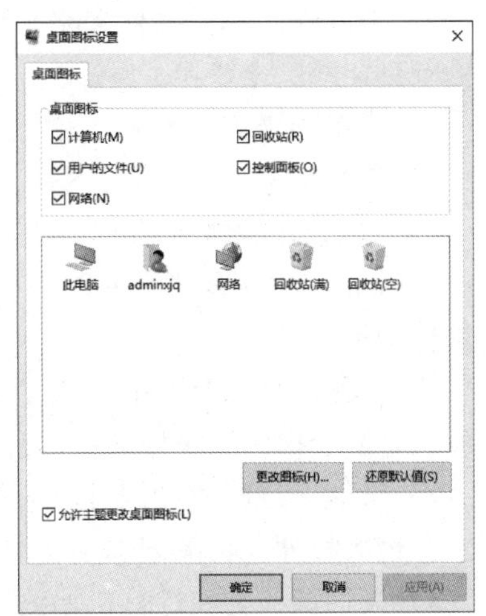

图 3-132 选择需要显示的桌面图标

2. 设置电源管理

电源管理方案直接决定着计算机功耗和稳定性，特别是对于笔记本来说，电源管理直接决定笔记本待机和持续运行时间。Windows 10 为用户预置 3 种电源计划，用户可以对预置电源计划进行修改或重新创建新的电源计划。

（1）ACPI 电源管理规范

ACPI（高级配置和电源管理接口）规范允许在 Windows 操作系统中对 Windows 操作系统、主板 BIOS 及系统硬件接口工作方式进行配置和管理。ACPI 有 6 种工作模式如表 3-3 所示。

表 3-3 ACPI 规范的 6 种工作模式

工作模式	计算机状态	说明
S0	正常运行	计算机所有设备全面运行
S1	待机 POS（Power on Suspend）	CPU 时钟控制器将 CPU 关闭
S2	待机	CPU 时钟控制器及 CPU 关闭
S3	待机 STR（Suspend to RAM）	计算机内存工作，按 Power 按钮，系统被唤醒
S4	休眠 STD（Suspend to Disk）	内存数据保存到硬盘后，关闭计算机，硬盘可唤醒
S5	关闭	彻底关闭计算机

（2）查看计算机支持电源管理模式

1）右击“开始”按钮，在弹出菜单中选择“命令提示符”选项。

2）打开“命令提示符”窗口，在命令行中输入命令 powercfg -a，按〈Enter〉键，窗口会显示计算机支持的 ACPI 工作模式，如图 3-133 所示。

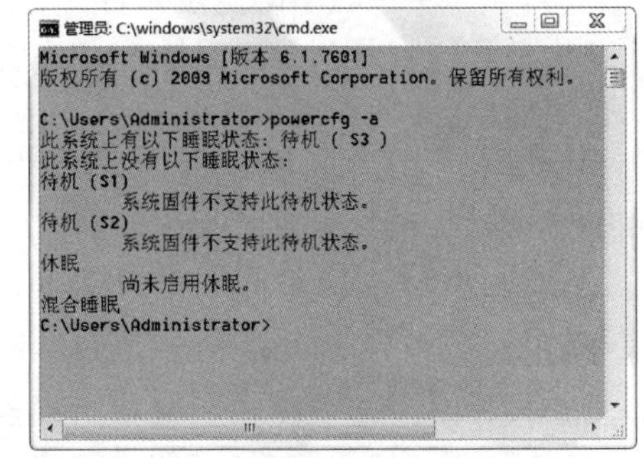

图 3-133 查看计算机支持的 ACPI 工作模式

（3）睡眠与休眠模式比较

Windows 10 支持睡眠和休眠两种电源管理模式。S3 表睡眠模式 STR，进入睡眠前操作系统会将正在处理数据保存于内存中，同时电源会持续为内存供电而切断其他设备电源。当唤醒计算机时，操作系统会读取内存中数据。S4 表休眠模式 STD，进入休眠前操作系统将正在处理的数据保存于硬盘中，当唤醒计算机时，操作系统会读取硬盘中数据。二者存在以下几点区别。

1）数据保存位置不同。S3 保存数据于内存中。S4 保存数据于硬盘上的文件% System-

Root% \ Hiberfil. sys，文件大小与计算机物理内存大小完全相同，可视为操作系统在硬盘上为内存创建的完全备份。

2）设备加电方式不同。S3 对内存加电，S4 不对设备加电。

3）恢复数据方式不同。S3 通过内存恢复系统数据，S4 通过硬盘恢复数据到内存。

（4）修改预置电源计划

Windows 10 预置“平衡”“节能”和“高性能”三种电源计划，用户可以根据实际需要进行选择切换。

1）平衡。性能与节能互相平衡电源管理方式。当计算机运行大型程序等需要高强度作业时，电源会提供完全性能；当计算机处于空闲时，自动节能以便降低能耗。

2）节能。该电源计划可以通过降低系统性能和屏幕亮度来节省电源损耗，主要用于笔记本，最大限度延长笔记本续航时间。

3）高性能。为使计算机始终在高性能状态下运转需要而采用的电源管理方式，主要供台式机适用，而对于笔记本不建议采用，会严重缩短电池使用寿命。

3. 删除不需要的文件和应用

系统使用久后，磁盘空间会有大量无实际作用的文件，需要进行磁盘空间清理。平时除清空回收站外，还可以采用一些不常规的磁盘工具来回收磁盘空间。下面介绍一些删除不需要文件和应用程序的方法。

（1）删除临时文件

1）打开“设置”窗口，选择“系统”→“存储”选项，在右侧“存储”类别中单击要删除临时文件所属分区。

2）在进入界面中选择“临时文件”类别，在进入“临时文件”界面中单击“临时文件”下方“删除临时文件”按钮，在弹出的界面中单击“是的，我确定”按钮，即可删除所选分区中包含的临时文件。

（2）删除早期版本的系统文件

1）打开“设置”窗口，选择“系统”→“存储”选项，再进入安装 Windows 10 的分区的“临时文件”界面。

2）单击“以前版本的 Windows”下方“删除以前的版本”按钮，在弹出的界面中单击“删除”按钮，即可删除旧版系统文件。

（3）卸载部分应用

1）通过“程序和功能”菜单卸载部分应用程序。

2）打开“设置”窗口，选择“系统”→“存储”选项，在右侧的“存储”类别中单击应用所在分区，进入界面中选择“应用和游戏”选项，单击想要删除的应用，单击“卸载”按钮即可卸载该应用。

（4）使用 Windows 磁盘清理程序

磁盘清理工具可以智能检测到对系统无用的文件，让用户来决定是否删除。

1）双击桌面的“此电脑”图标，在打开的窗口中右击准备磁盘清理的 D 分区，在弹出的快捷菜单中选择“属性”命令，打开分区属性对话框，在“常规”标签中单击“磁盘清理”按钮，如图 3-134 所示。

2）选择需要清理的文件，然后单击“确定”按钮，如图 3-135 所示。

图 3-134　打开磁盘属性窗口

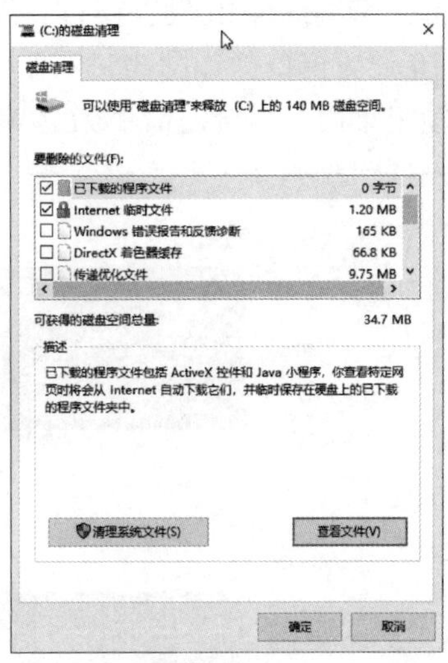

图 3-135　选择需要清理的文件

3.1.13 Windows 操作系统常用键盘操作技巧

操作系统要实现某一功能，除常用鼠标操作外，还有快捷键操作方式。

(1) 常见键盘组合命令

通过键盘上面的 Windows 图标键和其他字母组合操作可以快速实现需要通过数次鼠标单击动作才能完成的效果。该方法可以节约时间，而且方便快捷。

1) 打开资源管理器，组合键命令为〈Win + E〉。此组合命令执行完毕后打开资源管理器，如图 3-136 所示。

2) 打开“运行”对话框，组合键命令为〈Win + R〉。此组合命令执行完毕后打开“运行”对话框，如图 3-137 所示。

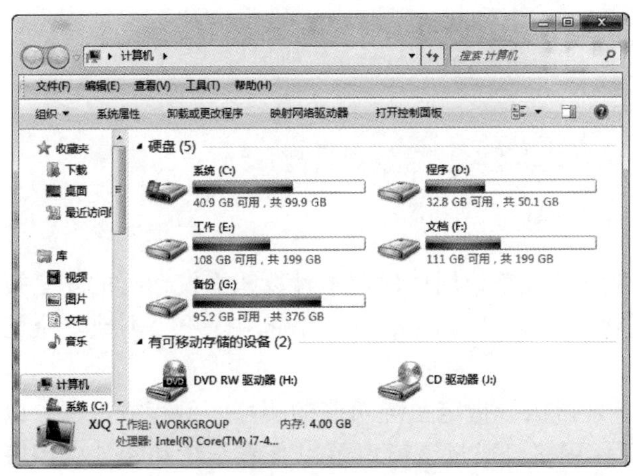

图 3-136　资源管理器

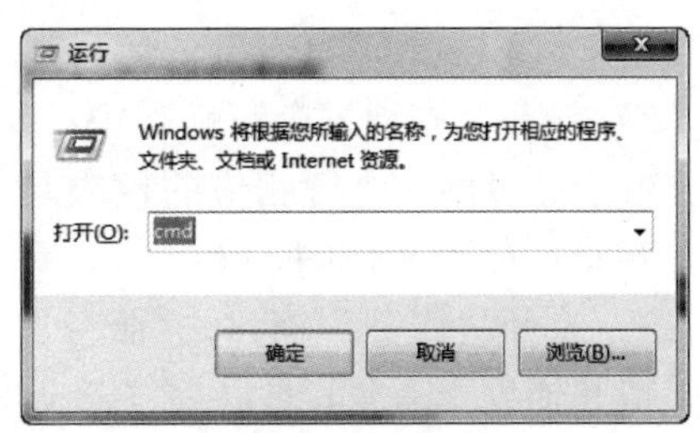

图 3-137　“运行”对话框

3）打开 Windows 10 设置窗口，组合键命令为〈Win + I〉。此组合命令执行完毕后打开 Windows 10 设置窗口，如图 3-138 所示。

4）锁定桌面，组合键命令为〈Win + L〉。此组合命令执行完毕后效果如图 3-139 所示。

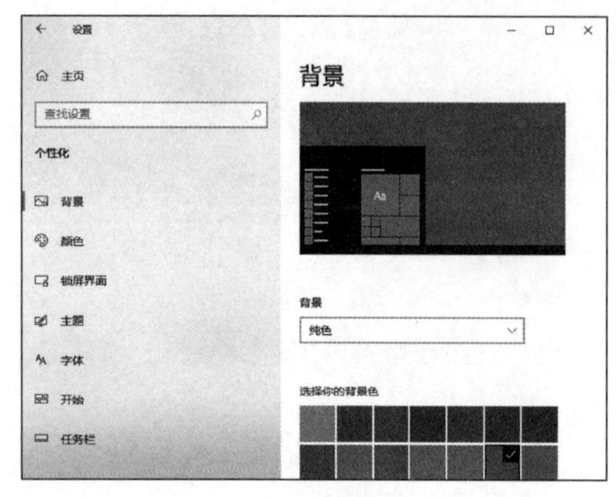

图 3-138 “设置”窗口

图 3-139 快速锁定桌面

（2）常用 CMD 命令

操作系统中常用程序驻留在系统盘目录下，通过命令行方式运行可以节省操作时间，提高使用系统的便捷性。

1）调用“系统配置”窗口。系统配置是指系统启动和加载项设置，通过它可以灵活方便设定让哪些服务同系统一起启动运行。合理地配置可以大大提升系统的启动速度和运行效率。执行完 msconfig 命令，打开“系统配置”对话框，如图 3-140 所示。

图 3-140 “系统配置”对话框

2）打开“本地安全策略”窗口。本地安全策略让用户设定本计算机系统运行的安全策略，便于高级用户进行相应的权限与安全设置。输入 secpol. msc 命令，打开“本地安全策略”窗口，如图 3-141 所示。

3）打开“服务”窗口。“服务”窗口是指执行指定系统功能的程序、例程或进程，以便支持其他程序，尤其是底层（接近硬件）程序。通过该窗口可以查看系统和相关应用服务运行状态及进行相关设置，便于高级用户对系统服务进行控制。输入 services. msc 命令，打开“服务”窗口，如图 3-142 所示。

图 3-141 “本地安全策略”窗口

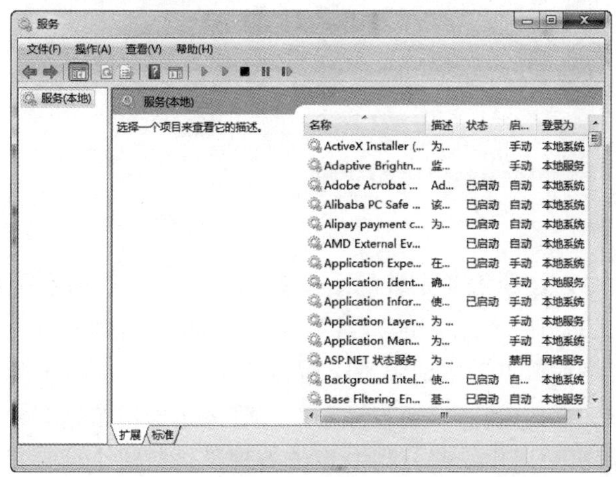

图 3-142 “服务”窗口

4）系统重启关机命令。系统重启命令可以实现系统重启与关机功能。

① 重启命令：shutdown -r（系统关闭重启计算机，如图 3-143 所示）。

② 关机命令：shutdown -s /t 60（计算机经过 60 秒后关机）。

③ 取消关机命令：shutdown -a（取消正在进行的关机操作）。

图 3-143 磁盘清理窗口

5）磁盘清理命令。通过磁盘清理减少系统磁盘垃圾文件量，可以让系统运行更稳定、更快。输入 cleanmgr 命令，打开相应的对话框，如图 3-144 所示。

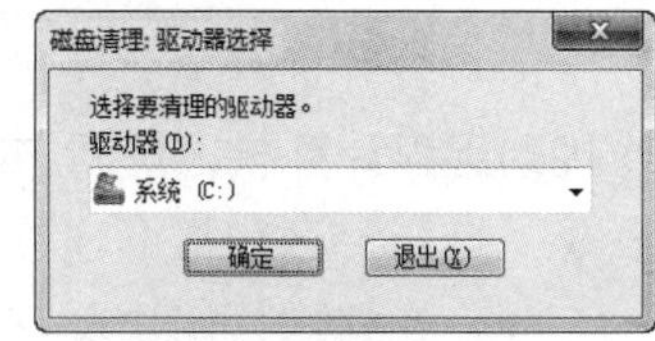

图 3-144 磁盘清理对话框

6）打开控制面板。控制面板是 Windows 图形用户界面一部分，它允许用户查看并操作基本的系统设置，比如添加/删除软件、硬件，设置用户，更改辅助功能等选项。输入 control 命令，打开“控制面板”窗口，如图 3-145 所示。

7）打开“事件查看器”窗口。事件查看器是 Windows 操作系统工具，记录系统运行日志状态的数据表，方便用户查看判断系统的运行故障。输入 eventvwr 命令，打开“事件查看器”窗口，如图 3-146 所示。

图 3-145 “控制面板”窗口

图 3-146 “事件查看器”窗口

8）注册表编辑命令。注册表是系统的重要数据库，用于存储系统和应用程序的设置信息。输入 regedit 命令，打开“注册表编辑器”窗口，如图 3-147 所示。

9）打开本地组策略编辑器。本地组策略编辑器是一个 Microsoft 管理控制台（MMC）管理单元，它提供一个单一用户界面，通过该界面可管理本地组策略对象。通过使用组策略可以设置各种软件、计算机和用户策略，帮助系统管理员针对整个计算机或是特定组策略用户来设置多种配置，包括桌面配置和安全配置。输入 gpedit. msc 命令，打开“本地组策略编辑器”窗口，如图 3-148 所示。

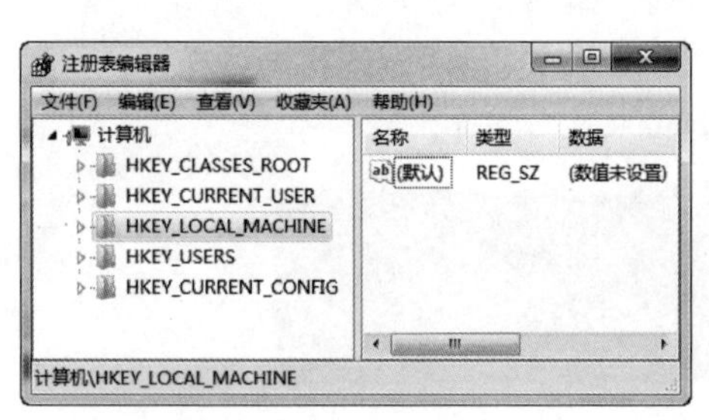

图 3-147 “注册表编辑器”窗口

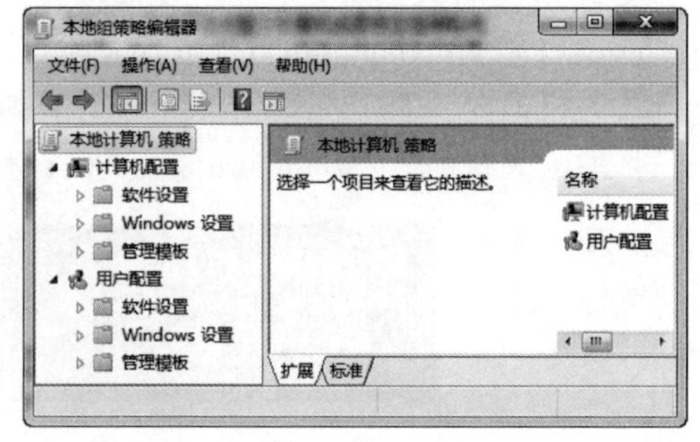

图 3-148 “本地组策略组编辑器”窗口

10）打开远程桌面连接。远程桌面是操作系统提供的一种远程控制功能，通过它能够连接到远程计算机，访问它的所有应用程序、文件和网络资源，实现实时操作。输入 mstsc 命令，打开“远程桌面连接”对话框，如图 3-149 所示。

11）系统默认用户免登录设置命令。默认用户自动登录设置让系统启动后免去登录输入密码程序。命令为 control userpasswords2。

① 打开 CMD 运行窗口，输入 control userpasswords2 命令，按〈Enter〉键，打开“用户帐户”对话框，如图 3-150 所示。

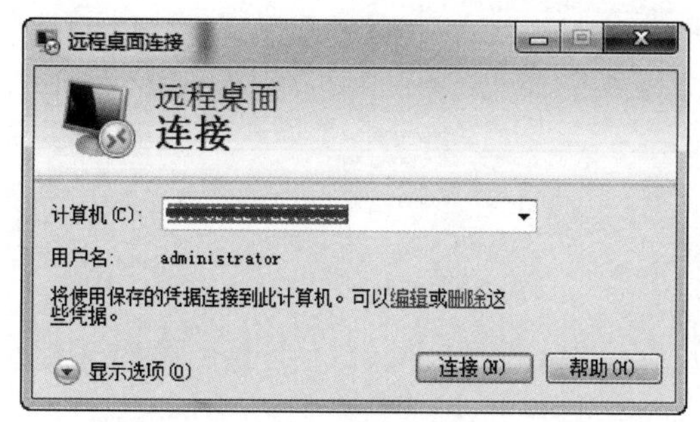

图 3-149 “远程桌面连接”窗口

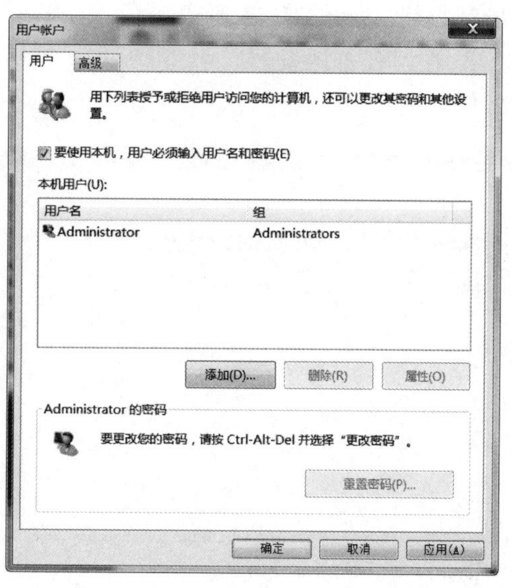

图 3-150 打开“用户帐户”对话框

② 取消勾选“要使用本机，用户必须输入用户名和密码”复选框，然后单击“应用”按钮。会弹出“自动登录”对话框，输入正确的用户名和密码，然后单击“确定”按钮，即完成自动登录设置，重启后实现免去手动登录环节，如图 3-151 所示。

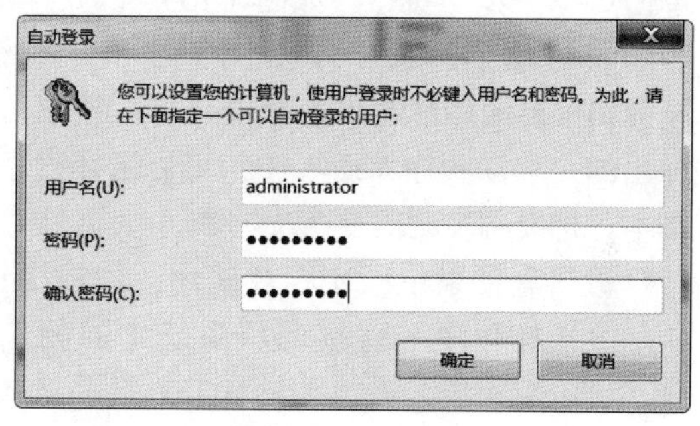

图 3-151 设置自动登录

12）打开任务计划程序。任务计划程序可以将任何脚本、程序或文档安排在某个特定的时间运行，实现无人值守功能，方便系统管理工作。命令为 taskschd. msc。创建一个任务计划，确保服务器在每天上午 6 点准时自动启动。具体创建步骤如下。

① 按〈Win + R〉组合键调出 CMD 命令窗口，然后输入命令 taskschd. msc 后，按〈Enter〉键直接调出“任务计划程序”窗口，如图 3-152 所示。

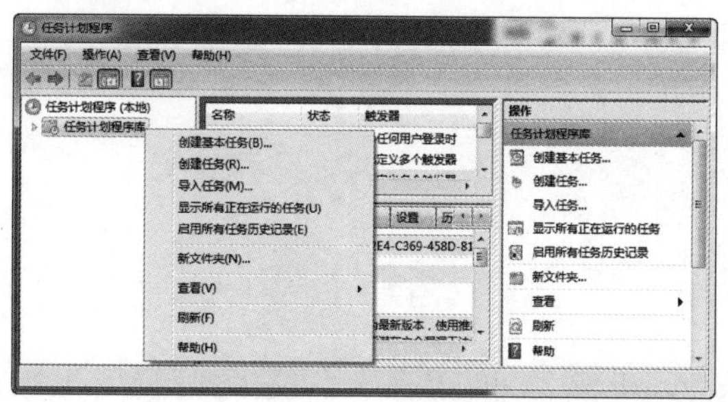

图 3-152 调出“任务计划程序”窗口

② 右击左侧“任务计划程序库”选项，在弹出的快捷菜单中选择“创建基本任务”命令，在弹出界面的文本框中输入创建任务名称“定时重启电脑”及对其的描述，单击“下一步”按钮，如图 3-153 所示。

③ 在“任务触发器”界面中选中“每天”单选按钮，然后单击“下一步”按钮，如图 3-154 所示。

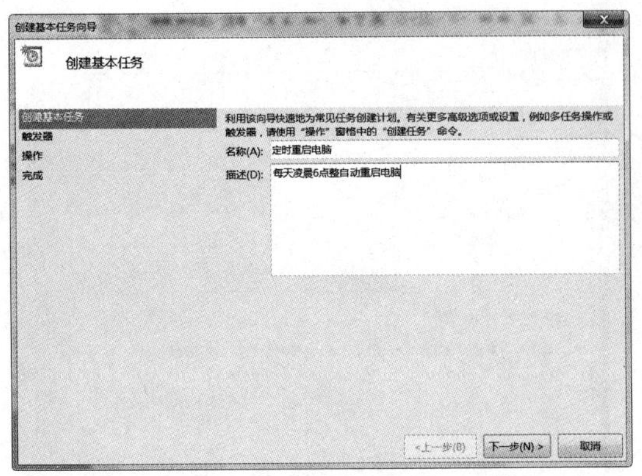

图 3-153 进入创建基本任务向导

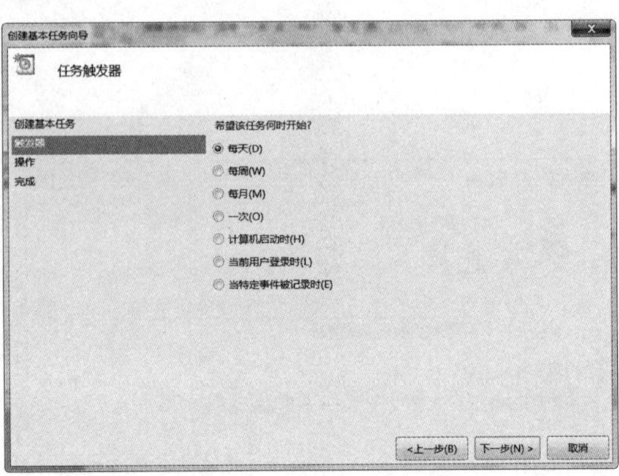

图 3-154 设置任务触发器

④ 在“每日”界面中设定每日重启的具体时间，比如设定每天上午 9：56：38 重启，单击“下一步”按钮，如图 3-155 所示。

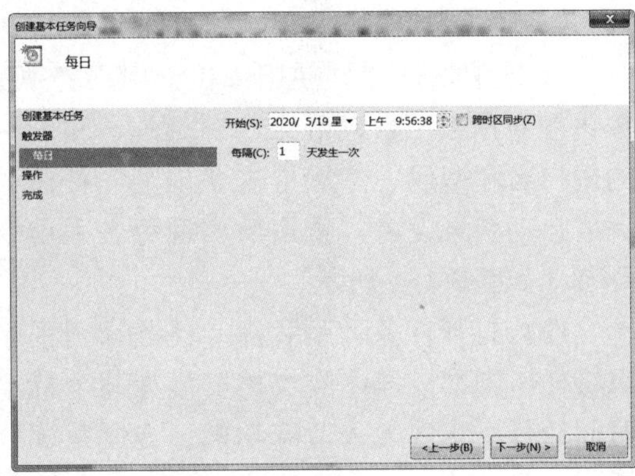

图 3-155 设置启动具体频率与时间

⑤ 在当前界面中单击“下一步”按钮，在弹出的界面中继续单击“下一步”按钮，在弹出的“启动程序界面”中，可以选择程序或脚本。选择脚本则需要事先将脚本编辑好存于计算机硬盘目录中，才能被调用，如图 3-156 所示。选择程序是直接调用系统中的相应程序，可以带相应参数，如图 3-157 所示。选择好后，单击“下一步”按钮。最后单击“完成”按钮，完成任务计划基本创建。

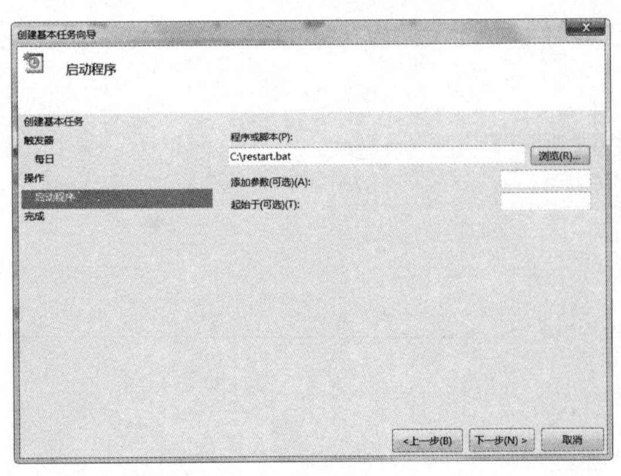

图 3-156 设置启动运行的脚本

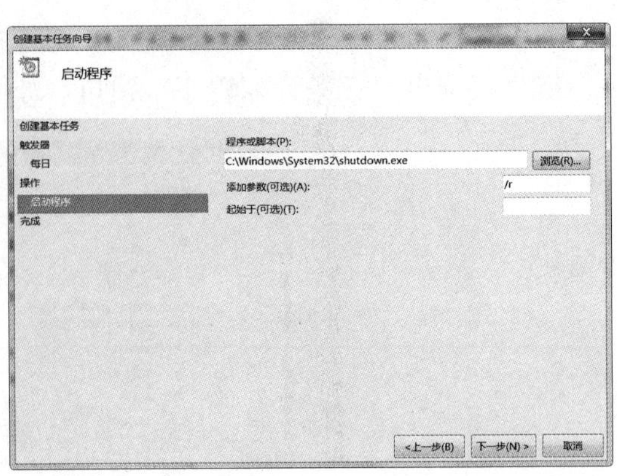

图 3-157 设置启动运行的程序

⑥ 右击“任务计划程序”窗口中间已经创建的“定时重启电脑”任务，在弹出的快捷菜单中选择“属性”命令，如图3-158所示。

⑦ 在弹出的“定时重启电脑属性”对话框中选择“不管用户是否登录都要运行”单选按钮，单击“确定”按钮，如图3-159所示。

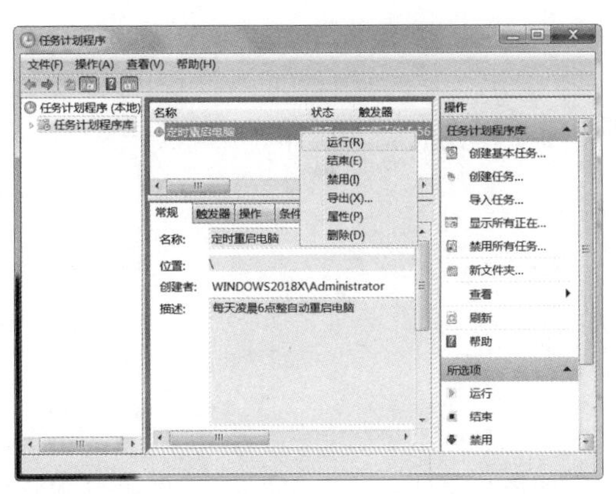

图3-158 查看创建好的定时任务计划

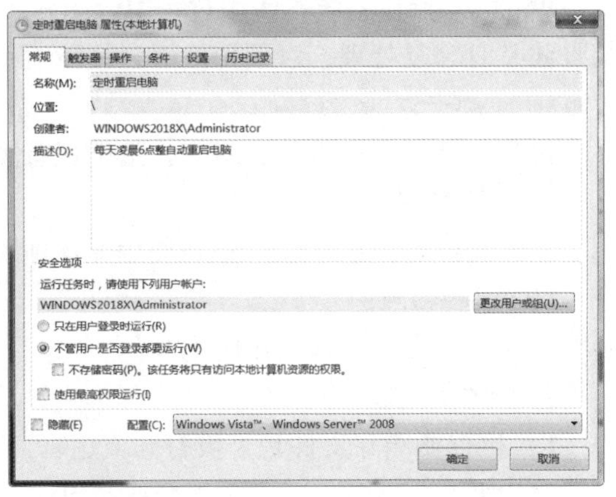

图3-159 打开“定时重启电脑属性”窗口

⑧ 在弹出的窗口中输入创建并运行此任务的用户帐号信息，单击“确定”按钮，如图3-160所示。

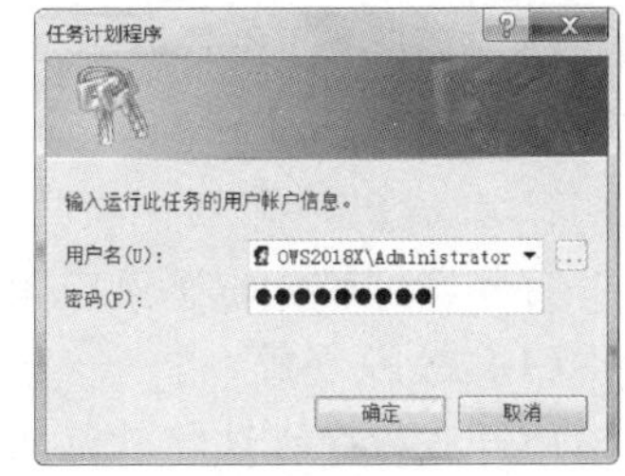

图3-160 输入运行任务的帐户信息

（3）进入安全模式

1）Windows系统运行前，按〈F8〉键，弹出模拟DOS选项，利用方向键选择进入安全模式。

2）利用msconfig调出系统配置，切换到“引导”选项卡，勾选“安全引导”复选框，单击“确定”按钮重启。

安全模式可以完成删除顽固文件、查杀病毒、还原系统、修复系统故障和恢复系统设置等任务。

（4）启用sfc系统文件扫描工具

1）单击“开始”按钮，打开“搜索”文本框，输入CMD，右击CMD程序名，在弹出的快捷菜单中选择“以管理员身份运行（A）”命令，如图3-161所示。

2）进入DOS命令行状态，直接运行命令sfc/scannow，如图3-162所示。

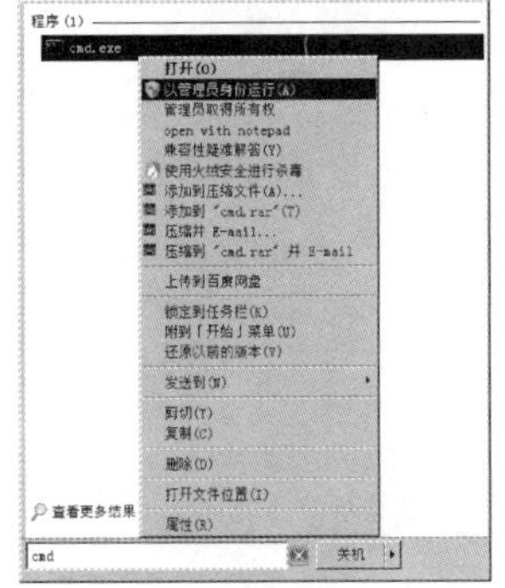

图3-161 以管理员身份运行CMD

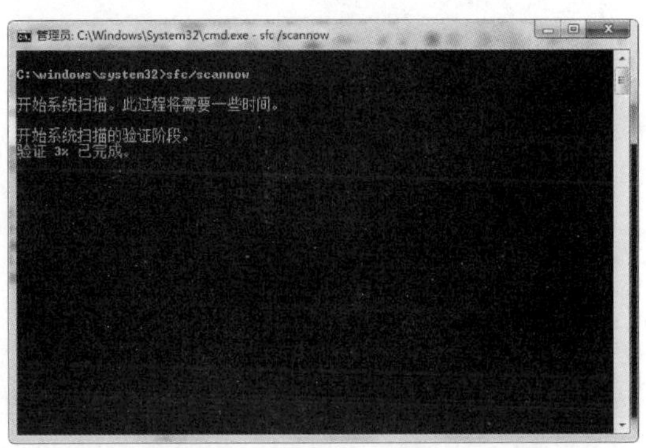

图3-162 运行文件扫描工具

注意：如果提示“Windows 资源保护无法启动修复服务”，则应设置自动启用 Windows Modules Installer 服务。

3.1.14 Windows 系统常见故障排除

Windows 操作系统在使用过程中会因各种不同的原因造成系统文件损坏，需要采取合理的方法及时修复处理，以下列举部分故障案例。

1. 文件无法删除问题

进程打开后，在进程关闭前，跟进程有关的文件不能完成删除操作。

（1）故障现象

删除文件时提示“文件正在使用无法删除”。

（2）原因分析

应该与该文件进程正在使用有关。

（3）解决步骤

1）检查要删除文件是否被打开或运行。

2）用〈Ctrl + Alt + Del〉组合键打开“任务管理器”窗口，在“进程”选项卡中将相应文件的进程关闭。

3）打开要删除的文件所在文件夹，删除该文件。

4）打开“任务管理器”窗口，选择“文件”菜单下“新建任务”命令，在“打开”对话框中输入 explorer. exe 命令，重新建立系统的外壳。

2. 卸载软件故障

有些软件被病毒感染或者卸载方式不正确，造成该软件不能正常卸载。

（1）故障现象

用卸载程序无法将软件卸载。

（2）原因分析

计算机感染病毒或软件卸载模块损坏引起。

（3）解决步骤

1）杀毒。

2）打开“注册表编辑器”窗口，展开 HKEY_LOCAL_MACHINE \ Software \ Microsoft \ Windows \ CurrentVersion \ Uninstall 子键，在此子键下打开该软件注册项并将其删除。

3. 计算机感染病毒

计算机感染病毒会出现系统运行缓慢现象。

（1）故障现象

计算机没有运行很多程序，CPU 占用率 100%。

（2）原因分析

计算机感染病毒了。

（3）解决步骤

1）利用“任务管理器”查看进程，查看 CPU 占用率情况。

2）结束占用大量 CPU 资源的进程，将进程名记录下来，单击“结束进程”按钮。

3）如无法结束该进程，将计算机启动到安全模式，打开“注册表编辑器”窗口，在

“编辑”菜单中选择“查找”命令，在弹出“查找”对话框中输入该进程名称，右击找到进程名称，在弹出的快捷菜单中选择“删除”命令，反复搜索几次彻底删除该进程。

4. 动态链接库问题

动态链接库出现问题会造成相关程序运行时出现错误提示。

(1) 故障现象

丢失 rundll32. exe 文件造成的。

(2) 原因分析

rundll32. exe 是执行 32 位的 DLL 动态链接库文件。系统缺少它会导致一些程序无法执行，显示“Windows 无法找到文件 C:\Windows\system32\rundll32. exe”，如图 3-163 所示。

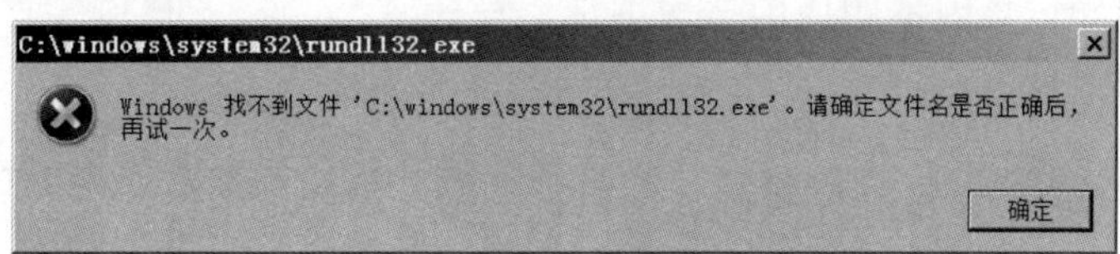

图 3-163 系统错误提示

(3) 解决步骤

1) 将 Windows 安装光盘插入光驱，然后按〈Win + R〉组合键打开“运行”对话框。

2) 在“运行”对话框中输入 expand G:\i386\rundll32. ex_ C:\windows\system32\rundll32. exe，按〈Enter〉键进行修复（以光驱为 G: 说明）。

3) 修复完毕，重新启动系统。

5. NTLDR 文件丢失

NTLDR 文件丢失后，系统无法完成正常引导。

(1) 故障现象

丢失 NTLDR 文件。

(2) 原因分析

因为突然断电等原因造成系统破坏，出现 NTLDR 文件丢失。计算机开机启动时会出现 NTLDR is Missing Press any key to restart，造成系统无法启动。

(3) 解决步骤

1) 插入 Windows 安装光盘。

2) 通过 BIOS 设置从光盘启动。

3) 重启计算机，进入光盘引导页面，按〈R〉键进入故障恢复控制台。

4) 在命令提示符下输入 copy G: \i386\ntldr c: \ 命令并按〈Enter〉键执行。

5) 执行完毕，输入 EXIT 命令退出故障恢复控制台，重启计算机。

6. 程序兼容问题

当程序因为涉及系统兼容问题会无法运行，需要修改兼容性设置。

(1) 故障现象

Windows 7 操作系统下一些软件不可用。

(2) 原因分析

程序兼容性和权限问题。

(3) 解决步骤

在需要运行软件程序图标上右击，在弹出的快捷菜单中选择“属性”命令，在弹出对话框中切换至“兼容性”选项卡，在“兼容模式”选项区域中勾选“以兼容模式运行这个程序”复选框，选择相应的操作系统版本。同时在“特权等级”选项区域中勾选“以管理员身份运行此程序”复选框，然后单击“确定”按钮运行程序，如图3-164所示。

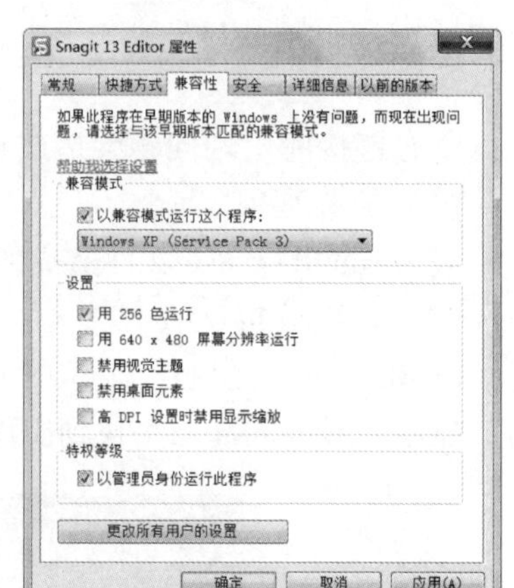

图3-164 程序属性窗口

7. 引导记录损坏

操作系统盘引导记录因不明原因造成损坏会导致系统无法启动。

(1) 故障现象

BOOTMGR is missing Press Ctrl + Alt + Del to restart。

(2) 原因分析

硬盘数据线接触问题，或者主引导记录（MBR）损坏，甚至是系统文件丢失、损坏，导致无法引导系统。

(3) 解决步骤

1）首先重新拔插硬盘数据线，排除接触不良等硬件原因。

2）主引导刻录损坏可用 Diskgenius 处理修复。

3）以 WinPE 启动系统，运行其自带的命令提示符工具。

① 重建 Windows 7 系统引导文件。操作命令为 bcdboot C：windows /s C。

② 经过上述操作仍不能解决，尝试在 PE 环境中，运行 chkdsk /f 命令修复磁盘错误。

4）以 Windows 7 安装光盘启动计算机。

① 按〈Shift + F10〉组合键，调出命令提示符窗口。

② 输入 bootrec /fixmbr，然后按下〈Enter〉键，完成硬盘主引导记录重写操作。

8. 系统分区激活问题

系统分区后没有激活该分区，开机后无法找到 NTLDR。

(1) 故障现象

复制完的 Windows7 操作系统没办法启动，显示：Couldn't find NTLDR，如图3-165所示。

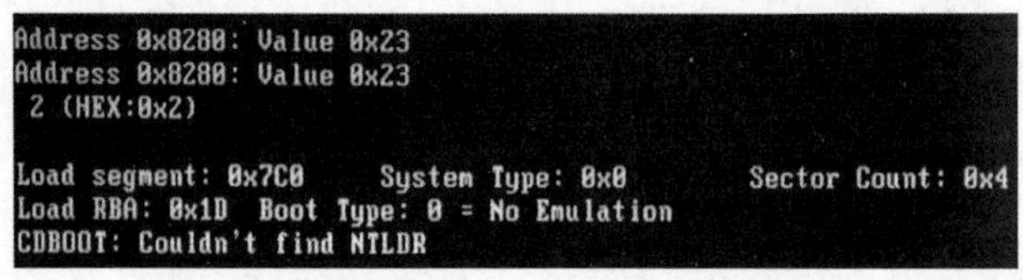

图3-165 系统无法启动

(2) 原因分析

安装系统前系统分区没有被激活造成。

(3) 解决步骤

1) 利用光盘启动进入 PE 系统。

2) 打开 DiskGenius，进入分区菜单，激活系统分区为活动分区即可。

9. 应用程序停止响应

因为操作不当经常会引起程序停止响应并出现是否等待响应或关闭的提示。

(1) 故障现象

自动关闭应用程序停止响应的程序。屏幕显示“应用程序已经停止响应，是否等待响应或关闭”提示对话框，需要等待响应或手动关闭该停止响应的程序。

(2) 原因分析

因为操作不当或硬件性能问题造成应用程序不能正常运行与关闭。

(3) 解决步骤

1) 按〈Win + R〉组合键打开“运行”对话框，输入 regedit 命令，单击“确定”按钮，打开“注册表编辑器”窗口。

2) 依次展开 HKEY_CURRENT_USER \ Control Pannel \ Desktop，双击 AutoEndTasks，在弹出的对话框中将“数值数据”键值设置为 1，单击“确定”按钮。双击 WaitTokillAppTimeout，在弹出的对话框中将“数值数据”键值设置为 0，单击“确定”按钮。

3) 关闭“注册表编辑器”窗口，重启计算机。

10. 桌面、任务栏或文件夹无响应

操作不当或硬件性能不好经常造成桌面、任务栏或文件夹无响应现象。

(1) 故障现象

桌面、任务栏或文件夹无响应。

(2) 原因分析

操作不当或硬件性能问题导致。

(3) 解决步骤

1) 在任务栏上空白处右击，选择“任务管理器”命令。

2) 右击找到“Windows 资源管理器”进程名，在弹出的快捷菜单中选择“重新启动”命令。

11. 桌面资源管理器无法正常显示

操作不当经常会引起桌面资源管理器无法正常显示，影响相应操作。

(1) 故障现象

桌面资源管理器无法显示。

(2) 原因分析

操作不当引起资源管理器无法显示。

(3) 解决步骤

1) 在任务栏上空白处右击，选择“任务管理器”命令。

2) 选择“文件”菜单中的“新建任务（运行…）”命令，如图 3-166 所示。

3) 在打开的对话框中输入 explorer. exe 命令，然后单击“确定”按钮，如图 3-167 所示。

12. 自动弹出播放功能

插入 U 盘或光盘后，系统会提示自动播放窗口，增加计算机感染病毒机会。

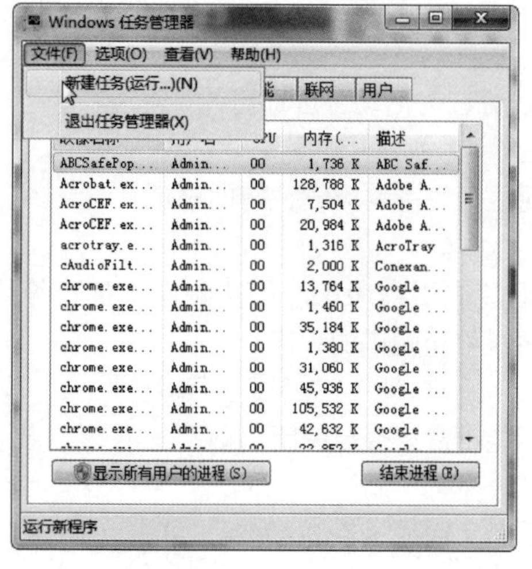
图 3-166 “Windows 任务管理器”窗口

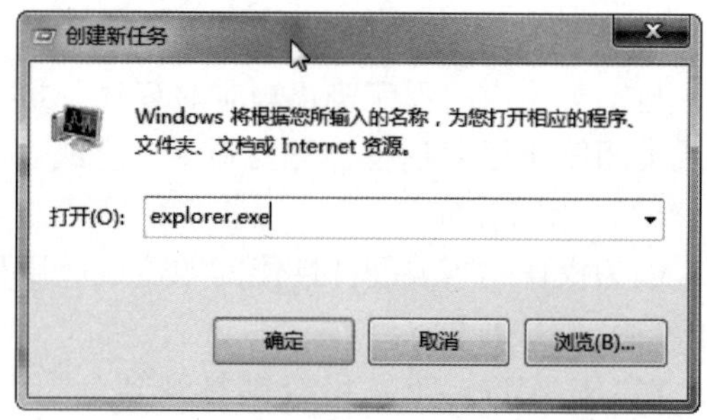

图 3-167 “创建新任务”对话框

(1) 故障现象

每次插入 U 盘或光盘后，自动弹出提示窗口。

(2) 原因分析

没有关闭自动播放功能。当可移动磁盘或光盘连接计算机后，经常会自动运行，无疑会增加计算机感染病毒的机会。因此，可根据需要关闭系统自动播放功能。

(3) 解决步骤

1) 利用〈Win + R〉组合键调用“运行”对话框，在文本框中输入 gpedit. msc 命令调出“本地组策略编辑器”窗口。

2) 打开左侧计算机配置选项，分别展开“管理模块”→“Windows 组件”→“自动播放策略”选项。

3) 双击右侧“关闭自动播放”选项，调出关闭自动播放窗口，选中“已启用”单选按钮，然后单击“应用”按钮，最后单击“确定”按钮，即可关闭系统自动播放功能，如图 3-168 所示。

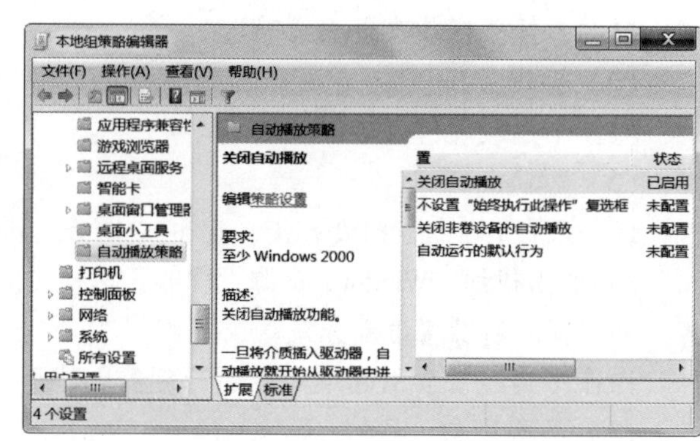
图 3-168 本地组策略编辑器

13. Word 模板文件损坏

当系统模板文件被损坏后，不能正常操作写入文档。

(1) 故障现象

Word 输入文字就自动关闭。

(2) 原因分析

有时打开 Word 文档时提示发送错误报告，可以选择“不发送”或是“稍后发送”选项，无论是单击哪种发送方法，都会提示以安全模式的方式打开 Word，而无法正常使用 Word。其实这是由于 Word 的 Normal. dot 模板文件损坏的原因，导致 Word 只能以安全模式来启动。需要手动删除 Normal. dot 文件即可轻松解决。

（3）解决步骤

1）找到 Word 的模板文件 normal. dot，它的路径如下。

C：\ Documents and Settings \ Administrator \ Application Data \ Microsoft \ Templates。

2）删除 Normal. dot 文件就可以了。再次打开 Word 文档的时候，它会自己重建一个。

注意：Office 2013 模板文件名为 Normal. dotm。

3.2 CentOS 操作系统

CentOS 是属于 Linux 大家族中的一员。Linux 是一个性能稳定的多用户、多任务和多线程网络操作系统。开发出 Debian（如 Ubuntu）、Fedora（如 RHEL）和 SUSE（如 SUSE Linux）三大家族发行版，大致可分为基于社区开发（如 Debian）和基于商业开发（RedHat、Oracle linux）两大类。下面以目前主流版本的 CentOS 7. 6 为示例讲解 Linux 的安装配置工作。

3.2.1 安装 CentOS 7. 6 准备工作

安装 CentOS 7. 6 前需要完成一些前期准备工作，包括下载操作系统映像文件，然后制作操作系统启动盘，具体步骤如下。

（1）下载系统软件

通过网络下载 CentOS 7. 6 操作系统映像文件 CentOS-7-x86_64-DVD-1810. iso，其容量约为 4. 3GB。

（2）制作 CentOS 7. 6 启动 U 盘

提前准备一个大于 8GB 的 U 盘，操作系统上先安装好 UltraISO 映像刻录程序。

1）以 NTFS 文件系统快速格式化 U 盘。

2）打开 UltraISO 程序，选择“文件”菜单中“打开”命令，调取硬盘中的 CentOS-7-x86_64-DVD-1810. iso 文件，修改光盘名为 CentOS 7 x86_64，如图 3-169 所示。

3）选择“启动”菜单中的“写入硬盘映像”命令，弹出“写入硬盘映像”对话框，写入方式为 USB-HDD +，勾选“刻录检验”复选框，然后单击“写入”按钮，如图 3-170 所示。

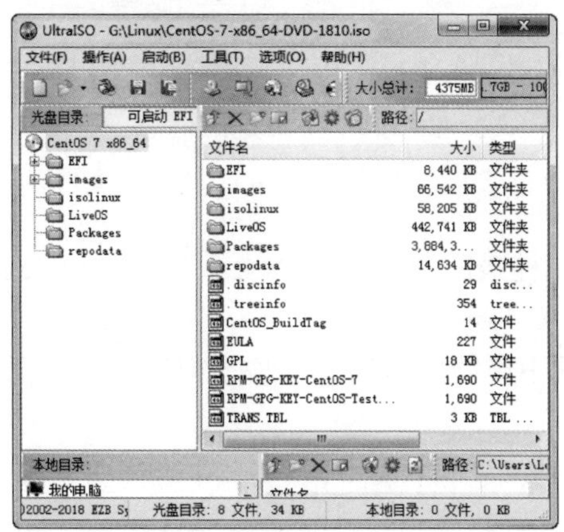

图 3-169　打开 UltraISO 程序主窗口

图 3-170　选择制作映像启动方式

说明：U 盘启动模式。

- USB-HDD：硬盘仿真模式，兼容性高，DOS 启动后显示 C 盘。
- USB-ZIP：大容量软盘仿真模式，兼容性不好，DOS 启动后显示 A 盘。
- USB-HDD +：增强 USB-HDD 模式，兼容性高，DOS 启动后显示 C 盘。
- USB-ZIP +：增强 USB-ZIP 模式，兼容性高，支持 USB-HDD/USB-ZIP 双模式启动，对 4GB 以上大容量 U 盘兼容性可能有问题。
- USB-CDROM：光盘仿真模式，兼容性一般。

4）弹出警告提示对话框，单击“是”按钮，开始写入操作，如图 3-171 所示。

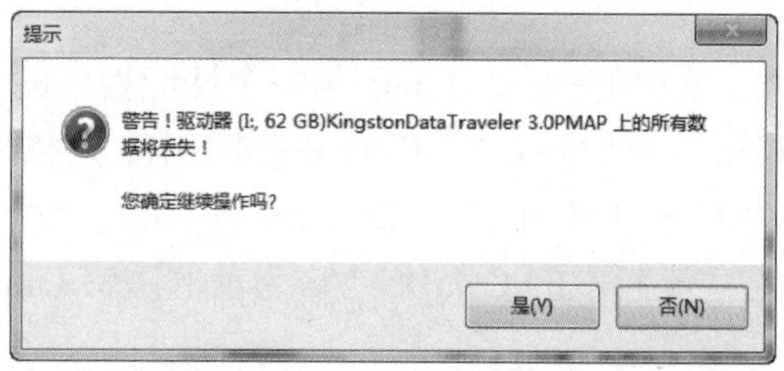

图 3-171　写入操作警告

5）开始刻录映像到 U 盘，如图 3-172 所示。

6）完成刻录后，系统自动进行刻录校验工作，如图 3-173 所示。

图 3-172　写入映像界面

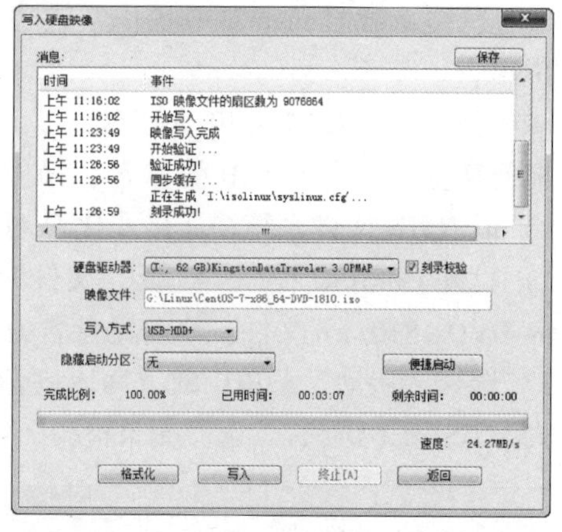

图 3-173　刻录验证界面

3.2.2　安装 CentOS 7.6 主要步骤

安装 CentOS 7.6 操作系统有两种基本方式，一种是安装在虚拟机上，另一种是安装在实体机上。下面以实体机安装说明为例介绍主要安装步骤与注意事项。

1）通过 BIOS 设置 U 盘启动计算机或开机过程中连续按〈F12〉功能键调出快捷开始菜单项启动计算机。

2）开机后，计算机经过一系列检查后进入到安装程序菜单，选择启动菜单项 Install CentOS 7，按〈Enter〉键，如图 3-174 所示。

3）启动检测过程中出现错误提示 Warning：/dev/root does not exist，如图 3-175 所示。

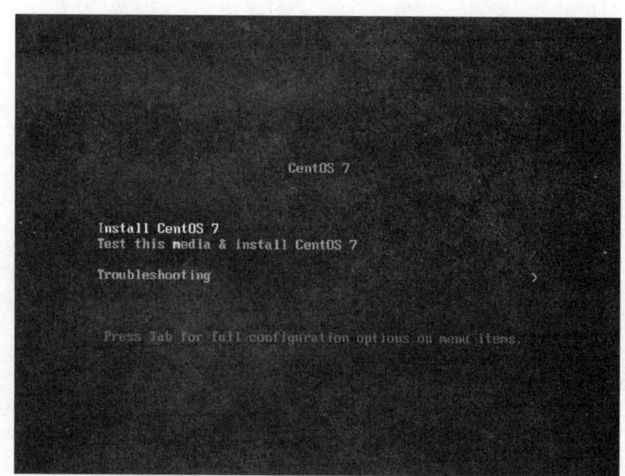

图 3-174 安装 CentOS 7 菜单界面

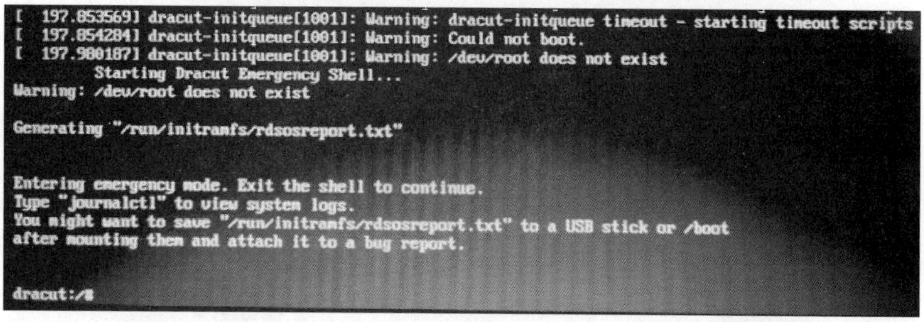

```
[  197.853569] dracut-initqueue[1001]: Warning: dracut-initqueue timeout - starting timeout scripts
[  197.854284] dracut-initqueue[1001]: Warning: Could not boot.
[  197.980187] dracut-initqueue[1001]: Warning: /dev/root does not exist
         Starting Dracut Emergency Shell...
Warning: /dev/root does not exist

Generating "/run/initramfs/rdsosreport.txt"


Entering emergency mode. Exit the shell to continue.
Type "journalctl" to view system logs.
You might want to save "/run/initramfs/rdsosreport.txt" to a USB stick or /boot
after mounting them and attach it to a bug report.


dracut:/#
```

图 3-175 错误信息提示界面

4）重启后进入安装 CentOS 7 菜单界面时，选择第一项，然后按〈e〉键进入编辑状态，如图 3-176 所示。

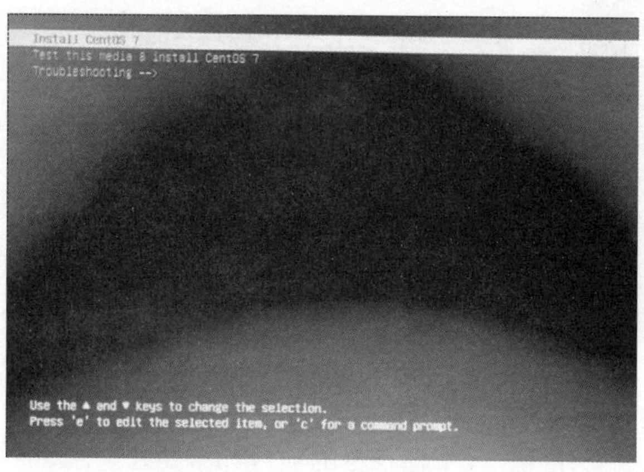

图 3-176 进入编辑界面

5）弹出编辑界面，修改 U：\isolinux\isolinux. cfg 配置文件，将光标移至内容 LABEL = CentOS\x207\x20x86_64 处，将其修改成 LABEL = CentOS\x207（因为系统只能识别盘符前 8

个字符，其中“\x20”代表空格符），然后按〈Ctrl + X〉组合键即可继续启动U盘，如图3-177所示。

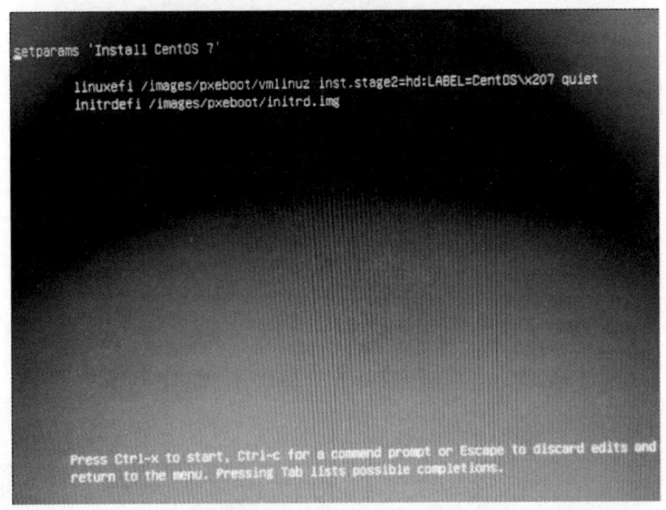

图3-177　配置文件编辑界面

说明：另外一种修改方式是在#符号后输入/dev，假如查看出U盘挂载点为/dev/sda4，则将文件内容LABEL = CentOS\x207\x20x86_64修改为/dev/sda4也可以。

6）依次选择“中文”→“简体中文”选项，然后单击“继续”按钮，如图3-178所示。

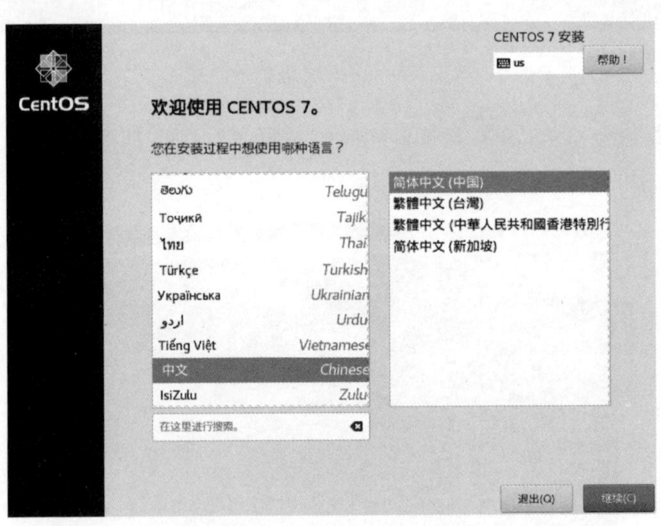

图3-178　选择系统语言界面

7）弹出安装信息摘要界面，凡带惊叹号的项目都需要处理，如图3-179所示。

8）单击“软件选择”图标，选中“带GUI的服务器”单选按钮，根据需要勾选“已选环境的附加选项”选项区中的复选框，然后单击“完成”按钮，如图3-180所示。

9）配置网络和主机名，打开网络，修改主机名为oraclelib，然后单击“完成”按钮，如图3-181所示。

图 3-179 安装信息摘要界面

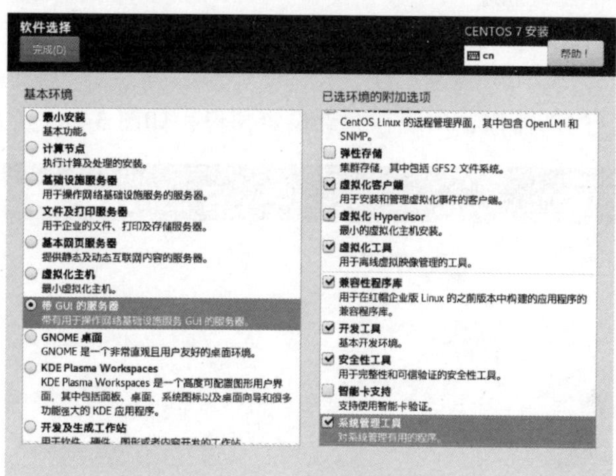

图 3-180 选择系统安装环境

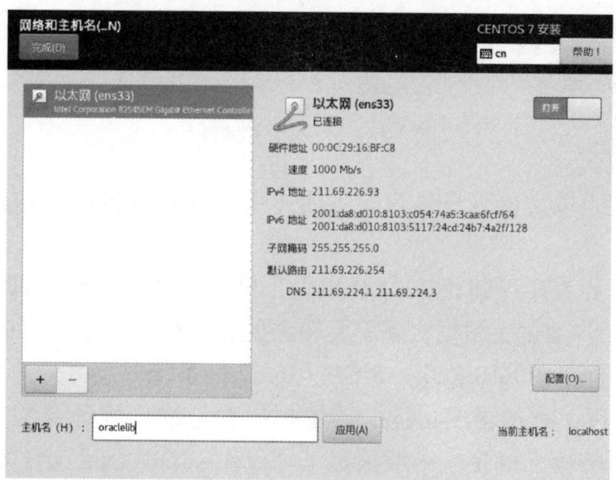

图 3-181 配置网络主机名

10）单击“安装位置”图标，设定安装目标位置，选中“我要配置分区”单选按钮，最后单击“完成”按钮，如图3-182所示。

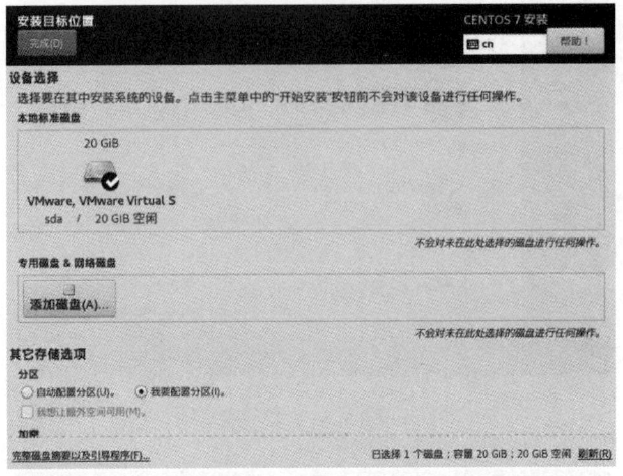

图3-182　选择安装目标位置

11）弹出手动分区的新窗口，出现挂载点设定窗口，如图3-183所示。

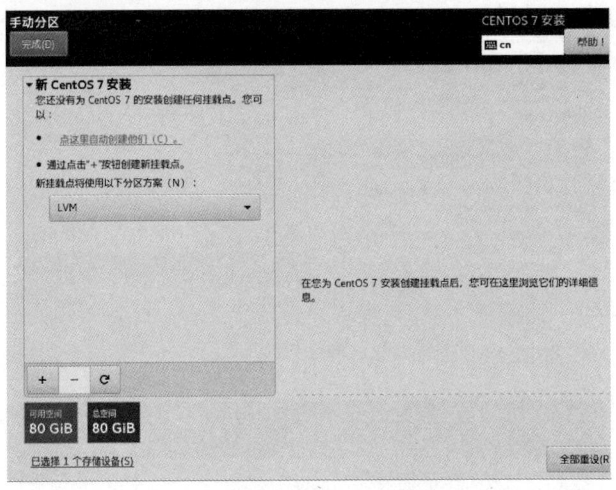

图3-183　手动配置分区

说明：Linux系统是以文件划分磁盘的。通过手动配置分区时，应遵循以下方式创建基于LVM的分区。

- /boot：存放引导程序，建议200MB以上，标准分区，500MB即可（ext4文件系统）。
- /home：普通用户数据，根据实际需要和磁盘空间确定，LAM，20 GB（xfs文件系统）
- /tmp：临时文件，500MB以上，5 GB（xfs文件系统）。
- swap：交换分区，类似于Windows的虚拟内存。物理服务器配置相应提高，虚拟内存是物理内存的1~2倍标准确定，一般情况下划分4~8GB（xfs文件系统）即可。
- /user：应用程序，3GB以上，LAM /var日志文件，LAM。

- /backup：备份分区，用来存放备份文件使用，容量自定义估算即可。
- /：系统根目录，存放系统，期望容量处留空，即可将剩余空间全部留给它（xfs 文件系统）。

12）单击左下部“+”号开始添加挂载点，弹出的窗口如图 3-184 所示。单击挂载点右边“▼”符号，可以看到常用挂载点，也可自己输入挂载点信息，如/boot，然后输入期望容量值，单击“添加挂载点”按钮。

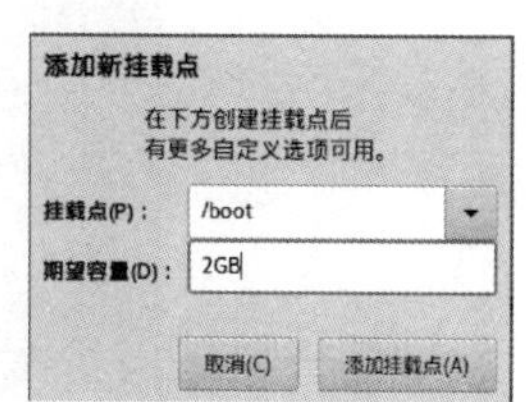

图 3-184　添加 boot 挂载点

13）同理，可以设置添加其他挂载点/home、swap、/user、/backup、/var 和/等，添加完成后，单击“完成”按钮，如图 3-185 所示。

图 3-185　手动分区情况显示

14）弹出“更改摘要”窗口，单击“接受更改”按钮，如图 3-186 所示。

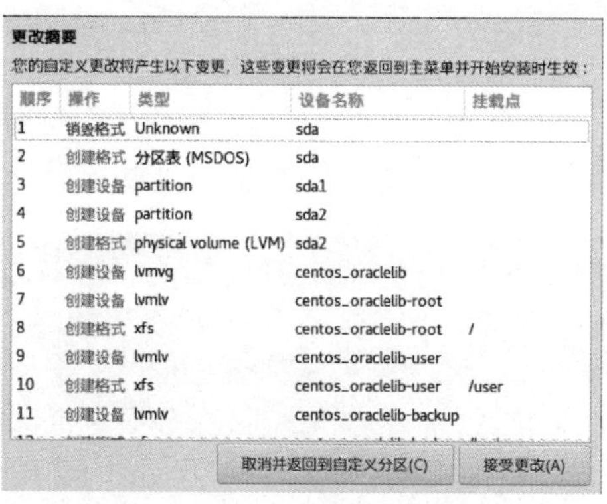
更改摘要

您的自定义更改将产生以下变更，这些变更将会在您返回到主菜单并开始安装时生效：

顺序	操作	类型	设备名称	挂载点
1	销毁格式	Unknown	sda	
2	创建格式	分区表 (MSDOS)	sda	
3	创建设备	partition	sda1	
4	创建设备	partition	sda2	
5	创建格式	physical volume (LVM)	sda2	
6	创建设备	lvmvg	centos_oraclelib	
7	创建设备	lvmlv	centos_oraclelib-root	
8	创建格式	xfs	centos_oraclelib-root	/
9	创建设备	lvmlv	centos_oraclelib-user	
10	创建格式	xfs	centos_oraclelib-user	/user
11	创建设备	lvmlv	centos_oraclelib-backup	

取消并返回到自定义分区(C)　接受更改(A)

图 3-186　“更改摘要”窗口

15）完成相关设置后，惊叹号全部消失，单击“开始安装”按钮，如图 3-187 所示。

16）在弹出的新窗口中，开始安装系统，手动完成 root 用户密码设置和新用户的创建工作，如图 3-188 所示。

图 3-187　安装信息摘要界面

图 3-188　用户设置界面

17）系统程序安装完成后，单击“重启”按钮，开始重启计算机，如图 3-189 所示。

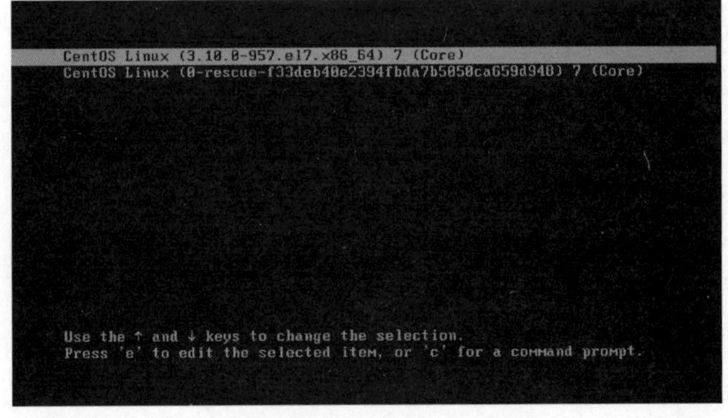

图 3-189　系统正常启动菜单

18）启动后需要完成基本配置，同意接受许可证，单击“完成”按钮，系统再一次重启，如图 3-190 所示。

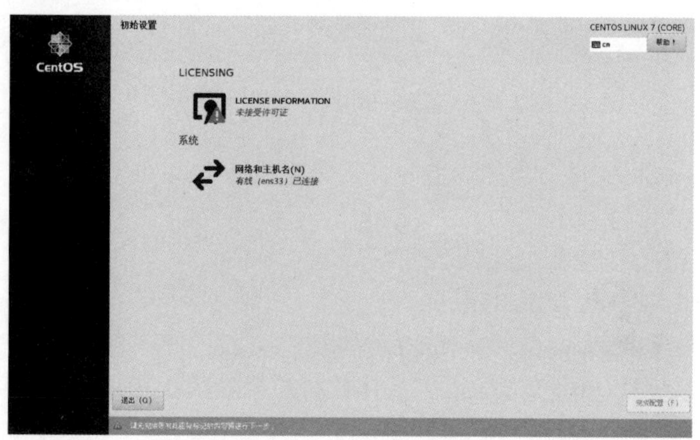

图 3-190　许可证提示界面

19）通过普通用户完成第一次登录后，系统正式完成启动进行工作状态，如图 3-191 所示。

图 3-191　系统桌面

3.2.3 配置 CentOS 7.6 操作系统

配置 CentOS 7.6 有两种方式，一种是类似于 Windows 模式下利用鼠标单击方式进行设置，另一种是类似 DOS 环境的终端设置模式。下面介绍以终端设置模式进行相关配置。

（1）系统界面语言设置

1）查看当前系统语言：locale，具体执行效果如图 3-192 所示。

```
[test@localhost ~]$ echo $LANG
en_US.UTF-8
```

图 3-192　显示当前系统语言

2）查看是否安装有中文语言包：locale -a | grep 'zh_CN. utf8'，具体执行效果如图 3-193 所示。

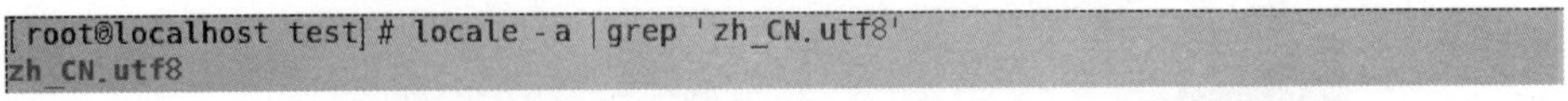

```
[root@localhost test]# locale -a |grep 'zh_CN.utf8'
zh_CN.utf8
```

图 3-193 显示系统是否支持中文语言

3）修改/etc/profile 文件，添加以下内容，保存并退出。

#language

LANG = " zh_CN. UTF-8"

LANGUAGE = " zh_CN. UTF-8"

4）使配置文件生效：source /etc/profile。

5）查看当前系统默认语言：locale，具体执行效果如图 3-194 所示。

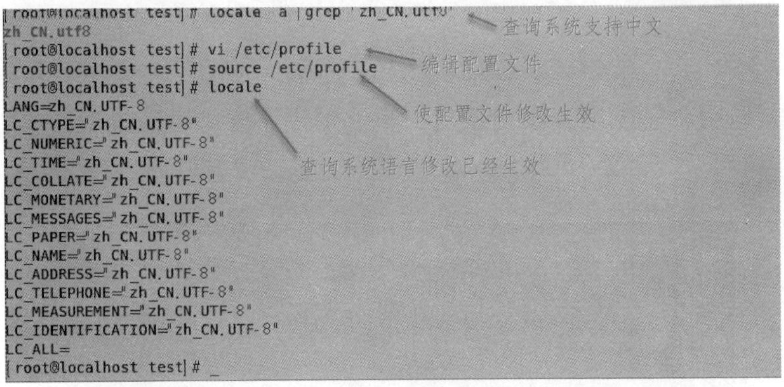

```
[root@localhost test]# locale -a |grep 'zh_CN.utf8'    查询系统支持中文
zh_CN.utf8
[root@localhost test]# vi /etc/profile                 编辑配置文件
[root@localhost test]# source /etc/profile             使配置文件修改生效
[root@localhost test]# locale                          查询系统语言修改已经生效
LANG=zh_CN.UTF-8
LC_CTYPE="zh_CN.UTF-8"
LC_NUMERIC="zh_CN.UTF-8"
LC_TIME="zh_CN.UTF-8"
LC_COLLATE="zh_CN.UTF-8"
LC_MONETARY="zh_CN.UTF-8"
LC_MESSAGES="zh_CN.UTF-8"
LC_PAPER="zh_CN.UTF-8"
LC_NAME="zh_CN.UTF-8"
LC_ADDRESS="zh_CN.UTF-8"
LC_TELEPHONE="zh_CN.UTF-8"
LC_MEASUREMENT="zh_CN.UTF-8"
LC_IDENTIFICATION="zh_CN.UTF-8"
LC_ALL=
[root@localhost test]# _
```

图 3-194 查看当前系统默认语言

6）重启计算机，可以通过提示选择方式实现将目录文件夹一起改为中文显示。

（2）将目录由中文变为英文

1）将系统中文目录改为英文：export LANG = en_US。

2）运行命令：xdg-user-dirs-gtk-update。在弹出窗口中，单击 Update Names 按钮更新名字，具体执行效果如图 3-195 所示。

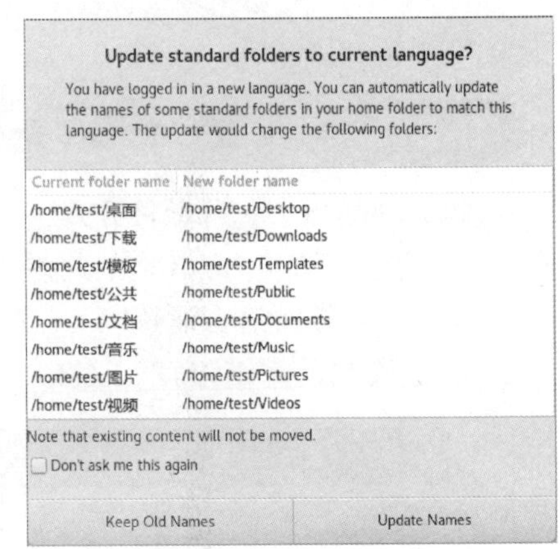

图 3-195 更改目录语言确认

3）将语言改为中文命令：export LANG = zh_CN. UTF-8。

（3）添加中文极点五笔输入法

1）运行安装命令：yum install ibus ibus-table-chinese-wubi-jidian。

2）系统设置中添加极点五笔输入法，如果添加或切换不成功，则安装 im-chooser 程序。命令为：yum install im-chooser。

3）终端运行命令：im-chooser。即可调出输入法设置窗口。

4）中英文切换键〈Shift + Spacebar〉组合键。

3.2.4 配置 yum 仓库

yum 仓库即 yum repo，位于特定目录 repodata 下，存储了众多 rpm 包以及包的相关元数据文件。创建 yum 仓库需要搭建 yum 服务器端和配置 yum 客户端。

（1）搭建本地服务器

考虑到每次安装软件均需要联网在线下载安装，遭遇网络故障将导致安装失败。因此，有必要自己搭建本地 yum 仓库。文件服务器有 http：//、https：//、ftp：//、file：//几种。

1）关闭防火墙和 Selinux。

① 查看防火墙状态：systemctl status firewall. service。

② 关闭防火墙：systemctl stop firewalld。

③ 设置开机自动关闭防火墙：systemctl disable firewalld。

④ 查看开启状态：chkconfig -list ｜ grep network。

⑤ 查看 selinux 状态：getenforce。

⑥ 临时关闭 selinux 状态：setenforce 0。

⑦ 永久关闭 selinux。编辑文件/etc/sysconfig/selinux，将 SELINUX = enforceing 改成 disabled，保存退出。

2）先将 CentOS-7-x86_64-Everything-1810 光盘映像文件挂载到/mnt/cdrom 下。

3）先将/etc/yum. repos. d 目录下所有文件移动到新建立的/etc/backuprepo 目录中。

4）在 yum. repos. d 目录下新建一个本地源配置文件 CentOS76. repo，具体内容如下。

```
[CentOS76]
name = CentOS76
baseurl = file:///mnt/cdrom     //光盘挂载点
enabled = 1     //启用
gpgcheck = 0     //取消验证
```

5）重建 yum 缓存。

① yum clean all。

② yum makecache。

6）安装 httpd 服务测试验证：yum -y install httpd。

7）安装完成 httpd 服务后，设置成开机启动。

① systemctl start httpd。

② systemctl enable httpd。

8）查看确定本地网卡 IP 地址：ip a，可知 ens33 的 IP 地址为 192. 168. 0. 103。

9）可以将光盘挂载到 http 服务家目录下。

① mkdir /var/www/html/centos/7/os/x86_64/ -pv。

② mount /dev/sr0 /var/www/html/centos/7/os/x86_64。

10）打开浏览器，则可看到刚挂载好的映像文件。

（2）设置本地客户端

1）先将/etc/yum. repos. d 目录下所有文件移动到新建立的/etc/backuprepo 目录下。

2）在 yum. repos. d 目录下新建一个本地源配置文件 centOS76. repo，具体内容如下。

```
[CentOS76]
name=CentOS7
baseurl=http://192.168.0.103/centos/$releasever/os/$basearch/
enabled=1
gpgcheck=0
```

注意：服务地址指向自己搭建的本地 yum 服务器地址，防止 yum 服务器版本号改变导致 yum 客户端无法正常访问服务器，启用 $releasever 和 $basearch 两个变量。$releasever 表示当前系统的发行版本，$basearch 是系统硬件架构（CPU 指令集）。

3）重建 yum 缓存。

① yum clean all。

② yum makecache。

3.2.5 安装 WPS Office 2019 软件

1）下载 WPS Office 2019 操作系统：https://wdl1.cache.wps.cn/wps/download/ep/Linux2019/9126/wps-office-11.1.0.9126-1.x86_64.rpm。

2）通过工具复制到用户 test 主目录（/home/test）下。

3）建立 wps 子目录，将文件复制到 WPS 目录下，如图 3-196 所示。

```
[root@localhost test]# ls
wps-office-11.1.0.9126-1.x86_64.rpm  模板  图片  下载  桌面
公共                                  视频  文档  音乐
[root@localhost test]# mkdir wps
[root@localhost test]# ls
wps                                   公共  视频  文档  音乐
wps-office-11.1.0.9126-1.x86_64.rpm  模板  图片  下载  桌面
[root@localhost test]# cp wps-* wps
[root@localhost test]# cd wps
[root@localhost wps]# ls
wps-office-11.1.0.9126-1.x86_64.rpm
```

图 3-196　创建并复制文件

4）安装 rpm，系统自动解决依赖关系并完成安装过程。

① 系统自动解决依赖关系，如图 3-197 所示。

```
[root@localhost wps]# yum install wps-o*
已加载插件：fastestmirror, langpacks
正在检查 wps-office-11.1.0.9126-1.x86_64.rpm: wps-office-11.1.0.9126-1.x86_64
wps-office-11.1.0.9126-1.x86_64.rpm 将被安装
正在解决依赖关系
--> 正在检查事务
---> 软件包 wps-office.x86_64.0.11.1.0.9126-1 将被 安装
--> 解决依赖关系完成

依赖关系解决
```

图 3-197　解决安装依赖关系

② 系统安装软件，如图 3-198 所示。

5）WPS 安装完成后，桌面上自动生成 WPS 2019 应用程序图标，如图 3-199 所示。

6）添加 WPS 系统缺失字体。

① 启动 WPS 2019 过程中会提示系统缺失字体，如图 3-200 所示。

② 通过网络下载该缺失的字体包。

③ 复制到/home/test/目录下，然后解压到/usr/share/fonts/目录下，如图 3-201 所示。

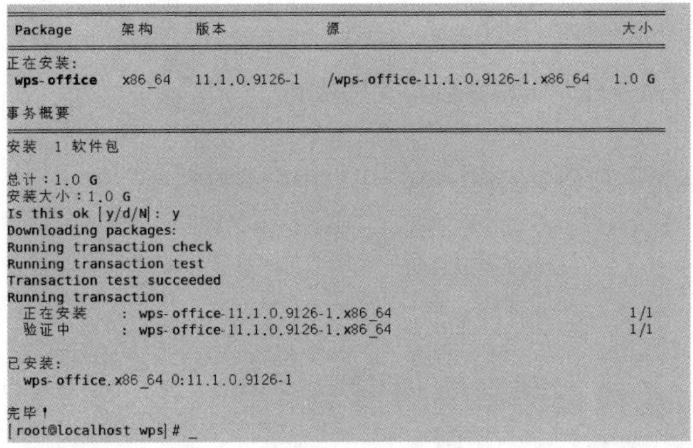

图 3-198　安装 WPS 程序

图 3-199　桌面系统图标

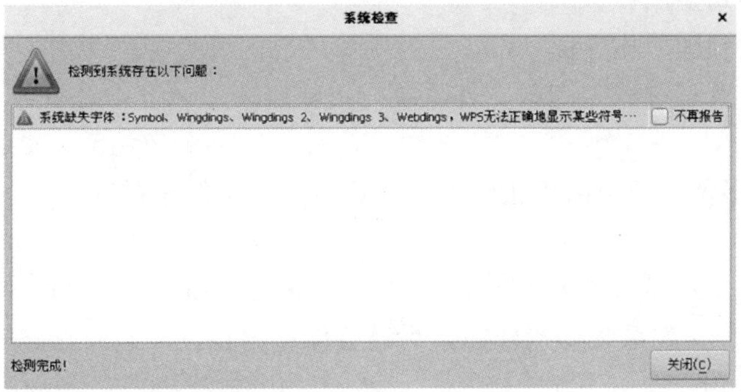

图 3-200　字体缺失提示

```
[root@localhost test]# ls
wps  wps-office-11.1.0.9126-1.x86_64.rpm  wps_symbol_fonts.zip  公共  模板  视频  图片  文档  下载  音乐  桌面
[root@localhost test]# unzip wps_symbol_fonts.zip  -d /usr/share/fonts
Archive:  wps_symbol_fonts.zip
  inflating: /usr/share/fonts/WEBDINGS.TTF
  inflating: /usr/share/fonts/WINGDNG2.ttf
  inflating: /usr/share/fonts/WINGDNG3.ttf
  inflating: /usr/share/fonts/mtextra.ttf
  inflating: /usr/share/fonts/symbol.ttf
  inflating: /usr/share/fonts/wingding.ttf
[root@localhost test]# _
```

图 3-201　复制缺失字体到系统字体文件夹

3.2.6 开关机命令详解

CentOS 下有许多命令可以实现重启、关机功能。

1. 重启命令

重启操作可能通过多种命令实现，用户可以根据需要选择操作。

(1) reboot

普通重启。

(2) shutdown

1) 参数说明

- -r：重启计算器。
- -c：取消目前正在执行的关机程序。
- -f：在重启计算器（reboot）时忽略 fsck 检查。
- -F：在重启计算器（reboot）时强迫 fsck 检查。

2) 使用举例

① shutdown -r now：立刻重启（root 用户使用）。

② shutdown -r 10：过 10 分钟自动重启（root 用户使用）。

③ shutdown -r 20:35：在时间为 20:35 时候重启（root 用户使用）。

(3) init

① init 0：关机，所有进程都关闭，停机状态。

② init 1：重启，单用户模式，root 账号进行操作。

③ init 2：多用户，不能使用网络文件系统。

④ init 3：切换到多用户。

⑤ init 5：切换到图形化界面。

⑥ init 6：停止所有进程，卸载文件系统，重新启动。

2. 关机命令

关机命令亦有多种，结合需求正确关闭计算机有利于保护系统。

(1) halt

立刻关机命令。halt 为超级用户使用，调用 shutdown -h。halt 执行时，杀死应用进程，执行 sync 系统调用，文件系统写操作完成后就会停止内核。

相关参数说明如下。

- -n：防止 sync 系统调用，用在 fsck 修补根分区之后，以阻止内核用老版本的超级块（superblock）覆盖修补过的超级块。
- -w：并不是真正的重启或关机，只是写 wtmp（/var/log/wtmp）记录。
- -d：不写 wtmp 纪录（已包含在选项［-n］中）。
- -f：没有调用 shutdown 而强制关机或重启。
- -i：关机（或重启）前，关掉所有的网络接口。
- -p：该选项为缺省选项，就是关机时调用 poweroff。

(2) poweroff

立刻关机命令。

（3）shutdown

Linux 不同于 Windows，其后台运行着许多进程，强制断电关闭 Linux 可能会导致进程的数据丢失，使系统处于不稳定状态，甚至会损坏硬件设备。使用 shutdown 命令关机，系统管理员会通知所有登录的用户系统将要关闭，login 指令会被冻结，不允许新用户登录。因此，该命令满足系统安全需要。shutdown 执行的工作是送信号（signal）给 init 程序，要求它改变 runlevel。runlevel 0 被用来停机（halt），runlevel 6 是用来重新激活（reboot）系统，而 runlevel 1 则是被用来让系统进入管理工作可以进行的状态。

1）参数说明

- -t：在改变到其他 runlevel 之前，告诉 init 多久以后关机。
- -k：并不真正关机，只是送警告信号给每位登录者（login）。
- -h：关机后关闭电源（halt）。
- -n：不用 init，而是自己来关机。不鼓励使用这个选项，而且该选项可能产生不是预期的后果。
- -c：取消正在执行的关机程序。
- -time：设定关机（shutdown）前的时间。

2）使用举例

① shutdown -h now：立刻关机（root 用户使用）。

② shutdown -h 2：2 分钟后自动关机，如图 3-202 所示。

```
[root@localhost test]# shutdown -h 2
Shutdown scheduled for 六 2020-03-21 15:40:47 CST, use 'shutdown -c' to cancel.

Broadcast message from root@localhost.localdomain (Sat 2020-03-21 15:38:47 CST):

The system is going down for power-off at Sat 2020-03-21 15:40:47 CST!

[root@localhost test]# shutdown -c

Broadcast message from root@localhost.localdomain (Sat 2020-03-21 15:39:05 CST):

The system shutdown has been cancelled at Sat 2020-03-21 15:40:05 CST!

[root@localhost test]# _
```

图 3-202 运行关机命令

3.2.7 清屏命令详解

清屏命令是使用频率很高的命令，该命令可以让整个屏幕看起来变得干净、悦目。清屏命令常用的有两个。

（1）clear

作用是让屏幕向上翻滚，实现清屏效果，通过拉动窗口滚动条可以看到此前屏幕的内容。

（2）reset

完全刷新终端屏幕，之前的终端输入操作信息将都会被清空，执行稍慢于 clear 命令。

3.2.8 磁盘操作命令详解

在 Linux 系统中，所有文件都是存放于根目录（/）下的一部分，如果要使用硬盘、光驱等储存设备，可以先使用 mount 命令将它加载于目录上，然后将设备当成目录加以访问。CentOS 主要系统目录结构，如图 3-203 所示。

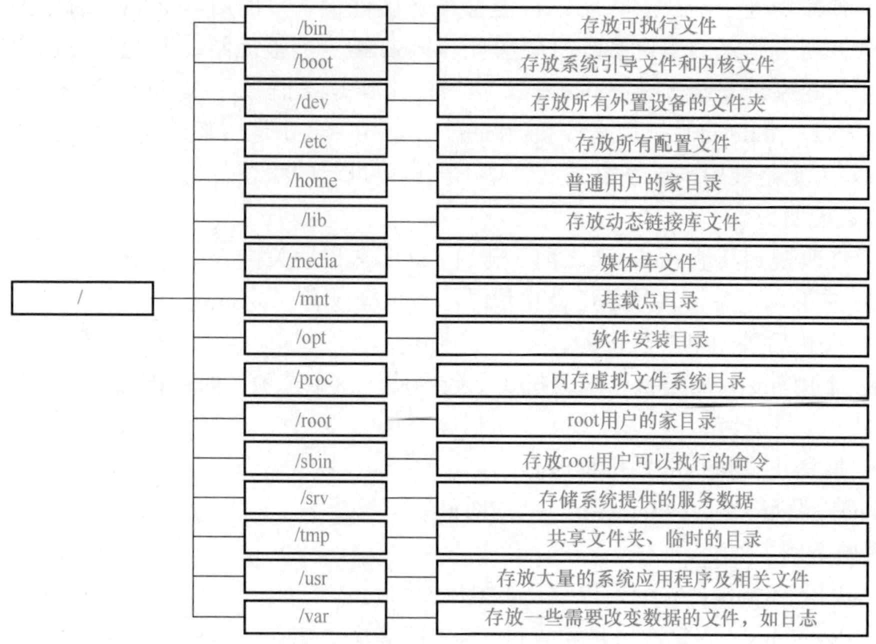

图 3-203　CentOS 系统目录结构

（1）挂载命令 mount

1）命令格式：mount［选项］［设备名称］［挂载点］。

2）参数说明。

① 选项。

- -a：挂载 fstab 中所有文件系统类型（vfat、ntfs、hpfs、ext2、ext3、iso9660）。
- -r：以只读方式挂载文件系统。
- -t：限制文件系统类型集合。
- -w：以读写方式挂载文件系统（默认）。

② 设备名称。

设备名称存放于/dev 目录下。

- hd：IDE 硬盘。
- hda1：第一个硬盘第一个分区。
- hdb1：第二个硬盘第一个分区。
- sd：SCSI Device。
- fd：软盘。

3）使用举例。

挂载光盘映像文件到/mnt/cdrom。先把光盘装载到光驱/dev/sr0 连接，然后再运用此命令挂载即可，如图 3-204 所示。

① 挂载光盘：mount -t iso9660 /dev/cdrom /mnt/cdrom。

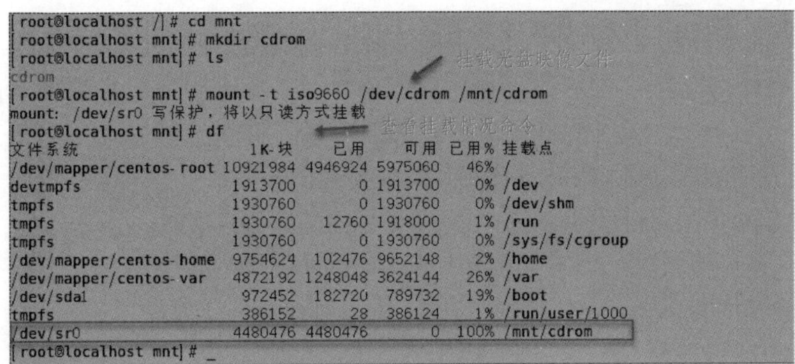

图 3-204 挂载光盘到目录

② 挂载软盘：mount -t vfat /dev/fd0 /mnt/floppy。

③ 挂载 fat32 分区：mount -t vfat -o iocharset = utf8，umask = 000 /dev/hda2 /mnt/hda2。

④ 挂载 ntfs 分区：mount -t ntfs -o nls = utf8，umask = 000 /dev/hda3 /mnt/hda3。

（2）卸载命令 umount

1）命令格式：umount [选项] [源] | [目录]。

2）参数说明。

- -a：卸载/etc/mtab 中记录的所有文件系统。
- -n：卸载时不要将信息存入/etc/mtab 文件中。
- -f：强制卸载（遇到不响应的 NFS 系统时）。
- -r：若无法成功卸载，则尝试以只读的方式重新挂入文件系统。
- -t〈文件系统类型〉：仅卸载选项中所指定的文件系统。
- -v：执行时显示详细的信息。

3）使用举例。

卸载已经挂载好的光盘映像文件，如图 3-205 所示。

① umount /dev/sr0。

② umount /mnt。

```
[root@localhost dev]# df
文件系统                   1K-块     已用    可用 已用% 挂载点
/dev/mapper/centos-root 10921984 4946924 5975060   46% /
devtmpfs                 1913700       0 1913700    0% /dev
tmpfs                    1930760       0 1930760    0% /dev/shm
tmpfs                    1930760   12768 1917992    1% /run
tmpfs                    1930760       0 1930760    0% /sys/fs/cgroup
/dev/mapper/centos-home  9754624  102440 9652184    2% /home
/dev/mapper/centos-var   4872192 1247904 3624288   26% /var
/dev/sda1                 972452  182720  789732   19% /boot
tmpfs                     386152      28  386124    1% /run/user/1000
/dev/sr0                 4480476 4480476       0  100% /run/media/test/CentOS 7 x86_64
[root@localhost dev]# umount /dev/sr0
[root@localhost dev]# df
文件系统                   1K-块     已用    可用 已用% 挂载点
/dev/mapper/centos-root 10921984 4946924 5975060   46% /
devtmpfs                 1913700       0 1913700    0% /dev
tmpfs                    1930760       0 1930760    0% /dev/shm
tmpfs                    1930760   12760 1918000    1% /run
tmpfs                    1930760       0 1930760    0% /sys/fs/cgroup
/dev/mapper/centos-home  9754624  102476 9652148    2% /home
/dev/mapper/centos-var   4872192 1248128 3624064   26% /var
/dev/sda1                 972452  182720  789732   19% /boot
tmpfs                     386152      28  386124    1% /run/user/1000
[root@localhost dev]# _
```

图 3-205 从挂载点卸载光盘映像

3.2.9 文件目录操作命令详解

文件目录操作命令有部分和DOS操作命令相同，比如改变目录命令（cd）、当前目录（.）、上一级目录（..）和通配符（*、?）等。注意，DOS下根目录使用\、/均可，但CentOS下根目录使用/。另外CentOS当前用户家目录用~表示。

（1）查看命令帮助 man

1）查看命令 ls 的使用方法详细帮助信息：man ls。

2）查看命令 ls 的使用方法详细帮助信息：ls --help。

（2）查寻命令路径 which

命令格式：which 〈命令〉。

（3）查看文件目录命令 ls

1）命令格式：ls [-alhrt]。

2）参数说明。

- -a：显示隐藏文件。
- -l：以长格式显示。
- -r：时间逆序排列。
- -t：时间正序排列。

3）使用举例。

① 显示当前目录下以S字母开头的所有文件目录：ls S*。

② 以长格式显示文件容量：ls -lh。

（4）显示当前所在路径 pwd

显示系统当前所在路径：pwd。

（5）文件目录复制命令 cp

1）命令格式：cp [-rvf] 〈源文件或目录〉 〈目标文件或目录〉。

2）参数说明。

- -r：递归复制目录及其子目录内的所有内容。
- -v：显示详细的进行步骤。
- -f：强制覆盖同名文件目录。
- -n：不要覆盖已存在的文件。
- -u：只在源文件比目标文件新，或目标文件不存在时才进行复制。

（6）创建目录命令 mkdir

1）命令格式：mkdir [-p] 〈/路径/目录名〉。

2）参数说明。

- -p：建立目录树，如果父目录存在则不覆盖。

（7）移动/重命名目录 mv

命令格式：mv 〈目录1〉 〈目录2〉。

（8）删除文件目录命令 rm

1）命令格式：rm [-fr]〈目录/文件〉。

2）参数说明。

- -f：不作确认提示。
- -r：递归移除目录树及其子目录内容。

（9）查询文件操作 find

1）命令格式：find〈目录〉〈查找方式〉〈文件〉[操作 [-print] [-exec]]。

2）参数说明。

① 查找方式。

- -type b/d/c/p/l/f：查找块设备/目录/字符设备/管道/符号链接/普通文件。
- -name：查找文件名。
- -mtime n/-n：查找 n 天前修改的文件-n 指 n 天以内，+n 指 n 天以前。
- -atime n/-n：按文件访问时间来查。

② 操作方式。

- -print：将匹配的文件输出到标准输出。
- -exec：对匹配文件执行该参数后面的 shell 命令：'command' {} \ ;。
- -ok：以更安全提示模式来执行 shell 命令。

3）使用举例。

① 从 /开始进入根文件系统查找文件和目录：find / -name file1。

② 在目录/ home/user1 中查找以 . bin 结尾文件：find /home/user1 -name *. bin。

③ 查找在过去 100 天内未被使用过的执行文件：find /usr/bin -type f -atime +100。

④ 查找在 10 天内被创建或者修改过的文件：find /usr/bin -type f -mtime -10。

⑤ 在当前目录及其子目录所有 . c 和 . h 文件中查找 expr：find -name '*. [ch]' | xargs grep -E 'expr'。

⑥ 从当前目录查找普通文件以长文件形式显示在屏幕上：find. -type f -exec ls -l {} \;。

⑦ 查找当前目录 14 天前修改的文件并删除：find. -type f -mtime +14 -exec rm {} \ ;。

（10）查看文件内容命令 cat、head、more 和 tail

1）从第一个字节开始正向查看文件的内容：cat〈文件名〉。

2）查看一个文件的前 n 行：head -n〈文件名〉。

3）查看一个长文件的内容：more〈文件名〉。

4）查看一个文件的最后 n 行：tail -n〈文件名〉。

（11）文本内容处理命令 grep、diff 和 sdiff

1）命令格式：grep [-cnirABC] '目标内容'〈文件〉。

2）参数说明。

- -c：显示包含关键字的总行数。
- -n：显示包含关键字的行号。
- -i：不区分大小写。
- -r：遍历所有子目录。
- -A：后面加数字，过滤出符合要求的行以及下面的 n 行。
- -B：后面加数字，过滤出符合要求的行以及上面的 n 行。
- -C：后面加数字，过滤出符合要求的行以及上下面的 n 行。

3）使用举例。

① 递归查找/home 子目录下的“and”字符串：grep -r and /home。

② 查找/tmp/test 文件中所有包含数字 0-9 的行：grep [0-9] /tmp/test。

③ 找出两个文件的不同处：diff〈文件 1〉〈文件 2〉。

④ 以对比的方式显示两个文件的不同：sdiff〈文件 1〉〈文件 2〉。

（12）文本编辑命令 vi 和 vim

vi 和 vim 是 CentOS 系统自带的文本编辑器，二者基本区别在于 vi 是纯色状态下编辑，而 vim 编辑时呈现出颜色显示变化。

1）vi 的三种模式。

① 一般模式，即浏览模式，不能修改。

② 进入编辑模式（按〈ESC〉键回到一般模式）：按〈I〉键进入插入状态 Insert；按〈a〉键进入输入模式，从目前光标所在下一字符处开始输入；接字母〈o〉键在光标处下一空行开始输入。

③ 进入命令行模式（按〈ESC〉键回到一般模式）：按〈shift + :〉组合键。

2）快捷操作命令。vi/vim 常用快捷命令见表 3-4。

表 3-4 vi/vim 常用快捷命令

命　令	功　能
0	光标移至所在行行头
$	光标移至所在行行尾
G	光标移到文件最后一行
nG	光标移到文件第 n 行
gg	光标移到文件第一行行首
n +〈ENTER〉	光标向下移动 n 行
/word +〈ENTER〉	向下查找 word 字符串
? word +〈ENTER〉	向上查找 word 字符串
nN	重复前一个搜索动作 下/上
: n1，n2s/word/new/g	从 n1 到 n2 行之间 word 替换成 new（无 g 只替换第一个）
: 1，$s/word/new/g	全文查找将 word 替换成 new
x，X	向后删除和向前删除；nx 向后删除 n 个字符
r	只会取代光标所在的那一个字符一次
R	会一直取代光标所在的文字，直到按下 ESC 为止
dd	删除当前整行
ndd	从光标位置向下开始删除 n 行
d1G	从第一行开始删除到（包括）光标行
dG	删除光标位置到最后一行
d $	删除光标位置到该行行尾
yy	复制光标所在行
y5y	复制五行
p	粘贴
u	撤销
: wq!	保存退出
: q!	不保存退出

（13）压缩命令 bzip2（bunzip2）

1）命令格式：bzip2（bunzip2）[-cdfkt]［文件名］。

2）参数说明。

- -c：压缩或解压缩至标准输出。
- -d：强制解压缩。
- -f：强制覆盖输出文件。
- -k：保留不删除输入文件。
- -t：检查指定文件完整性，并不解压缩。

3）使用举例：压缩命令 bzip2 常见操作，如图 3-206 所示。

```
[root@localhost font]# ls
abc  msyhbd.ttf  msyh.ttf.bz2
[root@localhost font]# bzip2 -kf msyh.ttf.bz2
bzip2: Input file msyh.ttf.bz2 already has .bz2 suffix.
[root@localhost font]# ls
abc  msyhbd.ttf  msyh.ttf.bz2
[root@localhost font]# bzip2  -fd msyh.ttf.bz2
[root@localhost font]# ls
abc  msyhbd.ttf  msyh.ttf
[root@localhost font]# bzip2 -k msyh.ttf
[root@localhost font]# ls
abc  msyhbd.ttf  msyh.ttf  msyh.ttf.bz2
[root@localhost font]# bzip2 msyhbd.ttf
[root@localhost font]# ls
abc  msyhbd.ttf.bz2  msyh.ttf  msyh.ttf.bz2
[root@localhost font]# ls abc
1.bz2
[root@localhost font]# bzip2 -f msyh.ttf > ./abc/2.bz2
[root@localhost font]# ls
abc  msyhbd.ttf.bz2  msyh.ttf.bz2
[root@localhost font]# ls abc
1.bz2  2.bz2
[root@localhost font]# _
```

图 3-206　运行 bzip2 命令

（14）压缩命令 gzip（gunzip）

gzip 压缩程序使用广泛，经它压缩后的文件，名称后面会多出“.gz”的扩展名。gunzip 用于解压被 gzip 压缩过扩展名为 .gz 的文件。gunzip 是 gzip 的硬连接，压缩或解压缩，都可通过 gzip 命令实现。

1）命令格式：gzip　[-dflrtv]〈目录文件〉。

2）参数说明。

- -d：解压缩。
- -f：强行压缩文件。
- -l：列出压缩文件相关信息。
- -r：递归压缩，指定目录下子目录及文件一并压缩处理。
- -v：显示指令执行过程。

3）使用举例：压缩命令 gzip/gunzip 常见操作：如图 3-207 所示。

（15）压缩命令 tar

① 命令格式：tar [-cxtruv]〈文件名〉〈目录文件〉。

② 参数说明。

- -c：建立新的压缩文件。
- -r：添加文件到已经压缩的文件。

```
[root@localhost font]# ls
abc  msyhbd.ttf.bz2  msyh.ttf.bz2
[root@localhost font]# gzip -r ./font
gzip: ./font: No such file or directory
[root@localhost font]# ls
abc  msyhbd.ttf.bz2  msyh.ttf.bz2
[root@localhost font]# gzip  -r  *
[root@localhost font]# ls
abc  msyhbd.ttf.bz2.gz  msyh.ttf.bz2.gz
[root@localhost font]# gzip -dv *
gzip: abc is a directory -- ignored
msyhbd.ttf.bz2.gz:         0.2% -- replaced with msyhbd.ttf.bz2
msyh.ttf.bz2.gz:           0.1% -- replaced with msyh.ttf.bz2
[root@localhost font]# ls abc
1.bz2.gz  2.bz2.gz
[root@localhost font]# cd abc
[root@localhost abc]# ls
1.bz2.gz  2.bz2.gz
[root@localhost abc]# gunzip 2.bz2.gz
[root@localhost abc]# ls
1.bz2.gz  2.bz2
[root@localhost abc]# _
```

图 3-207　运行 gzip 命令

- -t：显示压缩文件的内容。
- -u：添加改变了和现有的文件到已经存在的压缩文件（追加更新）。
- -v：显示操作过程。
- -x：从压缩的文件中提取文件。

③ 使用举例：压缩命令 tar 常见操作，如图 3-208 所示。

```
[root@localhost font]# ls
abc  msyhbd.ttf.bz2  msyh.ttf.bz2
[root@localhost font]# tar -cvf fontback.tar .
./
./abc/
./abc/1.bz2.gz
./abc/2.bz2
./msyhbd.ttf.bz2
./msyh.ttf.bz2
tar: ./fontback.tar: 文件是归档文件；未输出
[root@localhost font]# tar -tf fontback.tar
./
./abc/
./abc/1.bz2.gz
./abc/2.bz2
./msyhbd.ttf.bz2
./msyh.ttf.bz2
[root@localhost font]# tar -xvf fontback.tar  -C ./abc
./
./abc/
./abc/1.bz2.gz
./abc/2.bz2
./msyhbd.ttf.bz2
./msyh.ttf.bz2
```

图 3-208　运行 tar 命令

3.2.10　安装命令详解

CentOS 系统下，安装应用程序均需要通过系列操作命令来完成。因此，要熟悉常用操作命令使用方法。

（1）yum 安装器

yum 作为 shell 前端软件包管理器，基于 RPM 包管理技术，能够从指定的服务器和多个库之间定位软件包自动下载 RPM 包并且安装，可以自动处理依赖性关系，一次安装所有依赖的软件包，省去手动下载、安装操作。

1）命令格式：yum [options] COMMAND。

2）参数说明。

①［option］。

- -q：静默执行。
- -y：回答全部问题为是。
- --skip-broken：忽略存在依赖关系问题的软件包。
- --downloadonly：仅下载而不更新。

② COMMAND。

- check-update：检查是否有可用软件包更新。
- clean：删除缓存数据。
- deplist：列出软件包依赖关系。
- erase：从系统中移除软件包。
- info：显示关于软件包或组的详细信息。
- install：向系统中安装软件包。
- list：列出软件包。
- reinstall：覆盖安装软件包。
- repolist：显示已经配置的源。
- search：在软件包详细信息中搜索指定字符串。
- update：更新系统中软件包。

3）使用举例。

① 下载并安装一个 rpm 包：yum -y install［package］。

② 通过自己软件库解决依赖关系安装 rpm 包：yum localinstall［package. rpm］。

③ 更新当前系统中安装的所有 rpm 包：yum -y update。

④ 更新一个 rpm 包：yum update［package］。

⑤ 删除一个 rpm 包：yum remove［package］。

⑥ 列出当前系统中安装的所有包：yum list。

⑦ 模糊查询：yum list "*string*"。

⑧ 查询组套件：yum grouplist［package］。

⑨ 安装组套件：yum groupinstall -y ［package］。

⑩ 显示软件包依赖关系：yum deplist［package］。

⑪ 在 rpm 仓库中搜寻软件包：yum search［package］。

⑫ 清除缓存目录（/var/cache/yum）下的软件包：yum clean［package］。

⑬ 删除所有头文件：yum clean headers。

⑭ 删除所有缓存的包和头文件：yum clean all。

⑮ 将服务器包信息下载到本地计算机缓存起来便于提升安装速度：yum makecache。

（2）rpm 命令

1）命令格式：rpm ［参数］［package］［command］。

2）参数说明。

- -a：查询所有安装的包。
- -f：查询拥有指定文件的包。

- -i：显示包头相关信息。
- -l：显示包文件列表。
- -U：升级指定的包。
- -v：显示指令执行过程。
- -q：使用询问模式。

3）使用举例。

① 直接安装包：rpm -ivh 包名 . rpm。

② 忽略报错，强制安装包：rpm --force -ivh 包名 . rpm。

③ 查询该包包含的文件列表：rpm -ql obexd-0. 19-2. el6. i686。

④ 查询该包头信息：rpm -qi obexd-0. 19-2. el6. i686。

⑤ 卸载 tree 包：rpm -e tree。

⑥ 列出安装的 syslinux 包：rpm -qa | grep syslinux。

⑦ 获得某包的全名：rpm -q 包名。

⑧ 升级一个包：rpm -Uvh 包名 . rpm。

⑨ 查寻命令所属软件包：rpm -qf 命令。

⑩ 查寻软件包中某命令的相关文件：rpm -qf 软件包 | grep 命令。

3. 2. 11 网络命令详解

网络命令是用来维护测试配置网络的命令。

（1）查看设置网卡信息命令 ifconfig

1）显示一个以太网卡的配置：ifconfig ens33。

2）配置网卡的 IP 地址：ifconfig eth0 192. 168. 1. 1 netmask 255. 255. 255. 0。

3）禁用“ens33”网络设备：ifdown ens33，如图 3-209 所示。

```
[root@localhost network-scripts]# ifdown ens33
成功断开设备 'ens33'。
[root@localhost network-scripts]# ifconfig ens33
ens33: flags=4163<UP,BROADCAST,RUNNING,MULTICAST>  mtu 1500
        ether 00:0c:29:03:12:d2  txqueuelen 1000  (Ethernet)
        RX packets 470  bytes 62330 (60.8 KiB)
        RX errors 0  dropped 0  overruns 0  frame 0
        TX packets 197  bytes 21661 (21.1 KiB)
        TX errors 0  dropped 0 overruns 0  carrier 0  collisions 0
```

图 3-209 禁用网络设备

4）启用“ens33”网络设备：ifup ens33，如图 3-210 所示。

```
[root@localhost network-scripts]# ifup ens33
连接已成功激活（D-Bus 活动路径：/org/freedesktop/NetworkManager/ActiveConnection/4)
[root@localhost network-scripts]# ifconfig ens33
ens33: flags=4163<UP,BROADCAST,RUNNING,MULTICAST>  mtu 1500
        inet 192.168.0.103  netmask 255.255.255.0  broadcast 192.168.0.255
        inet6 fe80::ae81:50a3:efa8:83f3  prefixlen 64  scopeid 0x20<link>
        ether 00:0c:29:03:12:d2  txqueuelen 1000  (Ethernet)
        RX packets 503  bytes 69755 (68.1 KiB)
        RX errors 0  dropped 0  overruns 0  frame 0
        TX packets 243  bytes 28321 (27.6 KiB)
        TX errors 0  dropped 0 overruns 0  carrier 0  collisions 0

[root@localhost network-scripts]# _
```

图 3-210 启用网络设备

5）显示网卡的 IP 地址：ip addr show。

6）查看 IP 信息：ip a。

7）重启网络服务：/etc/init. d/network restart 或者 service network restart。

8）设置网络信息：vi /etc/sysconfig/network-scripts/ifcfg-ens33，如图 3-211 所示。

```
TYPE=Ethernet
PROXY_METHOD=none
BROWSER_ONLY=no
BOOTPROTO=dhcp
DEFROUTE=yes
IPV4_FAILURE_FATAL=no
IPV6INIT=yes
IPV6_AUTOCONF=yes
IPV6_DEFROUTE=yes
IPV6_FAILURE_FATAL=no
IPV6_ADDR_GEN_MODE=stable-privacy
NAME=ens33
UUID=498524b7-e101-4631-a69f-04464f1d527b
DEVICE=ens33
ONBOOT=yes
```

图 3-211　设置网络信息

3.2.12 系统管理命令详解

CentOS 作为多用户多任务管理系统，强化用户与组的管理，增强系统安全。

（1）创建用户命令 adduser（useradd）

1）命令格式：adduser -D [选项]。

2）参数说明。

- -b：新账号的主目录的基目录。
- -d：新账号的主目录。
- -D：显示或更改默认的 useradd 配置。
- -e：新账号的过期日期。
- -g：新账号主组的名称或 ID。
- -G：新账号的附加组列表。
- -m：创建用户的主目录。
- -M：不创建用户的主目录。
- -N：不创建同名的组。
- -p：加密后的新账号密码。
- -r：创建一个系统账号。
- -u：新账号的用户 ID。
- -U：创建与用户同名的组。

3）使用举例。

① 创建新用户 reader，设置密码为 12345678：sudo useradd -r -p 12345678　reader。

② 查看/etc/shadow 内容：cat /etc/shadow，运行结果如图 3-212 所示。

③ 查看/etc/passwd 内容：cat /etc/passwd，运行结果如图 3-213 所示。

（2）修改用户 usermod

usermod 命令可以修改用户名、用户的家目录、过期天数、更换组、锁定用户、解锁用

```
sshd:!!:18342::::::
avahi:!!:18342::::::
postfix:!!:18342::::::
ntp:!!:18342::::::
tcpdump:!!:18342::::::
oprofile:!!:18342::::::
test:$6$dHBRX6b3T2a5e38J$Jj7urfdf5n1NZDrN979gq/E2XRhbU/W8aRalmhS07L
qpKfe8x8CdMR6kkkQBhmql70::0:99999:7:::
xjq:!!:18343:0:99999:7:::
reader:12345678:18343::::::
[root@localhost home]# _
```

图 3-212　查看 shadow 内容

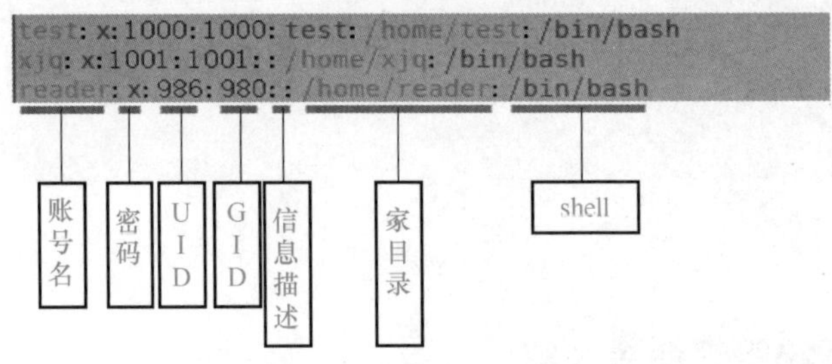

图 3-213　查看 passwd 内容

户等功能。

(3) 删除用户 userdel

1) 命令格式：userdel [-r] user。

2) 参数说明。

- -r：删除用户时删除用户相关文件

(4) 添加组命令 groupadd

1) 命令格式：groupadd　[option]〈group〉。

2) 参数 option。

- -g：指定组 ID。
- -r：建立系统群组。

(5) 修改组命令 groupmod

1) 命令格式：groupmod　[option]〈group〉。

2) 参数说明。

- -g：修改 GID。
- -n：修改组名。

(6) 删除用户组命令 groupdel

命令格式：groupdel　〈group〉。

注意：删除用户组时不能有用户存在。

(7) 管理组命令 gpasswd

1) 命令格式：gpasswd　[option]〈group〉。

2) 参数说明。

- -A：指定群管理员。

- -M：将账号加入群组。
- -r：将组密码移除。
- -R：让组的密码栏失效。

（8）进程管理命令 kill

1）命令格式：kill［信号代码］进程 ID。

① kill -9：迫使进程在运行时突然停止。

② kill -9 -1：终止你所有的全部进程。

2）其他杀死进程命令。

① killall〈程序名〉。

② pkill〈程序名〉。

③ 杀死桌面图形界面程序：xkill。

（9）crontab

1）命令格式一：crontab［options］file。

参数说明。

- -u〈user〉：指定用户。
- -e：编辑某个用户定时任务。
- -l：查看某个用户当前定时任务。
- -r：删除某个用户定时任务。
- -i：删除前确认。

2）命令格式二：crontab［options］。

3）命令格式三：crontab -n［hostname］。

4）crontab 任务配置基本格式：* * * * * command。

- 第 1 列：表示分钟 0～59 每分钟用 * 或者 */1 表示。
- 第 2 列：表示小时 0～23（0 表示 0 点）。
- 第 3 列：表示日期 1～31。
- 第 4 列：表示月份 1～12。
- 第 5 列：表示星期 0～6（0 和 7 都可表示星期天）。
- 第 6 列：要运行的命令或执行 shell 脚本。

5）创建每晚 21：30 重启 apache 的脚本。

脚本内容：30 21 * * * /usr/local/etc/rc. d/lighttpd restart。

6）查看定时任务日志：tail -f /var/log/cron。

7）查看定时任务服务状态：systemctl status crond. service。

8）开启定时服务：systemctl start crond. service。

9）停止定时服务：systemctl stop crond. service。

10）重启定时任务。

① systemctl restart crond. service。

② systemctl reload crond. service。

11）把 cron 服务加入 Linux 开机自启动。

① systemctl enable crond. service。

② systemctl is-enabled crond. service。

12）查看 crontab 服务是否已设置为开机启动：ntsysv，弹出对话框，如图 3-214 所示。

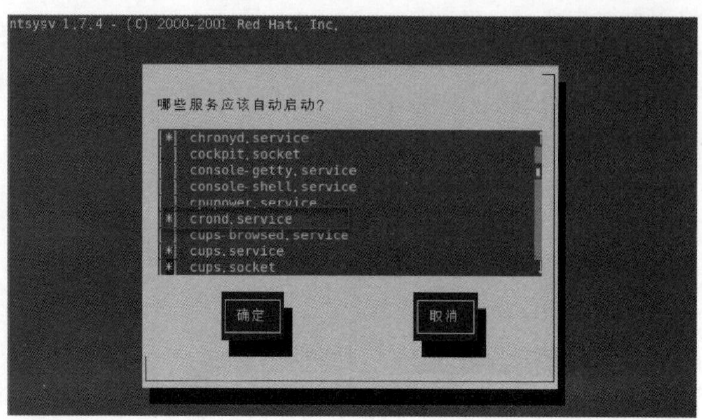

图 3-214　查询服务开启情况

3.2.13 系统安全命令详解

通过系统安全操作命令可以落实系统安全策略，强化用户权限管理，增强系统安全。

（1）修改密码命令 passwd

1）命令格式：passwd [-k] [-l] [-u [-f]] [-d] [-S] [username]。

2）参数说明。

- -d：删除密码。
- -f：强制执行。
- -k：更新只能发送在过期之后。
- -l：停止账号使用。
- -S：显示密码信息。
- -u：启用已被停止的账号。
- -x：设置密码有效期。
- -g：修改群组密码。
- -i：过期后停止用户账号。

（2）sudo 和 su

1）命令格式。

① 切换到 user 用户：su [-] [user]。

② 直接以 user 用户执行命令：su [-] [user] -c。

2）切换用户常用命令。

① 切换到 root 用户下：su　-　。

② 切换到 userame 用户下：su　-　username。

③ 退出用户：exit。

su - 和 su 的区别：是否读入切换前身份者的环境参数文件不同，加“-”彻底转换，未加“-”会保留之前（PATH 和 pwd）家目录下的 . bash_profile 文件。

(3) 查看目录文件权限

1) 命令格式：ls -al。该命令运行后效果如图 3-215 所示。

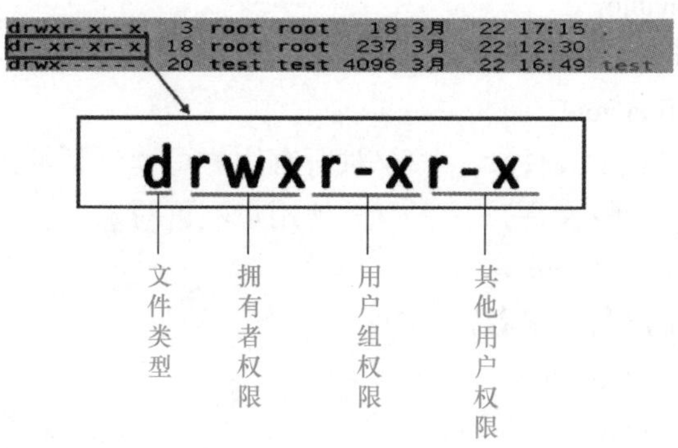

图 3-215 文件目录权限

2) 目录前 10 个字母位说明。

① 第 1 位：表示文件类型。

d：目录 -：文件 l：链接文件 b：块设备（硬盘） c：字符设备（鼠标键盘）

s：套接字（sockets） p：管道文件 s 和 p 进程间的信息共享与通信。

② 第 2 ~4 位：拥有者权限。其中：r 为可读（4）；w 为可写（2）；x 为可执行（1）。

③ 第 5 ~7 位：用户组权限。

④ 第 8 ~10 位：其他用户权限。

注意：CentOS 下文件是否可执行与文件名后缀无关，与权限有关。

(4) 改变文件属性命令 chmod

1) 命令格式：chmod [-cfvR] mode file。

2) 参数说明。

① [-cfvR]

- -c：若该档案权限确实已经更改，才显示其更改动作。
- -f：若该档案权限无法被更改也不要显示错误讯息。
- -v：显示权限变更的详细资料。
- -R：对目前目录下所有档案与子目录相同权限变更。

② mode：[ugoa…] [[± =] [rwx]

- u 表示该档案的拥有者；g 表示与该档案的拥有者属于同一个群体（group）者；o 表示其他以外的人；a 表示以上三者皆是。
- \+ 表示加入；- 表示减去；= 表示设置。
- r 表示可读取；w 表示可写入；x 表示可执行。

3) 使用举例。

① chmod 770 filename。

owner = rwx = 4 +2 +1 = 7。

group = rwx = 4 +2 +1 = 7。

others = --- = 0 +0 +0 = 0。

② chmod　u = rwx，g = rwx　filename。
③ chmod　a + x　filename。
④ chmod　o-r　filename。
⑤ chmod　u + x　filename。
⑥ chmod　g + rw　filename。
⑦ chmod　777　〈目录/文件〉　　//对所有用户可读可写可执行。
⑧ chmod　775　〈目录/文件〉　　//其他用户不可写。

（5）改变文件拥有者命令 chown

① chown　-R　〈用户名：组名〉〈文件〉
② chown　root. root　filename。
③ chown　nobody：nobody　filename。
④ chown　root　filename。

（6）改变文件所属用户组命令 chgrp

1）命令格式：chgrp [选项]〈组〉〈文件〉。

2）参数说明。

- -c：当发生改变时输出调试信息。
- -f：不显示错误信息。
- -R：处理指定目录以及其子目录下的所有文件。
- -v：运行时显示详细的处理信息。

3）使用举例。

① chgrp　root　filename。
② chgrp　root. root　filename。
③ chgrp　-R 100 filename。

3.2.14 远程连接管理命令详解

ssh 是专为远程登录会话和其他网络服务提供安全性的协议，利用 ssh 协议可以防止远程管理过程中的信息泄露问题。

（1）安装

1）安装　yum install openssh * 。

2）其他方式安装（源代码或 rpm）。

（2）启动

1）默认服务在 22 端口监听：netstat　-ntpl　| grep　：22。

2）启动和关闭。

① service　sshd　restart /start /stop。
② systemctl　start/stop/restart　sshd. service。

3）随机启动。

① systemctl　enable/disable　sshd. service。

（3）配置

修改配置文件/etc/ssh/sshd_config 内容如下。

ListenAddress 192.168.0.1 //监听地址。

port 22 //端口设为22。

PermitRootLogin yes/no //是否禁止 root 远程登录。

注意：修改完成后，重新启动服务使修改生效。

(4) 密码验证方式

1) 第一种验证方式：ssh 192.168.116.3

注意：相当于 ssh root@192.168.116.3 -p 22。

2) 第二种验证方式：ssh user@192.168.116.3。

注意：需要输入对应 IP 上指定用户名的密码方可登录。

3) 第三种验证方式：ssh 192.168.116.3 -p 22

(5) 无密码方式验证

1) 在客户端（192.168.77.131）上生成公钥和密钥。

① 运行命令：ssh-keygen -t rsa，在/root/.ssh/目录下，产生两个密钥文件：id_rsa、id_rsa.pub。注意：不加-t 默认用 rss 加密方式（也可使用 ssh-keygen -t dsa）。

② 拷贝密钥文件到服务器。

运行命令：scp /root/.ssh/id_rsa.pub root@192.168.77.128：/home/。

2) 在服务器端（192.168.77.128）将 id_rsa.pub 文件内容添加到 authorized_keys 中去。

① touch /root/.ssh/authorized_keys //这个文件若不存在话，先创建。

② cat /home/id_rsa.pub >> /root/.ssh/authorized_keys。

3) 验证测试：在客户端上进行操作 192.168.77.131，远程登录 192.168.77.128，看是否需要密码验证。

运行命令：ssh root@192.168.77.128 //或 ssh 192.168.77.128。

(6) scp 操作命令

1) 传文件：scp file user@192.168.116.3：/tmp。

2) 传目录：scp -r directory user@192.168.116.3：/tmp。

注意：已有文件或目录存在时，则不会被覆盖。

3) 远程在 192.168.116.3 运行命令 command。

① 命令格式：ssh 192.168.116.3 "command"。

② 使用举例：ssh 192.168.116.3 "ifconfig eth0"。

(7) ssh 客户端工具

利用客户端工具连接 ssh 服务，进行系统管理和维护，有 Linux 终端、Linux 图形界面下的 gcm（gnome-connection-manager）、putty、secureCRT 和 xshell 等。

第 4 章　计算机网络维护

4.1 计算机网络基础

计算机网络是用网络设备和传输介质将计算机连接起来，在计算机之间实现硬件资源共享和信息传递等功能的软硬件系统。

4.1.1 OSI 参考模型解读

OSI 参考模型采用分层思想，从下往上，依次将网络划分为物理层、数据链路层、网络层、传输层、会话层、表示层和应用层等七层，如图 4-1 所示。相邻层通过接口通信，下层为上层提供服务。OSI 参考模型提供通用参考框架，分解网络结构，简化网络设计开发过程。

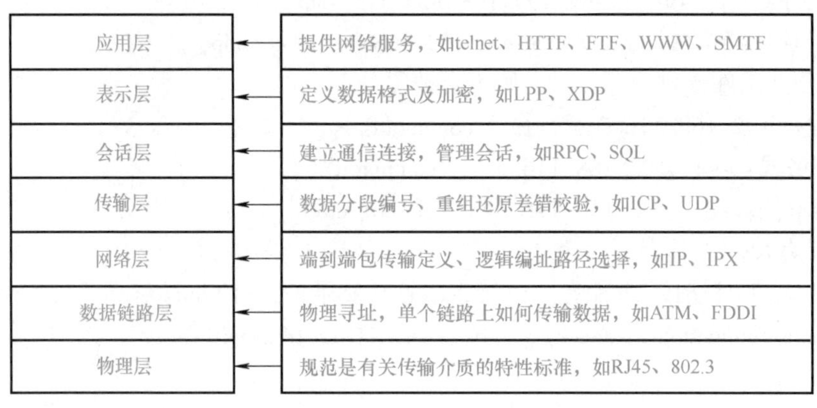

图 4-1　OSI 参考模型图

4.1.2 常用网络设备

网络设备除处理信息的计算机外，还包括一些网络信息传输设备，例如网卡、集线器、交换机和路由器等。

1. 集线器（Hub）

集线器作为共享介质网络设备，对接收信号再生整形放大，用来扩大网络传输距离，同时将所有节点集中到以自身为中心的节点上，本身无法识别目的地址，采用广播形式传播数据，容易造成网络堵塞，降低网络传输效率，存在安全隐患。网络集线器如图 4-2 所示。

图 4-2 网络集线器

2. 交换机（Switch）

交换机，是用于电信号转发的信息交换网络设备，连接局域网，每个端口独享信道带宽，实行点对点网络连接，不易造成网络堵塞，确保数据传输安全高效。交换机利用存储的 MAC 地址表将 MAC 地址与交换机接口编号相对应，当收到客户端发送的数据帧时根据 MAC 地址表信息判断如何转发。交换机常用品牌有 Cisco、华为、H3C 和 TP-Link 等。常用交换机如图 4-3 所示。

图 4-3 千兆交换机

3. 路由器（Router）

路由器，又称网关设备（Gateway），连接因特网的网络设备，属于网络层互联设备，可根据网络信道具体情况自动选择和设定路由，并有判断网络地址和选择 IP 路径功能，从多条路径寻找最佳路径提供给用户通信，将数据包正确地在不同网络间转发的网络设备。路由器可大致分为接入级路由器、企业级路由器和骨干级路由器三类。路由器端口映射提供外部主机对内网服务器的访问，路由器远程 WEB 管理提供远程主机对路由器本身的访问。路由器中的串口用于两台路由器对接，现在改为光口，电口用于连接广域网，ethernet 口（以太口）用于连接局域网，console 口用于连接本计算机或终端的配置口。企业级千兆路由器如图 4-4 所示。

图 4-4 企业级千兆路由器

交换机与路由器区别在于，交换机工作在数据链路层，利用硬件自带 MAC 地址寻找转发数据目的地址，各自使用自己带宽，互不影响；而路由器工作在网络层，利用 IP 地址寻找转发数据目的地址，上网相互影响。交换机不能自动识别数据包发送和到达地址的功能，而路由器为数据包发送和到达地址指明方向和进行分配，具有防火墙功能。路由器有单独 WAN 口，交换机全部为 LAN 口。路由器可做交换机，把宽带线插到 LAN 口上，把 WAN 口空置。

4. 防火墙（Firewall）

防火墙，是对流经不同网络区域间的流量强制执行访问机制的策略，包括专用网络安全设备和软件系统。根据防火墙过滤层次不同，防火墙通常分为三种：包过滤防火墙、电路级网关防火墙和应用级网关防火墙。包过滤防火墙存在于网络层与传输层中，可以基于数据源头的地址以及协议类型等标志特征进行分析，确定是否可以通过。应用级网关防火墙在 OSI 的最高层，位于应用层之上，通过代理程序实现对应用层的监督与控制，可以完全隔离网络通信流。电路级网关防火墙，又称电路层网关，是一个具有特殊功能的防火墙，由应用层网关完成。防火墙是一种能够限制网络访问的设备或软件。

防火墙是放置在两个网络之间的网络安全设备，对所有进出网络的数据流都须经过它，只允许经过授权的数据流通过防火墙，防火墙自身对入侵是免疫的。防火墙对来自网络内部的安全威胁和绕过防火墙进入网络内部，对防火墙和主机发起攻击防卫能力差。

5. VPN 设备（Virtual Private Network，虚拟专用网）

VPN 设备，可理解为一条穿越网络的虚拟专用通道。通过对关键业务数据进行加密传输，数据传输到接收方后被解密。

4.1.3 IP 地址剖析

IP（Internet Protocol，互联网协议）地址是 Internet 服务商或系统管理员分配给网络主机等通信设备用于识别网络通信实体的一串数字，该组数字在同一网络中具有唯一标识性。IP 地址在计算机中实际由 32 位二进制数表示，分为四段，每段八位。出于记忆方便，通常使用以点号分隔，每段用 0～255 中任意一个十进制数据表示。一个 IP 地址由网络部分和主机部分两部分组成。网络部分用于标识不同网络，由 IANA 统一分配。主机部分用于标识一个网络中特定的主机。IANA 将 IP 地址分为 A、B、C、D 和 E 五类。

A 类：网络号中最高位为 0，其余 7 位表示网络号，剩下 24 位表示主机号，A 类地址组成如图 4-5 所示。网络号全为 0 表示本地网络，网络号 7 位二进制全为 1 作诊断用。如 127.0.0.1 用于测试本机。网络号范围为 1～126，最大可用网络主机为 16，777，214 个（2^{24}-2）。A 类 IP 地址范围：1.0.0.0～126.255.255.255。最后一个为广播地址（主机标识段全为二进制 1 的 IP 地址，专用于向网络工作站发送信息）。保留地址：127.0.0.1～127.255.255.255。子网掩码：255.0.0.0。

0网络部分	主机部分	主机部分	主机部分

图 4-5　A 类地址组成图

B 类：网络号中前 2 位为 10，其余 14 位表示网络号，剩下 16 位表示主机号，B 类地址组成如图 4-6 所示。B 类地址有效网络范围为 128～191，每个 B 类地址最大可用网络主机为 65，534 个（2^{16}-2）。B 类 IP 地址范围：128.0.0.0～191.255.255.255。最后一个为广播地址。169.254.0.0～169.254.255.255 为保留地址，可以临时使用。

10网络部分	网络部分	主机部分	主机部分

图 4-6　B 类地址组成图

C 类：网络号中前 3 位为 110，其余 13 位表示网络号，C 类地址组成如图 4-7 所示。C 类地址有效网络范围为 192～223，每个 C 类地址最大可用网络主机为 254 个（2^{8}-2）。C 类 IP 地址范围：192.0.0.0～223.255.255.255。最后一个为广播地址。

110网络部分	网络部分	网络部分	主机部分

图 4-7　C 类地址组成图

注意：从 A、B、C 三类地址中分别划出一部分地址供企业内网作为私有地址使用，因此，该部分地址不会在公网上使用。

- A 类：10.0.0.0～10.255.255.255。
- B 类：172.16.0.0～172.31.255.255。
- C 类：192.168.0.0～192.168.255.255。

4.1.4 子网掩码解读

一个完整的 IP 地址信息包括 IP 地址、子网掩码、默认网关和 DNS 四部分。

子网掩码由 32 位二进制位组成，对应 IP 地址网络部分用 1 表示，对应 IP 地址的主机部分用 0 表示。为方便记忆，通常也用点号分开的十进制数表示。子网掩码的作用在于：一是用于确定 IP 地址中网络号和主机号；二是用于将一个大的 IP 网络划分为若干小的子网络。

- A 类地址默认子网掩码：255.0.0.0。
- B 类地址默认子网掩码：255.255.0.0。
- C 类地址默认子网掩码：255.255.255.0。

为节点分配 IP 地址时，一并给出子网掩码。通过 IP 地址与子网掩码作逻辑“与”运算，可以得出 IP 地址的网络地址。例如：IP 地址 192.168.1.188，子网掩码为 255.255.255.0，则 IP 地址的网络地址为 192.168.1.0。IP 地址相关运算关系如图 4-8 所示。

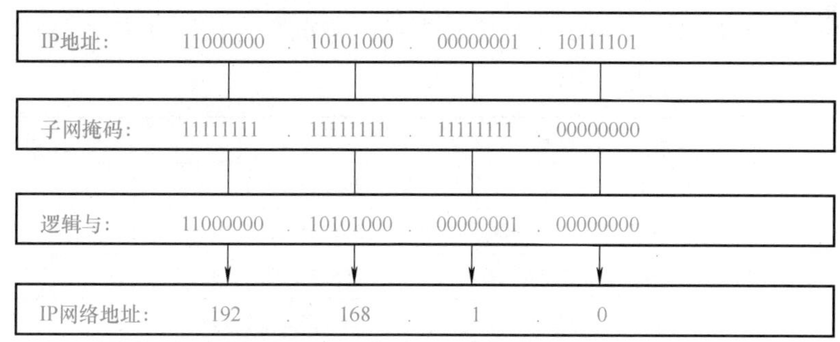

图 4-8 IP 地址相关运算图

4.1.5 子网划分原理与实操

基于网络安全和防止 IP 地址被浪费，可以把基于每类的 IP 网络进一步分成更小的网络，每个子网由路由器界定并分配一个新的子网网络地址，子网地址是借用基于每类网络地址的主机部分创建的。经子网划分后，IP 地址的子网掩码不再具有标准 IP 地址的掩码。因此，根据子网掩码是否标准化，IP 地址可分为有类地址和无类地址两类。

- 有类地址：标准的 IP 地址（A、B、C 三类）属于有类地址。A 类地址掩码 8 位；B 类地址掩码 16 位；C 类地址掩码 24 位。
- 无类地址：对 IP 地址进行子网划分后 IP 地址不再具有有类地址的特征。

大网段划分成小网段，实际将主机位划分为网络位，经过子网划分后，IP 地址实际变成网络地址部分、子网地址部分和主机地址部分。

C 类地址 192.168.80.0/24，使用子网掩码/30 对其划分，很明显，借用主机部分位数为 6 位，则可以划分的子网数为 $64=2^6$。每个子网中，第一个 IP 地址（即主机部分全部为 0 的 IP）和最后一个 IP（即主机部分全部为 1 的 IP）不能分配给主机使用，所以每个子网的可用 IP 地址数为总 IP 地址数量减 2，可用主机数为 $2=2^2-2$。可以依次类推分别借用主机部分 5、4、3、2、1 作为子网位时子网数和可用主机数，计算结果见表 4-1。

计算公式：子网数 $=2^n$（n 为借用主机位数）；主机数 $=2^m$（m 为剩余的主机位）；可用主机数 $=2^m-2$

表 4-1　C 类子网划分推算图

借位	子网掩码位	子网掩码	子网数	每子网主机	每子网可用主机
6	30	255. 255. 255. 252	64	4	2
5	29	255. 255. 255. 248	32	8	6
4	28	255. 255. 255. 240	16	16	14
3	27	255. 255. 255. 224	8	32	30
2	26	255. 255. 255. 192	4	64	62
1	25	255. 255. 255. 128	2	128	126

【例 4-1】　某公司获得一个 C 类地址 192. 168. 80. 0/24，共有 4 个部门分别为甲、乙、丙和丁，每个部门主机数不超过 40 台。

解析：4 个部门对应 4 个子网，借用 2 位即可，主机数为 62。子网规划见表 4-2。

表 4-2　某公司子网规划表

部　　门	网　　段	掩　　码	有效主机地址
甲	192. 168. 80. 0/26	255. 255. 255. 192	62
乙	192. 168. 80. 64/26	255. 255. 255. 192	62
丙	192. 168. 80. 128/26	255. 255. 255. 192	62
丁	192. 168. 80. 192/26	255. 255. 255. 192	62

【例 4-2】　某公司获得一个 C 类地址 192. 168. 76. 0/24，共有 4 个部门分别为甲、乙、丙和丁，其中，甲部门有主机 88 台，乙部门有主机 45 台，丙部门有主机 26 台，丁部门有主机 22 台。

解析：4 个部门对应 4 个子网，甲部门借用 1 位即可，乙部门借用 2 位即可，丙、丁部门借用 3 位。公司子网划分情况见表 4-3。

表 4-3　公司子网规划表

部　　门	网　　段	掩　　码	有效主机地址
甲	192. 168. 76. 0/25	255. 255. 255. 128	126
乙	192. 168. 76. 128/26	255. 255. 255. 192	62
丙	192. 168. 76. 192/27	255. 255. 255. 224	30
丁	192. 168. 76. 224/27	255. 255. 255. 224	30

【例 4-3】　通过 IP 地址 159. 62. 25. 88/22 推算网络地址、广播地址、子网数和主机数。

解析：子网掩码 22 位，即 22 个 1，10 个 0，相当于借用 6 位主机位，子网掩码 255. 255. 252. 0。网络地址是 IP 地址与子网掩码相“与”得到，将主机 10 位（子网掩码为

0 位数）全部置 1，即得广播地址，相当于子网掩码取反后与子网地址或运算，具体推算如图 4-9 所示。借用 6 位，子网数 $2^6=64$，一个子网主机数 $2^{10}=1024$。

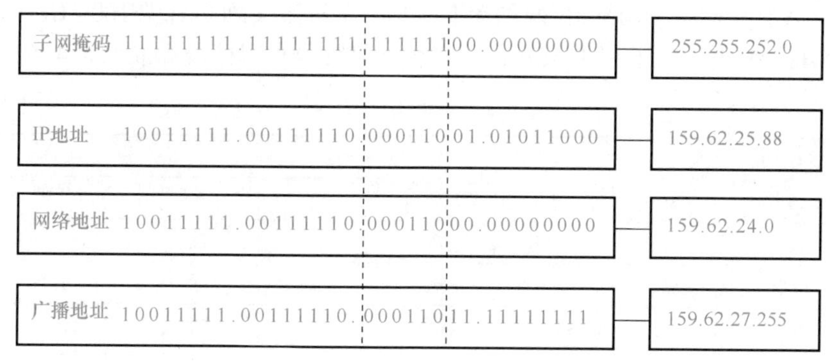

图 4-9 推算网络地址和广播地址

4.2 网线制作

网线是一种传输网络信息介质。局域网常见网线主要有双绞线、同轴电缆和光缆三种。

1）双绞线：是由 4 对线组成的数据传输线。双绞线按其是否外加金属网丝套屏蔽层区分为屏蔽双绞线（STP）和非屏蔽双绞线（UTP）。STP 双绞线内有一层金属隔离膜，在数据传输时可减少电磁干扰，稳定性较高。UTP 内没有这层金属膜，稳定性较差，但价格便宜。双绞线是综合布线工程中最常用的一种传输介质。双绞线常见有五类线、超五类线、六类线、七类线和超七类线。五类线主要用于 100Mbit/s 网络，线对带宽性能为 1 ~ 100MHz，六类线主用于 1000Mbit/s 网络，带宽性能为 1 ~ 250MHz。双绞线一共八根线，布线规则是 1、2、3、6 线有用，4、5、7、8 线闲置。双绞线用来与 RJ45 水晶头连接使用。

2）同轴电缆：是由绝缘线包裹着中央铜导体的电缆线。特点是抗干扰能力好，传输数据稳定，价格也便宜，同样被广泛使用，如闭路电视线等。同轴电缆用来和 BNC 头相连。

3）光缆：是由许多根细如发丝的玻璃纤维外加绝缘套组成。特点是靠光波传送、抗电磁干扰性极好、保密性强、速度快、传输容量大等。目前，家用入户或公司干线均已经普及。

4.2.1 RJ45 水晶头接线工业标准

使用电缆两头一对一连接方式，会使一组信号（负电压信号）通过不绞合在一起的两根芯线传输，造成近端串扰。随着网络布线需要，1994 年 TIA/EIA 568A 标准出台，将双绞线按电气特性仅区分为三类、四类和五类线。随着六类系统（带宽 250MHz）出台，2002 年 ANSI/TIA/EIA 568-B 铜缆双绞线 6 类线标准正式出台。5 类带宽为 100MHz，采用半双工，仅使用其中两对线缆，而超 5 类采用四对全双工传输，应对千兆网络需要全双工。6 类带宽为 250MHz，应对千兆网络只需单工即可。目前，TIA/EIA568A 标准已被淘汰，按照 568A/568B 排线标准做，增强网线抗干扰性能，避免出现传输速度慢、网络时好时坏情况。根据工程经验网线长度最好不小于 1.5 米，提高网络稳定性。RJ45 水晶头由金属片和塑料构成，金属片面朝上从左至右引脚序号依次 1 ~ 8 排列。双绞线最大传输距离为 100 米。

1. 双绞线接线标准

双绞线端接有 T568A 和 T568B 两种标准。T568A 只定义到超五类 100MHz；T568B 定义到六类 250MHz。但更倾向于用 T568B 标准接线。双绞线常用接线标准见表 4-4。

表 4-4　双绞线接线标准

标　准	线　序							
	1	2	3	4	5	6	7	8
T568A	绿白	绿	橙白	蓝	蓝白	橙	棕白	棕
T568B	橙白	橙	绿白	蓝	蓝白	绿	棕白	棕
RJ45	发送	发送	接收	保留	保留	接收	保留	保留

注意：1、2 线必须是双绞，3、6 是双绞，4、5 是双绞，7、8 是双绞。

2. 双绞线接线方法

双绞线接线方法包括直连线接法和交叉线接法两种。

（1）直连线接法

接线时两端都遵循 568A 或 568B 标准，双绞线的每组线在两端一一对应，颜色相同的在两端水晶头的相应槽中保持一致，即如果一端第 1 脚为绿色，另一端第 1 脚也必须为绿色的芯线。要注意 4 个芯线对通常不分开，即芯线对的两条芯线通常为相邻排列。此种接线法一般是用在集线器 HUB 或交换机与计算机之间、标明级联端口两台交换机之间的连接。直连线接法见图 4-10 所示。

（2）交叉线接法

接线时一端按 568A 标准，另一端按 568B 标准。网线一端第 1 脚连另一端第 3 脚，网线一端第 2 脚连另一端第 6 脚，其他脚一一对应即可。此种接线法一般用在 PC 网卡之间、集线器（交换机）的级连、服务器与集线器（交换机）的连接、对等网计算机的直接连接等情况。两台交换机没有标明级联端口，交叉线接法如图 4-11 所示。

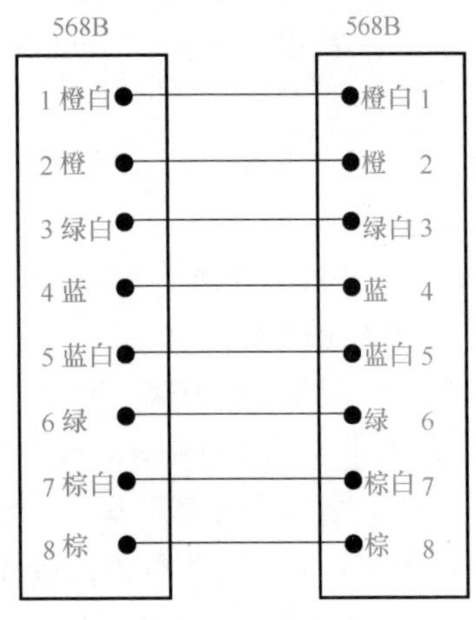

图 4-10　直连线接法图

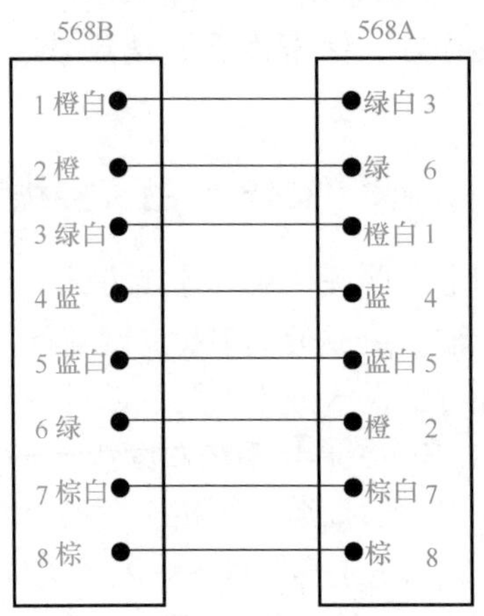

图 4-11　交叉线接法图

注意信息如下。

1）总结：同一层设备相连用反接，不同层设备相连用直接。

2）在整个网络布线中应用一种布线方式，但两端都有 RJ-45 的网络连线无论是采用 568A，还是 568B，在网络中都是通用的。规定双工方式下本地的 1、2 两脚为信号发送端，3、6 两脚为信号接收端，所以这两对信号必须分别使用一对双绞线进行信号传输。

3）特别注意，现在 100M 网一般使用 568B 方式。

4）双绞线还有一种连接方法，叫全反（Rolled）线，不用于以太网的连接，主要用于主机的串口和路由器（或交换机）的 console 口连接的 console 线。一端顺序是 1～8，另一端则是 8～1。

5）级连网线长度不应超过 100 米，HUB 的级连不应超过 4 级。因交叉线较少用到，故应做特别标记，以免误作直连线用，造成线路故障。最后需要对线路进行通断测试，用 RJ-45 测线仪测试时，4 个绿灯都应该依次闪烁。可用 Ping 命令调试网络。如果工作站得到服务器的响应则表明线路正常和网络协议安装正常，这是网络应用软件能正常工作的基础。

6）不严格按照 568A/568B 排线标准，但保证线对两端顺序一一对应，尽管能连通网络，但网线抗干扰性差，容易出现传输速度慢、网络不稳定等情况。

4.2.2 双绞线制作技巧

制作双绞线是网络维护人员的基本技能。熟悉线对排列规则，遵照合理的制作步骤和应注意的相关技巧，制作出一根高质量的网线并不是难事。

1. 制作步骤

网络制作需要准备好制作工具和线材，然后遵循约定标准制作。

1）准备工具。制作一根网线需要提前准备好线材、工具。具体包括：网线一段、水晶头两个（如图 4-12 所示）、压线钳一把（如图 4-13 所示）和测线仪一个（如图 4-14 所示）。

图 4-12　水晶头

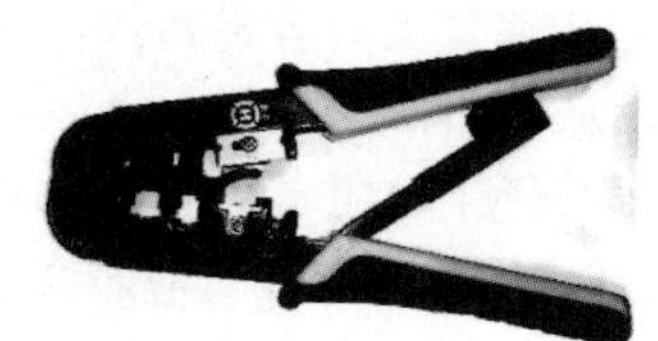

图 4-13　压线钳

图 4-14　智能网络测线仪

2）剪线、破线。利用破线工具距线端 3cm 左右破线缆外皮，剪去裸露在线对中夹杂的尼龙绳或塑料。

3）捋线、排线。①首先，按 T568B 标准线对橙、绿、蓝、棕序列分开排好，尽可能让橙线对靠左撇、棕线对靠右撇，将绿线对、蓝线对分别向上下两个相反方面拉开。②然后，将每一线对分别捋直捋平，再将橙色线从左至右按橙白、橙排好序，棕色线对从左至右棕白、棕排好序，将捋平直的绿色线对分别依绿白、绿顺序向左右两边分开靠近橙、棕白线。③接着，将蓝色线对捋直捋平后按从左至右依蓝、蓝白顺序放入已经捋好的绿白、绿线对中。④最后，将排序好的八线靠拢，捋直，揉平整，如图 4-15 所示。

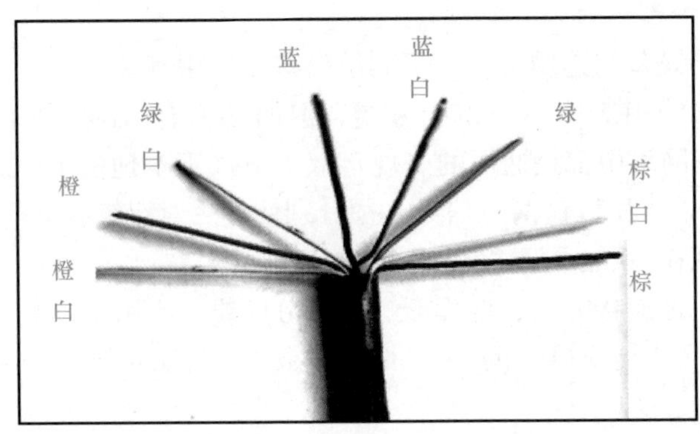

图 4-15　双绞线 T568B 线序图

4）剪平线端。将依序平整好的八线用力握紧，距外皮保留约 1.4cm 左右长度（防止近端干扰，线对尽可能不分开，也有利于水晶头押压住网线塑料外皮，防止网线从水晶头处脱落），用剪刀或斜口钳剪平，保持线对平整状态。

5）芯线插入水晶头。用另一只手取一个水晶头，铜片部分朝上，将平整好的线对依序插入水晶头。然后双手用力抵紧，基本上要从水晶头顶端能看到线芯头，确保线头安装到位。

6）用压线钳压紧。注意确定压线钳八齿对准水晶头八个铜片，然后用力压到位，确保铜片全部压制到位。

7）重复 2 ~6 步骤做好网线另一端水晶头。

2. 网线测试

水晶头的两端都做好后即可用网线测试仪进行测试，如果是直连线，测试仪上 8 个指示灯依次为绿色闪过；如果是交叉线，则测试仪的闪亮顺序应该是 3、6、1、4、5、2、7、8。如果出现任何一个灯为红灯或黄灯，甚至跳过没有显示，都证明存在断路或者接触不良现象（数据传输量少时可能正常，数据传输量大时容易造成计算机死机）。此时可对两端水晶头用网线钳再压一次，再测，如果故障未消除，检查一下两端芯线的线序是否一样，如果不一样，剪掉一端重新按另一端芯线排列顺序制作水晶头。如果芯线顺序一样，但测试仪在重做后仍显示红色灯或黄色灯，则表明其中肯定存在对应芯线接触不好，只能先剪掉一端按另一端芯线顺序重做水晶头。做好再测，如果故障消失，则不必重做另一端水晶头。否则，还得重做另一端水晶头，直到测试全为绿色指示灯闪过为止。如果经过多次重做还不能排除故障，考虑网线存在断线情况，更换网线再做。

4.2.3 网络设置方法

计算机装好网络适配器软件，插上网线后，系统一般还需要进行网络配置后才能正常上网。以下网络设置在 Windows 7 系统下进行。

1. 网卡设置

网卡设置包括 IP 地址、子网掩码、网关和 DNS 等信息设置工作。

网卡设置具体步骤如下。

1）右击桌面“网络”图标，在弹出的快捷菜单中选择“属性”命令，调出“网络和共享中心”窗口，如图 4-16 所示。

2）单击左边“更改适配器设置”选项，调出“网络连接”窗口，单击“本地连接状态”窗口中的“属性”按钮，打开“本地连接属性”对话框，如图 4-17 所示。

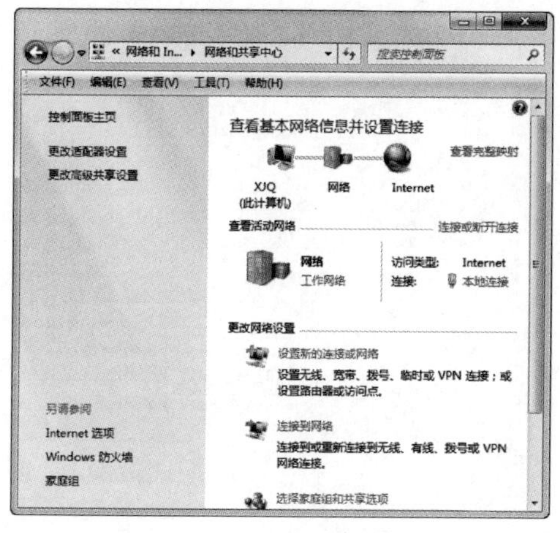

图 4-16　“网络和共享中心”窗口

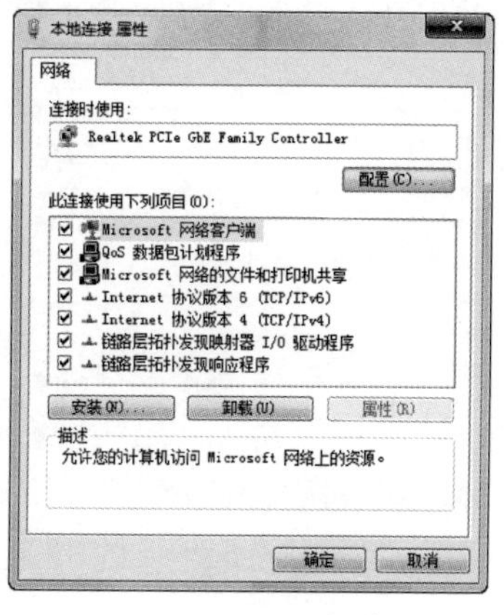

图 4-17　“本地连接属性”对话框

3）勾选“Internet 协议版本 4（TCP/IPv4）”复选框，然后单击右下“属性”按钮，“窗口”图 4-18 所示的对话框。

4）打开“Internet 协议版本 4（TCP/IPv4）属性”的对话框，在“常规”选项卡中默认选中“自动获得 IP 地址”和“自动获得 DNS 服务器地址”单选按钮，不需做改动，如图 4-19 所示。若需要固定 IP 地址，则需要提前获取 IP 地址、网关（默认网关是路由器的以太网口的 IP 地址）信息。知道 DNS 服务器信息，也可填写，否则用默认即可，如图 4-20 所示。

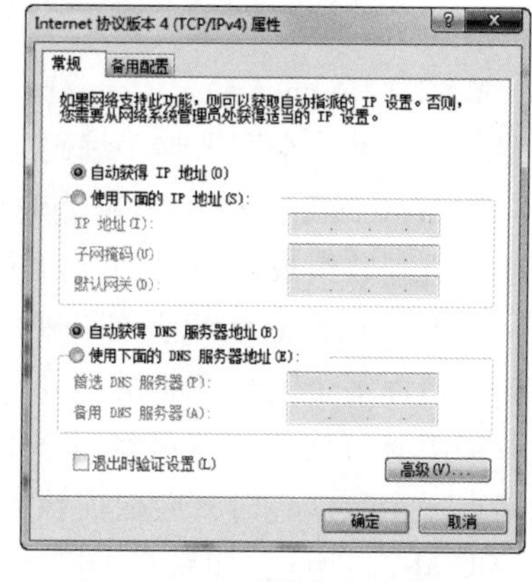

图 4-18　查看协议版本属性

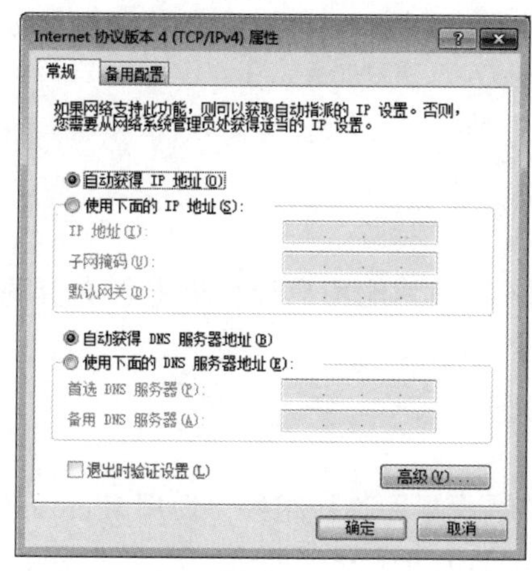

图 4-19　自动设定 IP

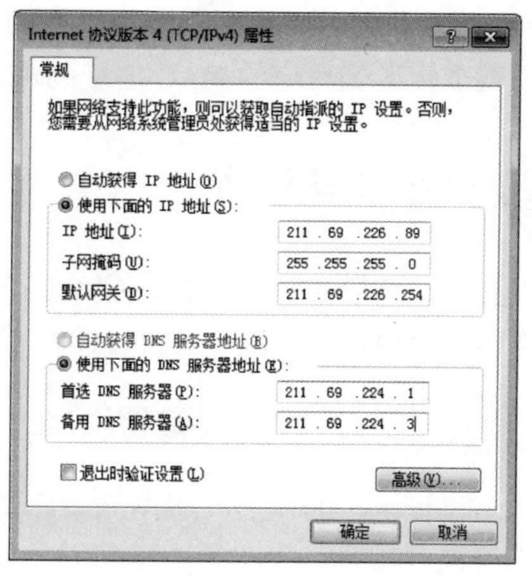

图 4-20　手动设定 IP

5）设置完毕，单击“确定”按钮，获取或验证 IP 地址，设置正确，网卡会自动生效启动。然后双击“网络连接”窗口中的“本地连接”图标，打开图 4-21 所示的对话框。单击“本地连接状态”对话框中“详细信息”按钮获取网络适配器的设置信息，如图 4-22 所示。

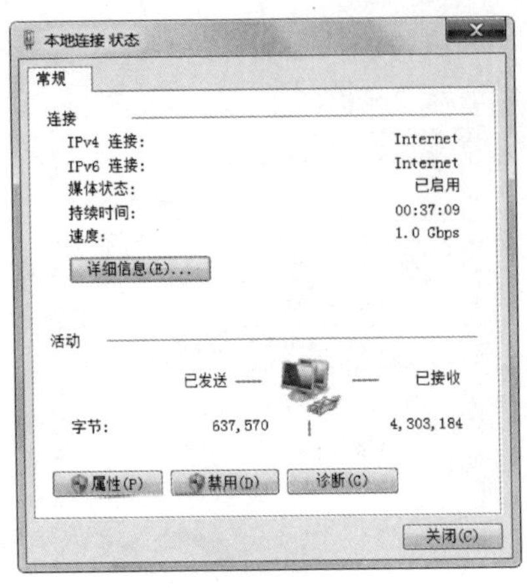

图 4-21　本地连接状态信息

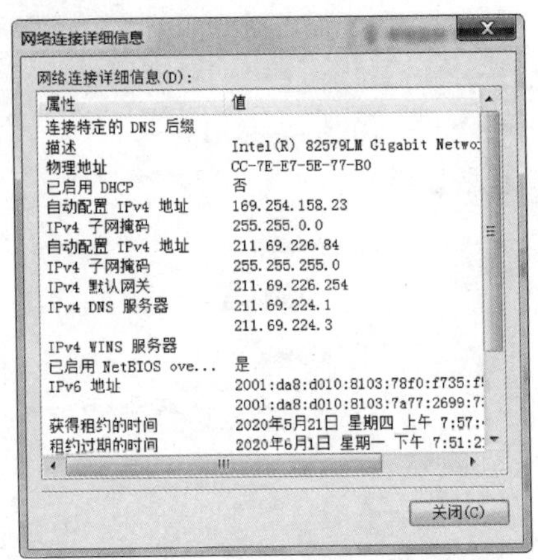

图 4-22　查看网络连接详细信息

2. MAC 地址

MAC（Media Access Control Address，媒体访问控制地址），亦称物理地址、硬件地址或链路地址，是一个网卡唯一编码标识。一台设备若有一个或多个网卡，则每个网卡会有一个唯一的 MAC 地址，在网卡制造时就已经固化在网卡中，一般不能被改变。MAC 地址由 12 个十六进制数组成，每 2 个十六进制数之间用冒号“:”或分隔号“-”连接，如 00-23-24-DB-4D-17。前面 6 位代表网络硬件制造商编号，由 IEEE 注册管理机构进行分配，后 6 位代表该制造商某个网络产品系列号。

ARP 地址解析协议可将网络中的 IP 地址映射到主机的 MAC 地址。当交换机接收到来自网络上一个数据包时，会根据该数据包的目标 IP 地址，查看交换机内部是否有跟该 IP 地址对应的 MAC 地址，如果有上次保留下来的对应的 MAC 地址，就会将该数据包转发到对应 MAC 地址主机。如果在交换机内部没有与目标地址对应的 MAC 地址，则交换机会根据 ARP（Address Resolution Protocol，地址解析协议）将目标 IP 地址按对应关系映射成 MAC 地址，数据包就被转送到对应的 MAC 地址的主机。

4.3 网络共享设置

设置网络共享方便授权用户远程访问同一局域网上的其他用户计算机上各类资源。但是，在设置网络共享的时候应注意共享权限与资源的安全。

4.3.1 远程桌面设置要点

从 Windows 2000 Server 版本开始，微软公司提供远程桌面连接组件。使用 Microsoft 的远程桌面协议（Remote Desktop Protocol，简称 RDP）从 TELNET 发展而来，属于 C/S（客户/服务器）模式，通过客户端终端，客户端的鼠标、键盘的输入传递到服务器端上，再把服

务器端的显示传递回客户端。应用程序始终运行在服务器端上，客户端不需要具有计算能力，至多只需提供一定的缓存能力。通过远程桌面方式连接远程计算机，特别是服务器，实时访问它的所有应用程序、文件和网络资源，方便远程管理。

1. 开启远程桌面

服务器端安装完成后，基于安全考虑，一般会默认关闭远程桌面连接功能。因此，在远程桌面连接前需要将被连服务器端相应设置才能进行远程桌面连接。

(1) 基本设置方法

1) 在服务器端，右击桌面“计算机”图标，在弹出的快捷菜单中选择“属性”命令，打开“系统”窗口，如图 4-23 所示。

2) 在系统属性窗口选择左侧的“远程设置”选项，弹出“系统属性”对话框，勾选“允许远程协助连接这台计算机”复选框，选中“仅允许运行使用网络级别身份验证的远程桌面的计算机连接（更安全）”单选按钮，如图 4-24 所示。单击“选择用户”按钮，会弹出“远程桌面用户”对话框，可以添加允许远程桌面连接的用户。若不添加用户，则默认利用 Administrator 登录，如图 4-25 所示。

图 4-23 打开“系统”窗口

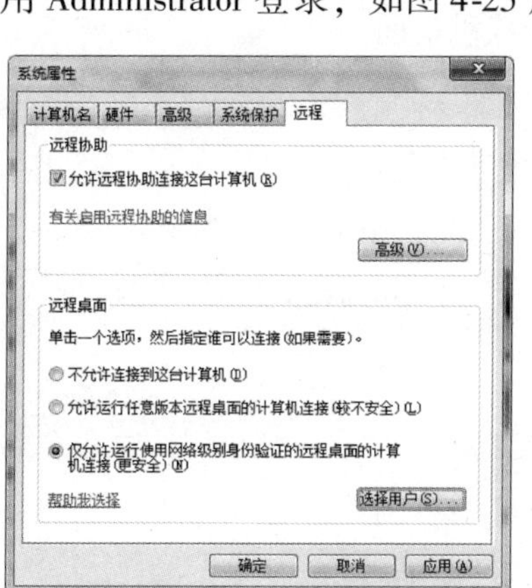

图 4-24 打开“系统属性”窗口

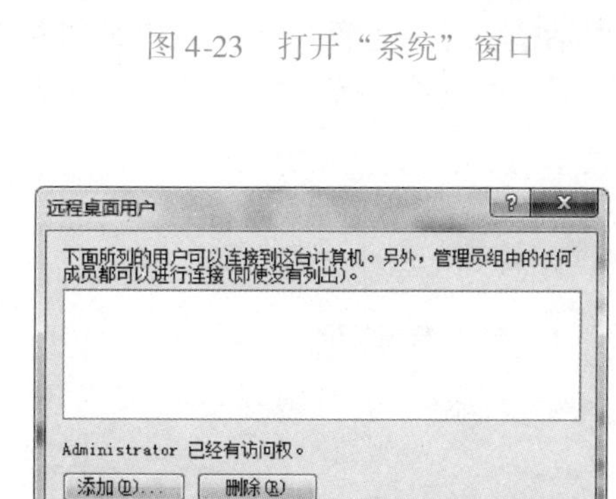

图 4-25 添加远程桌面用户

3) 右击桌面“计算机”图标，在弹出的快捷菜单中选择“管理”命令，会出现“计算机管理”窗口，如图 4-26 所示。选择左边“服务和应用程序”选项，双击窗口中间“服务”项目，查看是否已经开启 Remote Desktop Services 服务，如图 4-27 所示。没有开启则单击中间窗口偏左上部“启动”按钮开启。

4) 在主控客户端利用〈Win + R〉组合键调出 CMD 命令行窗口，然后输入 mstsc 命令，按〈Enter〉键，调出“远程桌面连接”对话框，在“计算机”文本框中输入远

图 4-26 打开“计算机管理”主窗口

图 4-27　进入系统服务界面

程计算机主机 IP 和端口信息，单击“连接”按钮，如图 4-28 所示。在弹出的“Windows 安全”对话框中输入远程计算机用户名和密码信息，然后单击“确定”按钮，如图 4-29 所示。开启远程桌面连接，等待连接成功后直接显示远程计算机桌面。

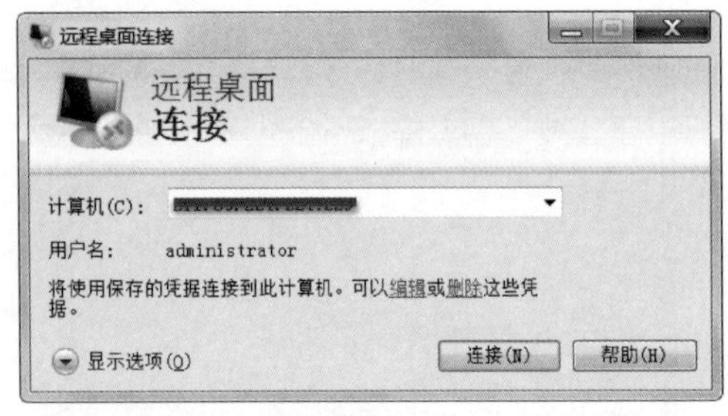

图 4-28　打开“远程桌面连接”窗口

图 4-29　打开“Windows 安全”对话框

（2）修改默认端口

远程桌面启用的默认端口是 3389。为了防止被恶意攻击，可以将端口改为系统不被占用而便于自己记忆的端口。具体步骤如下。

1）按〈Win + R〉组合键，打开“运行”命令，然后输入 regedit 命令，按〈Enter〉键，打开图 4-30 所示的对话框。

2）依次展开左边窗口注册表分支 HKEY_LOCAL_MACHINE | SYSTEM | CurrentControlSet | Control | Terminal Server | Wds | Pds | Tds | tcp，如图 4-31 所示。

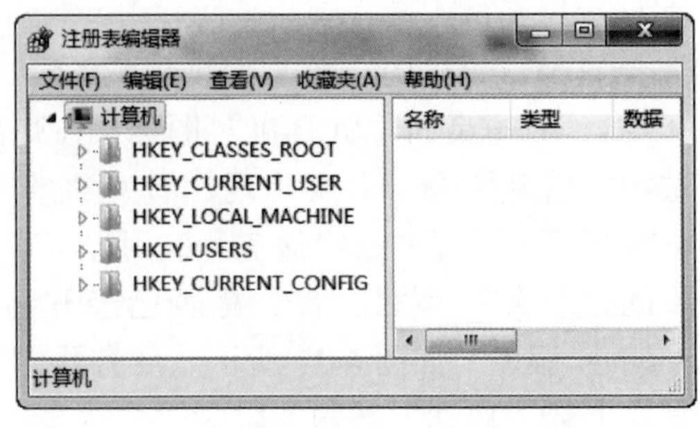

图 4-30　打开“注册表编辑器”窗口

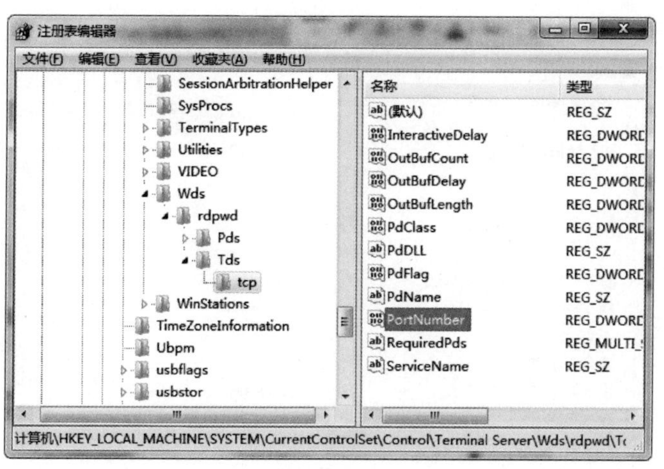

图 4-31 查找键值界面

3）双击右边窗口中的 PortNumber 选项，在打开的对话框中选中“十进制”单选按钮，数值数据显示为 3389，如图 4-32 所示。将 3389 修改成系统未启用且比较安全的端口，如 20188 后，单击“确定”按钮，如图 4-33 所示。

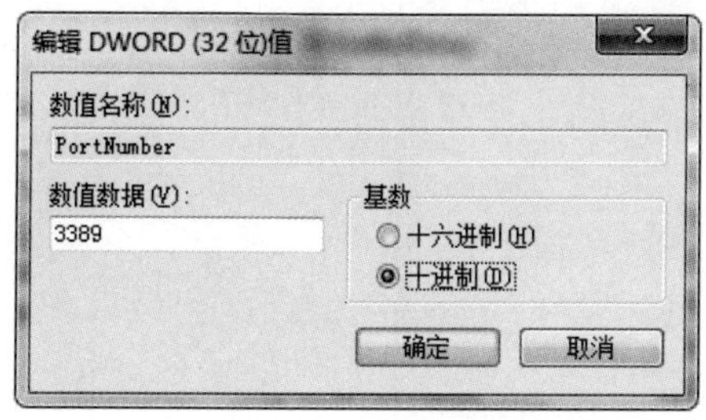

图 4-32 查看键值数据

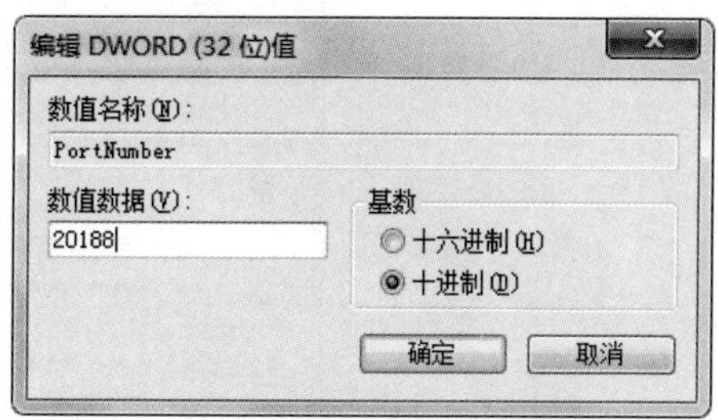

图 4-33 修改键值数据

（3）防火墙设置

Windows 系统防火墙是依据特定的规则，允许或限制外网访问计算机系统或控制计算机系统访问外网的一种安全策略措施。允许高级用户进行复杂配置方便系统安全灵活管理。通过防火墙新建入站规则，允许远程计算机访问本机的规则，而通过新建出站规则，设定本机访问其他计算机的规则。下面是配置 Win 7 防火墙入站、出站规则步骤。

1）按〈Win + R〉组合键调出 CMD 命令行窗口，然后输入 control 命令，按〈Enter〉键或单击“确定”按钮，调出“控制面板”窗口，如图 4-34 所示。

2）单击“Windows 防火墙”选项，打开“Windows 防火墙”窗口，单击“打开或关闭 Windows 防火墙”选项，在弹出的窗口中选中“启用 Windows 防火墙”单选按钮，单击“确定”按钮，如图 4-35 所示。

3）单击 Windows 防火墙主窗口左边“高级设置”选项，打开“高级安全 Windows 防火墙”窗口，右击“入站规则”选项，在弹出的快捷菜单中选择“新建规则”命令，如图 4-36 所示。

图 4-34　调出“控制面板”窗口

图 4-35　设置网络位置防火墙

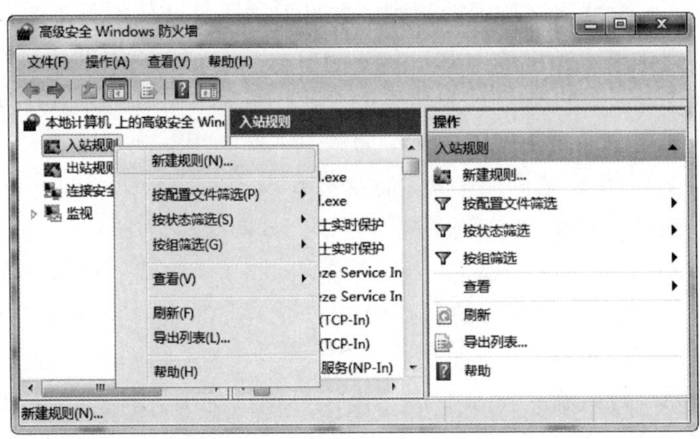

图 4-36　打开“高级安全 Windows 防火墙”窗口

4）在弹出的“新建入站规则向导”对话框中选中“端口”单选按钮，单击“下一步”按钮，如图 4-37 所示。

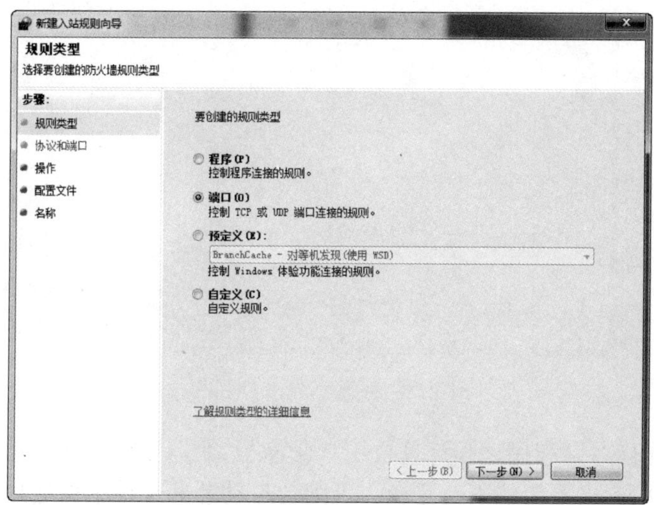

图 4-37 创建规则类型

5）在打开的界面中选中 TCP 单选按钮，并在“特定本地端口”文本框中输入此前设定的端口号 20188，单击“下一步”按钮，如图 4-38 所示。

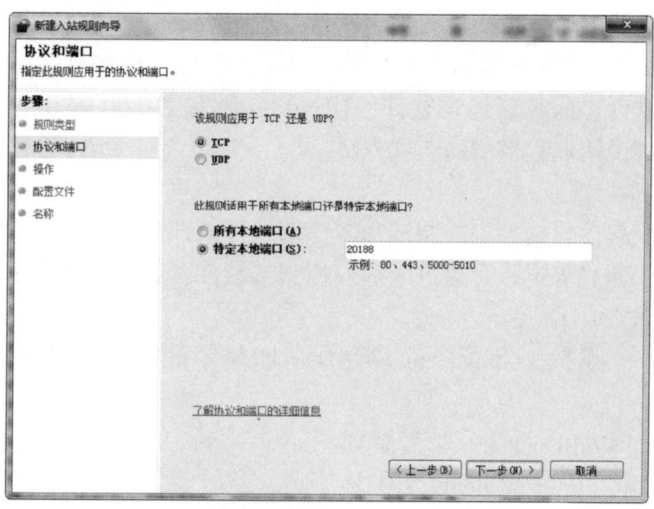

图 4-38 指定协议和端口

6）继续单击两次“下一步”按钮，然后在“名称”界面的“名称”文本框中输入“远程桌面”，单击“完成”按钮，完成入站规则设置，如图 4-39 所示。

7）同理，在“高级安全 Windows 防火墙”窗口（见图 4-36）中右击“出站规则”选项，在弹出的快捷菜单中选择“新建规则”命令，参照 3 ~ 6 步骤也可创建出站规则。

（4）远程桌面连接注意点

1）需要提前将登录用户设置密码，否则不能正常使用。

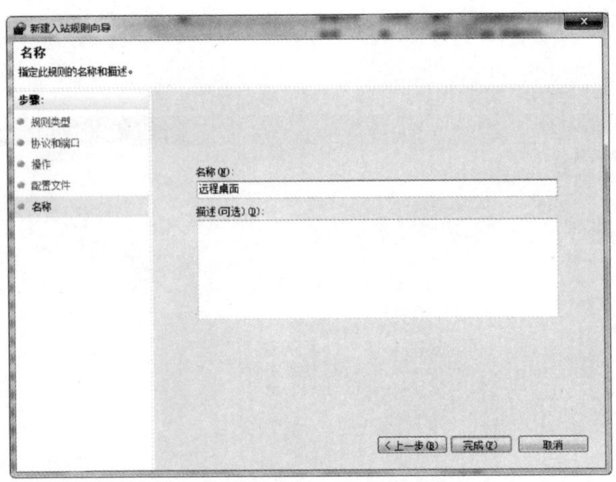

图 4-39　创建入站规则名称

2）远程桌面连接时是利用远程计算机用户信息登录，因此，利用远程桌面登录远程计算机时，该计算机用户将不能在本地登录，否则会自动断开远程桌面连接。

3）如果远程桌面连接不上，关闭防火墙，查看远程桌面服务是否开启。

4.3.2 远程控制操作

远程控制是在网络上通过一台主控端计算机（Remote，客户端）远距离控制另一台被控端（Host，服务器端）的技术。远程控制软件一般分为客户端程序（Client）和服务器端程序（Server）两部分。将服务器端程序安装在被控计算机，将客户端程序安装到主控计算机上。常用的远程软件：向日葵远程软件、TeamViewer 和 XT800 等。下面以向日葵远程控制软件安装配置为例说明远程控制的实现方法。

1. 向日葵远程控制软件

向日葵远程控制软件包括远程控制端和客户端软件两部分程序，分别安装部署在主控端和被控端计算机上，通过绑定账号后进入远程控制端软件，管理已经绑定的远程服务器。

（1）安装配置准备工作

1）登录 https：//sunlogin. oray. com/网站注册账号，订购并下载好远程控制软件到硬盘，如图 4-40 所示。

2）将文件 SunloginRemote3. 6. 2 复制到主控端（客户端），将 SunloginClient9. 8. 3 复制到被控端（服务器端）。

（2）被控端软件安装配置

1）双击 SunloginClient9. 8. 3 安装程序图标，会弹出安装窗口，单击“立即安装”按钮，如图 4-41 所示。

2）在弹出窗口中单击“同意用户协议并安装”按钮，然后等待安装完成，安装完成界面如图 4-42 所示。

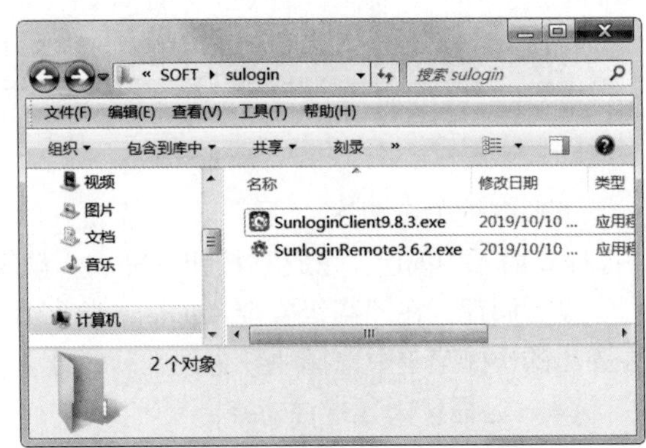

图 4-40　准备安装程序

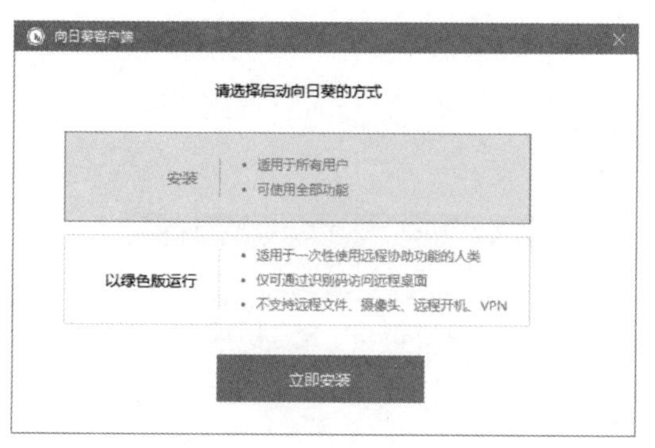

图 4-41 安装程序主界面

图 4-42 安装完成界面

3）单击“绑定账号”按钮，弹出“绑定账号”界面，在文本框中输入订购向日葵的注册码和密码，然后单击“绑定”按钮，如图 4-43 所示。

4）绑定成功，会在窗口左下状态栏中显示“连接服务器成功”，如图 4-44 所示。

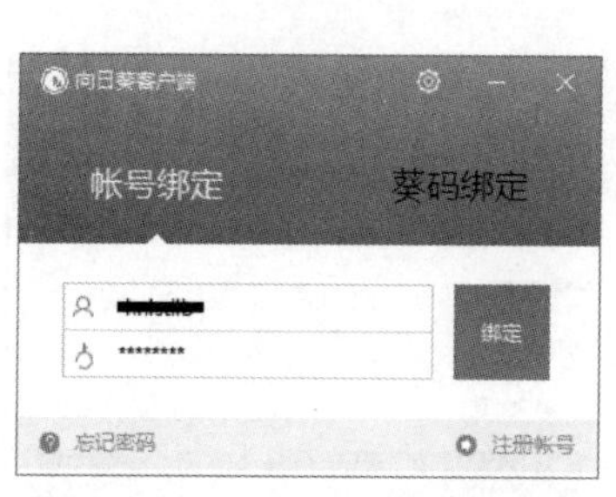

图 4-43 绑定账号界面

图 4-44 绑定成功信息界面

5）单击窗口上方齿轮状“设置”工具图标，可以设置远程连接独立访问密码，也可以设定开机时是否自动启动向日葵客户端等，如图 4-45 所示。

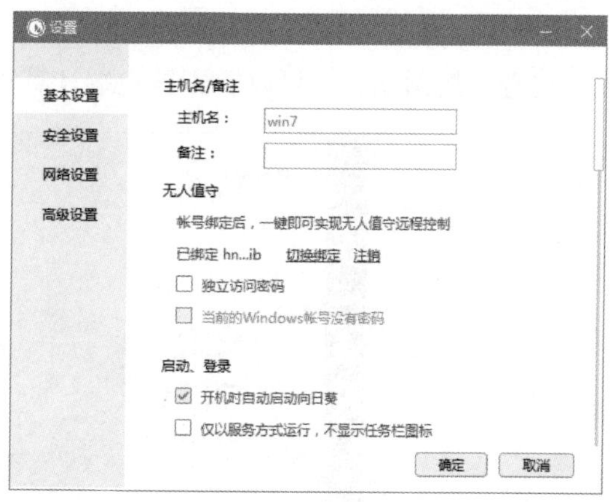

图 4-45 客户端相关设置

6）此外，可通过单击图 4-44 主窗口的“远程协助”选项，在弹出后窗口中记下本机九位识别码。①单击窗口中“验证码”链接，获取四位“验证码”，如图 4-46 所示。②可单击验证码右边的修改图标，弹出“验证码”窗口，填入识别码，如 8888，单击“保存”按钮，如图 4-47 所示。此组识别码和验证码可作为其他客户端远程连接本控制端的凭据。

注意：利用客户端提供的识别码与验证码方便临时建立远程桌面连接，不能互相传递文件；利用控制端软件绑定常用的被控端主要是便于服务器日常集成管理，方便文件传递。

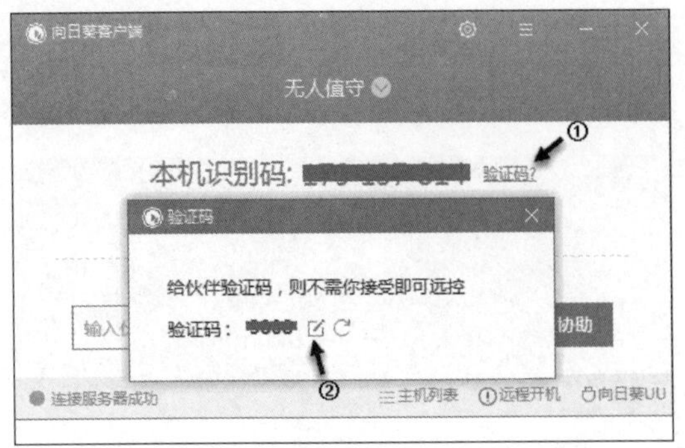

图 4-46　查看本机识别码和验证码

图 4-47　修改本机验证码

（3）主控端软件安装配置

1）将 SunloginRemote3. 6. 2 安装程序复制到主控端计算机上，然后双击该安装程序图标，会打开图 4-48 所示窗口。

2）单击“同意用户协议并安装”按钮，安装完毕，运行远控端程序，输入已经注册好的账号名和密码，单击“登录”按钮，如图 4-49 所示。

图 4-48　安装远程控程序主界面

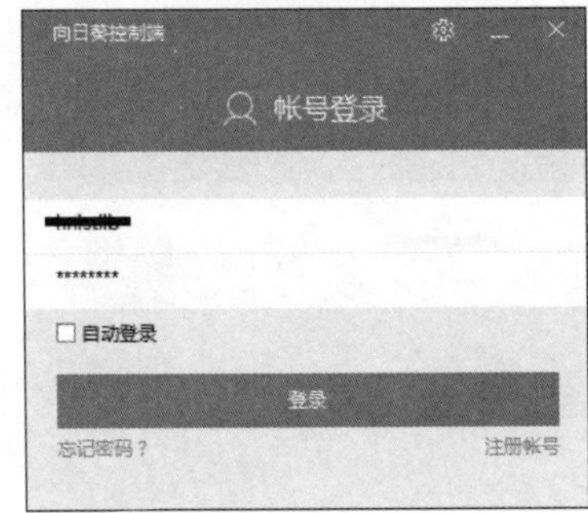

图 4-49　登录远控端界面

3）登录控制端后，可以看到被控端计算机列表，如图 4-50 所示。

图 4-50　进入远控管理端主界面

4）单击主机列表中第一台被控主机图标，在右侧会有相应的功能模块。可以单击右上角“主机属性”按钮，查看该被控主机的相关参数，设置被控主机名及备注，可以完成重启或关机操作。单击“桌面控制”图标可以实现对被控主机的远程桌面登录；单击“远程文件”图标，可以实现本机与被控主机之间文件传递，如图 4-51 所示。

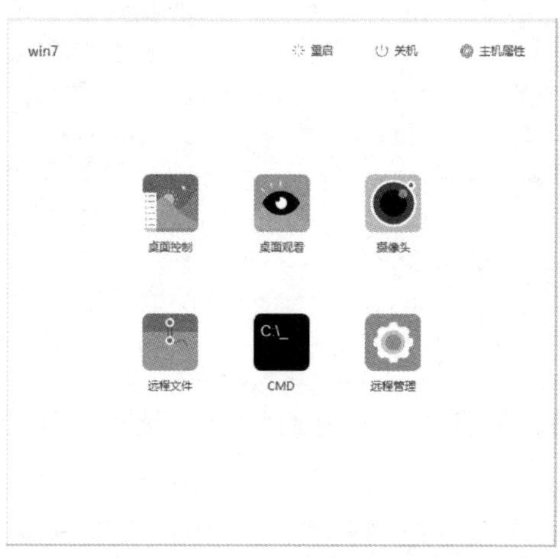

图 4-51　打开远控常用功能菜单

4.3.3 打印机共享设定

基于节省资源，办公场合可能经常需要共享打印机。熟悉打印机共享设置，也是系统管理员的必备技能。

打印机共享设置包括共享端和被共享端计算机两部分设置。

（1）打印机共享的基本条件

提供共享的主机需要正确安装好打印机，满足本机打印要求，并对要求共享打印机服务的客户机开放打印机网络共享功能，而且客户机利用共享打印机时主机需要处于开机状态。

1）提供共享的主机需要开放文件和打印机共享。打开“本地连接状态”窗口，单击“属性”按钮，在弹出的对话框中勾选“Microsoft 网络的文件和打印机共享”复选框，如图 4-52 所示。

2）启用网络发现和启用文件和打印机共享。启用网络发现能保证找到提供共享打印的网络主机，确保分别选中“启用网络发现”“启用文件和打印机共享”单选按钮，如图 4-53 所示。

3）提前获取共享主机的管理员账号和密码，确保有足够登录权限。或者在提供打印共享的主机中开放 Guest 账号，并在组策略中依次展开“计算机配置→Windows 设置→安全设置→本地策略→用户权利指派”选项，删除“拒绝从网络访问这台计算机”选项中的 Guest 账号。

（2）设置主机打印机共享

主机要提供打印机共享服务，首先需要在主机上安装测试好打印机，并开启准备要被共享的打印机电源处于待连接共享状态。在此前提下，可以对主机打印机进行以下共享操作。

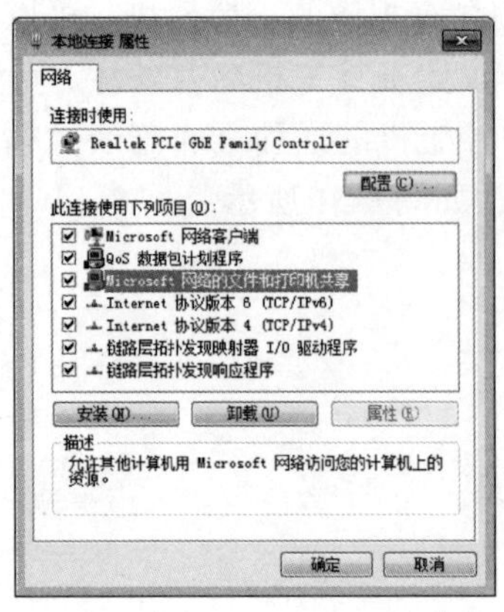

图 4-52　打开“本地连接属性”窗口

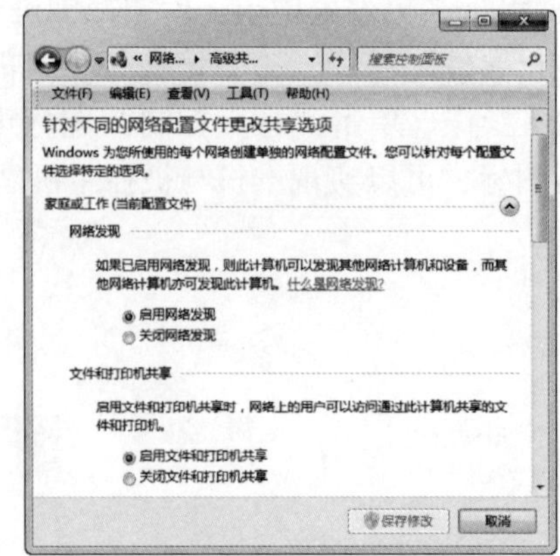

图 4-53　启用网络发现和打印机共享

1）单击“开始”按钮，选择“设备和打印机”选项，弹出“设备和打印机”窗口，如图 4-54 所示。

图 4-54　打开“设备和打印机”窗口

2）右击要共享的打印机图标，在弹出的快捷菜单中选择“属性”命令，如图 4-55 所示。

图 4-55　选择“属性”命令

3）在打开的对话框中切换至“共享”选项卡，勾选“共享这台打印机”复选框，并在后面文本框填入拟定的共享名 HP，单击“确定”按钮，如图 4-56 所示。

4）单击共享打印机图标，窗口状态栏箭头指向处有两个人形图标，证明共享打印机设置成功，如图 4-57 所示。

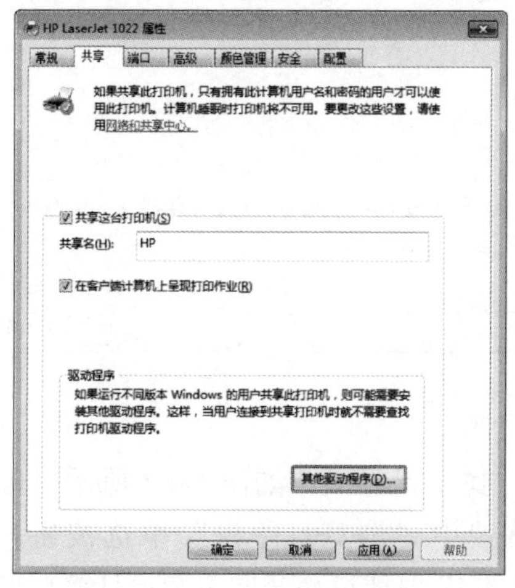

图 4-56　设置共享打印机名

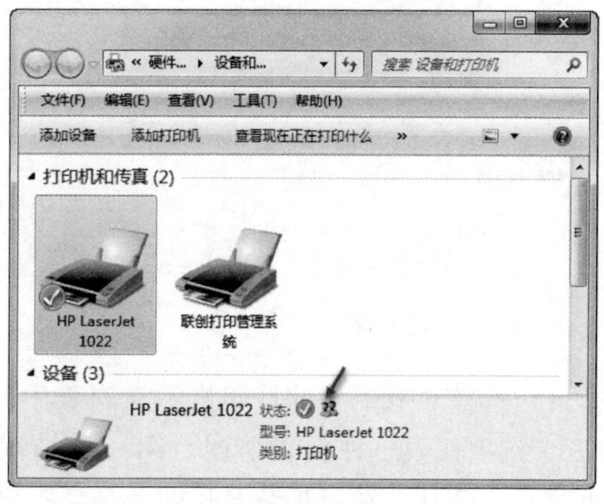

图 4-57　打开设备和打印机窗口

（3）客户端打印机安装

如果客户端系统与主机系统不同，可以提前下载与客户端系统相应的打印机驱动程序，以备安装打印机使用。

1）单击“开始”按钮，选择“设备和打印机”选项，在弹出的窗口中单击上方“添加打印机”链接，如图 4-58 所示。

2）在弹出的对话框中选中“添加网络、无线或 Bluetooth 打印机（W）”选项，如图 4-59 所示。

图 4-58　打开“设备和打印机”窗口

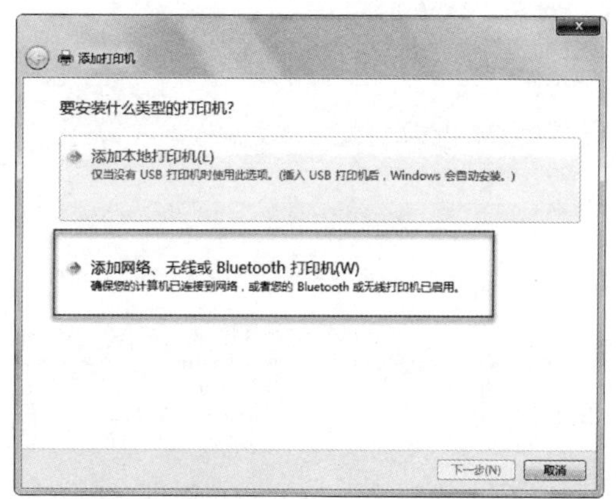

图 4-59　打开“添加打印机”对话框

3）接下来，系统会自动搜索网络打印机，如果搜索到用于共享的打印机，选择搜索到的共享打印机“Xjq 上的 hp”选项，继续单击“下一步”按钮，会自动搜索驱动程序，然后在弹出的对话框中单击“安装驱动程序”按钮，如图 4-60 所示。正常情况下系统会自动完成安装打印机，然后跳到步骤7。如果没有搜索到用于共享的打印机，则显示如图4-61所示界面。

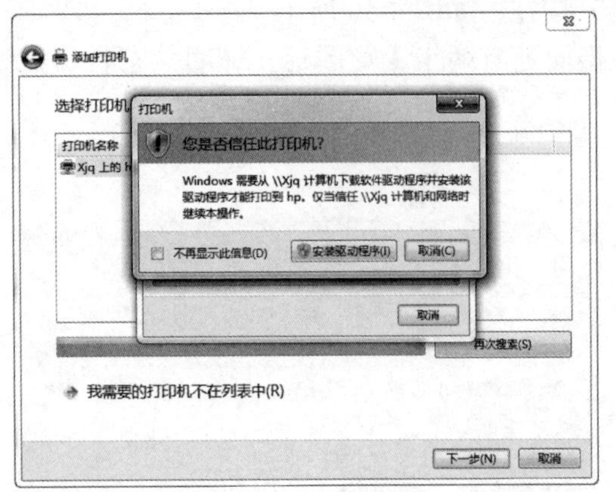

图4-60　提示对话框

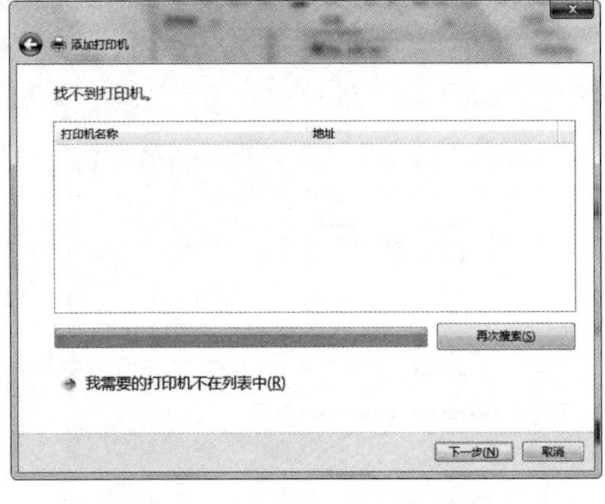

图4-61　显示未搜索到打印机

4）选择“我需要的打印机不在列表中”选项，弹出新界面，如图4-62所示。此界面有三个选项代表三种设置情况。第一种情况是默认选中“浏览打印机”单选按钮，单击“下一步”按钮。第二种情况是如果共享主机计算机的IP地址自动获取，知道计算机名和共享打印名称，也可选中“按名称选择共享打印机”单选按钮，直接输入\\主机名\打印机共享名，单击“下一步”按钮。第三种情况是如果主机是固定IP地址，亦可选中“使用TCP/IP地址或主机名添加打印机”单选按钮，直接输入\\主机IP\打印机共享名，单击“下一步”按钮。

5）通过浏览打印机，选择被共享的主机XJQ图标，然后单击“选择”按钮，如图4-63所示。

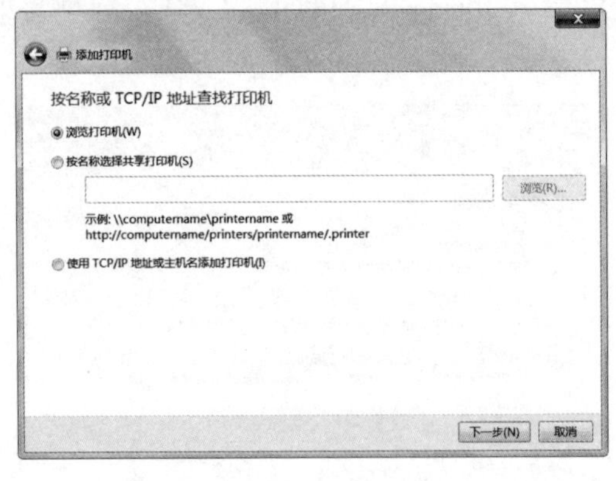

图4-62　按名称或TCP/IP地址查找打印机界面

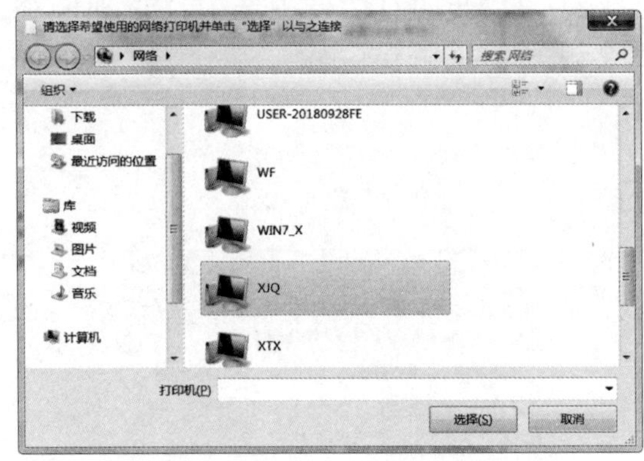

图4-63　主机选择界面

6）继续选择该主机下的共享打印机名为hp图标，单击“选择”按钮，如图4-64所示。

7）如果主机系统与客户机系统版本相同，一般会自动安装好打印机软件，否则需要用此前下载好的打印机软件手动安装打印机，安装完毕后，如图4-65所示。

8）继续单击“下一步”按钮，弹出新界面，单击“打印测试页”按钮，测试是否真正安装成功，最后单击“完成”按钮，退出安装界面，如图4-66所示。

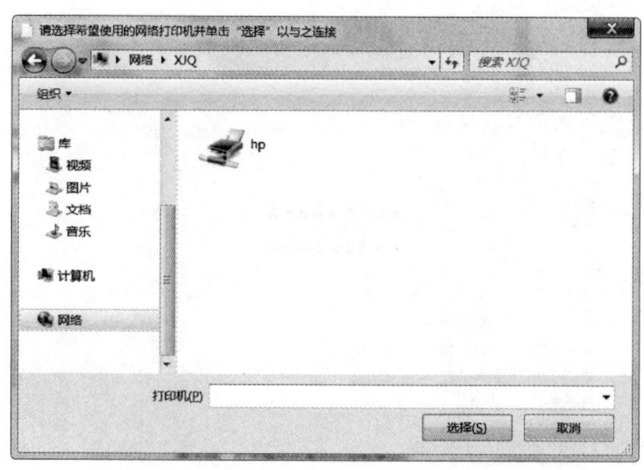

图 4-64　提供共享的打印机

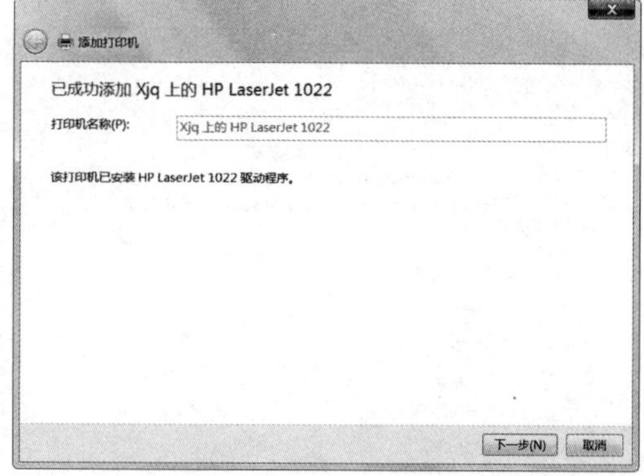

图 4-65　成功安装打印机驱动

9）安装成功后，设备和打印机窗口会多出一项已经共享的打印机，如图 4-67 所示。

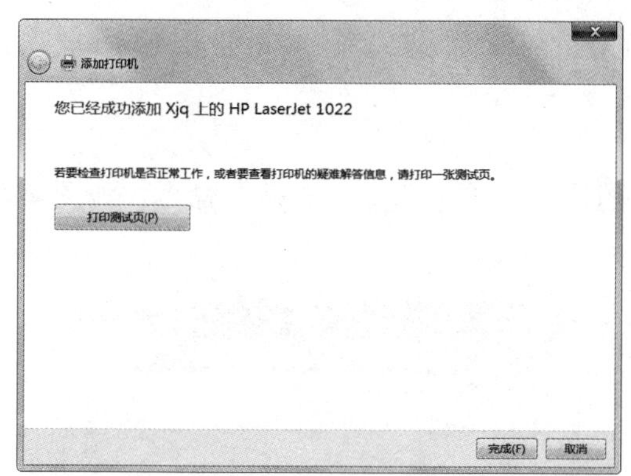

图 4-66　打印测试页界面

图 4-67　显示共享的打印机

4.3.4　目录共享方法

创建临时用户 share，密码为 999999999，共享主机 WINDOWS2018X 下 "F:\资料" 文件夹，并由 share 唯一享有对该目录的完全共享权限。

（1）创建共享临时用户

1）右击桌面"计算机"图标，在弹出的快捷菜单中选择"管理"命令，弹出"计算机管理"窗口，如图 4-68 所示。

2）双击左侧"本地用户和组"选项，右击"用户"选项，在弹出的快捷菜单中选择"新用户"命令，如图 4-69 所示。

3）在弹出的"新用户"对话框中，输入用户名和密码信息为 share 和 999999999，单击"创建"按钮，再单击"关闭"按钮，如图 4-70 所示。

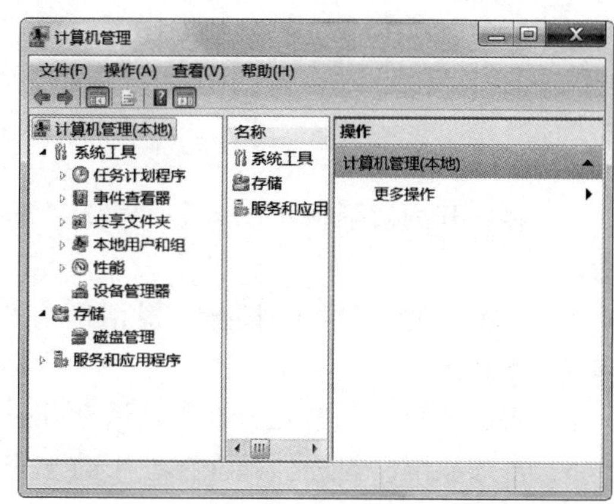

图 4-68　打开"计算机管理"窗口

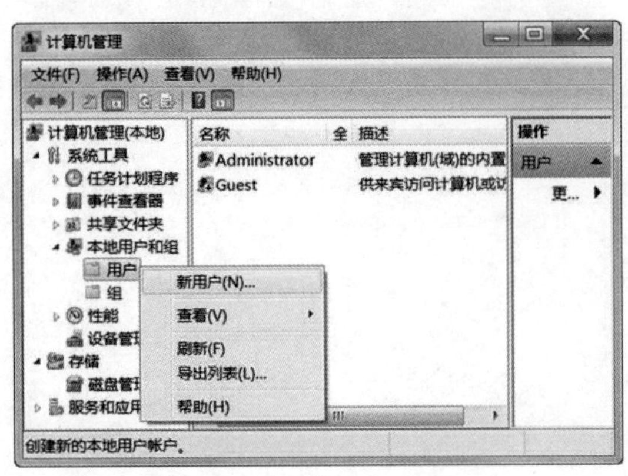

图 4-69　展开“本地用户和组”选项

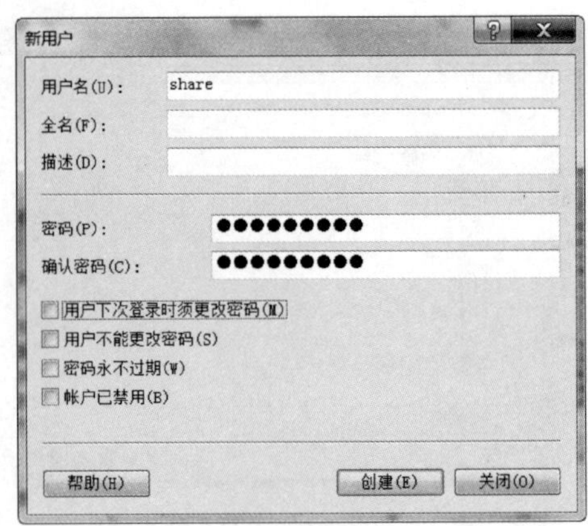

图 4-70　打开新建用户窗口

4）查看“计算机管理”窗口用户详细信息，可以看到成功添加的 share 用户，如图 4-71 所示。

（2）设置目录共享

1）打开 F 盘，右击“资料”目录，在弹出的快捷菜单中选择“属性”命令，如图 4-72 所示。

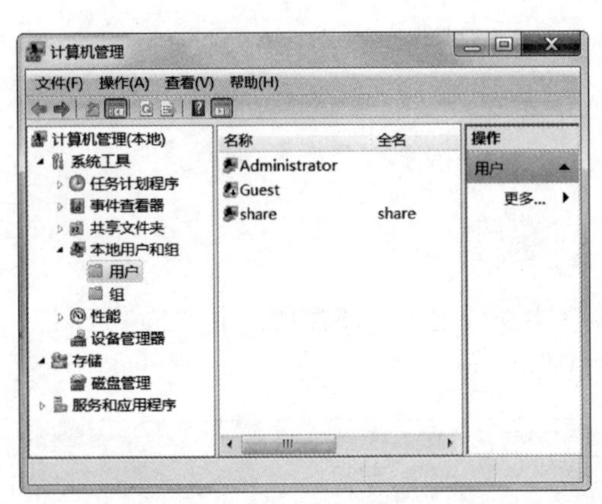

图 4-71　查看添加的用户信息

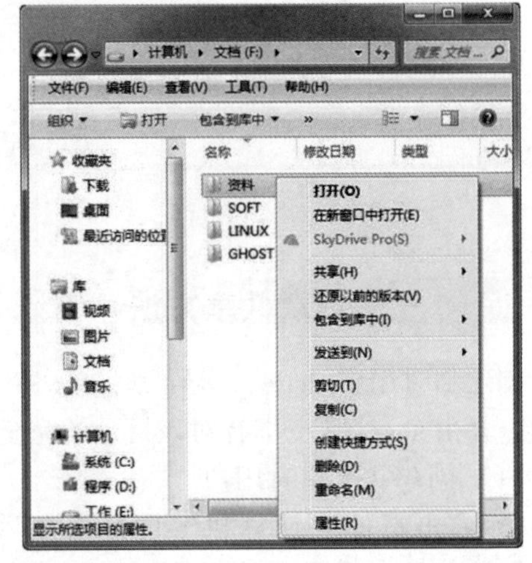

图 4-72　打开准备共享的目录

2）在打开的对话框中切换至“共享”选项卡，再单击“高级共享”按钮，如图 4-73 所示。

3）在弹出的“资料的权限”对话框中查看到用户名栏只有 Everyone 一个用户名，如图 4-74 所示。

4）单击“添加”按钮，将新建用户 share 添加至共享用户名中，如图 4-75 所示。

5）添加权限，勾选“允许”栏下的“完全控制”复选框，并删除 Everyone 用户，单击“确定”按钮，如图 4-76 所示。

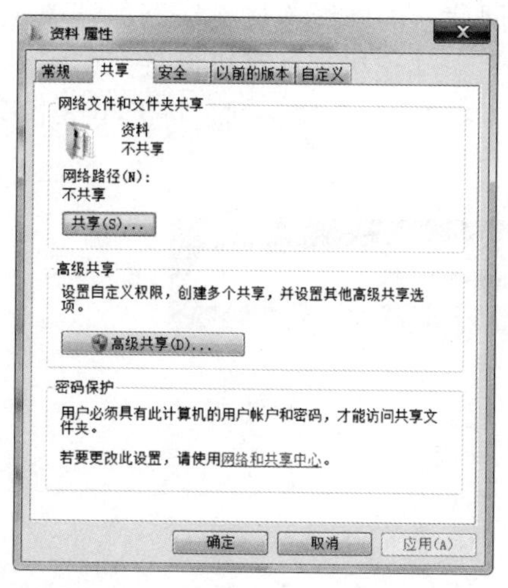

图 4-73 打开“资料属性”窗口

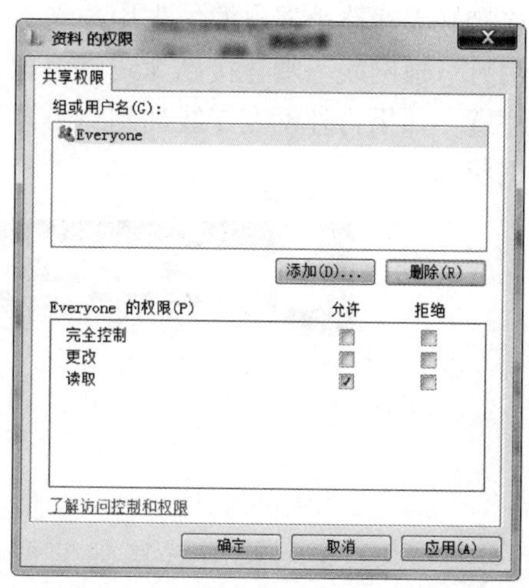

图 4-74 打开“资料的权限”窗口

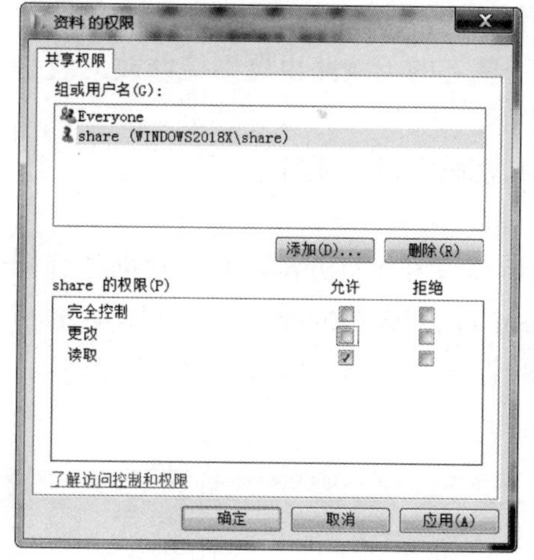

图 4-75 查看添加的用户

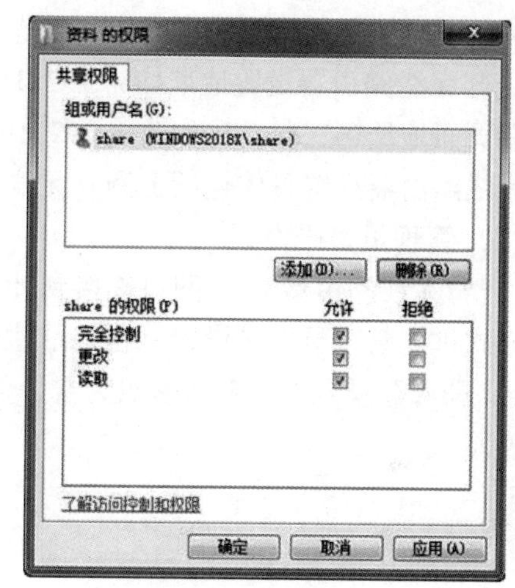

图 4-76 设置共享权限

4.4 无线路由器

随着智能手机、PDA 和笔记本等获取无线信号的电子设备的不断普及，无线路由器解决了相关设备难以利用有线网络信号的问题，在家庭娱乐或办公网络环境，无线路由器已经广泛使用。

4.4.1 无线路由器连接方法

无线路由器接线面板有天线、电源孔（Power）、复位孔（Reset）、外网口（WAN）和内网口（LAN）。复位孔是用来恢复路由器默认参数和清除密码使用，用探针连续按复位孔 30 秒以上即可清除路由器包括密码在内的用户设定的参数。WAN 口是用来连接有外网信号的网线。LAN 口是用来连接内部终端设备。面板底部一般贴有品牌标识，上面有品牌、参数和路由器设置方式等信息。

连接好无线路由器电源，先用准备好一根有外网信号的网线连接无线路由器 WAN 口，然后用另一根网线一端连接到无线路由器 LAN 口，另一端连接到计算机设备，如图 4-77 所示。注意：如果将外网宽带线插到路由器 LAN 口上，把 WAN 空置，则是将无线路由器做为交换机使用。

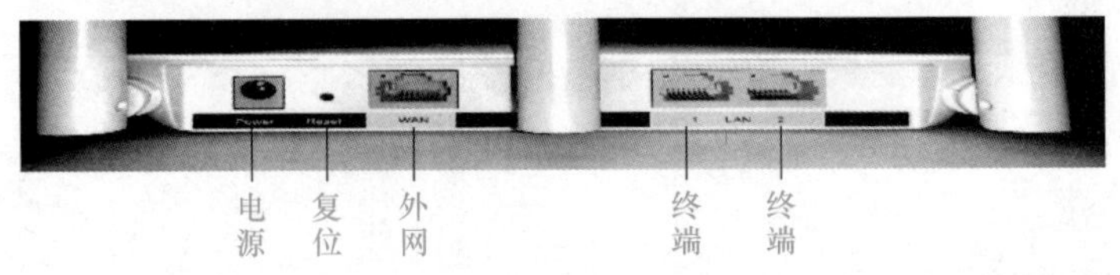

图 4-77　无线路由器接线示意图

4.4.2　无线路由器基础配置技巧

无线路由器设置页面的地址在无线路由器背面或说明书中（如 tplogin. cn 或者 192. 168. 1. 1）。但如果连接在光猫（光调制解调器，亦称单端口光端机）上，光猫占用的 IP 地址与无线路由器设置地址均为 192. 168. 1. 1，一些老的无线路由器则应修改无线路由器管理端页面地址第三段，比如改成 192. 168. 3. 1 即可。

无线路由器配置具体包括上网、无线、DHCP 和密码等设置项目。

（1）管理员密码设置

1）将无线路由器 LAN 网口连接到计算机终端网口，开机打开浏览器，根据品牌标识提供的方式进入管理员登录设置，在地址栏输入 tplogin. cn，按〈Enter〉键，如图 4-78 所示。

2）进入登录界面，默认密码为空，创建自己的管理员密码，单击“确定”按钮，如图 4-79 所示。

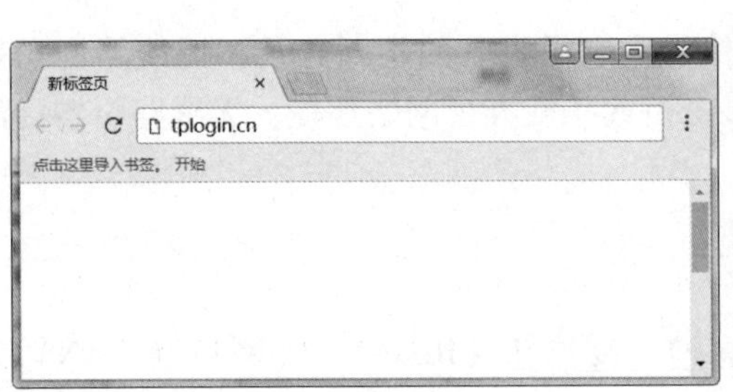

图 4-78　打开浏览器窗口

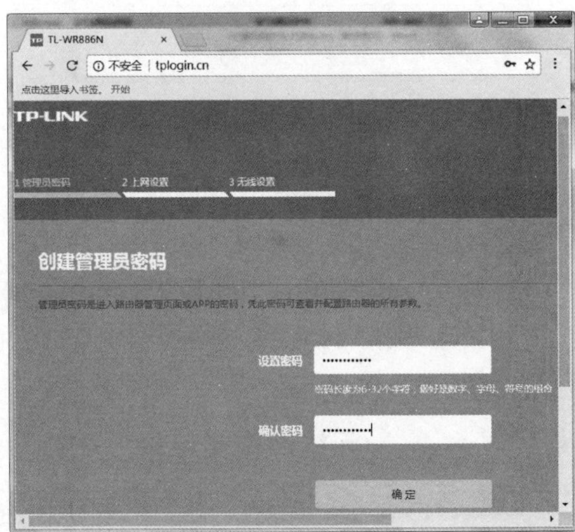

图 4-79　创建管理密码界面

3）关闭浏览器，重新打开浏览器，进入设置界面，用新密码登录验证是否设置成功，如图 4-80 所示。

（2）上网方式与密码设置

1）进入上网设置界面，通过文本框后面的下拉列表将上网方式设置为“自动获取 IP 地址”，然后单击“下一步”按钮，如图 4-81 所示。

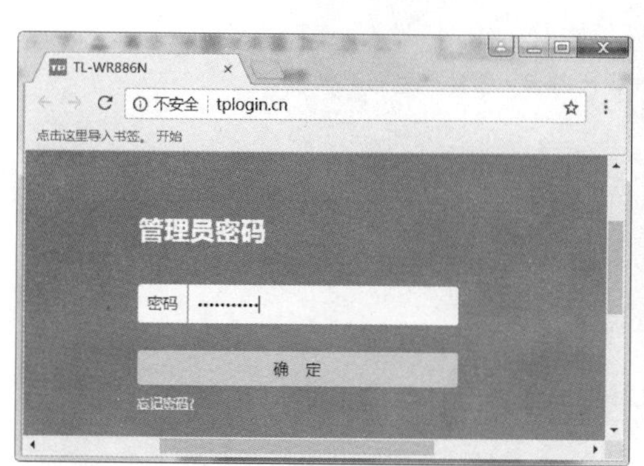

图 4-80 登录管理员密码

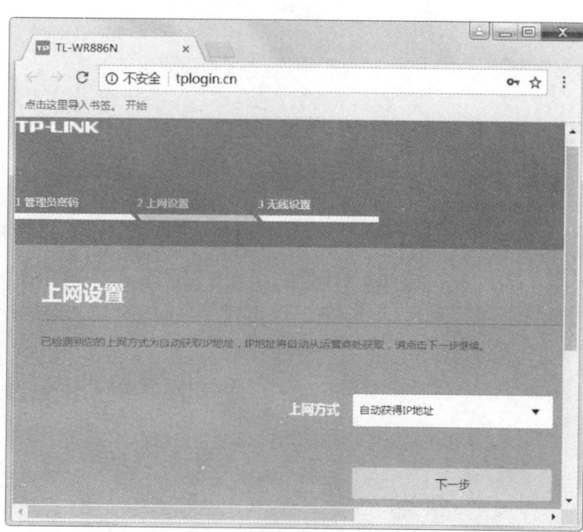

图 4-81 打开上网设置界面

2）设置无线名称和无线密码，然后单击“确定”按钮，完成基本上网设置，如图 4-82 所示。

（3）访客功能设置

为方便临时来访人员使用 WIFI 功能，可开启无线路由器“访客网络”功能。操作方法为：拖动“访客网络”右边圆点至“开启”状态，可以设置密码，最后单击“保存”按钮，完成访客网络设置，来访人员可以使用 WIFI 功能。来访人员离开后再行登录管理界面关闭即可。

1）利用管理员身份重新登录设置界面以后，进入“网络状态”窗口，显示效果如图 4-83 所示。

图 4-82 设置无线路由器名称和密码

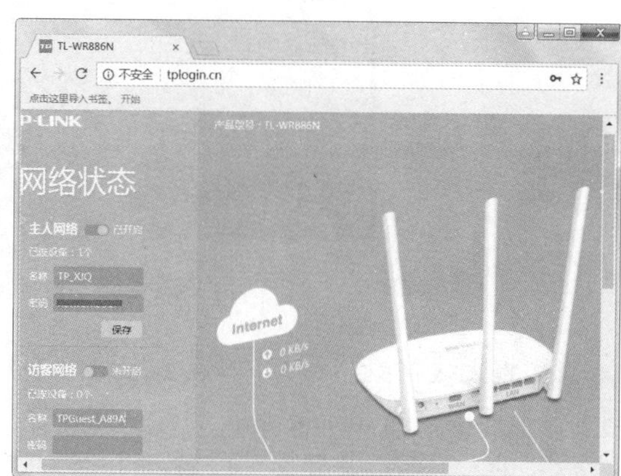

图 4-83 打开网络状态窗口

2）将“访客网络”右边圆形按钮往右边拉开启访客网络，并且修改名称为 TPGuest_XJQ，密码为空即可，如图 4-84 所示。

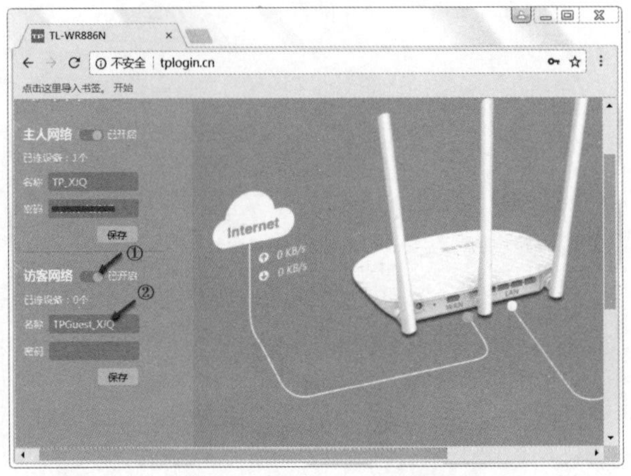

图 4-84　设置访客网络界面

4.4.3 无线桥接功能设置

无线桥接可以避免布线困扰，通过无线方式将处于不同区域的无线路由器连接起来，达到无线信号区域扩大和增强的效果，适合于家里有墙壁阻隔无线路由器信号。设置时注意从路由器需要与中心无线路由器信道相同，而且从路由器要关闭 DHCP 功能，防止主从路由器 IP 地址冲突。从路由器 WAN 经由主路由器 LAN 口获取地址，主从路由器无线密码设为一致。

1）将设置好的主路由器 DHCP 保持处于开启状态，如图 4-85 所示。

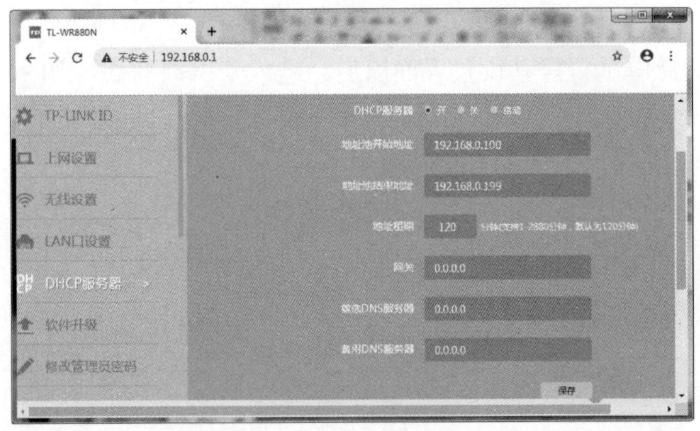

图 4-85　打开 DHCP 状态界面

2）将无线路由器 WAN 口连上主路由器 LAN，将从路由器 LAN 口连接到计算机上，在浏览器地址栏输入 tplogin. cn，打开从路由器登录管理界面，如图 4-86 所示。

3）进入上网设置界面，设置“上网方式”为“自动获得 IP 地址”，然后单击“下一步”按钮，如图 4-87 所示。

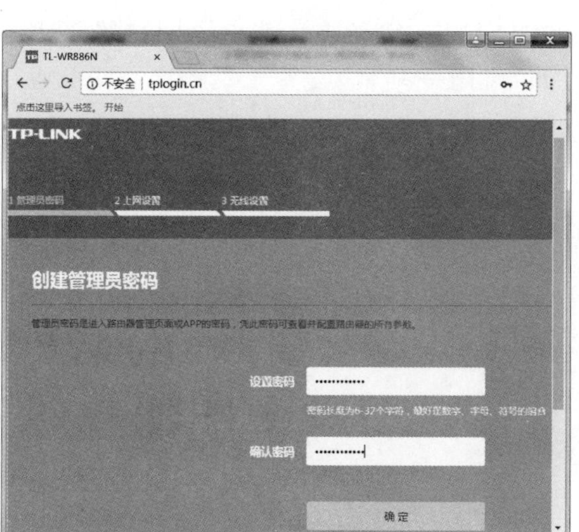

图 4-86　从路由器创建管理密码界面

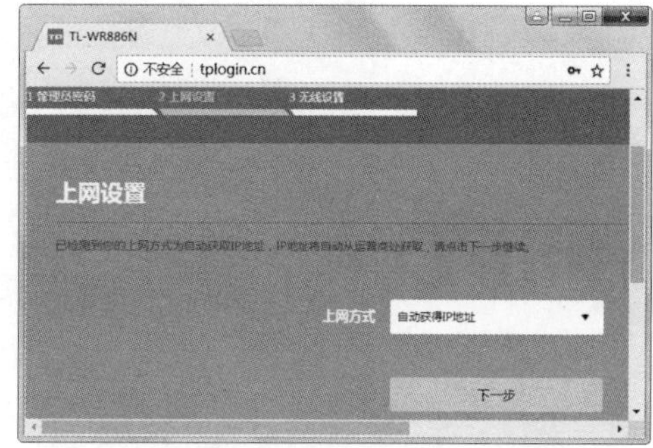

图 4-87　打开上网设置界面

4）设置无线名称和无线密码，然后单击“确定”按钮，完成基本的上网设置，如图 4-88 所示。

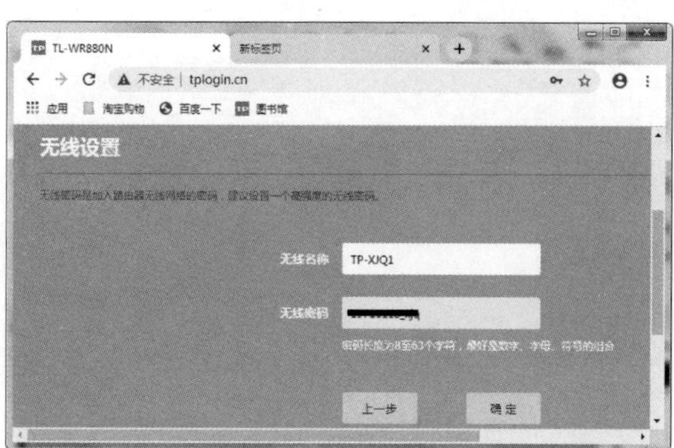

图 4-88　设置无线名称和密码窗口

5）切换点“路由设置”界面，关掉 DHCP 服务器，单击“保存”按钮，如图 4-89 所示。

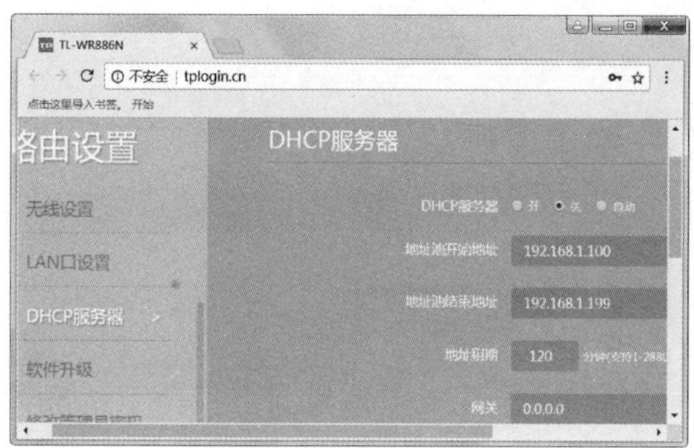

图 4-89　进路由设置界面

6）单击窗口下方“应用管理”选项，拖动窗口右边的滚动条找到“无线桥接”选项，单击“进入”按钮，然后单击“开始设置”按钮，如图4-90所示。

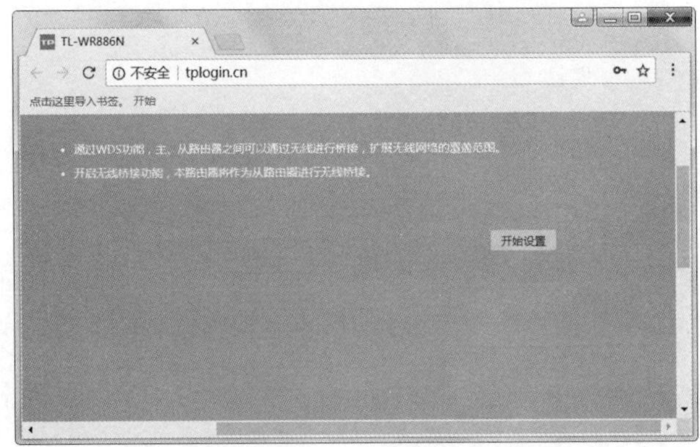

图4-90 打开无线桥接设置界面

7）在路由器信号列表中单击“刷新”按钮，找到名称为TP-XJQ主路由器，如图4-91所示。

图4-91 路由器信号列表

8）选中主路由器TP-XJQ单选按钮，然后按要求输入主路由器密码，如图4-92所示。

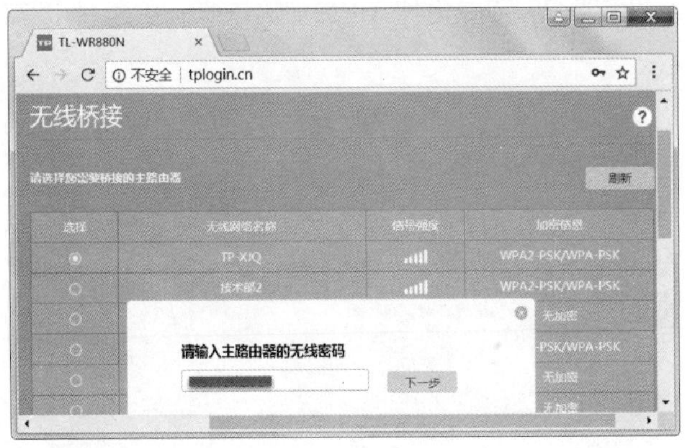

图4-92 设置主路由器密码

9）单击“下一步”按钮，从路由器会自动从主路由器 LAN 口获取 IP 地址，如图4-93 所示。

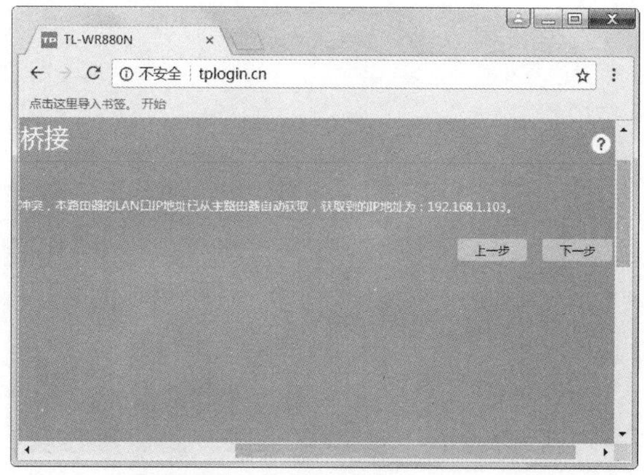

图 4-93　从路由器显示获取到的 IP 地址

10）设置从路由器桥接到主路由器的名称和密码与主路由器相同，如图 4-94 所示。

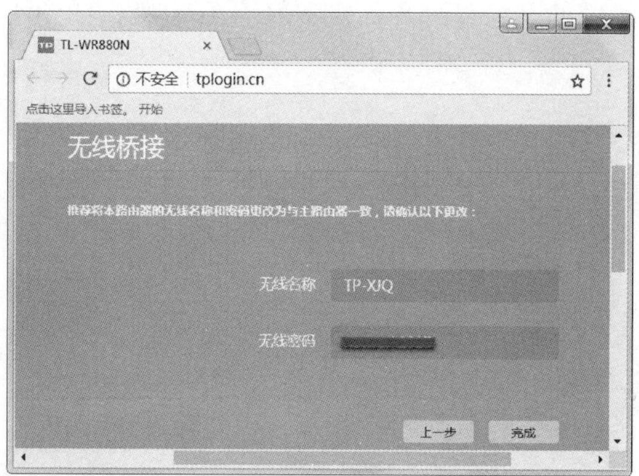

图 4-94　输入从路由器无线桥接的名称和密码

11）单击“完成”按钮，会提示“正在保存设置，请稍候”，保存完成后，会自动弹出从路由器登录界面，输入管理员密码后，单击“确定”按钮，如图 4-95 所示。

图 4-95　从路由器登录界面

12）无线桥接成功后，窗口会提示“无线桥接成功”，如图 4-96 所示。

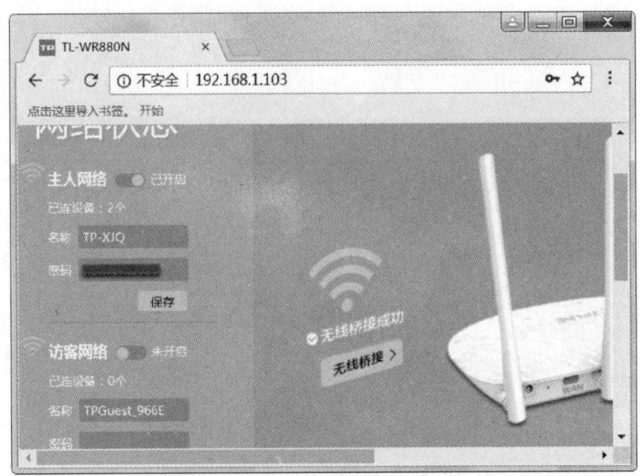

图 4-96　无线桥接成功界面

13）重新用 tplogin 打开路由器管理页面，会显示主从路由器简要信息，而且可以直接单击不同的路由器进入相应的登录管理界面设置和查看信息，如图 4-97 所示。

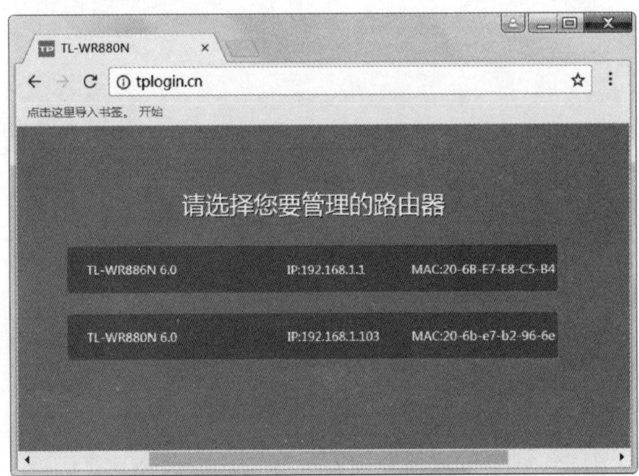

图 4-97　主从路由器集成管理主界面

注意，因从路由器是经由主路由器 LAN 口获取地址，经过一段时间 IP 地址会有变动。

4.5 网络诊断

网络故障包括软件故障和硬件故障两部分。通过网络诊断技术查找故障原因是解决网络故障的前提条件。

4.5.1 常用网络诊断命令详解

常用网络命令是系统管理员诊断网络故障的基本手段，熟练使用操作命令有利于快速找到故障并采取正确的方法排除故障。

1. ipconfig

ipconfig 用于显示所有当前 TCP/IP 网络配置值、刷新动态主机配置协议（DHCP）和

DNS 设置。

(1) 用法

```
ipconfig [/all] [/renew [Adapter]] [/release [Adapter]] [/flushdns] [/displaydns] [/registerdns] [/showclassid Adapter] [/setclassid Adapter [ClassID]]
```

(2) 参数说明

- /all：显示所有适配器完整 TCP/IP 配置信息。
- /renew [Adapter]：更新所有适配器 [特定适配器] IP 地址。
- /release [Adapter]：释放所有适配器 [特定适配器] IP 地址。
- /flushdns：清除 DNS 缓存内容。
- /displaydns：显示 DNS 缓存内容。
- /registerdns：初始化计算机上 DHCP 并重新注册 DNS 名称。
- /showclassid Adapter：显示指定适配器的 DHCP 类别 ID。
- /setclassid Adapter [ClassID]：配置特定适配器的 DHCP 类别 ID。

(3) 实例

【例 4-4】 查看 IP 地址、子网掩码及默认网关值，命令：ipconfig。运行结果如图 4-98 所示。

【例 4-5】 查看 IP 地址、物理地址及主机名等信息，命令：ipconfig/all。运行结果如图 4-99 所示。

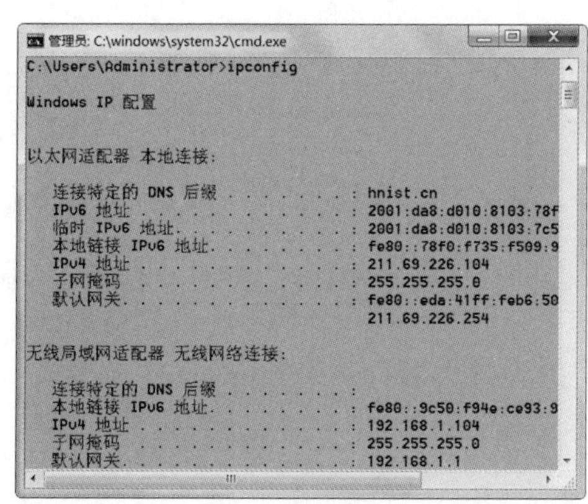

图 4-98 查看 IP 命令

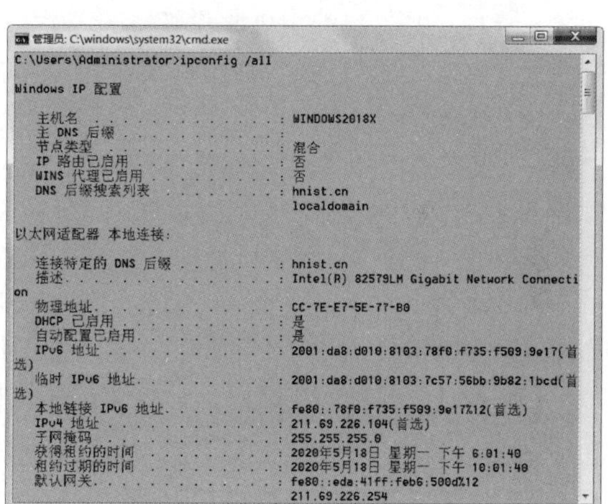

图 4-99 查看 MAC 地址

【例 4-6】 本地 DNS 缓存问题导致打开网页出现问题，清空 DNS 缓存，命令：ipconfig/flushdns。运行结果如图 4-100 所示。

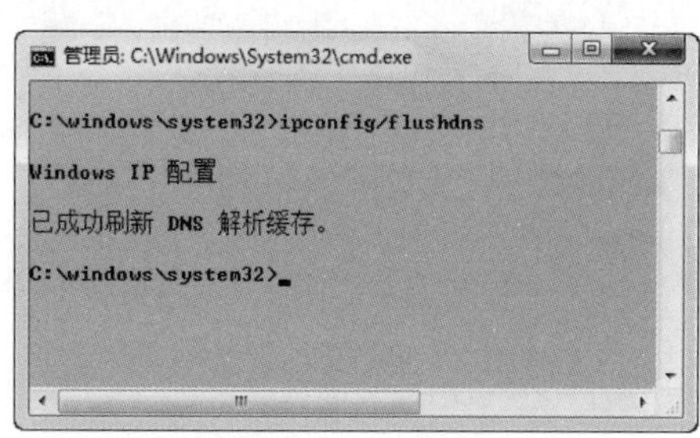

图 4-100 清空 DNS 缓存

2. ping

ping 命令用于检查网络双向连通性，使用该命令时本地主机发出 ICMP 数据包，数据包能到达对端，并能够返回，证明连通性完好。

(1) 用法

```
ping [-t] [-a] [-n Count] [-l Size] [-r Count] TargetName
```

(2) 参数说明

- -t：在中断前持续发送回响请求信息到目的地。〈Ctrl + Break〉组合键中断；〈Ctrl + C〉组合键中断并退出。
- -a：对目的 IP 地址反向解析计算机名称与 NetBIOS 名。
- -n Count：发送回响请求消息次数，默认值为 4。
- -l Size：发送指定“数据”字段长度的回响请求消息到目标主机，默认为 32，最大值 65527。
- -r Count：记录计数跃点的路由。

(3) 实例

【例 4-7】 利用本机环回地址 127.0.0.1 检查网卡和 IP 网络协议是否安装完好，命令：ping 127.0.0.1。显示结果为发送数等于接收数，且丢失率为 0，则证明网卡和 IP 网络协议安装完好。运行结果如图 4-101 所示。

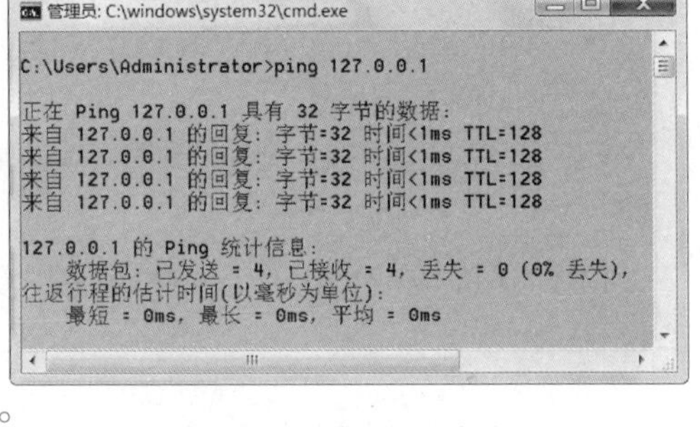

图 4-101 检查网卡协议

此外，可以通过 TTL 值判断主机的操作系统类型。

- TTL = 32：目标主机操作系统为 Windows 98。
- TTL = 128：目标主机操作系统为 Windows NT/2000/XP/10。
- TTL = 64：目标主机操作系统为 Windows 7。
- TTL = 64 或 255：目标主机操作系统为 Linux。
- TTL = 255：目标主机操作系统为 UNIX。

【例 4-8】 拼本地主机 IP 地址，检查网卡正常工作，命令：ping localhost。运行结果如图 4-102 所示。

【例 4-9】 检测网络线路，命令：ping 同网段 IP 地址。运行结果如图 4-103 所示。

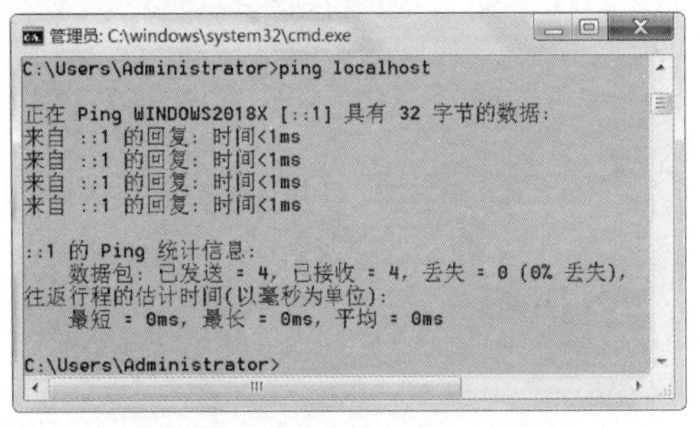

图 4-102 检查网卡工作状态

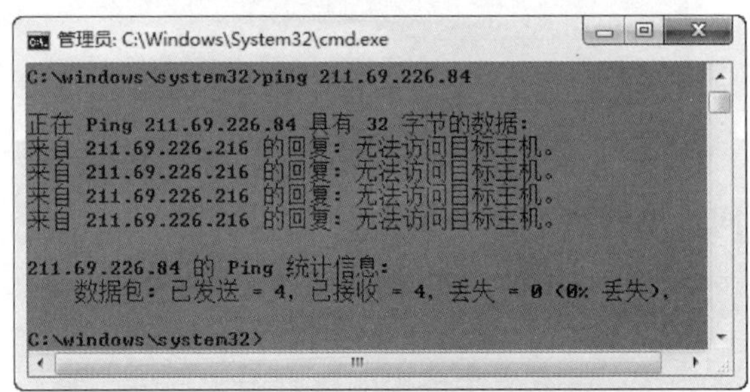

图 4-103 检查网络线路

测试结果分析：证明本机同网段 211.69.226.84 的主机通信存在故障，或者是网络故障，或者主机关闭。

【例 4-10】 检查网关路由器或连路由器网络是否正常运行，命令：ping 本网段网关 IP 地址。运行结果如图 4-104 所示。

测试结果分析：证明本机所在网络的网关运行正常。

【例 4-11】 本机 DNS 设置与 DNS 服务器是否工作正常，命令：ping 通用网址（如 www. baidu. com）。运行结果如图 4-105 所示。

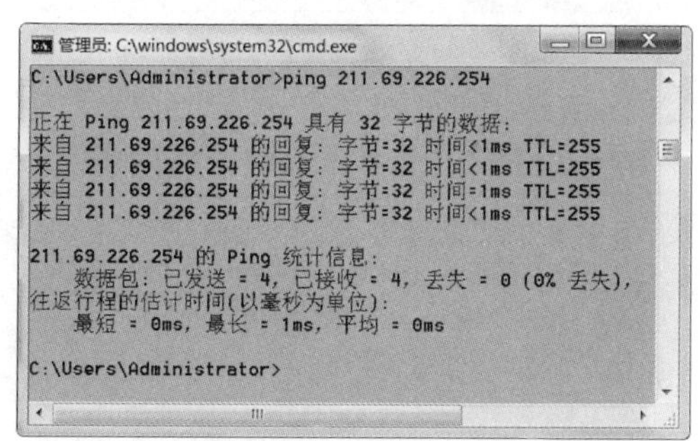

图 4-104 检查网关运行状态

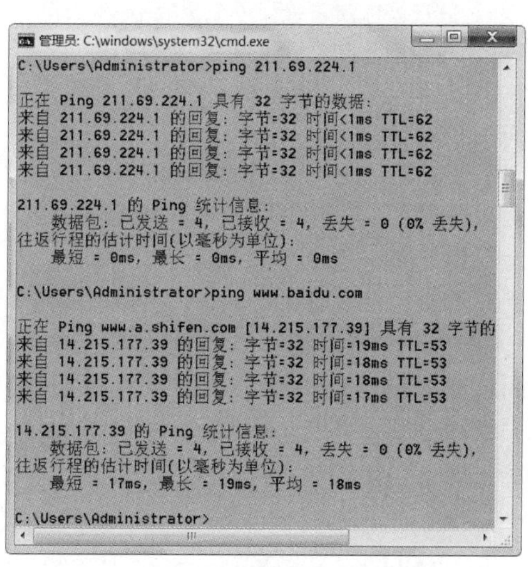

图 4-105 检查 DNS 运行状态

测试结果分析：证明 DNS 运行正常

【例 4-12】 检测 WINS（将计算机名解析到 IP 地址的服务）解析是否存在故障，命令：ping 主机名 -4。运行结果能正常显示 IP 地址，则表示 WINS 正常，如图 4-106 所示。

【例 4-13】 检查路由器是否正常，命令：ping 192. 168. 1. 1。运行结果如图 4-107 所示。

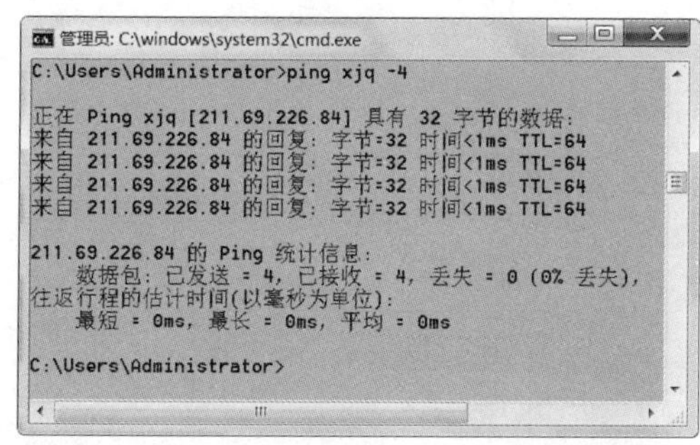

图 4-106 检查 WINS 运行状态

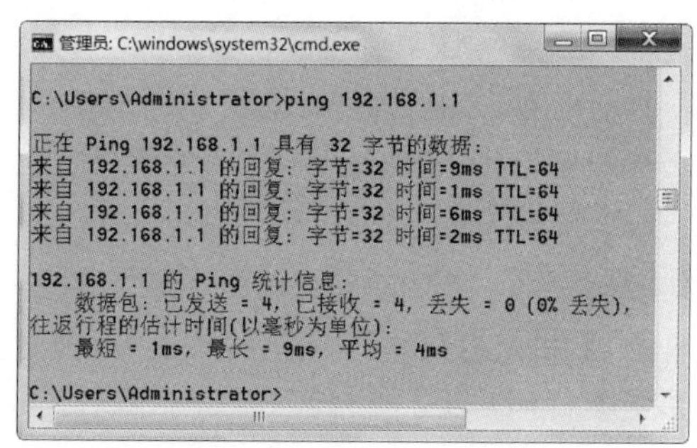

图 4-107 检查路由器运行状态

【例 4-14】 通过 IP 地址反向名称解析出相应主机名，命令：ping -a IP 地址。运行结果如图 4-108 所示。

【例 4-15】 连续不断发送 64 个字节到目标主机地址测试网络稳定性，命令：ping -l 64 -t IP 地址。利用组合键〈Ctrl + C〉结束该命令。运行结果如图 4-109 所示。

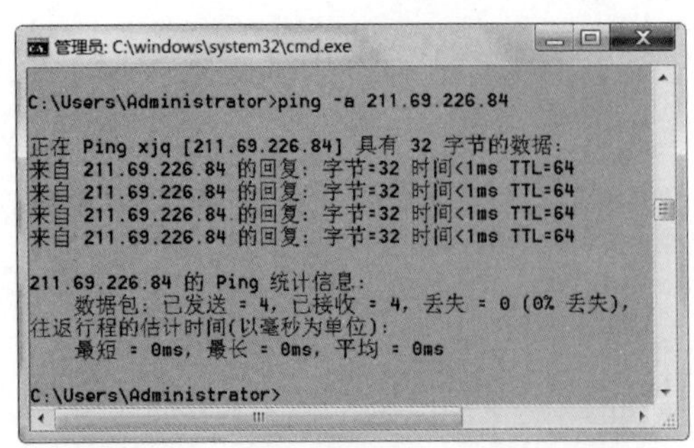
图 4-108　通过 IP 地址反向解析主机

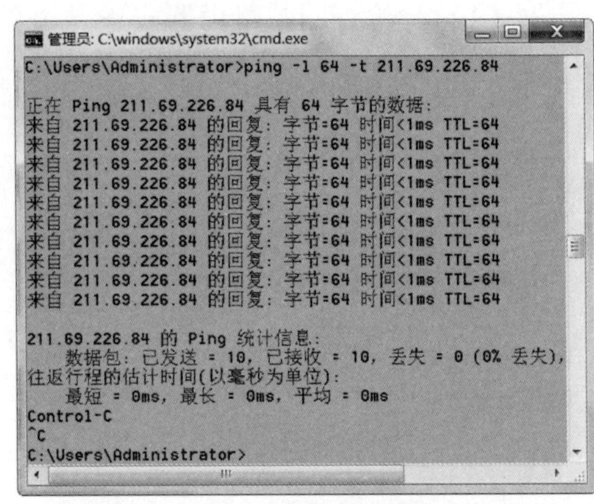
图 4-109　持续发送信息至目标主机

【例 4-16】　测试主机应答性能，如返回信息“请求超时”，说明在规定时间内没有收到返回的应答消息，可能是目标计算机启用防火墙相关禁拼设置，不能说明对方主机不在线。运行结果如图 4-110 所示。

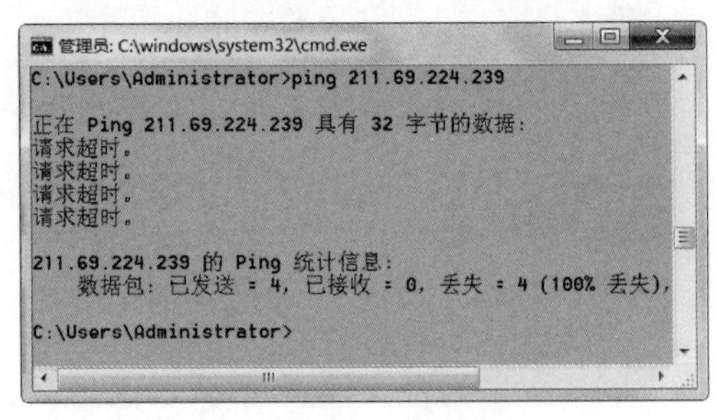
图 4-110　测试目标主机应答

3. arp

arp（Address Resolution Protocol），IP 地址解析协议，负责将一个 IP 地址解析（地址映射）成硬件 MAC 地址及交换机上通过 MAC 地址进行通信。

（1）用法

```
arp  [-a [InetAddr] [-N IfaceAddr]] [-N IfaceAddr]]
     [-dInetAddr [IfaceAddr]] [-s InetAddr EtherAddr [IfaceAddr]]
```

（2）参数说明

- -a：显示接口当前 arp 缓存表。
- -d：删除指定 IP 地址项。
- -s：可将 IP 地址与 MAC 地址绑定。

（3）实例

【例 4-17】　找出所有连接“我的电脑”的主机的 IP 和 MAC 地址，命令：arp -a。运行结果如图 4-111 所示。

【例 4-18】　删除 arp 表，可以解决部分 ARP 欺骗工具攻击问题。命令：arp -d。运行结果如图 4-112 所示。

运行此命令前，先用管理员身份运行 CMD，方法是：进入\windows\system32\文件夹找到 cmd. exe 并右击，在快捷菜单中选择“以管理员身份运行”命令即可。

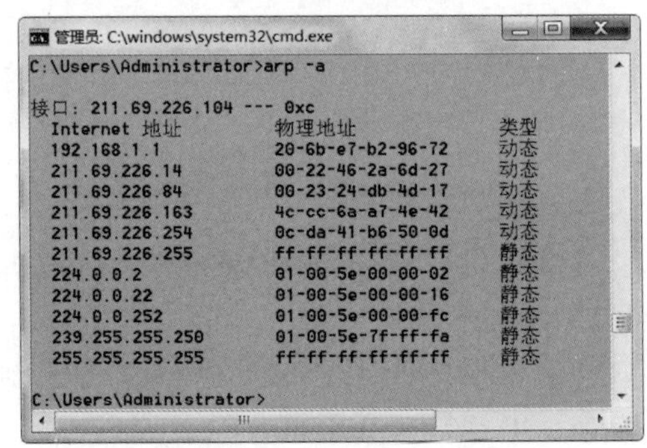
图 4-111　查找所有连接本机主机 IP 和 MAC 地址

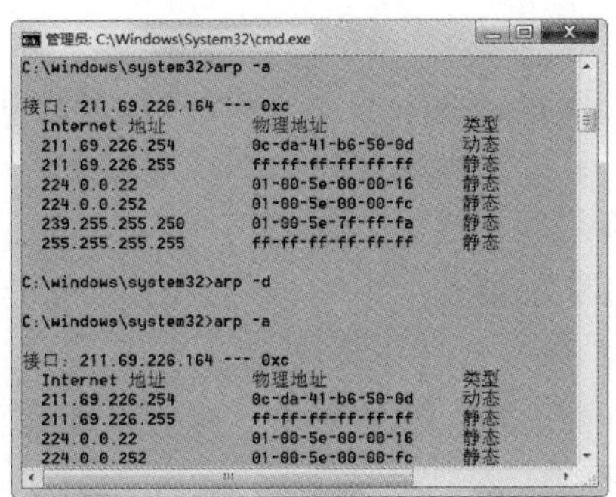

图 4-112 清空 ARP 表

此外，可以利用命令“arp -s IP 地址 MAC 地址”对静态 IP 地址进行绑定操作。

4. route

route 命令用来显示、人工添加和修改路由表项目的。

（1）用法

route [-f] [-p] [-command] [-destination] [-gateway] [-metric metric] [-if interface]

（2）参数说明

- -f：清除所有不是主路由（子网掩码为 255. 255. 255. 255 的路由）、环回网络路由（目标地址为 127. 0. 0. 0，子网掩码为 255. 255. 255. 0 的路由）或多播路由（目标地址为 224. 0. 0. 0，子网掩码为 240. 0. 0. 0 的路由）条目的路由表。
- -p：与 Add 命令共同使用时，指定路由被添加到注册表并启动 TCP/IP 协议时初始化 IP 路由表。
- -command：指定要运行的命令。print（打印路由）、add（添加路由）、delete（删除路由）和 change（修改现有路由）。
- -destination：指定路由的网络目标主机地址。目标地址可以是一个 IP 网络地址（主机地址设置为 0），对于主机路由是 IP 地址，对于默认路由是 0. 0. 0. 0。
- -gateway：指定网关。
- -metric：指定跃点数。
- -if interface：指定路由的接口号码。

（3）实例

【例 4-19】 打印路由表，命令：route print。运行结果如图 4-113 所示。

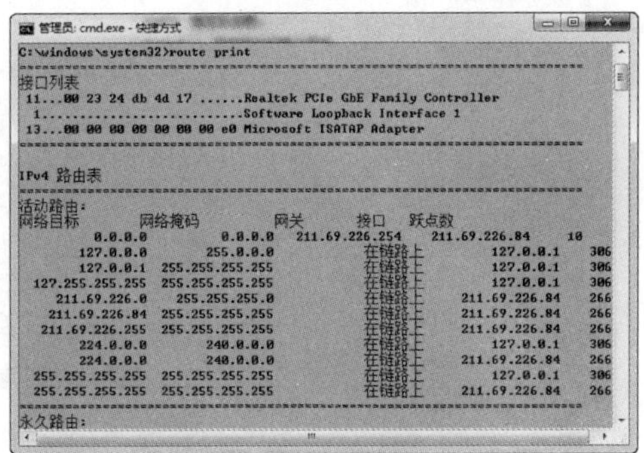

图 4-113 打印路由表

路由表列解读如下。

1）第一列：网络目标，即可以访问的网络段，如：0.0.0.0 为所有网段。

2）第二列：网络掩码，让路由器确定目的网络地址类。

3）第三列：网关，网络之间相连的“关口”。

4）第四列：接口，告诉路由器分配给本机网卡的 IP 地址。在本机地址中也包含回送地址 127.0.0.1

5）第五列：跃点数，即路由数。该值越小，可信度越高。

5. nbtstat

该命令用于显示本地计算机和远程计算机的基于 TCP/IP（NetBT）协议的 NetBIOS 统计资料、NetBIOS 名称表和 NetBIOS 名称缓存。

（1）用法

```
nbtstat [-a RemoteName] [-A IPAddress] [-c] [-n] [-R] [-RR] [-s] [-S] [Interval]
```

（2）参数说明

- -a RemoteName：列出指定名称的远程机器名称表。
- -A IP address：列出指定 IP 地址的远程机器名称表。
- -c：列出远程计算机名称及其 IP 地址的 NBT 缓存。
- -n：列出本地 NetBIOS 名称。
- -r：列出通过广播和经由 WINS 解析的名称。
- -R：清除和重新加载远程缓存名称表。
- -S：列出具有目标 IP 地址的远程计算机。
- -s：列出将目标 IP 地址转移成计算机 NETBIOS 名称的会话表。
- -RR：释放并刷新通过 WINS 服务器注册的本地计算机的 NetBIOS 名称。
- Interval：显示内容之间中断指定的秒数。

（3）实例

【例 4-20】 查找冲突 IP 地址主机名，命令：nbtstat -a 冲突 IP 地址。先将本机冲突 IP 临时改成其他可用 IP，然后拼冲突的 IP 地址主机，获得与本机 IP 地址冲突的远程主机名信息。运行结果如图 4-114 所示。

【例 4-21】 查找 NetBIOS 远程计算机名称列表，命令：nbtstat -a 远程 IP。运行结果如图 4-115 所示。

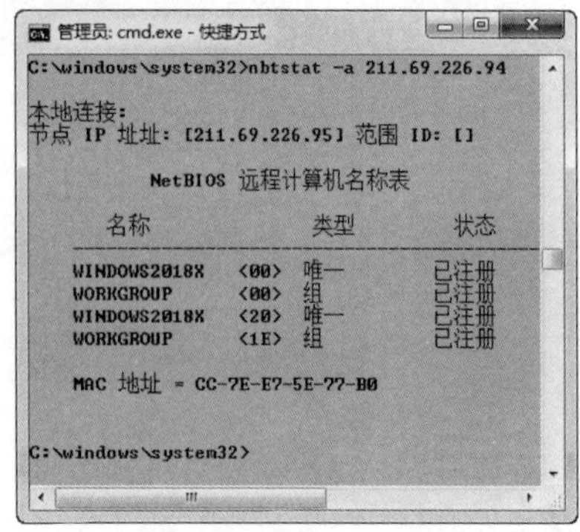

图 4-114 查找冲突 IP 地址主机

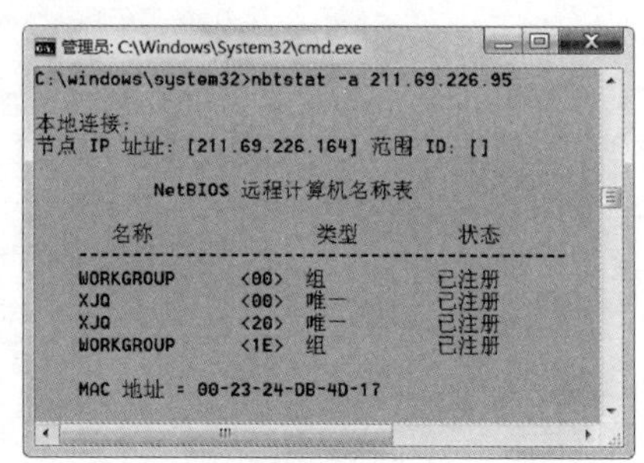

图 4-115 查找 NetBIOS 远程计算机名称列表

【例 4-22】　查找连接过的远程计算机的名称及其 IP 地址的缓存，命令：nbtstat -c。运行结果如图 4-116 所示。

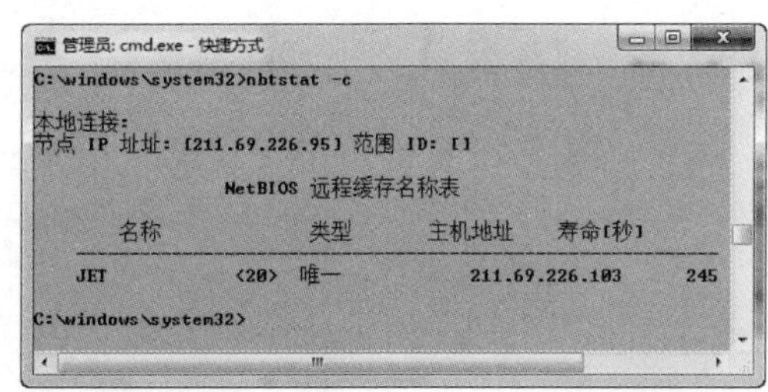

图 4-116　查找远程过的计算机名称及 IP 地址缓存

6. netstat

该命令用于显示网络连接信息，包括显示活动 TCP 连接、路由器和网络接口信息，是一个监控 TCP/IP 网络工具，可用于检验本机各端口网络连接情况。

（1）用法

netstat [-a] [-e] [-n] [-o] [-p Protocol] [-r] [Interval]

（2）参数说明

- -a：显示所有活动的 TCP 连接及计算机侦听的 TCP 和 UDP 端口。
- -e：显示以太网统计信息。
- -n：显示活动的 TCP 连接地址和端口号。
- -o：显示活动的 TCP 连接的进程 ID（PID）。
- -p Protocol：显示 Protocol 所指定的协议的连接。
- -r：显示 IP 路由表内容。该参数等价于 route print 命令。
- -s：按协议显示统计信息。
- -Interval：每隔多少秒重新显示一次选定的信息。按〈Ctrl + C〉组合键停止重新显示统计信息。

（3）实例

【例 4-23】　查询系统开放端口命令：netstat-a-n。运行结果如图 4-117 所示。

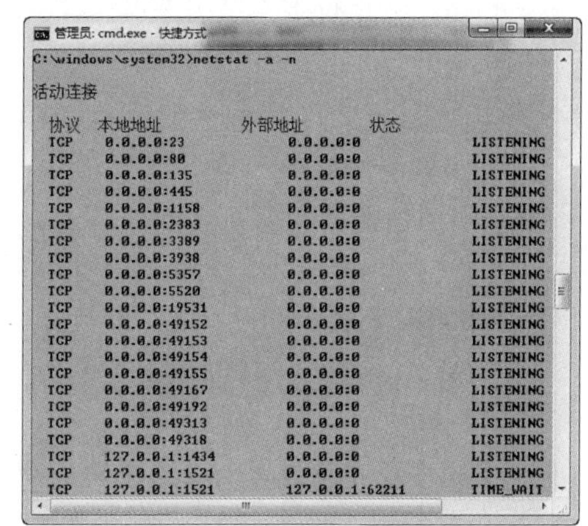

图 4-117　查询系统开放端口

7. net view

该命令用于查看一个计算机上共享资源的列表。

（1）用法

net view [\\ComputerName] [/domain[:DomainName]]

（2）参数说明

- \\ComputerName：指定包含要查看共享资源的计算机。
- /domain[:DomainName]：用于指定要查看可用计算机的域。

(3) 实例

【例 4-24】 查看 home 工作组中的计算机列表，命令：net view /domain:workgroup。运行结果如图 4-118 所示。

【例 4-25】 查看 XJQ 主机的共享列表，命令：net view　XJQ。运行结果如图 4-119 所示。

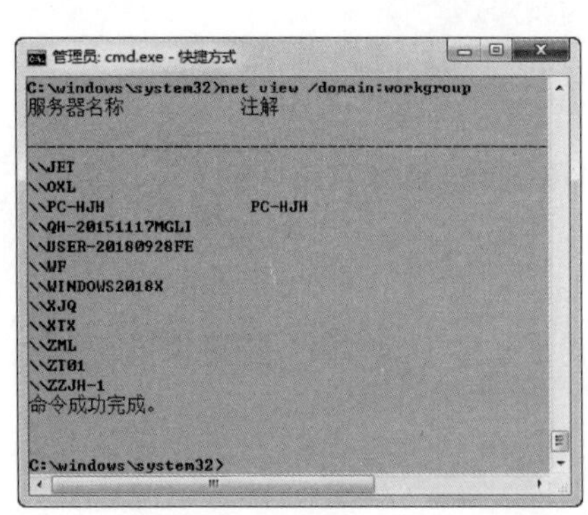

图 4-118　查看工作组计算机名列表

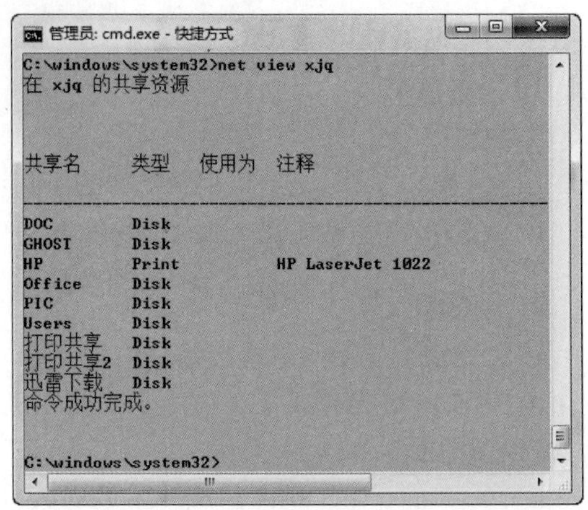

图 4-119　查看主机的共享资源列表

8. pathping

该命令属于路由跟踪工具，在一段时间内将数据包发送到将要到达最终目标的路径上的每个路由器，然后根据从每个跃点返回的数据包计算结果，方便确定可能导致网络问题的路由器或链接。经常结合 ping 和 tracert 命令功能，帮助解决网络问题。

(1) 用法

pathping [-h maximum_hops] [-i address] [-n] [-p period] [-q num_queries] [-w timeout] target_name

(2) 参数说明

- -h maximum_hops：设定跃点数，最大值为 30。
- -i IPAddress：指定源地址。
- -n：阻止将中间路由器 IP 地址解析为名称。
- -p Perod：指定两个边疆 ping 之间等待时间间隔毫秒数，默认为 250 毫秒（1/4 秒）。
- -q num_queries：指定发送到路径中每个路由器回响请求消息数，默认值 100。
- -w timeout：指定等每个应答时间，默认值为 3000 毫秒（3 秒）。
- target_name：目标主机。

(3) 实例

【例 4-26】 查看到远程主机路由跟踪情况，命令：pathping -n 远程主机。运行结果如图 4-120 所示。

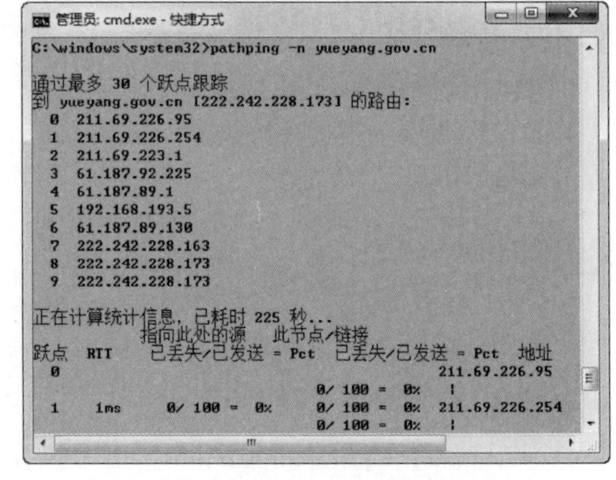

图 4-120　路由跟踪测试

9. getmac

该命令用于查看同网段下远程计算机的 MAC 地址。

（1）用法

```
getmac [/s computer] [/u domainuser] [/p password] [/fo {table |list |csv}] [/nh] [/v]
```

（2）参数说明

- /s computer：指定远程计算机名称或 IP 地址。默认值是本地计算机。
- /u domainuser：运行具有由 user 或 domainuser 指定用户的账号权限命令。
- /p password：指定用户账号的密码。
- /fo {table | list | csv}：指定查询结果输出的格式。
- /nh：输出中压缩列头标。
- /v：指定输出显示详细信息。

（3）实例

【例 4-27】 查看远程主机 XJQ 的 MAC 地址，命令：getmac /s 主机名 /u 账号名 /p 密码。测试结果如图 4-121 所示。

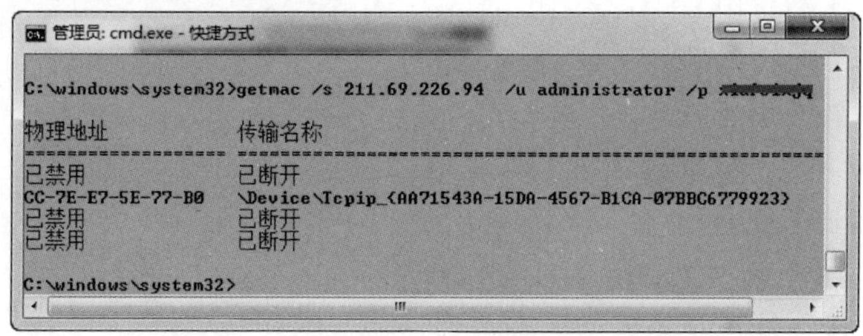

图 4-121 查看远程主机 MAC 地址

10. tracert

该命令诊断实用程序通过向目标计算机发送 ICMP 数据包确定至目标计算机的路由，用来跟踪一个消息从一台计算机到另一台计算机所走的路径，检测网络连通性能。

（1）用法

```
tracert [-d] [-h maximum-hops] [-w timeout] [-4] target-name
```

（2）参数

- -d：不将地址解析成主机名。
- -h maximum：搜索目标最大跃点数。
- -w timeout：等待每个回复的超时时间（以毫秒为单位）。
- -4：强制使用 IPV4。
- target-name：目标主机名。

（3）实例

【例 4-28】 跟踪到目标主机途经的路由信息，命令：tracert -w 6 目标主机。运行结果如图 4-122 所示。

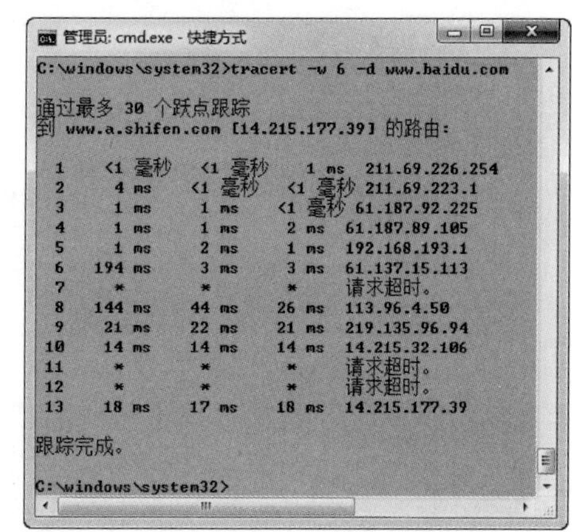

图 4-122 跟踪目标主机途经的路由信息

11. telnet

查看某个端口是否可以访问。如果端口关闭或者无法连接，则显示不能打开到主机的链接，链接失败；端口打开的情况下，链接成功，则进入 telnet 页面（全黑），证明端口可用。可用于远程登录到网络中已经启动 telnet 服务器的计算机，并以命令行的方式远程管理该计算机。telnet 工具默认使用 23 号端口。

（1）用法

```
telnet [-a] [-f log file] [-l user] [host] [port]
```

（2）参数说明

- -a：尝试自动登录。
- -f：客户端登录的文件名。
- -l：指定远程系统登录用的用户名称。
- host：指定要连接的远程计算机主机名或 IP 地址。
- port：指定端口号或服务名。

（3）配置 telnet 工具

1）验证是否已经启用 telnet 工具。直接在命令行输入：telnet [host]。若显示为"'telnet'不是内部或外部命令，也不是可运行程序或批处理文件"，说明没有启用 telnet 工具，如图 4-123 所示。

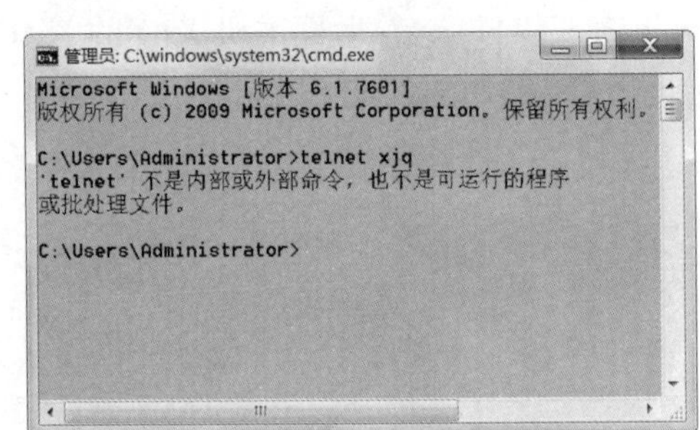

图 4-123　测试启用 telnet 工具情况

2）打开"控制面板"窗口，然后选择"程序"选项，单击"打开或关闭 Windows 功能"链接，如图 4-124 所示。

3）弹出"Windows 功能"窗口，勾选"Telnet 服务器""Telnet 客户端"复选框，单击"确定"按钮，系统会自动完成功能开启作业，如图 4-125 所示。

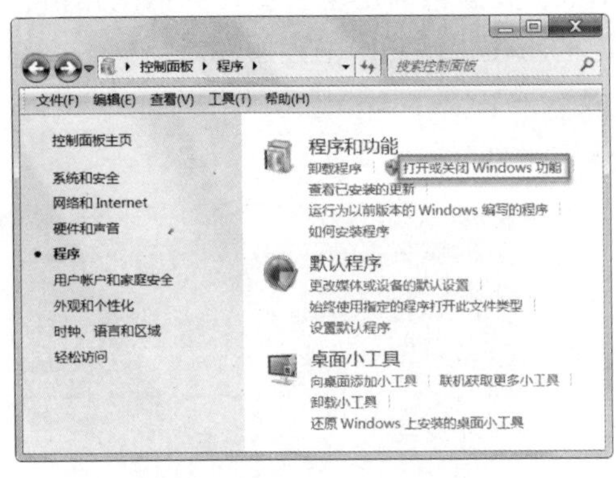

图 4-124　打开程序功能窗口

图 4-125　Windows 功能窗口

4）在远程主机端，同样先完成上面第 3 步操作，然后打开"计算机管理"窗口，开启 Telnet 自动服务，如图 4-126 所示。

5）在远程主机端打开"计算机管理"窗口，将准备用作远程登录的用户名 lenovo 加入到 TelnetClients 组，如图 4-127 所示。

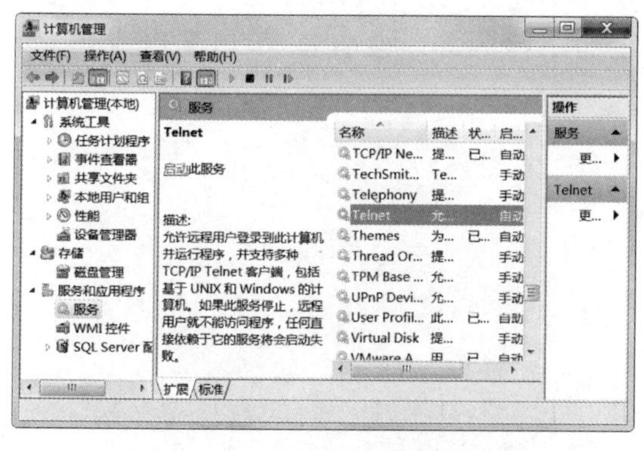

图 4-126 计算机管理窗口

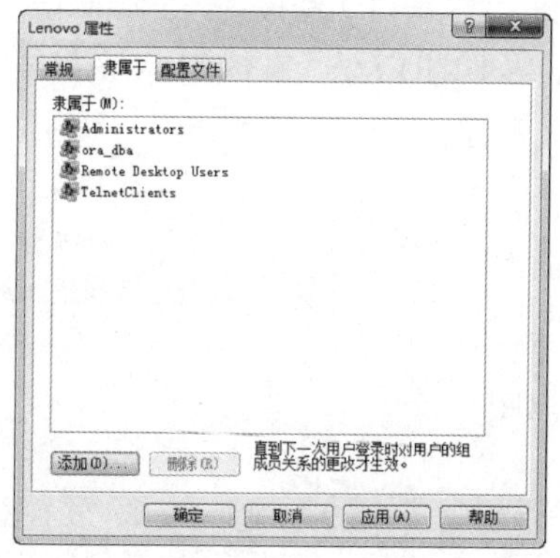

图 4-127 打开账户属性窗口

6）验证本机和远程主机是否开启成功。在本机命令提示符下输入命令：telnet，按回车键，显示配置成功，如图 4-128 所示。在远程主机命令行窗口输入命令：telnet xjq，按回车键，没有显示错误信息，证明配置成功（本机退出按〈Ctrl +]〉组合键，再输入命令 quit)，如图 4-129 所示。

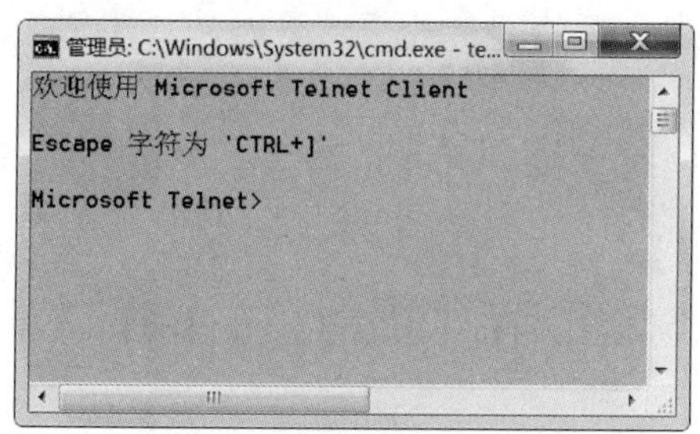

图 4-128 验证本机 telnet 开启情况

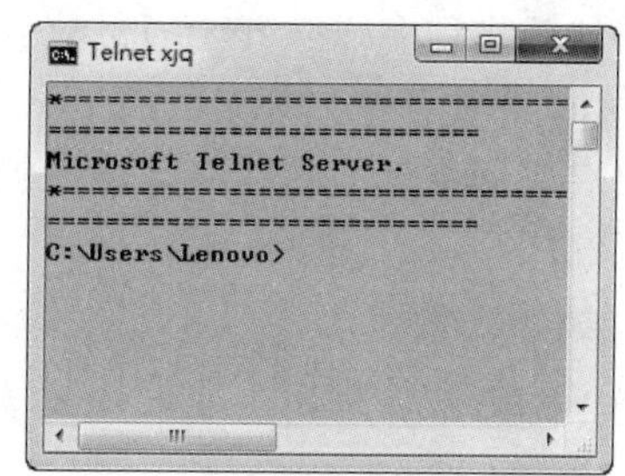

图 4-129 验证远程主机 telnet 开启情况

（4）登录远程主机

1）连入远程主机 XJQ，输入命令：telnet xjq，出现输入用户名和密码界面窗口，如图 4-130 所示。

2）远程主机验证权限成功，会成功弹出远程主机上 Microsoft Telnet Server 服务窗口，如图 4-131 所示（输入命令 exit 退出连接的远程主机，返回命令提示符窗口）。

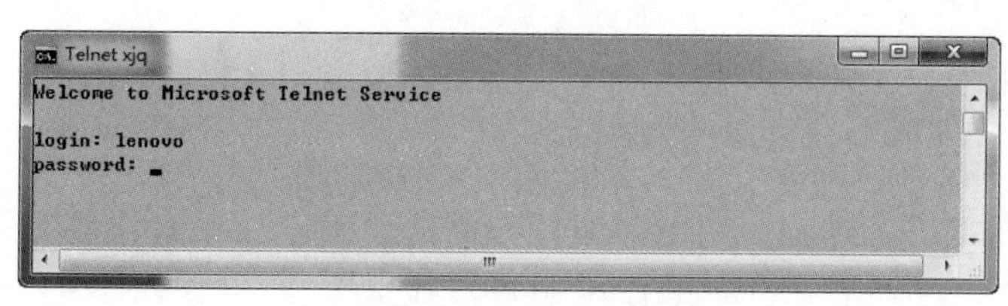

图 4-130 登录远程主机

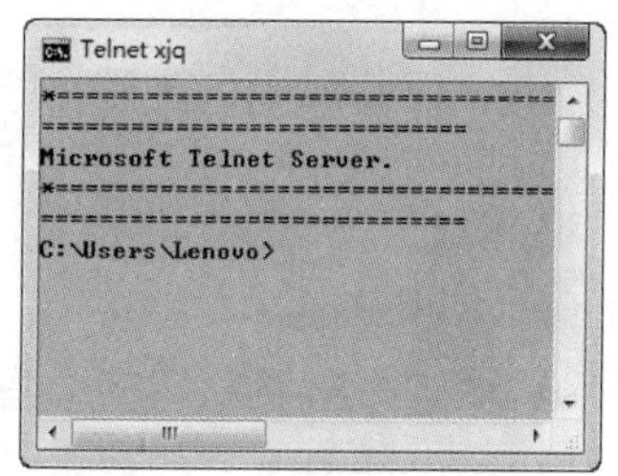

图 4-131 成功登录主机操作窗口

（5）实例

【例 4-29】 测试远程主机 XJQ 上面 2020 端口是否开启，命令：telnet XJQ 2020。显示测试结果“在端口2020：连接失败”，证明2020端口尚未开启，如图4-132所示。继续输入命令：telnet XJQ 80，测试显示光标在窗口左上角不停闪烁，说明80端口开启成功，如图4-133所示。

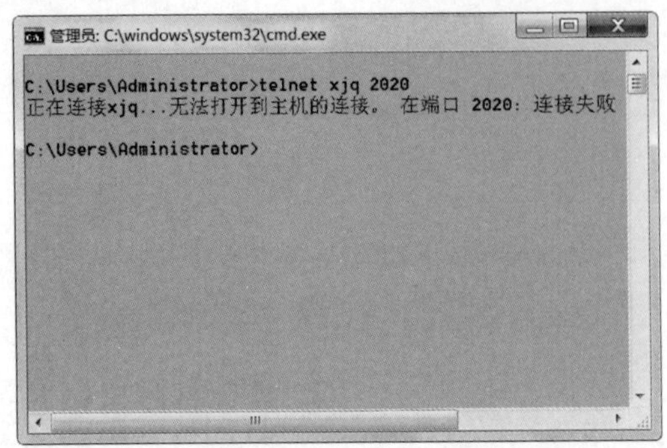

图4-132　验证远程端口开启情况

图4-133　验证远程端口开启情况

4.5.2 常见故障现象排除

网络故障多种多样，需要通过故障现象分析判断故障原因，并采取针对性方法解决。

1. 访问网络主机

有时启用网络发现和网络共享后仍然不能访问网络主机，可能是账号限制和Guest账号未被启用。

（1）故障现象

局域网内各台计算机不能连接与互访故障。

（2）故障诊断

能够找到对方主机，但被拒绝访问，可能是Guest账号被禁用，特定用户访问权限未被打开。

（3）故障排除

启用Guest账号、检查Guest是否被限制。

2. DNS服务器设置问题

DNS域名系统主要功能是将熟悉的地址（域名）解析成计算机能理解的IP地址。一旦设置出现问题，自然无法完成域名解析过程，不能正常上网。

（1）故障现象

能够登录QQ，无法打开网页。

（2）故障诊断

IP地址信息DNS服务器设置有问题。

（3）故障排除

1）通过路由器上网的，将DNS服务器中输入路由器地址，单击“确定”按钮。

2）路由器DHCP功能未被激活，以手工方式修改DNS服务器地址。

3. DNS故障

通过域名无法正常上网，而输入IP地址可以访问网络，证明DNS不能发挥正常的解析功能。

(1) 故障现象

通过域名无法正常访问网页，在地址栏中输入 IP 地址来访问。

(2) 故障诊断

DNS 故障。

(3) 故障排除

1) 获取 DNS 服务器出错。手动指定 DNS 服务器。

2) 本地 DNS 缓存出现问题。执行“开始”→“运行”命令，执行 ipconfig/flushdns 命令重建本地 DNS 缓存。

4. 浏览器无法上网

IE 浏览器无法上网可能是网络环境引起，也有可能是浏览器本身故障。

(1) 故障现象

IE 浏览器无法打开网站。

(2) 故障诊断

浏览器上网环境发生改变或防火墙设置阻止访问，甚至是浏览器本身故障。

(3) 故障排除

1) 打开浏览器，选择“工具”→“Internet 选项”命令，单击“高级”标签，切换至“高级”选项卡，单击“重置”按钮，重置浏览器。

2) 进入“Windows 防火墙”界面，重新设置防火墙安全等级和安全策略，如图 4-134 所示。

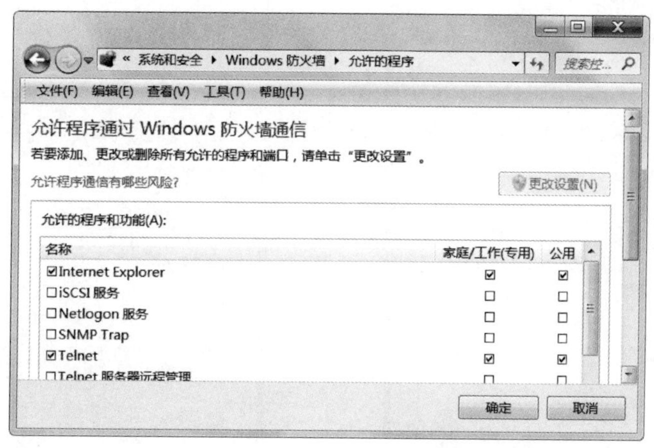

图 4-134 允许 Internet Explorer 通过防火墙

3) 网络协议和网卡驱动程序出错，重新安装网卡驱动和网络协议。

4) hosts 文件被修改，将 hosts 文件中内容清空。

5) 清除病毒。任务管理器进程中 CPU 占有率 100%，在注册表中将任务管理器进程 CPU 占有率为 100% 的程序彻底清除。

6) 重新安装 IE 浏览器。

5. 浏览器故障

上网时发生当前脚本发生错误是由于网页自身代码引起。

(1) 故障现象

上网时经常出现“当前的脚本发生错误”提示。

(2) 故障诊断

浏览网页自身的代码造成。

(3) 故障排除

安装新版本 IE 浏览器进行访问。

6. Cookie 验证错误

Cookie 验证错误会引起打开网页窗口时自动关闭浏览器。

(1) 故障现象

IE 打开某个网页窗口后自动关闭。

(2) 故障诊断

可能是 Cookie 验证错误所致，可以通过删除 Cookie 记录尝试解决。

(3) 故障排除

1) 打开浏览器，选择“工具”→“Internet 选项”命令，在打开的“Internet 选项”对话框中切换至“常规”选项卡，勾选“退出时删除浏览历史记录”复选框，单击“删除”按钮，如图 4-135 所示。

2) 在弹出对话框中勾选所需删除历史记录前面的复选框，单击“删除”按钮，如图 4-136 所示。

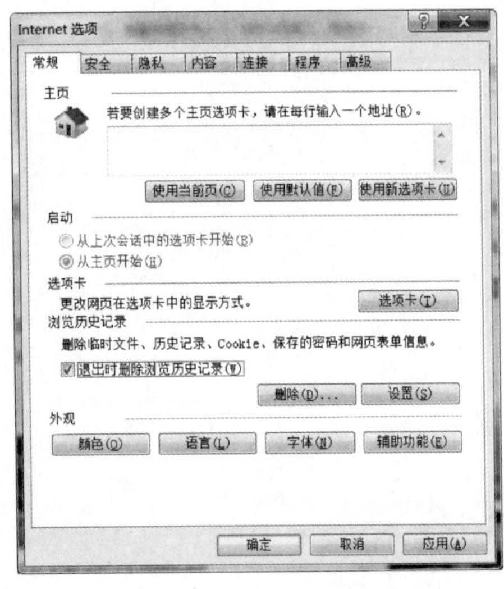

图 4-135 “Internet 选项”对话框

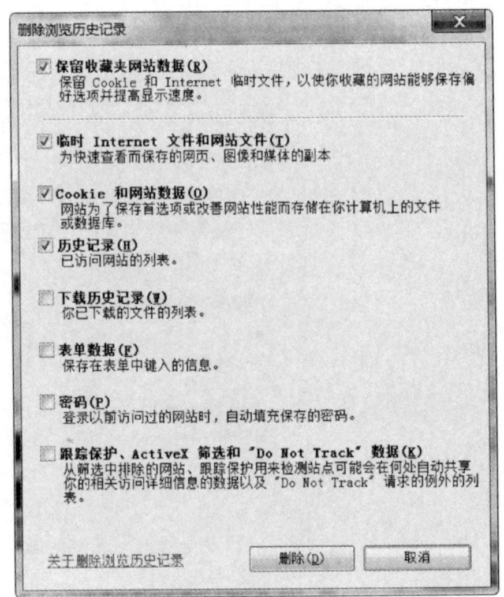

图 4-136 “删除浏览历史记录”对话框

第 5 章 常用数据库维护

5.1 数据库简介

数据库是依照某种数据模型组织起来并存放的数据集合。数据库管理系统是管理数据库的软件，它采用人性化界面为用户提供与数据库进行沟通的渠道，负责进行数据写入、读取和维护等操作。数据库系统根据数据存储的数据模型可分为结构型数据库、网络型数据库、关系型数据库及面向对象型数据库 4 种。

5.2 SQL Server 2008 R2 数据库

SQL Server 有两种工作模式：一种是 C/S 模式（Client/Server），另一种是 B/S 模式（Browser/Server）。C/S 模式的服务器通常由配置和性能较高的专用服务器计算机充当，主要完成数据的管理工作，需要安装 SQL Server 2008 服务器组件和工具，客户机主要用于数据计算、结果显示工作，安装 SQL Native Client。B/S 模式通常使用两台服务器，一台用做数据库服务器，另一台用做 Web 服务器。客户端计算机是一台安装浏览器的计算机。Web 服务器配置性能较高，充当客户端和数据库服务器中间的桥梁，客户端提交过来的信息由 Web 服务器处理，然后将结果传递给数据库服务器。

SQL Server 2008 允许将服务器和客户端安装在同一台计算机上，利用 SQL Server 2008 服务器有两种类型：一种是连接本地数据库服务器，另一种是连接网络数据库服务器。

5.2.1 SQL Server 2008 R2 数据库安装

Microsoft SQL Server 2008 R2 是微软发布的数据库软件，可以组织管理任何数据，这个版本非常经典，现在仍被众多用户广泛学习和使用。

1. 配置要求

安装数据库系统需要提供一定软件环境支持，具体包括以下几方面。

1）操作系统要求：SQL Server 2008 R2 Enterprise（64 位）需要满足操作系统 Windows 2003 SP2 以上 64 位。

2）基础架构：安装 . NET Framework 3. 5 SP1。

3）关闭防火墙：防火墙会阻止 SQL Server 运行的必要端口（如 1433 等）。安装后可将防火墙开启，然后开放 SQL Server 使用的必要端口即可。

4）操作系统语言：确保并修改操作系统语言与 SQL Server 版本语言一致。

5）安装程序：安装 Windows Installer 4. 5 及以上版本程序。

2. 正式安装

在正式安装前先要获取数据库软件，可以从网络上相关网站获取正版 SQL Server 2008 R2 数据库软件，解压到本地硬盘。

安装步骤如下。

1）双击数据库软件所在目录中 setup. exe 程序，弹出“SQL Server 安装中心”窗口，单击窗口左边“安装”链接，如图 5-1 所示。

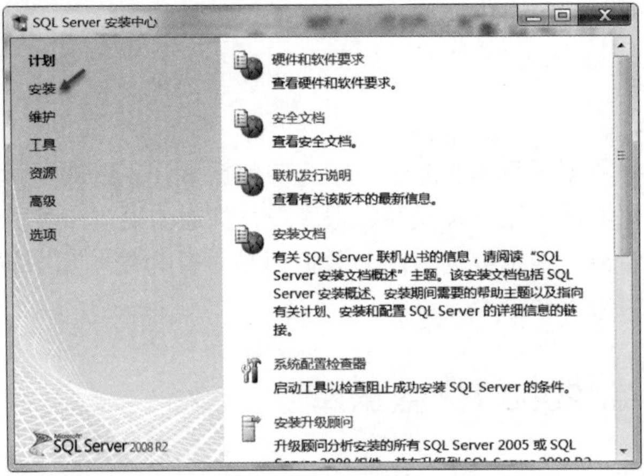

图 5-1　打开“SQL Server 安装中心”窗口

2）选择窗口右边“全新安装或向现有安装添加功能”选项，如图 5-2 所示。

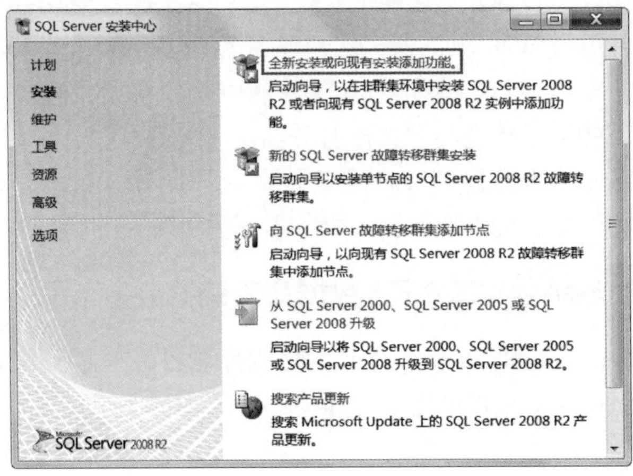

图 5-2　选择安装方式

3）弹出安装程序支持规则窗口，单击“确定”按钮后弹出产品密钥窗口，选中“输入产品密钥”单选按钮，在文本框中输入合法的产品密钥，继续单击“下一步”按钮，如图 5-3 所示。

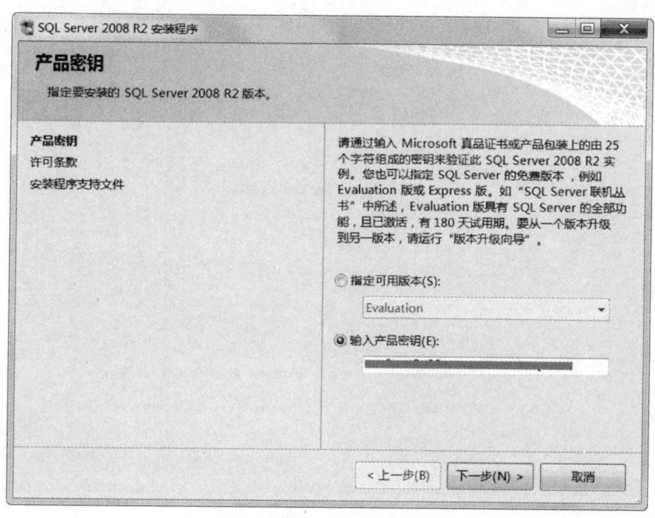

图 5-3　输入产品密钥

4）进入“许可条款”界面，勾选“我接受许可条款”复选框，然后单击“下一步”按钮，如图 5-4 所示。

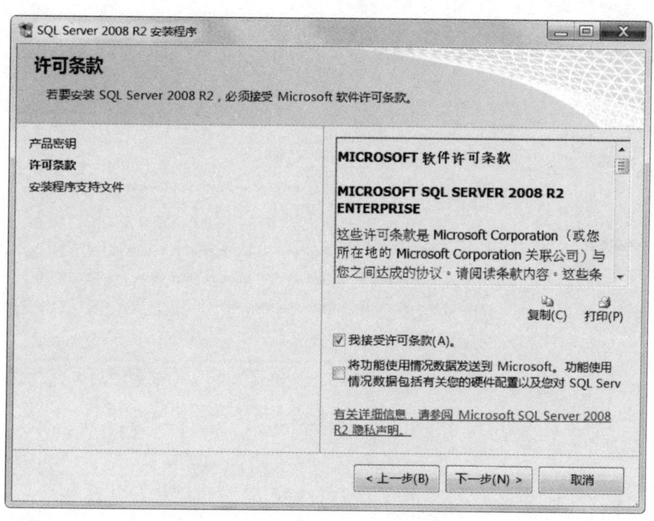

图 5-4　接受许可条款

5）经过安装程序支持规则检查，跳到设置角色窗口，单击“下一步”按钮，进入“功能选择”界面，单击“全选”按钮，采用默认共享功能目录，然后单击“下一步”按钮，如图 5-5 所示。

6）通过检测安装规则后，再单击“下一步”按钮，弹出“实例配置”界面，采用默认实例 MSSQLSERVER，直接单击“下一步”按钮，如图 5-6 所示。

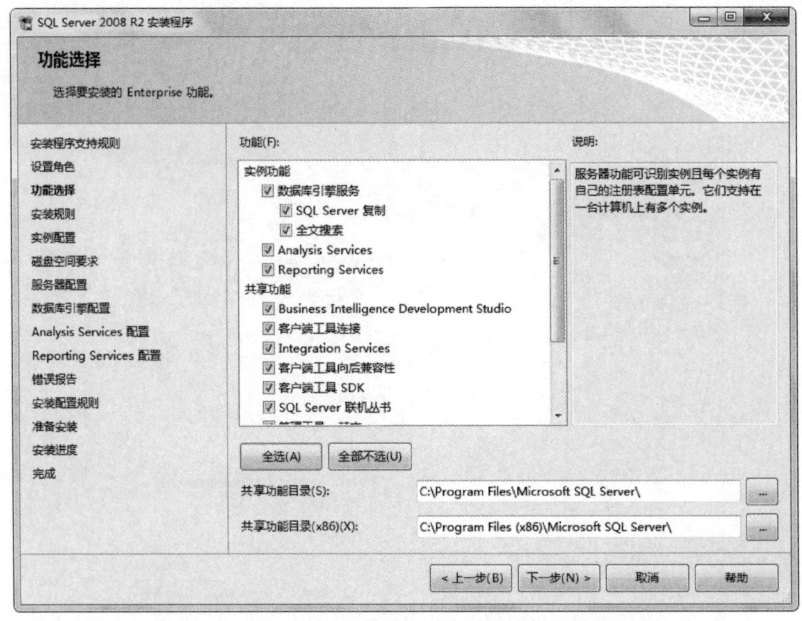

图 5-5 “功能选择”界面

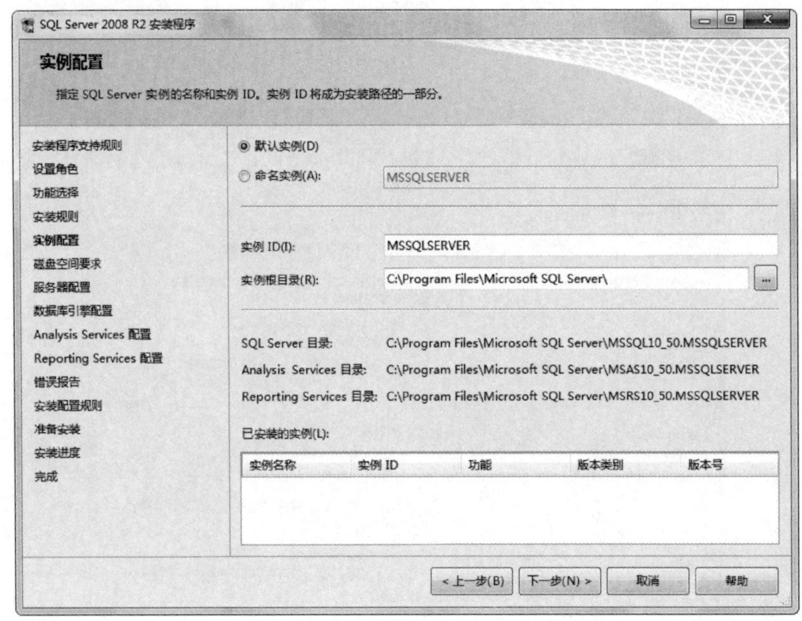

图 5-6 “实例配置”界面

7）进入“磁盘空间要求”界面，直接单击“下一步”按钮，进入“服务器配置”界面中，设置好服务的账号信息，然后单击“下一步”按钮，如图 5-7 所示。

8）在“数据库引擎配置”界面中首先选中“混合模式”单选按钮进行身份验证，然后输入 sa 密码，接着添加当前用户为 SQL Server 管理员，最后单击“下一步”按钮，如图 5-8 所示。

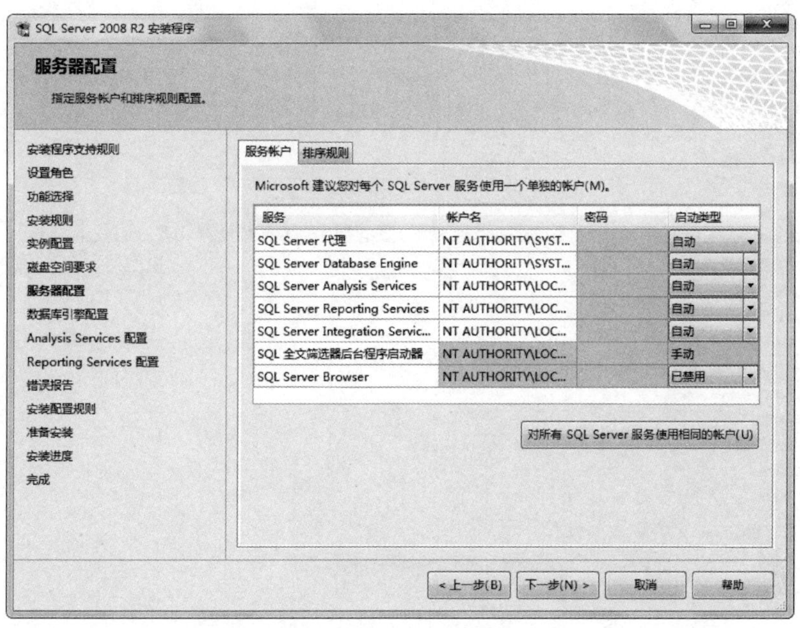

图5-7 “服务器配置”界面

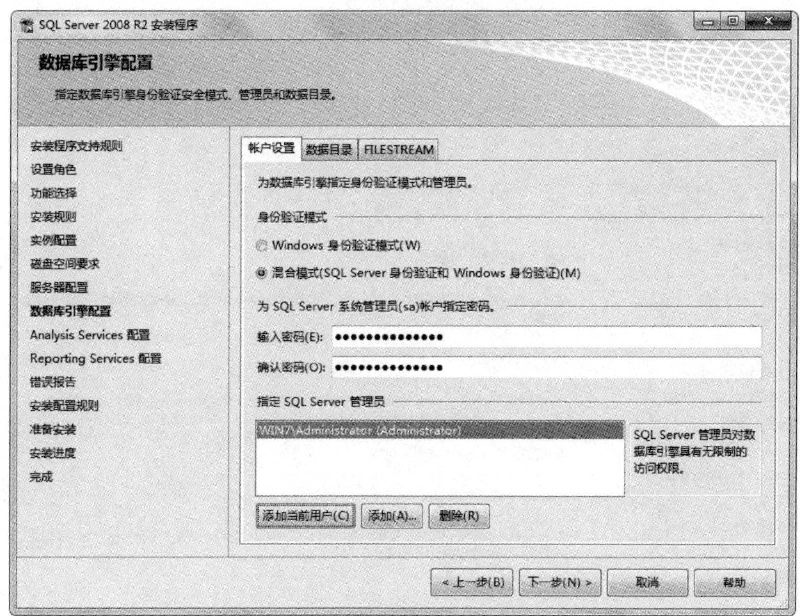

图5-8 “数据库引擎配置”界面

9）在“Analysis Services 配置”界面中添加当前用户为相应管理员，单击“下一步”按钮，如图5-9所示。

10）在“Reporting Services 配置”界面中默认选中“安装本机模式默认配置”单选按钮，直接单击“下一步”按钮，如图5-10所示。

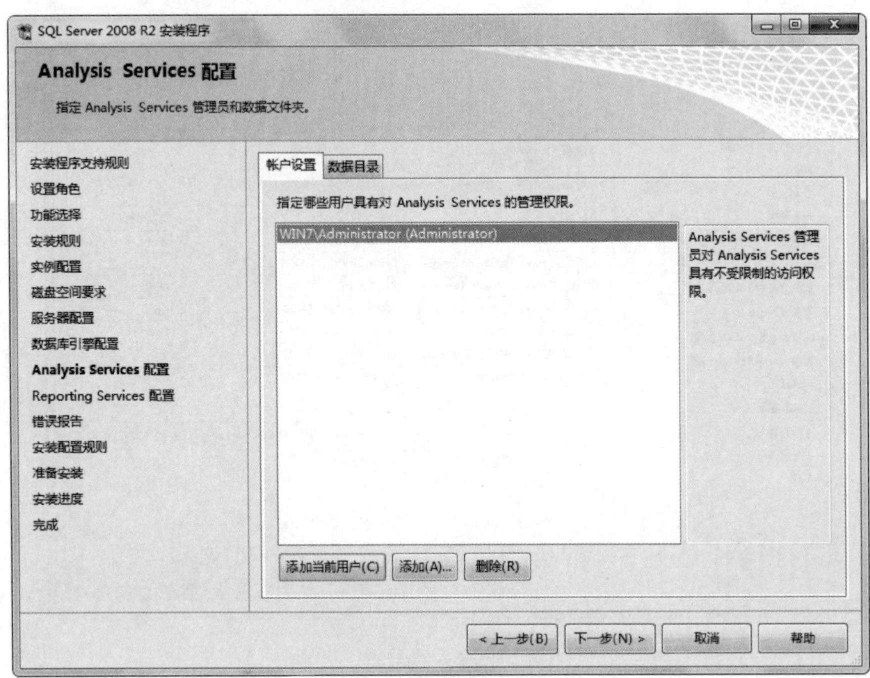

图 5-9　分析服务配置

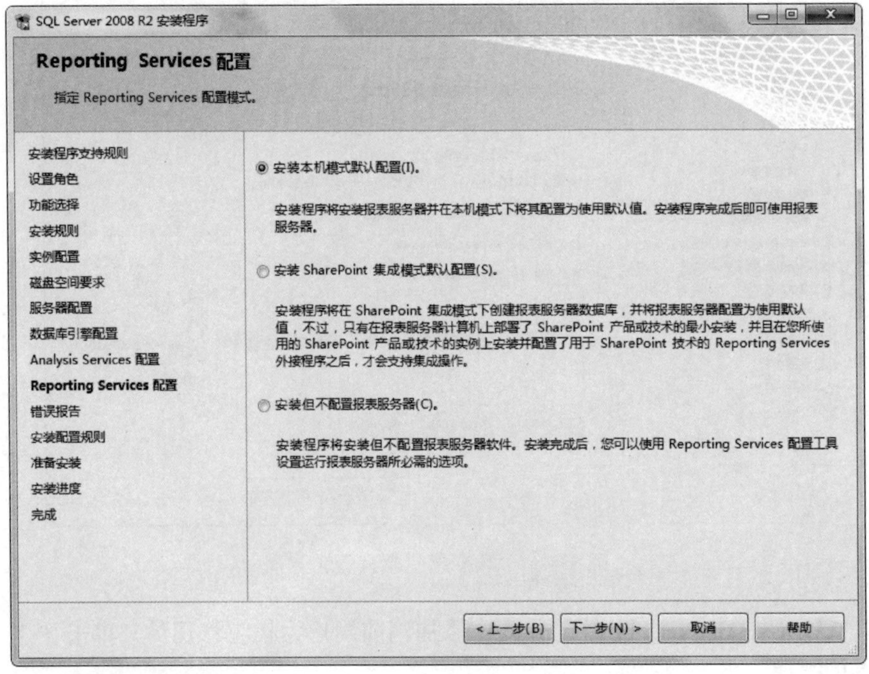

图 5-10　报告服务配置

11）在“错误报告”界面，直接单击“下一步”按钮，弹出“安装配置规则”界面，操作完成后，直接单击“下一步”按钮，如图 5-11 所示。

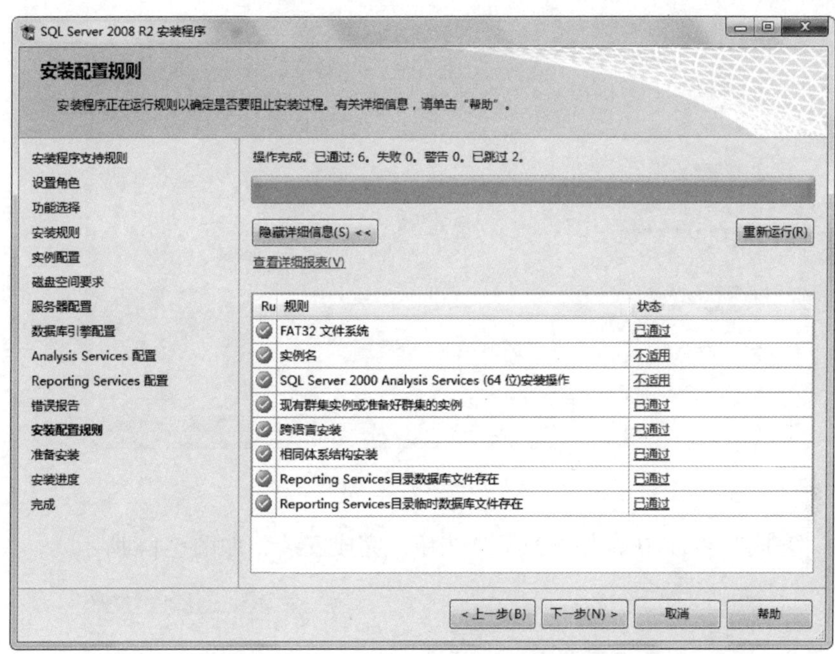

图 5-11　“安装配置规则”界面

12）在“准备安装”界面中直接单击“安装”按钮，如图 5-12 所示。

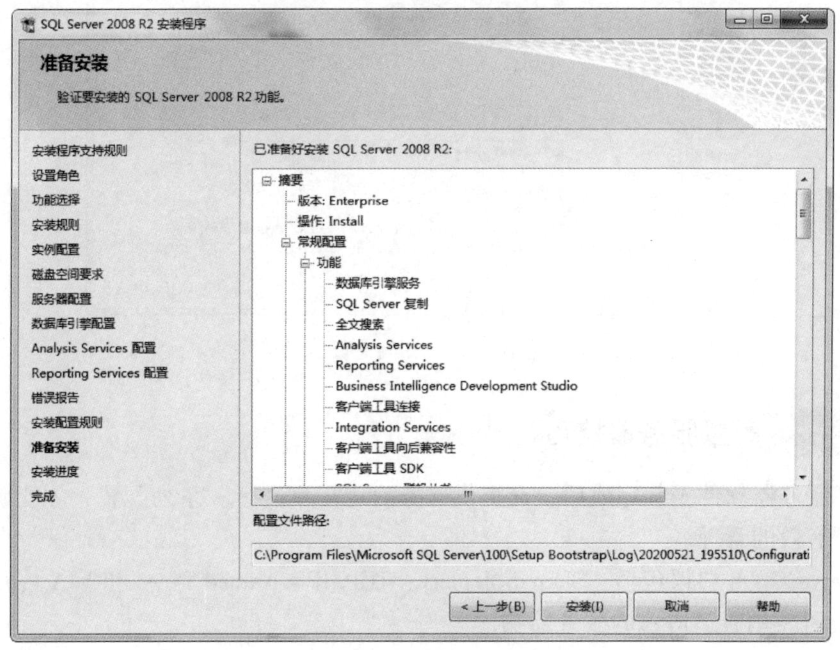

图 5-12　准备安装摘要

13）进入“安装进度”界面，等待程序安装完成，如图5-13所示。

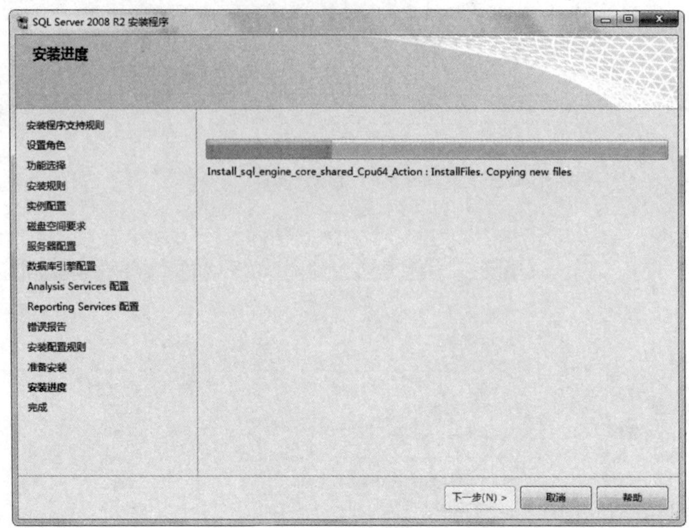

图5-13　查看安装进度

14）在“完成”界面中单击“关闭”按钮，完成安装，如图5-14所示。

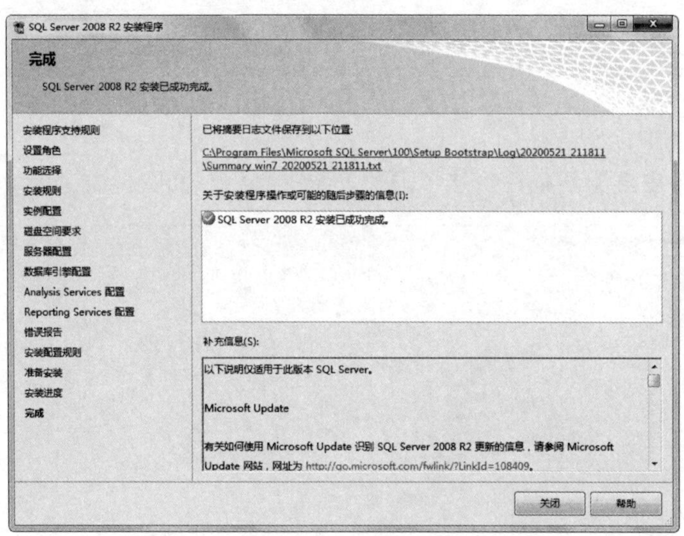

图5-14　安装完成

5.2.2　配置服务器技巧

数据库服务器软件安装完成后，在提供服务前还需要进行一系列配置，才能确保日后对数据库进行有效的管理。

SQL Server 2008 协议包括：Shared Memory、TCP/IP、Named Pipes 和 VIA。

（1）配置使用管道协议的服务器端

Named Pipes 协议：命名管道是一个专门指定的单向或双向通道，用于管道服务器与多

个管道客户端之间的通信。对于默认实例来说，SQL Server 2008 侦听\\. \pipe\sql\query 管道；对于命名实例来说，SQL Server 2008 侦听的是\\. \pipe\MSSQL $实例名\sql\query 管道。在局域网里，使用命名管道速度比较快。

1）打开 SQL Server 配置管理器，展开“SQL Server 网络配置”下“MSSQLSERVER 的协议”选项，如图 5-15 所示。

2）双击窗口右侧 Named Pipes 选项，在打开的对话框中单击下三角按钮，在下拉列表选择“是”选项，启用命名管道 Named Pipes，如图 5-16 所示。

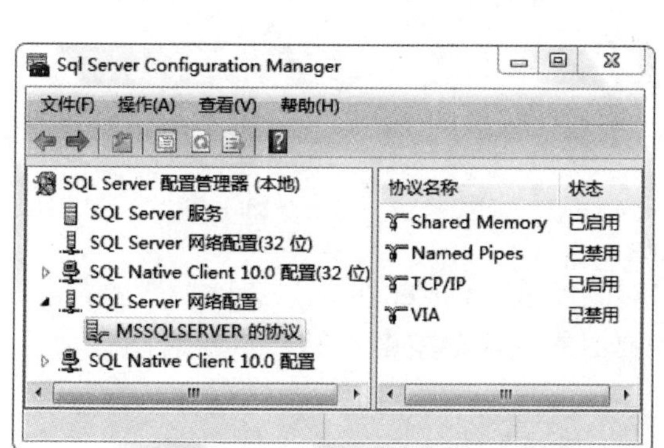

图 5-15 SQL Server 配置管理器

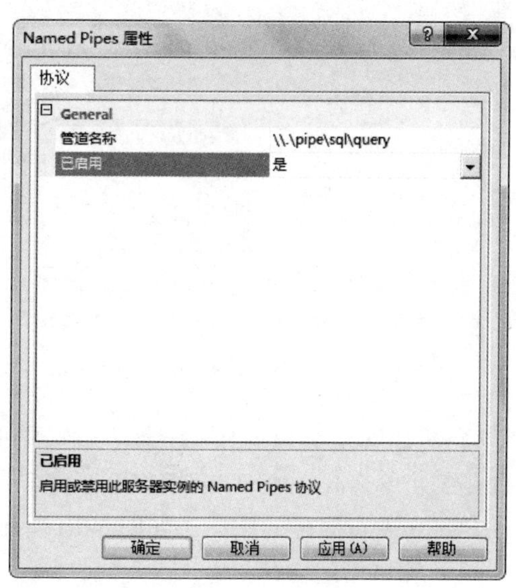

图 5-16 命名管理属性对话框

3）重启 SQL Server 服务。单击窗口左侧“SQL Server 服务”选项，然后右击窗口右侧 SQL Server 代理（MSSQLSERVER）选项，在弹出的快捷菜单中选择“重新启动”命令，完成 SQL Server 服务重启，如图 5-17 所示。

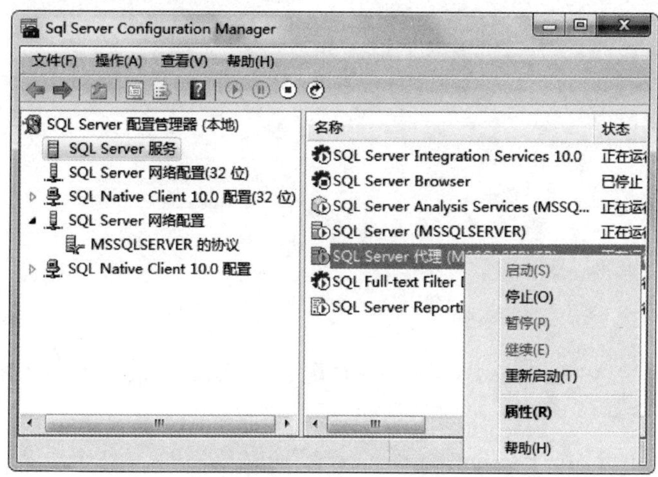

图 5-17 重启 SQL Server 服务

（2）配置使用管道协议的客户端

1）打开客户机上 SQL Server 配置管理器，展开窗口左侧“SQL Native 10.0 Client 配置”，选择“客户端协议”选项，如图 5-18 所示。

2）启用命名管道。右击 Name Pipes 选项，在弹出的快捷菜单中选择“启用”命令，启用命名管道，如图 5-19 所示。

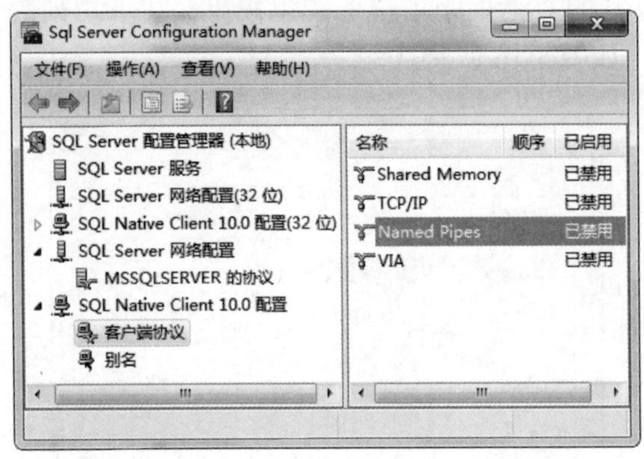

图 5-18　打开 SQL Server 配置管理器

图 5-19　启用命名管道

3）重启客户端 SQL Server 服务。选择窗口左侧“SQL Server 服务”选项，然后右击窗口右侧 SQL Server（MSSQLSERVER）选项，在弹出的快捷菜单中选择“重新启动”命令，完成 SQL Server 服务的重启，如图 5-20 所示。

（3）测试管道协议

服务器端与客户端位于同一台计算机上，利用客户端可以成功连接服务器端。

1）将服务器端的“SQL Server 网络配置”协议中将除 Named Pipes 外的其他协议均禁用，如图 5-21 所示。

图 5-20　重启 SQL Server 服务

图 5-21　SQL Server 网络配置

2）在服务器端的“SQL Native Client 10.0 配置”协议中将除 Named Pipes 外的其他协议均禁用，如图 5-22 所示。

3）打开 SQL Server Management Studio，连接到服务器时，展开“服务器名称”下拉列表，选择服务器名为 XJQ，如图 5-23 所示。

图 5-22　SQL 本地客户端配置

图 5-23　“连接到服务器”对话框

4）单击“连接到服务器”对话框中的“选项”按钮，再单击“连接属性”标签，切换至“连接属性”选项卡，在“网络协议”下拉列表选中 Named Pipes 选项，如图 5-24 所示。

5）单击“连接”按钮，可以连上本服务器，如图 5-25 所示。

图 5-24　“连接属性”选项卡

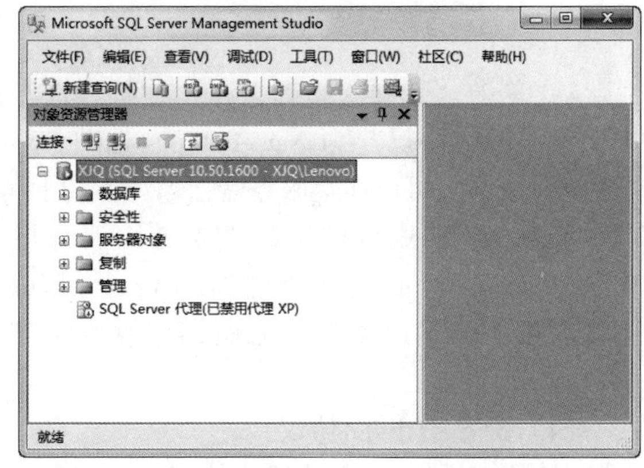

图 5-25　服务器管理界面

服务器端与客户端不在同一台计算机上，在服务器端与客户端上分别完成以上设置，利用客户端连接服务器端时会显示图 5-26 所示的对话框。

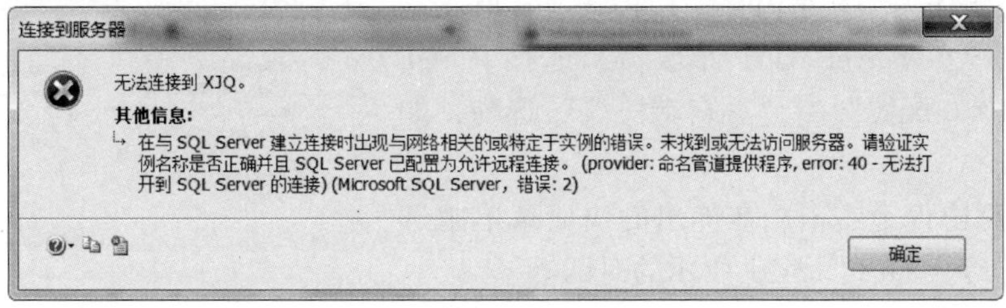

图 5-26　无法连接服务器信息提示

解决方案：基于管道是一种简单进程间通信机制，在不同计算机上连接需要事先手动建立连接。先利用 net use 网络连接命令在客户端与服务器上建立网络计算机资源共享连接。

1）分别在服务器与客户机打开 SQL Server 配置管理器，将 Named Pipes 协议之外其他协议设置为禁用。

2）在客户机上运行命令 C：\>net use\\xjq\ipc $，输入服务器用户名与密码，建立连接，如图 5-27 所示。

3）打开 SQL Server Management Studio，连接到服务器时，在“服务器名称”下拉列表中选择服务器名为 XJQ，如图 5-28 所示。

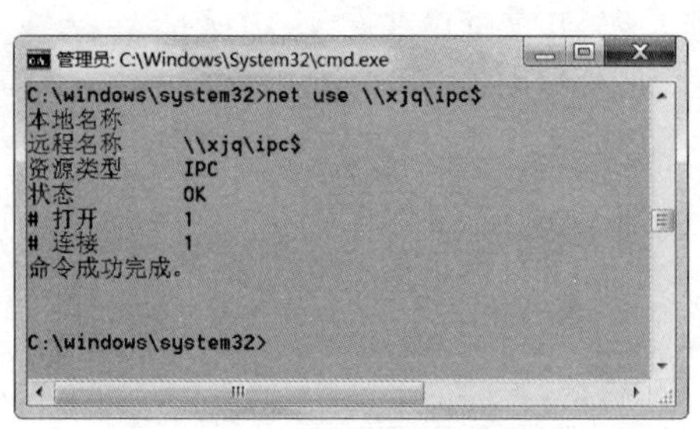

图 5-27　打开运行命令窗口

图 5-28　“连接到服务器”对话框

4）单击“选项”按钮，在“连接属性”选项卡中设置“网络协议”为 Named Pipes 选项，然后单击“连接”按钮，可以连上服务器，如图 5-29 所示。

注意：若在服务器中建立管道协议时将默认名称\\.\pipe\sql\query 修改成\\.\pipe\sql\testquery，则客户机上的管道名称也需做相应改变，二者保持一致。

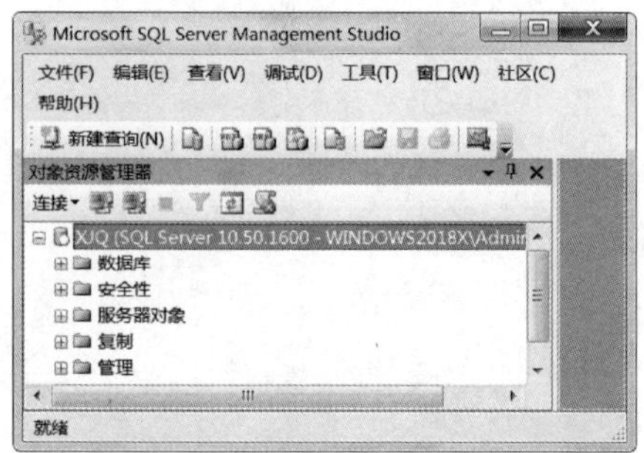

图 5-29　连接相应服务器

（4）配置 TCP/IP 协议

局域网中利用命名管道连接速度比较快，但是在广域网中 TCP/IP 连接速度更快，更普通。因此，应熟悉 TCP/IP 协议配置。配置步骤类似于管道协议，此处就不再赘述。

（5）配置客户端网络协议使用顺序

建议设定顺序为：共享内存、TCP/IP、管道。

1）打开 SQL Server 配置管理器，选择“SQL Native Client 10.0 配置”→“客户端协议”选项，如图 5-30 所示。

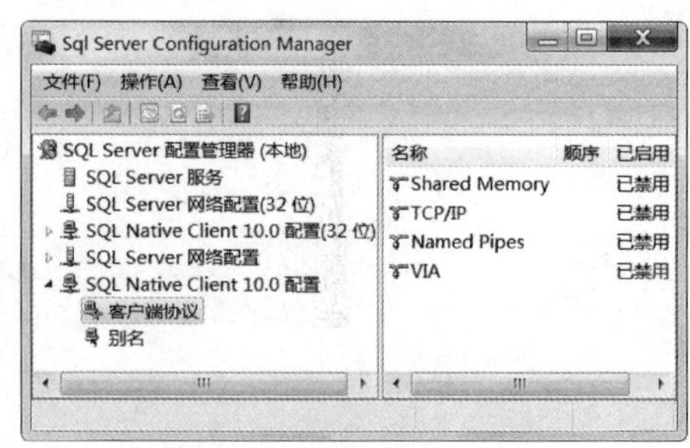

图 5-30　打开配置管理器

2）在任意协议上右击，在弹出的快捷菜单中选择“顺序”命令，打开图 5-31 所示的对话框。

3）首先选择 TCP/IP 选项，然后选择 Named

Pipes 选项，接着勾选“启用 Shared Memory 协议”复选框，单击“应用”按钮，如图 5-32 所示。

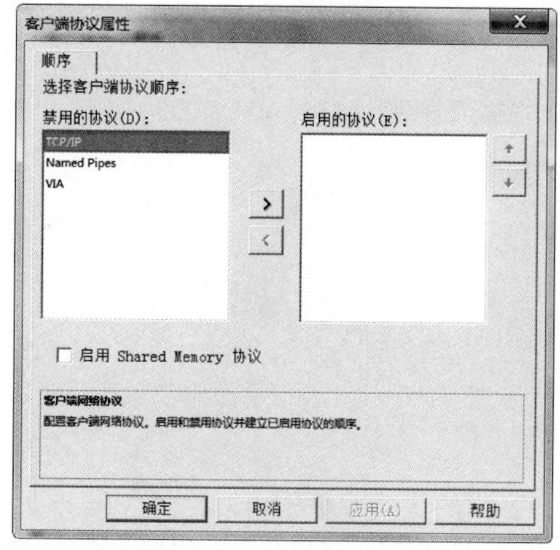

图 5-31 打开“客户端协议属性”对话框

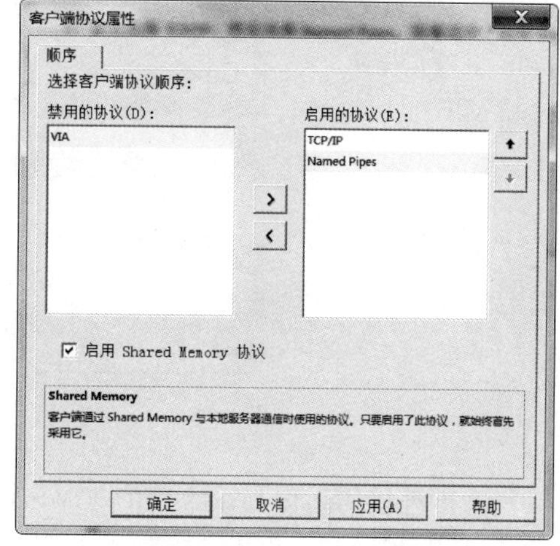

图 5-32 选择客户端协议顺序

4）最后单击“确定”按钮，设置完成，如图 5-33 所示。

（6）配置远程 SQL Server 服务

登录远程服务器需要提前完成一些必要的设置。

1）将客户端 Administrator 用户密码改成与服务器端 Administrator 用户密码，在客户端连接 SQL Server 服务器时，利用 Administrator 身份验证方式验证。

2）在客户端上打开 SQL Server Management Studio，在“服务器名称”下拉列表中选中远程服务器 WINDOWS2018X，如图 5-34 所示。

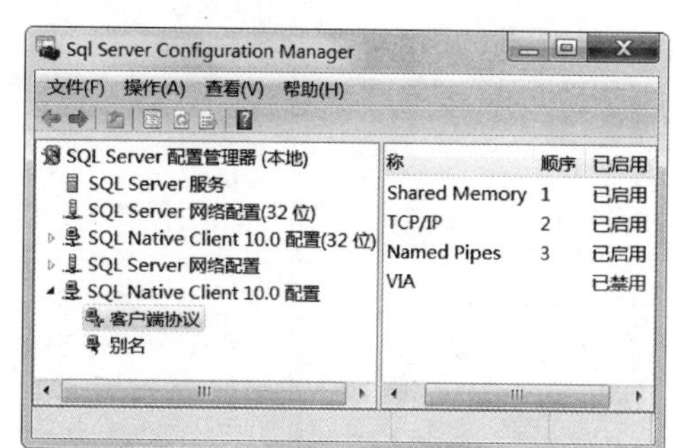

图 5-33 客户端协议顺序

图 5-34 “连接到服务器”对话框

3）单击“连接”按钮，会连接上远程 SQL Server 服务器，如图 5-35 所示。

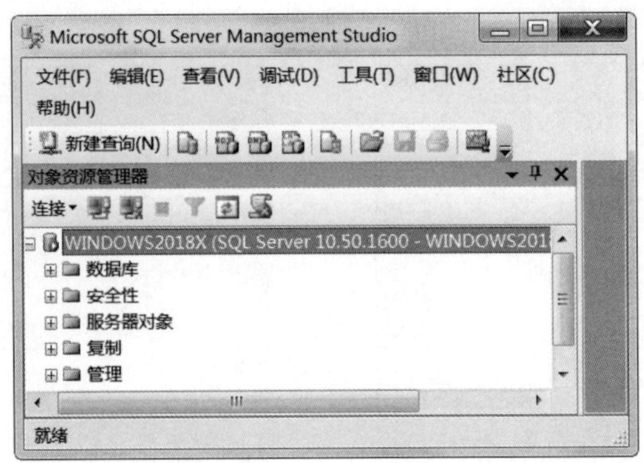

图 5-35　连接远程服务器

4）右击连接的远程服务器 WINDOWS2018X，在弹出的快捷菜单中可以选择“停止”“暂停”“重新启动”和“断开连接”等命令，进行服务器的相应管理操作，如图 5-36 所示。

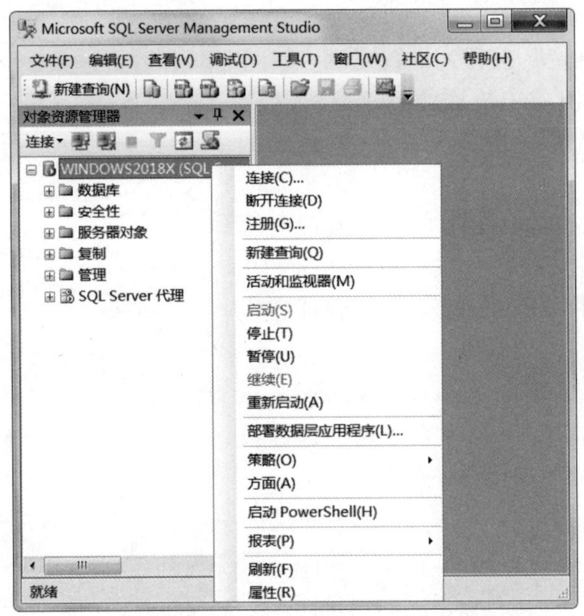

图 5-36　服务器管理操作

5.2.3　服务器基本管理操作

数据库安装完成后，在日常管理过程中需要对数据库进行开启、关闭、数据库查询以及数据库备份恢复等系列操作。

1. 启动 SQL Server 2008 数据库

数据库启动方式有命令行、服务和登录方式启动。

(1) 启动 SQL Server 数据库服务

1）第一种启动方式：C:\ >net start 实例名。

其他相关操作命令。

① 停止 SQL Server 服务命令：net stop 实例名。

② 暂停 SQL Server 服务命令：net pause 实例名。

③ 恢复 SQL Server 服务命令：net continue 实例名。

2）第二种方式：开启 Windows 服务中的数据库服务：SQL Server 实例名。

（2）启动 SQL 数据库

1）第一种：C:\>sqlcmd -E （以操作系统验证方式连接本地服务器默认实例）。

类似于 SQL * Plus 中以 sys 用户操作系统验证方式连接数据库 sqlplus /as sysdba。

2）第二种：C:\>sqlcmd -U 服务器用户 -P 口令 （以 SQL Server 验证方式连接本地服务器）。

3）第三种：C:\>sqlcmd -S 远程服务器名\实例名 -U 服务器用户 -P 口令（连接远程服务器或本地非默认实例时用-S）。

（3）切换数据库

命令：use〈数据库〉。

（4）切换用户

命令：connect 主机名\实例名 -U 登录账号 -P 口令。

（5）用户登录

SQL Server 服务器登录用户分为 Windows 验证及 SQL Server 验证两种。Windows 验证登录用户是把 Windows 操作系统用户添加到 SQL Server 服务器登录用户。SQL Server 验证用户是在服务器上创建另外一种独立用户。服务器端通过 Windows 验证与混合验证两种方式允许哪类登录用户连接到服务器。如当前登录用户为 sysadmin 固定服务器角色成员，则可使用 Management Studio 设置服务器验证方式。

sa 用户属于 sysadmin 固定服务器角色，权限类似于 Oracle 的 sys 用户，是服务器上权限最大的用户。为提高安全性，应该禁用 sa 用户（alter login sa disable，重启时 disable 改成 enable），或者对 sa 用户设置强密码。

2. SQL 数据库备份

数据库备份有全库备份、文件备份、文件组备份、差异备份和日志备份等多种备份，且备份方式有手动和自动方式。

（1）SQL 全库备份

1）命令：backup database 备份的数据库 to disk = '物理文件名' with noinit （附加备份，init 为覆盖备份）。

2）创建备份设备的存储过程。

命令：exec sp_addumpdevice 'disk' '备份设备的逻辑名'，'物理文件名'。

3）执行备份操作。

命令：backup database 备份的数据库 to 备份设备的逻辑名 with noinit。

4）实例：备份系统数据库 master 为 masterbak.bak 并存放在 D 盘根目录下。

```
use master
go
exec  sp_addumpdevice  'disk', 'masterdev', 'D:\masterbak.bak'
```

```
go
backup database master to masterdev
go
```

（2）SQL 文件备份

命令：backup database 数据库名 file = '备份文件的逻辑名' to disk = '物理文件名.bak'。

（3）SQL 文件组备份

命令：backup database 数据库名 filegroup = '备份文件组的逻辑名' to disk = '物理文件名.bak'。

（4）SQL 差异备份

命令：backup database 数据库名 file = '逻辑文件名' to 逻辑设备 | disk = '物理文件名.bak' with differential。

（5）SQL 事务日志备份

1）正常事务日志备份：backup log 数据库名 to 逻辑设备名 | disk = '物理文件名.bak'。

2）事务日志尾部备份：（数据库故障不能连接，联机日志未损坏，备份上次事务日志备份以来事务日志）backup log 数据库名 to 逻辑设备名 | disk = '物理文件名.bak' with norecovery，no_truncate。

（6）自动备份

创建数据库定时启动备份计划，到设定时间系统会自动完成设定备份任务。

1）打开计算机管理中 SQL Server 服务，将 SQL Server 代理（MSSQLSERVER）为自动运行并处于开启状态，如图 5-37 所示。

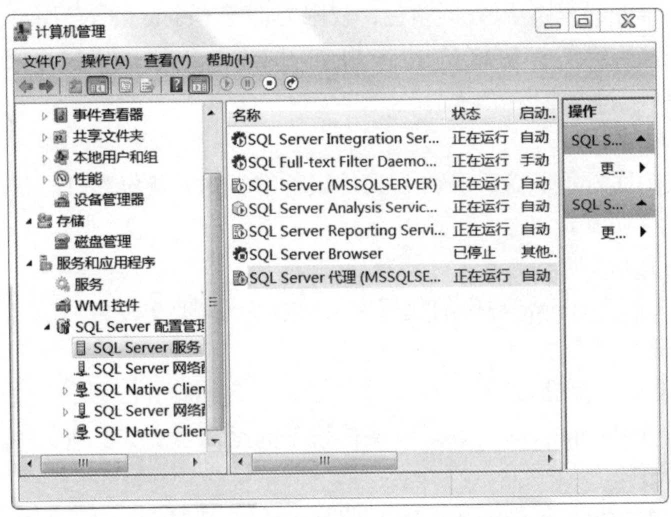

图 5-37 启动 SQL Server 代理

2）打开“连接到服务服务器”对话框，利用 SQL Server 身份验证登录数据库，输入用户名和密码后，单击“连接”按钮，如图 5-38 所示。

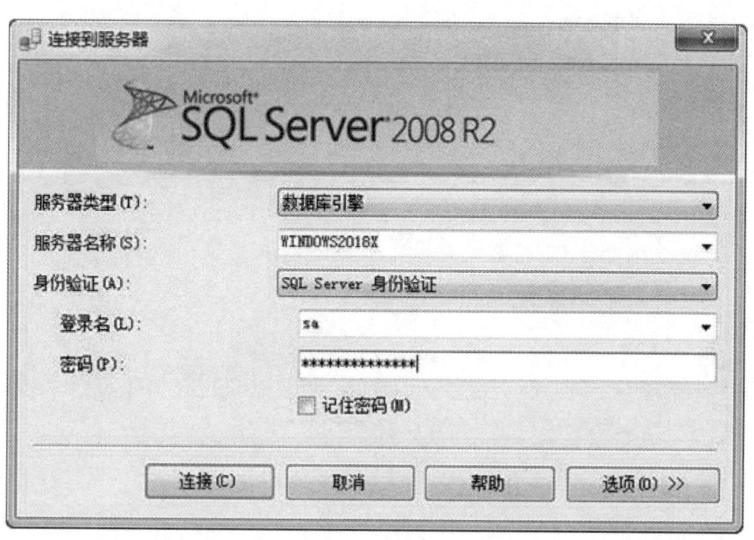

图 5-38 登录数据库

3）打开对象资源管理器，展开“管理”折叠区域，右击“维护计划”折叠选项，在快捷菜单中选择“维护计划向导”命令，如图 5-39 所示。

4）打开“维护计划向导”对话框，单击“下一步”按钮，如图 5-40 所示。

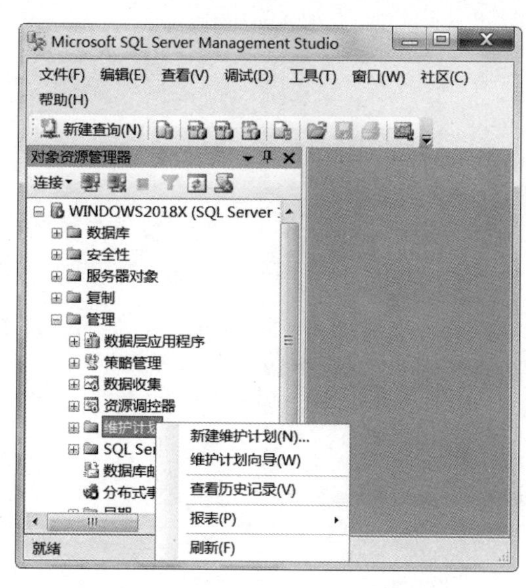

图 5-39 选择“维护计划向导”命令

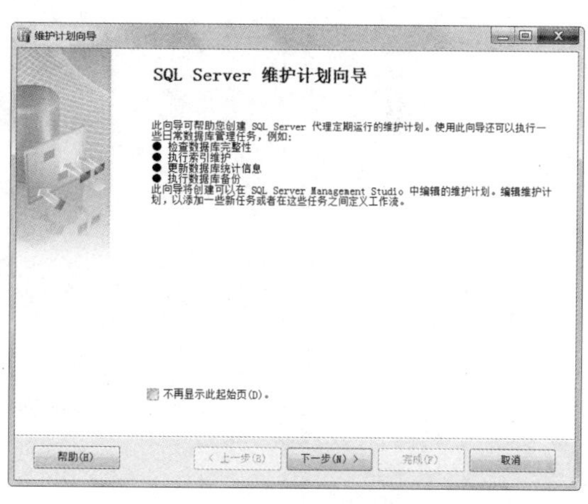

图 5-40 打开“维护计划向导”对话框

5）在“选择计划属性”界面中输入名称，然后单击“更改”按钮，如图 5-41 所示。

6）在“选择维护任务”界面中勾选“备份数据库（完整）”和“‘清除维护’任务”复选框，然后单击“下一步”按钮，如图 5-42 所示。

7）在“选择维护任务顺序”界面中直接单击“下一步”按钮，如图 5-43 所示。

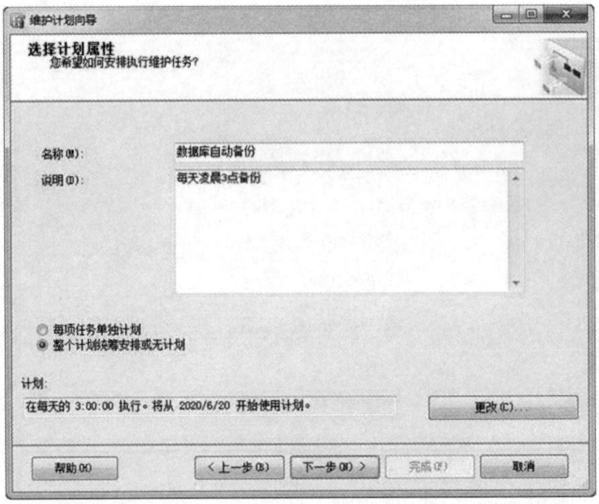

图 5-41 “选择计划属性”界面

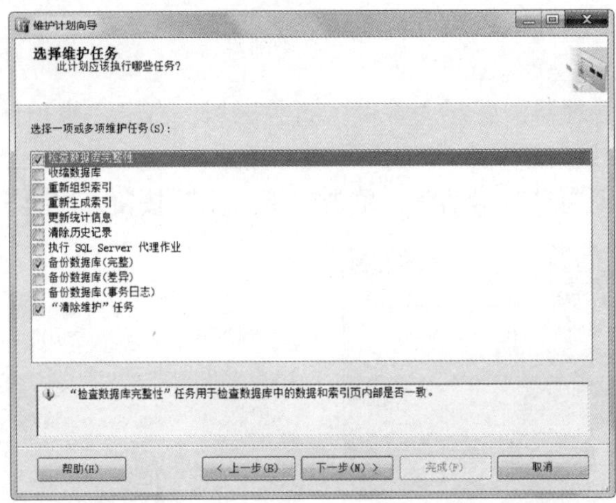

图 5-42 “选择维护任务”界面

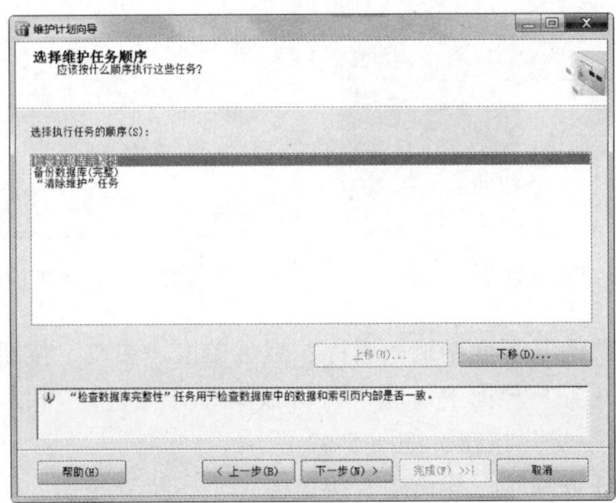

图 5-43 “选择维护任务顺序”界面

8）在“定义‘备份数据库（完整）’任务”界面中设置“数据库”为“特定数据库”，勾选 worker 复选框，单击“确定”按钮，然后设置保存数据库目录，单击“下一步”按钮，如图 5-44 所示。

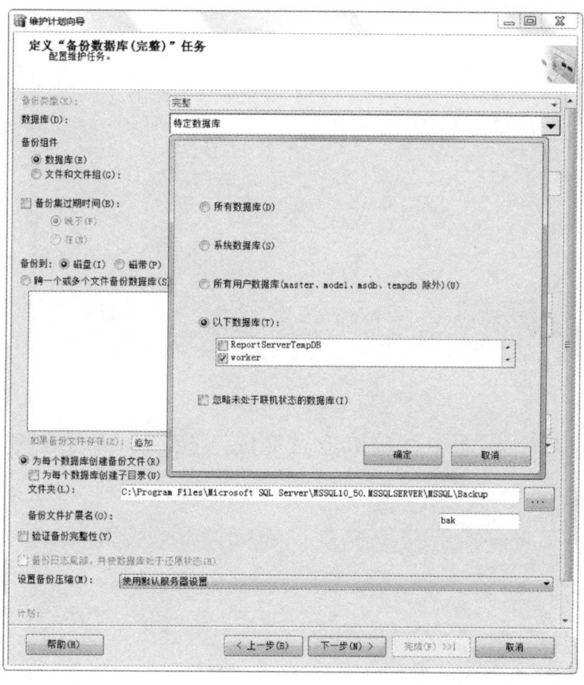

图 5-44　选择特定数据库

9）在“定义‘清除维护’任务”界面中采用默认选项设置，直接单击“下一步”按钮，如图 5-45 所示。

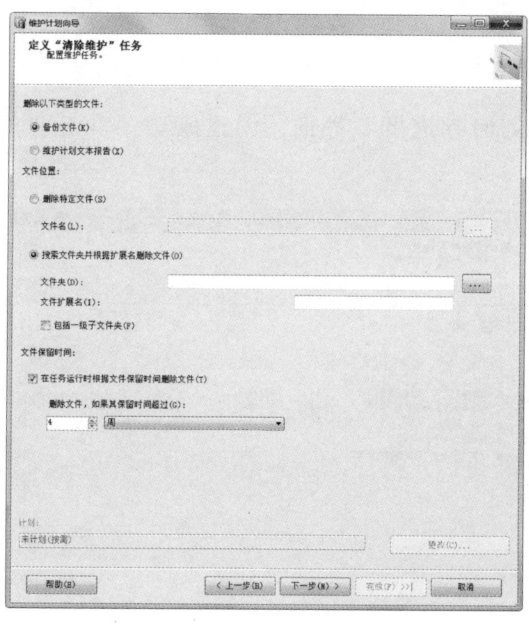

图 5-45　定义清除维护任务

10）在“选择报告选项”界面中采用默认目录设置，单击“下一步”按钮，如图5-46所示。

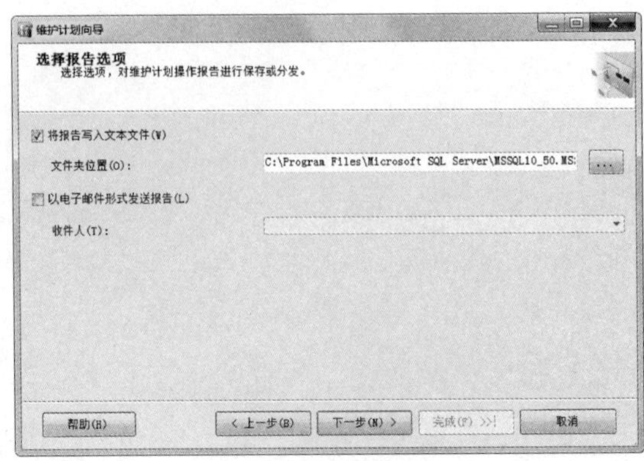

图5-46 选择报告选项

11）在“完成该向导”界面中直接单击“完成”按钮，开始创建数据库自动备份计划任务，如图5-47所示。

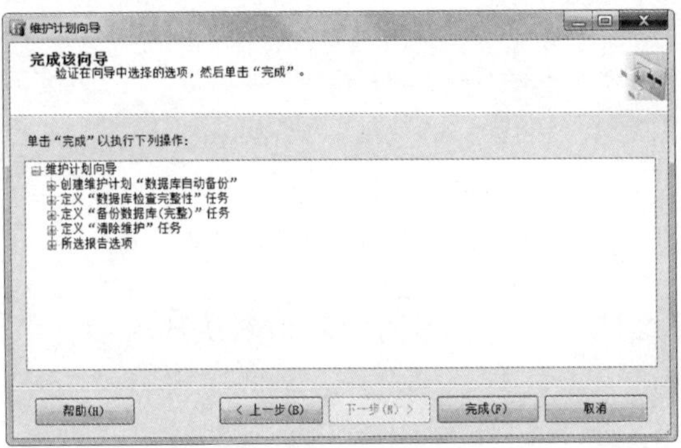

图5-47 完成向导

12）弹出“维护计划向导进度”界面，创建成功，单击“关闭”按钮，如图5-48所示。

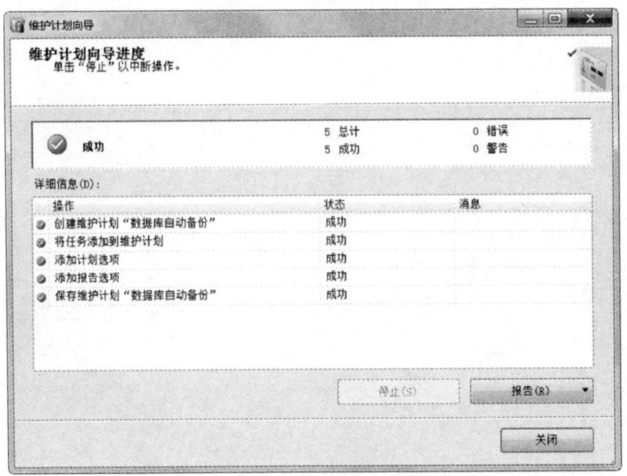

图5-48 完成维护计划向导

3. SQL 数据库/文件恢复

数据库/文件恢复是通常用在数据库系统出现问题时从备份数据中恢复数据/文件到数据库系统中。

（1）全库备份恢复

命令：restore database 数据库名 from 逻辑设备名| disk = '物理文件名 . bak' with norecovery | recovery。

（2）文件（组）备份恢复

命令：restore database 数据库名 from 逻辑设备名| disk = '物理文件名 . bak'

file = '逻辑文件名' with norecovery | recovery。

命令：restore database 数据库名 from 逻辑设备名| disk = '物理文件名 . bak'

filegroup = '文件组名' with norecovery | recovery。

（3）恢复事务日志

命令：restore log 数据库名 from 逻辑设备名 | disk = '物理文件名' with norecovery | recovery。

（4）通过系统菜单还原数据库

1）登录数据库，右击对象资源管理器窗口中“数据库”选项，在弹出的快捷菜单中选择“还原数据库”命令，如图 5-49 所示。

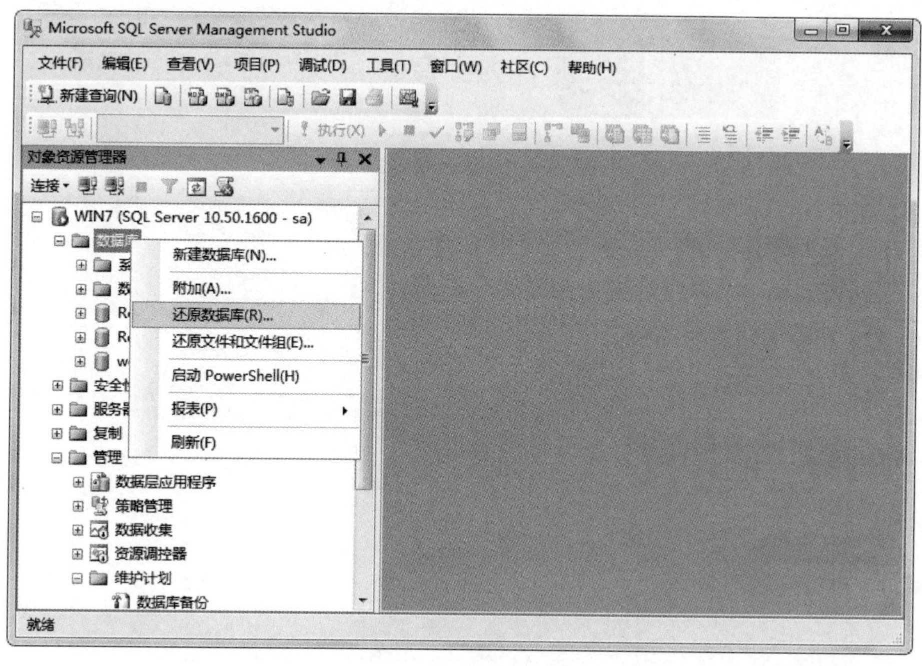

图 5-49　打开对象资源管理器

2）弹出“还原数据库”对话框，选择目标数据库，然后选择备份的源设备所在目录，如图 5-50 所示。

3）选择好目标数据库和源设备后，再勾选用于还原的备份集复选框，单击“确定”按钮，如图 5-51 所示。

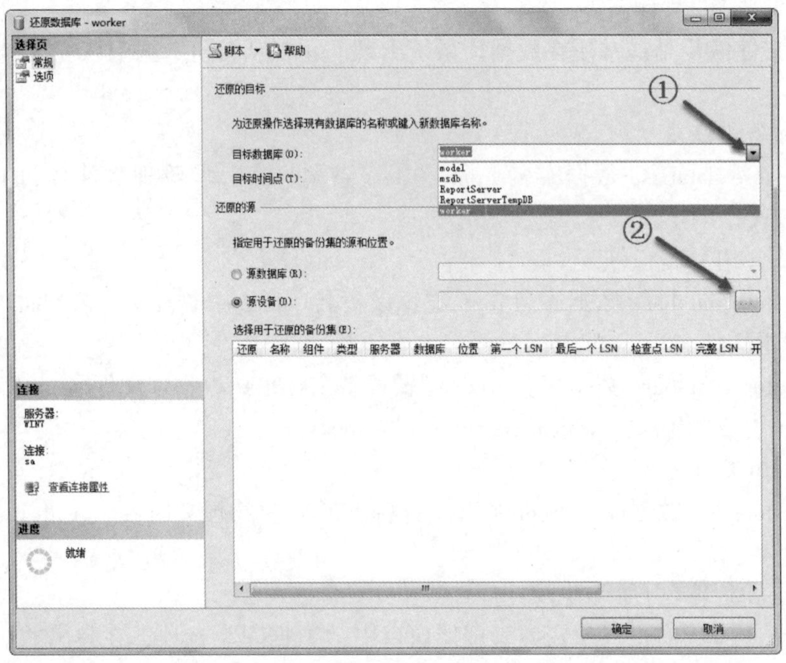

图 5-50　选择还原目标和源设备

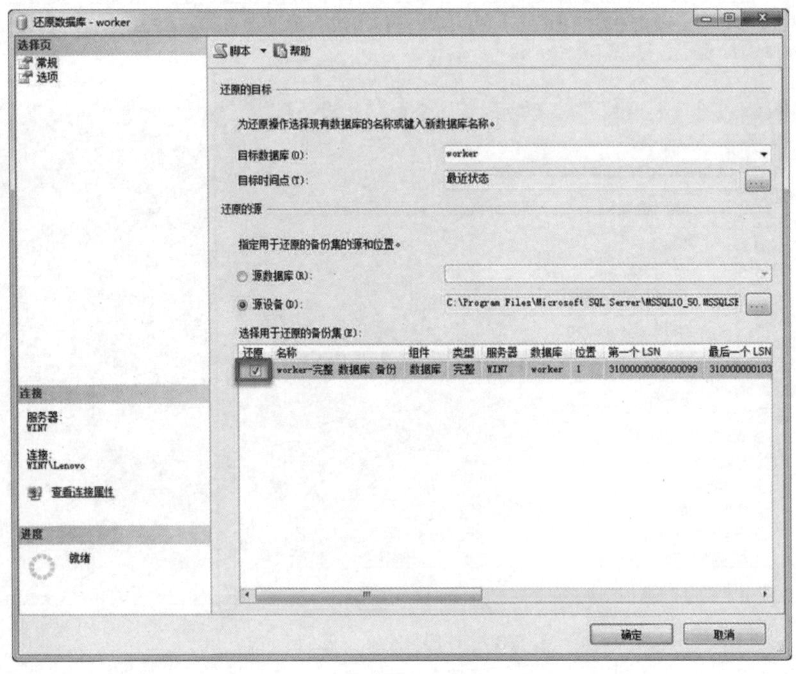

图 5-51　勾选用于还原的备份集

4）选择“选择页”区域中“选项”选项，然后勾选右边“覆盖现有数据库”和“限制访问还原的数据库”复选框，最后单击“确定”按钮，如图 5-52 所示。

5）数据库开始执行还原，并成功完成还原操作，如图 5-53 所示。

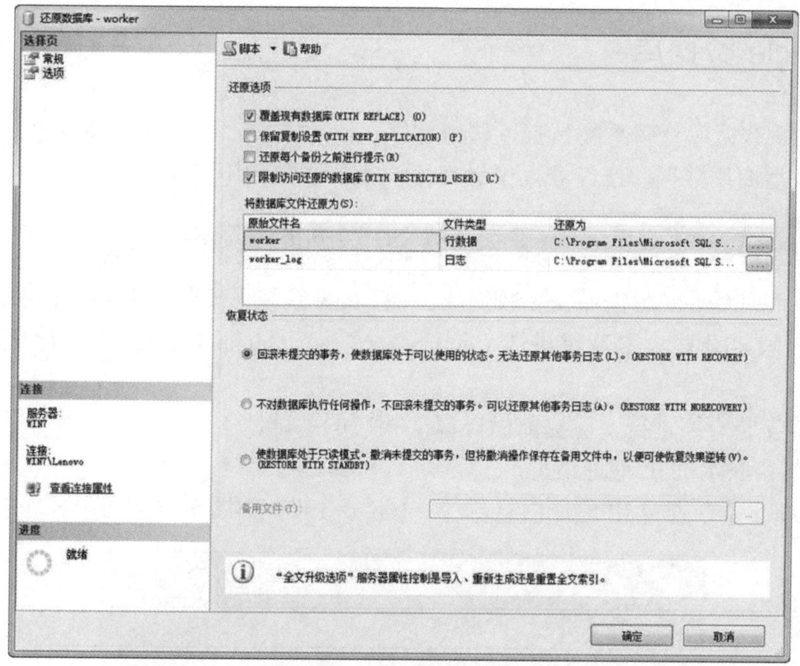

图 5-52　选择还原选项

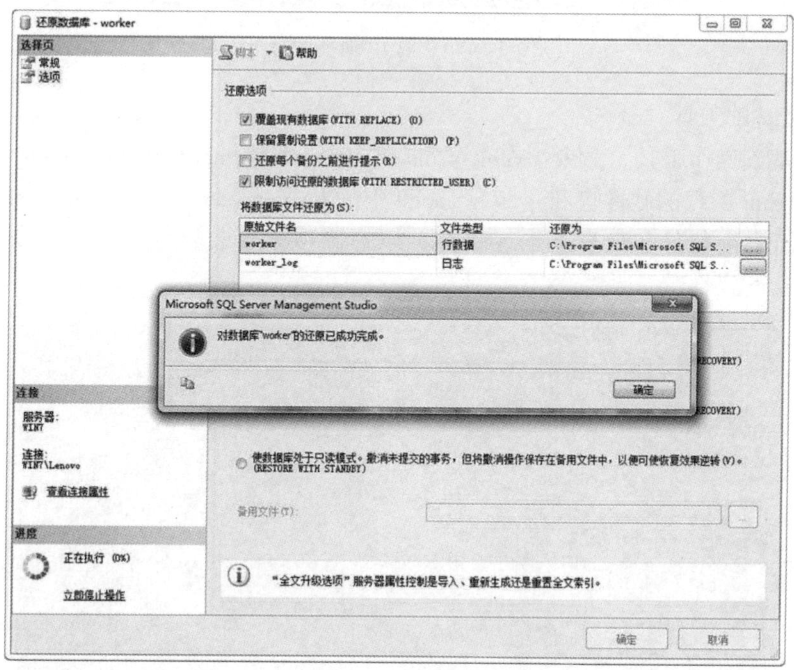

图 5-53　执行还原数据库操作

4. 数据库卸载

不同的数据库卸载方式有差异，SQL Server 数据库卸载方式是通过控制面板的程序应用列表中卸载。

5.3 Oracle 数据库

Oracle 关系数据库管理系统具有可移植性好、使用方便、功能强、高效率、可靠性强等优点。作为大型商用数据库已经开发了针对不同操作系统的不同版本。

5.3.1 CentOS 7.6 下安装 Oracle 数据库基础准备

Windows 系列 Oracle 数据库安装较简单，而 Linux 系统下安装则需要进行系列前期配置，安装过程相对较复杂些。本节仅讲述 CentOS 7.6 版下 Oracle 11g R2 数据库版本安装简要步骤。

为了保障安装有序进行，应提前做好以下相应的基础性工作。

（1）提前获取本机 IP 地址信息

使用 ifconfig 命令查看 IP 地址信息：192.168.0.107，如图 5-54 所示。

```
[root@localhost home]# ifconfig
ens33: flags=4163<UP,BROADCAST,RUNNING,MULTICAST>  mtu 1500
        inet 192.168.0.107  netmask 255.255.255.0  broadcast 192.168.0.255
        inet6 fe80::527c:16e4:8a69:e4c6  prefixlen 64  scopeid 0x20<link>
        ether 00:0c:29:85:f3:fe  txqueuelen 1000  (Ethernet)
        RX packets 1256310  bytes 1797954555 (1.6 GiB)
        RX errors 0  dropped 0  overruns 0  frame 0
        TX packets 111277  bytes 11478079 (10.9 MiB)
        TX errors 0  dropped 0 overruns 0  carrier 0  collisions 0
```

图 5-54　获取 IP 地址信息

（2）安装基础工具

1）安装基础操作工具。命令：yum -y install epel-release net-tools vim lrzsz tree screen。

2）清除 yum 下载的软件包和存储在 cache 中的 header，命令：yum clean all。

3）将服务器上软件包信息在本地缓存，以提高搜索安装软件速度，命令：yum makecache，如图 5-55 操作。

```
[root@localhost home]# yum clean all
Loaded plugins: fastestmirror, langpacks
Cleaning repos: base epel extras updates
Cleaning up list of fastest mirrors
[root@localhost home]# yum makecache
Loaded plugins: fastestmirror, langpacks
Determining fastest mirrors
epel/x86_64/metalink                                     | 8.9 kB  00:00:00
 * base: mirrors.aliyun.com
 * epel: mirrors.aliyun.com
 * extras: mirrors.aliyun.com
 * updates: mirrors.ustc.edu.cn
base                                                     | 3.6 kB  00:00:00
epel                                                     | 4.7 kB  00:00:00
extras                                                   | 2.9 kB  00:00:00
updates                                                  | 2.9 kB  00:00:00
(1/16): base/7/x86_64/group_gz                           | 165 kB  00:00:00
(2/16): epel/x86_64/group_gz                             |  95 kB  00:00:00
(3/16): base/7/x86_64/other_db                           | 2.6 MB  00:00:02
(4/16): epel/x86_64/updateinfo                           | 1.0 MB  00:00:02
(5/16): epel/x86_64/prestodelta                          | 1.7 kB  00:00:04
(6/16): epel/x86_64/primary_db                           | 6.7 MB  00:00:06
(7/16): base/7/x86_64/primary_db                         | 6.0 MB  00:00:09
(8/16): extras/7/x86_64/filelists_db                     | 217 kB  00:00:00
(9/16): extras/7/x86_64/other_db                         | 107 kB  00:00:00
```

图 5-55　缓存操作

(3) 同步系统时间

命令：ntpdate cn. pool. ntp. org，如图 5-56 所示。

```
[root@localhost home]# ntpdate cn.pool.ntp.org
25 Mar 21:47:57 ntpdate[11416]: adjust time server 162.159.200.1 offset -0.029397 sec
[root@localhost home]#
```

图 5-56 同步系统时间

5. 3. 2 CentOS 7. 6 下安装 Oracle 数据库环境搭建

在正式开始安装数据库前必须就操作系统做好前期基础环境配置、用户创建工作和程序复制安装等。

(1) 关闭防火墙和 selinux

关闭后测试环境更方便快速稳定部署，但生产环境不建议关闭防火墙和 selinux。

1) 查看防火墙状态：systemctl status firewalld 或者用：firewall-cmd -state，如图 5-57 所示。

```
[root@localhost home]# systemctl status firewalld
● firewalld.service - firewalld - dynamic firewall daemon
   Loaded: loaded (/usr/lib/systemd/system/firewalld.service; enabled; vendor preset: e
nabled)
   Active: active (running) since Wed 2020-03-25 21:19:20 EDT; 30min ago
     Docs: man:firewalld(1)
 Main PID: 6451 (firewalld)
    Tasks: 2
   CGroup: /system.slice/firewalld.service
```

图 5-57 查看防火墙状态

2) 关闭防火墙命令：systemctl stop firewalld. service，如图 5-58 所示。

```
[root@localhost home]# systemctl stop firewalld.service
[root@localhost home]# systemctl  status firewalld.service
● firewalld.service - firewalld - dynamic firewall daemon
   Loaded: loaded (/usr/lib/systemd/system/firewalld.service; enabled; vendor preset:
nabled)
   Active: inactive (dead) since Wed 2020-03-25 21:52:22 EDT; 16s ago
     Docs: man:firewalld(1)
  Process: 6451 ExecStart=/usr/sbin/firewalld --nofork --nopid $FIREWALLD_ARGS (code=
ited, status=0/SUCCESS)
 Main PID: 6451 (code=exited, status=0/SUCCESS)

Mar 25 21:16:22 localhost.localdomain systemd[1]: Starting firewalld - dynamic fire..
Mar 25 21:19:20 localhost.localdomain systemd[1]: Started firewalld - dynamic firew..
Mar 25 21:52:20 localhost.localdomain systemd[1]: Stopping firewalld - dynamic fire..
Mar 25 21:52:22 localhost.localdomain systemd[1]: Stopped firewalld - dynamic firew..
Hint: Some lines were ellipsized, use -l to show in full.
[root@localhost home]# systemctl disable firewalld
Removed symlink /etc/systemd/system/multi-user.target.wants/firewalld.service.
Removed symlink /etc/systemd/system/dbus-org.fedoraproject.FirewallD1.service.
[root@localhost home]# _
```

图 5-58 临时关闭防火墙

另外几个相关命令如下。

① 关闭防火墙自动启动命令：systemctl disable firewalld。

② 打开防火墙自动启动命令：systemctl enable firewalld。

③ 停止防火墙命令：systemctl stop firewalld。

3）考虑到 Oracle 使用 1521 默认端口，也可以在打开防火墙的情况下放开 1521 端口。命令：firewall-cmd --zone = public --add-port = 1521/tcp --permanent。

① 查看端口开放情况：firewall-cmd -list-ports。

② 重新加载使配置生效：firewall-cmd --reload。

4）关闭 selinux。

① 修改/etc/selinux/config 文件内容，将 SELINUX = enforing 值修改为 SELINUY = disabled，如图 5-59 所示。

```
# This file controls the state of SELinux on the system.
# SELINUX= can take one of these three values:
#     enforcing - SELinux security policy is enforced.
#     permissive - SELinux prints warnings instead of enforcing.
#     disabled - No SELinux policy is loaded.
SELINUX=disabled
# SELINUXTYPE= can take one of three values:
#     targeted - Targeted processes are protected,
#     minimum - Modification of targeted policy. Only selected processes are protected.
#     mls - Multi Level Security protection.
SELINUXTYPE=targeted
```

图 5-59　永久关闭 selinux

② 设置宽容模式命令：setenforce 0（1 为强制启用模式）。

③ 查看当前 selinux 模式命令：getenforce，如图 5-60 所示。

```
[root@localhost home]# vim /etc/selinux/config
[root@localhost home]# setenforce 0
[root@localhost home]# getenforce
Permissive
[root@localhost home]# _
```

图 5-60　设置并查看 selinux 模式

（2）创建运行 oracle 用户和用户组

以下是添加组和用户的具体步骤，效果如图 5-61 所示。

1）切换到 root 用户：su root。

2）创建 oinstall 用户组：groupadd　oinstall。

3）创建 dba 用户组：groupadd　dba。

4）创建 asmadmin 用户组：groupadd asmadmin。

5）创建 asmdba 用户组：groupadd asmdba。

6）创建 oracle 用户，加入 oinstall 和 dba 组：useradd　-g　oinstall　-G　dba，asmdba oracle　-d /home/oracle。

```
[test1@localhost home]$ su root
Password:
[root@localhost home]# groupadd oinstall
[root@localhost home]# groupadd dba
[root@localhost home]# groupadd asmadmin
[root@localhost home]# groupadd asmdba
[root@localhost home]# useradd -g oinstall -G dba,asmdba oracle -d /home/oracle
```

图 5-61　添加组和用户

以下为查看用户 ID 和设置用户密码的步骤，如图 5-62 所示。

7）添加完成后，查看 Oracle 用户：id oracle。

8）初始化 Oracle 用户的密码：passwd oracle。

```
[root@localhost home]# id oracle
uid=1001(oracle) gid=1001(oinstall) groups=1001(oinstall),1002(dba),1004(asmdba)
[root@localhost home]# passwd oracle
Changing password for user oracle.
New password:
Retype new password:
passwd: all authentication tokens updated successfully.
[root@localhost home]#
```

图 5-62　设置用户密码

(3) 配置 hostname（本机 IP 映射）主机

1) 在/etc/hosts 文件中添加一行内容：192.168.0.107 oracle，如图 5-63 所示。

```
[root@localhost home]# vim /etc/hosts
[root@localhost home]# cat /etc/hosts
127.0.0.1   localhost localhost.localdomain localhost4 localhost4.localdomain4
::1         localhost localhost.localdomain localhost6 localhost6.localdomain6
192.168.0.107  oracle
[root@localhost home]#
```

图 5-63　配置 hostname 映射

2) 测试 hostname 映射是否成功命令：ping -c 3 oracle，如图 5-64 所示。

```
[root@localhost home]# ping -c 3 oracle
PING oracle (192.168.0.107) 56(84) bytes of data.
64 bytes from oracle (192.168.0.107): icmp_seq=1 ttl=64 time=0.098 ms
64 bytes from oracle (192.168.0.107): icmp_seq=2 ttl=64 time=0.105 ms
64 bytes from oracle (192.168.0.107): icmp_seq=3 ttl=64 time=0.102 ms

--- oracle ping statistics ---
3 packets transmitted, 3 received, 0% packet loss, time 1999ms
rtt min/avg/max/mdev = 0.098/0.101/0.105/0.012 ms
[root@localhost home]#
```

图 5-64　测试主机映射情况

(4) 创建目录

以下是创建目录与用户授权的操作步骤，如图 5-65 所示。

1) 创建 Oracle 安装目录：mkdir -p /home/data/oracle。

2) 创建 Oracle 解压目录：mkdir -p /home/data/database。

3) 创建 Oracle 配置文件目录：mkdir -p /home/data/oraInventory。

4) 设置 oracle 用户为目录的所有者：chown -R oracle：oinstall /home/data。

5) 设置 oracle 用户对目录操作权限：chmod -R 775 /home/data。

```
[root@localhost data]# mkdir -p /home/data/oracle
[root@localhost data]# mkdir -p /home/data/database
[root@localhost data]# mkdir -p /home/data/oraInventory
[root@localhost data]# chown -R oracle:oinstall /home/data
[root@localhost data]# chmod -R 775 /home/data
[root@localhost data]# _
```

图 5-65　创建目录及授权操作

(5) 修改 Oracle 用户限制

1) 修改/etc/security/limits.conf 文件，添加以下四行内容，修改操作系统对 Oracle 用户资源的限制。

```
oracle    soft    nproc  2047
```

```
oracle    hard    nproc  16384
oracle    soft    nofile  1024
oracle    hard    nofile 65536
```

2）编辑文件/etc/pam.d/login，将以下两行内容（包括 pam_limits.so 文件）加入到启动文件中，达到使 limits.conf 文件配置生效的目的。

```
session    required    /lib/security/pam_limits.so
session    required    pam_limits.so
```

（6）修改配置文件/etc/profile

为了能让每个用户在每次登录系统之后，都能自动设置其最大可启动进程数与最多可开启文件数，因此，必须设置 /etc/profile。

1）将以下内容添加/etc/profile 文件中，特别注意中括号前后均添加空格，等号前后均添加空格。

```
if [ $USER = "oracle" ]; then
if [ $SHELL = "/bin/ksh" ]; then
    ulimit -p 16384
    ulimit -n 65536
else
    ulimit -u 16384 -n 65536
fi
  umask 022
fi
```

2）修改配置完成后使修改的配置文件生效：source /etc/profile。具体操作如图 5-66 所示。

```
[root@localhost data]# vim /etc/security/limits.conf
[root@localhost data]# vim /etc/pam.d/login
[root@localhost data]# vim /etc/profile
[root@localhost data]# source /etc/profile
[root@localhost data]# _
```

图 5-66　修改配置及生效

（7）配置内核参数和资源限制

1）编辑/etc/sysctl.conf 文件，设置以下相关参数的系统默认值，让每次操作系统启动时，自动设置这些内核参数。

####oracle

fs.aio-max-nr = 1048576　　#同时可以拥有的异步 IO 请求数目

fs.file-max = 6815744　　#文件句柄最大数量

kernel.shmall = 2097152　　#系统所有可用共享内存页数大小，内存×1024×1024/4K，例如 4GB 值为 1048576，8GB 值为 2097152。Linux 共享内存页大小为 4KB，共享内存段大小都是共享内存页大小整数倍。

kernel.shmmax = 536870912　　#单个段共享内存段最大字节数：大于等于 sag_max_size 初始化参数大小，且不要小于物理内存的一半。

kernel.shmmni = 4096　　#共享内存段最大数量 4096

kernel. sem = 250 32000 100 128　　#4个参数依次每个用户拥有信号量最大数、系统信号量最大数、系统调用操作数、系统量集最大数

net. ipv4. ip_local_port_range = 9000 65500　　#端口范围为指定内容

net. core. rmem_default = 262144　　#为 TCP socket 预留用于接收缓冲内存默认值

net. core. rmem_max = 4194304　　#为 TCP socket 预留用于接收缓冲内存最大值

net. core. wmem_default = 262144　　#为 TCP socket 预留用于发送缓冲内存默认值

net. core. wmem_max = 1048576　　#为 TCP socket 预留用于发送缓冲内存最大值

2）执行 sysctl -p 查看并生效（-p：从指定的文件加载系统参数，如不指定即从/etc/sysctl. conf 中加载），运行效果如图 5-67 所示。

```
[root@oracle oracle]# vim /etc/sysctl.conf
[root@oracle oracle]# sysctl -p
fs.aio-max-nr = 1048576
fs.file-max = 6815744
kernel.shmall = 2097152
kernel.shmmax = 536870912
kernel.shmmni = 4096
kernel.sem = 250 32000 100 128
net.ipv4.ip_local_port_range = 9000 65500
net.core.rmem_default = 262144
net.core.rmem_max = 4194304
net.core.wmem_default = 262144
net.core.wmem_max = 1048576
[root@oracle oracle]# |
```

图 5-67　修改生效执行

（8）配置 Oracle 用户环境变量

1）设置用户环境变量，将下列内容添加到/home/oracle/. bash_profile 文件中。注意：要写到原有“PATH = PATH：PATH：HOME/bin”变量上面，否则会提示“bash：sqlplus：command not found”。

```
umask 022
export ORACLE_BASE = /home/data/oracle
export ORACLE_HOME = $ORACLE_BASE/product/11.2.0/db_1
export ORACLE_SID = orcl
export ORACLE_TERM = xterm
export PATH = $ORACLE_HOME/bin: /usr/sbin: $PATH
export LD_LIBRARY_PATH = $ORACLE_HOME/lib: /lib: /usr/lib
export LANG = C
export NLS_LANG = " SIMPLIFIED CHINESE_CHINA.AL32UTF8"
PATH = $PATH: $HOME/.local/bin: $HOME/bin: $ORACLE_HOME/bin
export PATH
```

2）切换 oracle 用户，执行 source /home/oracle/. bash_profile 或 .. bash_profile 使之生效。

3）使用 echo　$ORACLE_HOME 来显示是否生效，如图 5-68 所示。

```
[root@localhost data]# vim /home/oracle/.bash_profile
[root@localhost data]# su oracle
[oracle@localhost data]$ source /home/oracle/.bash_profile
[oracle@localhost data]$ echo $ORACLE_HOME
/home/data/oracle/product/11.2.0/db_1
[oracle@localhost data]$ _
```

图 5-68　配置用户环境变量

(9) 配置主机名监听

1) 增加主机名，若不执行此操作，则配置监听时会出错，系统无法识别监听。

hostnamectl set-hostname oracle

2) 编辑文件增加主机名/etc/sysconfig/network，具体操作步骤如图5-69所示。

```
hostname = oracle
```

```
[root@oracle data]# hostnamectl set-hostname oracle
[root@oracle data]# cat /etc/sysconfig/network
# Created by anaconda
[root@oracle data]# vim /etc/sysconfig/network
[root@oracle data]# cat /etc/sysconfig/network
# Created by anaconda
hostname=oracle
[root@oracle data]# hostname
oracle
[root@oracle data]#
```

图5-69 配置主机名

(10) 安装相关依赖包

提前下载并使用本地文件安装系统依赖包。

```
compat-libstdc + +-33-3.2.3(i386)
compat-libstdc + +-33-3.2.3(x86_64)
elfutils-libelf-0.125
elfutils-libelf-devel-0.125
glibc-2.3.4-2.41 (i686)
glibc-2.5-24 (32 bit)
libaio-0.3.105 (i386)
libaio-devel-0.3.105 (i386)
libaio-devel-0.3.105 (x86_64)
libgcc-3.4.6 (i386)
libstdc + +-3.4.6 (i386)
unixODBC-2.2.11 (i386)
unixODBC-2.2.11 (x86_64)
unixODBC-devel-2.2.11 (i386)
unixODBC-devel-2.2.11 (x86_64)
pdksh-5.2.14
```

注意：不同的Linux版本对应的依赖包安装时可能存在差异，也可以在安装Oracle过程中利用rpm逐一强制安装解决，而且依赖包版本差异不大时也可以兼容。

(11) 安装图形化桌面

安装Oracle之前，CentOS需要安装桌面环境，如果你的机器一开始就已经装好了桌面环境，可以忽略此步骤。安装系统默认命令行界面，需要手动安装用户图形界面。

1) 查看一下当前的运行级别和可以安装的group。

```
systemctl get-default
yumgrouplist
```

2) 用命令行安装GNOME包，这需要等待很长一段时间。

yumgroupinstall " GNOME Desktop" " Graphical Administration Tools"。

3）安装后重启执行命令 xdpyinfo | grep local 查看。

在 CentOS 7 里面的默认运行级别可以查看到有两种：multi-user. target（命令模式）和 graphical. target（图形模式）。

4）更新系统的运行级别为 graphical. target，设置默认启动图形界面。

systemctl set-default graphical. target //设置图形界面

ln -sf /lib/systemd/system/graphical. target /etc/systemd/system/default. target //建立连接

systemctl get-default //查看模式

5）重启系统 reboot，然后开机就能进入图形界面，按照提示设置普通用户登录密码、语言和时区等。

（12）解压缩包并安装

1）将下载好的 Oracle 安装文件上传到 CentOS 7. 6 版操作系统/home/data 目录下。

2）执行解压命令到指定目录。

① unzip linux. x64_11gR2_database_1of2. zip -d /home/data/。

② unzip linux. x64_11gR2_database_2of2. zip -d /home/data/。

3）将/home/oracle/database 目录赋予 Oracle 账号所有，并拥有执行权限，如图 5-70 所示。

① chmod -R 700 /home/data/database。

② chown -R oracle：oinstall /home/data/database。

```
[root@oracle database]# chmod -R 700 /home/data/database
[root@oracle database]# chown -R oracle:oinstall /home/data/database
[root@oracle database]# export DISPLAY=:0.0
[root@oracle database]# xhost +
access control disabled, clients can connect from any host
```

图 5-70 设置目录权属

（13）显示设置

DISPLAY 变量是用来设置将图形显示到何处。

1）本地安装。需要进入 x-windows 界面，~/. bash_profile 文件中无需添加“export DISPLAY = IP：0. 0”，即便添加该内容，也不用写 IP 值，表示显示到本地监视器。

2）远程安装。假设 A 远程管理机器 IP 地址 IP_A，要装 Oracle 的 B 服务器 IP 地址 IP_B。Oracle 需要安装 x-windows 界面，并且需要在 A 上看到 B 机上的安装画面。

① A 客户端计算机需要启动 X-server，并对 B 机进行授权，这样 B 机才能访问，不然提示 No Protocol Specified。

xhost + IP_B：表示允许 B 机使用 A 机 X-server。

xhost +：表示允许所有机器连接。

② 修改 B 机服务器 Oracle 的环境变量在/home/oracle/. bash_profile 中加入 export DISPLAY = IP_A：0. 0（oracle 登录时候需要读取的环境变量）。

注意：在对用户 oracle 加了这个变量之后一定不要用 oracle 来登录图形界面，因为它会直接从 A 机进行输出，而 B 机只能看到一个背景，无法正常进入桌面，对其他用户无影响，毕竟其他用户不会读取 oracle 的配置文件。

5.3.3 CentOS 7.6 下安装 Oracle 数据库的要领

安装准备完成后，正式进行图形化安装界面。

具体安装步骤如下。

1）登录 oracle 用户：su - oracle。

2）改变目录：cd /home/data/database。

3）运行命令：export DISPLAY =：0.0。

4）运行命令：./runInstaller，如图 5-71 所示。

如果是中文字符集乱码，就执行：unset LANG LANGUAGE，再次执行安装脚本即可。这里指定 jdk 版本是因为后面会有窗口显示不全问题。

```
[root@oracle database]# su oracle
[oracle@oracle database]$ source  /home/oracle/.bash_profile
[oracle@oracle database]$ ./runInstaller -jreLoc
Starting Oracle Universal Installer...

Checking Temp space: must be greater than 120 MB.   Actual 20909 MB    Passed
Checking swap space: must be greater than 150 MB.   Actual 7631 MB    Passed
Checking monitor: must be configured to display at least 256 colors.    Actual 16
    Passed
Preparing to launch Oracle Universal Installer from /tmp/OraInstall2020-03-26_12-
M. Please wait ...[oracle@oracle database]$ _
```

图 5-71　启动安装程序

5）程序进入图形化安装界面，显示 Oracle 版本界面，如图 5-72 所示。

图 5-72　显示 Oracle 版本信息

6）其他类似 Windows 操作系统下安装数据库的步骤都省略，注意依次在相应界面中选中“服务器类”“单实例”和“典型安装”等单选按钮，主要是要解决好依赖包问题，如图 5-73 所示。

7）成功安装完毕，如图 5-74 所示。

8）安装完成后会提示需要执行两个脚本，如图 5-75 所示。

9）使用 root 账号执行两个脚本即可完成所有安装步骤，完成 Oracle 的配置和安装，如图 5-76 所示。

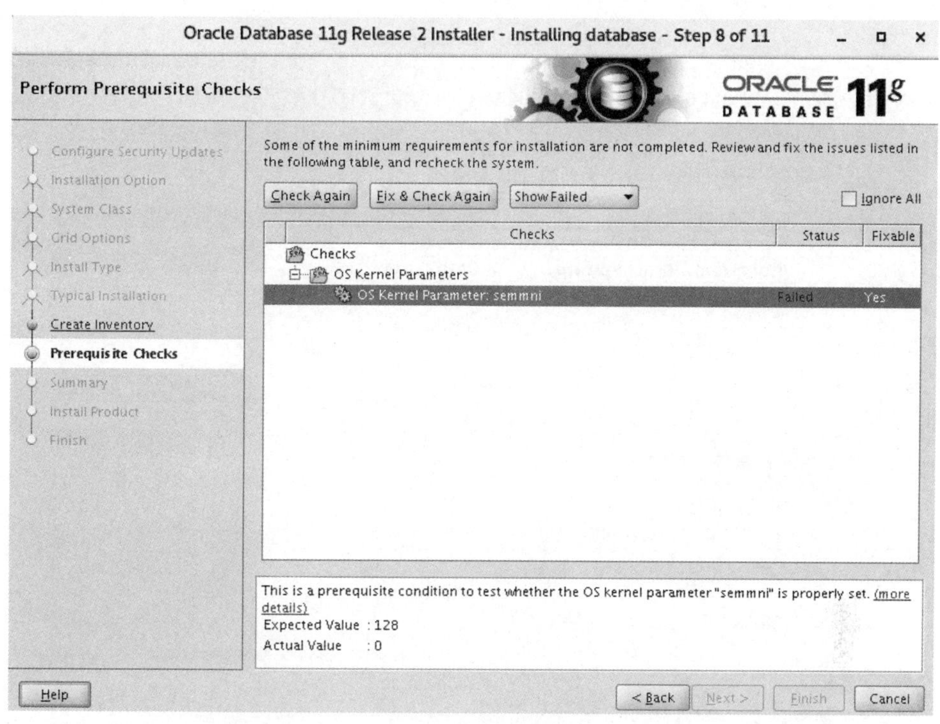

图 5-73 安装检测依赖包

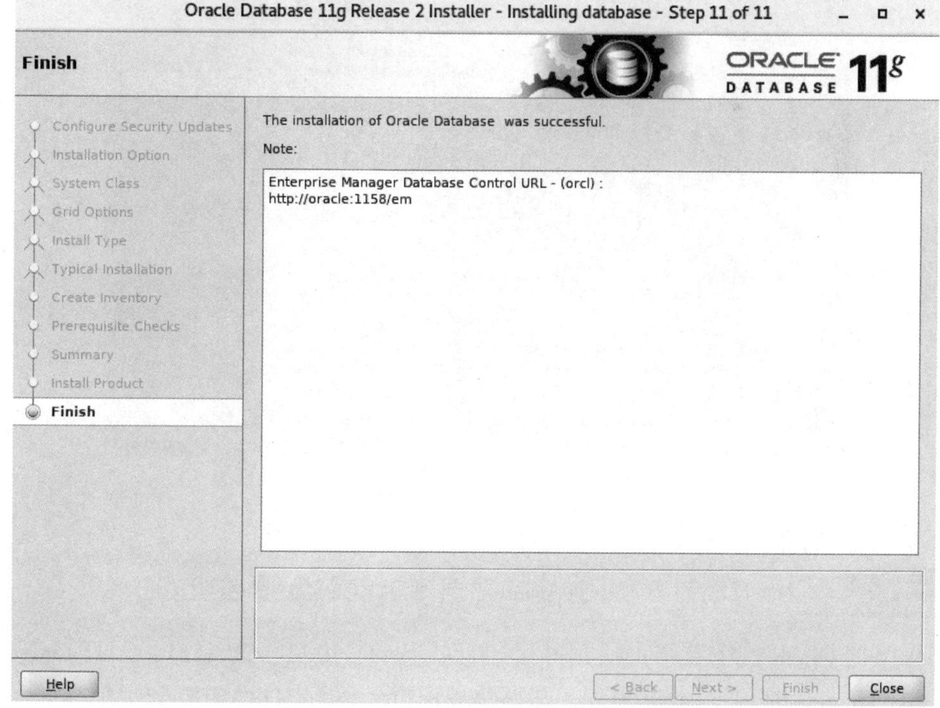

图 5-74 安装完毕

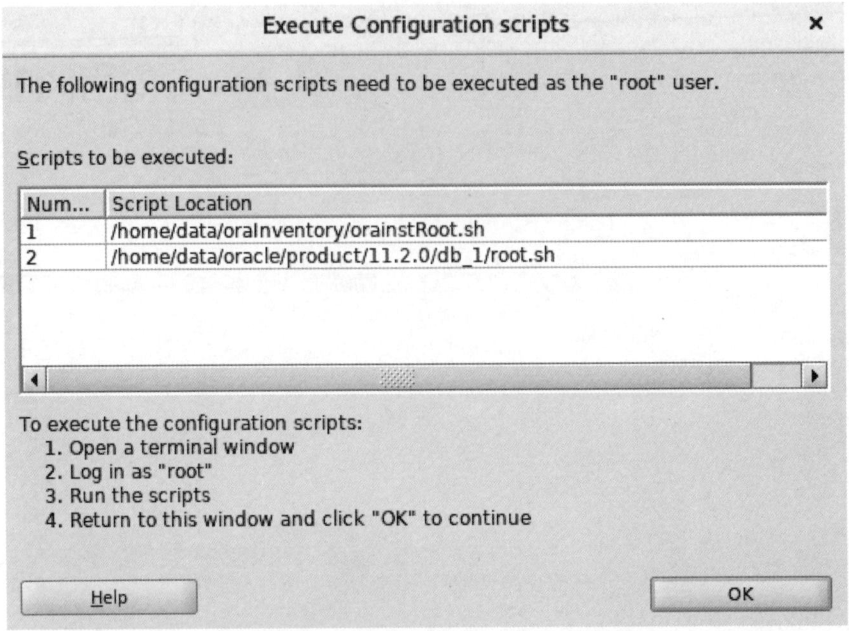

Execute Configuration scripts

The following configuration scripts need to be executed as the "root" user.

Scripts to be executed:

Num...	Script Location
1	/home/data/oraInventory/orainstRoot.sh
2	/home/data/oracle/product/11.2.0/db_1/root.sh

To execute the configuration scripts:

1. Open a terminal window
2. Log in as "root"
3. Run the scripts
4. Return to this window and click "OK" to continue

Help　　OK

图 5-75　安装配置操作

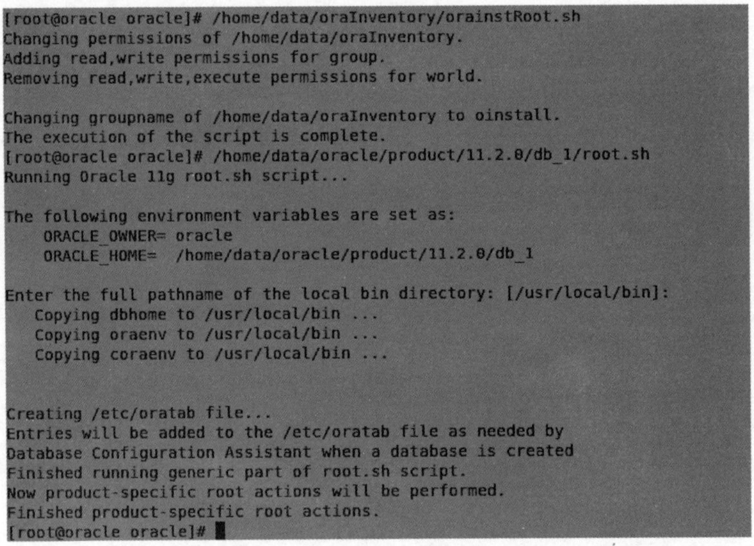

```
[root@oracle oracle]# /home/data/oraInventory/orainstRoot.sh
Changing permissions of /home/data/oraInventory.
Adding read,write permissions for group.
Removing read,write,execute permissions for world.

Changing groupname of /home/data/oraInventory to oinstall.
The execution of the script is complete.
[root@oracle oracle]# /home/data/oracle/product/11.2.0/db_1/root.sh
Running Oracle 11g root.sh script...

The following environment variables are set as:
    ORACLE_OWNER= oracle
    ORACLE_HOME=  /home/data/oracle/product/11.2.0/db_1

Enter the full pathname of the local bin directory: [/usr/local/bin]:
   Copying dbhome to /usr/local/bin ...
   Copying oraenv to /usr/local/bin ...
   Copying coraenv to /usr/local/bin ...


Creating /etc/oratab file...
Entries will be added to the /etc/oratab file as needed by
Database Configuration Assistant when a database is created
Finished running generic part of root.sh script.
Now product-specific root actions will be performed.
Finished product-specific root actions.
[root@oracle oracle]#
```

图 5-76　运行脚本操作

5.3.4　CentOS 7.6 下 Oracle 数据库启动和配置监听

Linux 下的 Oracle 在安装结束后是处于运行状态的，端口号为 1521，运行 top -u oracle 可以看到以 Oracle 用户运行的进程。在图形化界面下，运行 $ORACLE_HOME/sqldeveloper/sqldeveloper. sh 出现 Oracle 自带的免费 Oracle 管理客户端 SQL Developer。试着连接刚安装的 Oracle，确保连接成功。

（1）以 oracle 用户登录

以 oracle 身份登录数据库：su - oracle。

（2）启动监听服务

1）关闭监听，关闭 1521 端口：lsnrctl stop。

2）启动监听，开启 1521 端口：lsnrctl start。

3）查看监听状态：lsnrctl status。

（3）启动数据库

1）进入 Sqlplus 控制台：sqlplus /nolog。

2）以系统管理员登录：SQL > connect / as sysdba。

3）启动数据库实例：SQL > startup。

4）关闭数据库实例：SQL > shutdown immediate。

5）退出 sqlplus 控制台：SQL > exit。

完成以上操作，如图 5-77 所示。

```
[oracle@oracle ~]$ sqlplus /nolog

SQL*Plus: Release 11.2.0.1.0 Production on 星期一 4月 20 00:14:16 2020

Copyright (c) 1982, 2009, Oracle.  All rights reserved.

SQL> connect /as sysdba
Connected to an idle instance.
SQL> startup
ORACLE instance started.

Total System Global Area 1586708480 bytes
Fixed Size                  2213736 bytes
Variable Size             989857944 bytes
Database Buffers          587202560 bytes
Redo Buffers                7434240 bytes
Database mounted.
Database opened.
SQL> shutdown immediate
Database closed.
Database dismounted.
ORACLE instance shut down.
SQL> exit
Disconnected from Oracle Database 11g Enterprise Edition Release 11.2.0.1.0 - 64
bit Production
With the Partitioning, OLAP, Data Mining and Real Application Testing options
[oracle@oracle ~]$ 
```

图 5-77　数据库登录操作

注意：以 oracle 身份登录数据库，前提是首先启动数据库，也可以用 dbstart 和 dbshut 启动和关闭数据库实例。

- 重启 Oracle 实例：dbstart　$ORACLE_HOME。
- 关闭 Oracle 实例：dbshut　$ORACLE_HOME。

6）利用图形界面创建数据库实例：dbca。

5.3.5　CentOS 7.6 下 Oracle 数据库自启设置

设置自动启动可以免去系统重启后每次都要手动输入命令进入 Oracle 数据库系统的麻烦，设置数据库开机自启动具体步骤如下。

1）分别打开目录/home/data/oracle/product/11. 2. 0/db_1/bin/下 dbstart 和 dbshut 脚本文件，找到 ORACLE_HOME_LISTNER = $1，修改为 ORACLE_HOME_LISTNER = $ORACLE_HOME。

2）修改编辑/etc/oratab 文件，将 orcl：/home/data/oracle/product/11. 2. 0/db_1：N 中的“N”改为“Y”。

3）编辑/etc/rc. d/rc. local 文件，添加两行内容。

① su - oracle -c '/home/data/oracle/product/11. 2. 0/db_1/bin/lsnrctl start'。

② su - oracle -c '/home/data/oracle/product/11. 2. 0/db_1/bin/dbstart'。

4）赋予 rc. local 文件可执行权限：chmod +x /etc/rc. d/rc. local。

5）新建 Oracle 服务启动脚本/etc/init. d/oracle，具体内容如下。

```
#! /bin/bash
#chkconfig:2345 10 90
#description:oracle 11g R2
export ORACLE_BASE = /home/data/oracle
export ORACLE_HOME = $ORACLE_BASE/product/11. 2. 0/db_1
export ORACLE_SID = ORCL
export PATH = $PATH: $ORACLE_HOME/bin
ORA_OWNR = " oracle"
if [ ! -f $ORACLE_HOME/bin/dbstart -o ! -d $ORACLE_HOME ]
then
    echo " Oracle startup: cannot start"
    exit 1
fi
case " $1" in
start)
    su $ORA_OWNR -lc $ORACLE_HOME/bin/dbstart
    echo " Oracle StartSuccesful! OK. "
    ;;
stop)
    su $ORA_OWNR -lc $ORACLE_HOME/bin/dbshut
    echo " Oracle StopSuccesful! OK. "
    ;;
reload | restart)
 $0 stop
 $0 start
;;
* )
    echo $"Usage: `basename $0` {start |stop |reload |restart}"
    exit 1
esac
exit 0
```

6）增加 Oracle 服务控制脚本执行权限：chmod +x /etc/init. d/oracle。

7）将 Oracle 服务加入到系统服务：chkconfig --add　oracle。

8）重启/打开/关闭 Oracle 命令：service oracle restart/start/stop，运行结果如图 5-78 所示。

```
[root@oracle oracle]# service oracle start
Processing Database instance "orcl": log file /home/data/oracle/product/11.2.0/db_1/startup.log
ORACLE Start Successful! OK.
[root@oracle oracle]# service oracle stop
Processing Database instance "orcl": log file /home/data/oracle/product/11.2.0/db_1/shutdown.log
ORACLE Stop Successful! OK.
[root@oracle oracle]# service oracle restart
Processing Database instance "orcl": log file /home/data/oracle/product/11.2.0/db_1/shutdown.log
ORACLE Stop Successful! OK.
Processing Database instance "orcl": log file /home/data/oracle/product/11.2.0/db_1/startup.log
ORACLE Start Successful! OK.
[root@oracle oracle]#
```

图 5-78　开关 Oracle 服务

9）检查 Oracle 服务是否已经生效：chkconfig --list　oracle，运行效果如图 5-79 所示。

```
[root@oracle init.d]# chkconfig --add oracle
[root@oracle init.d]# chkconfig --list oracle

Note: This output shows SysV services only and does not include native
      systemd services. SysV configuration data might be overridden by native
      systemd configuration.

      If you want to list systemd services use 'systemctl list-unit-files'.
      To see services enabled on particular target use
      'systemctl list-dependencies [target]'.

oracle          0:off   1:off   2:on    3:on    4:on    5:on    6:off
```

图 5-79　检查 Oracle 服务情况

10）设置 Oracle 为开机启动：chkconfig oracle on。

5.3.6　CentOS 7.6 下 Oracle 数据库备份恢复

为确保数据安全，Oracle 备份恢复工作是系统管理的经常性管理手段。

（1）全库备份

1）启动 rman，以 sys 用户连接数据库 C:\ > rman target/。

2）执行全库备份，将文件放在数据库的控制文件或数据库中 RMAN > backup database。

3）远程定时备份全库数据库。

① 将以下内容写入批命令 backup. bat。

exp userid = 用户名/密码@ 服务名 file = d:\dbfbackup\% date: ~11,3%. dmp owner = (用户 1,用户 2) buffer = 1024000

其中:% date: ~11, 3% 是取系统日期的第 11 个字符开始的 3 个字符，一般为周几。

② 将批命令加入定时任务计划，自动开启数据库备份程序。

（2）文件备份

命令：backup datafile 文件 ID。

（3）差异备份

1）n 级差异备份命令：backup incremental level n database。

2）n 级累积增量备份命令：backup incremental level n cumulative database。

注意：执行基于数据文件或表空间的增量备份，只要把上面语法结构中 database 改为 datafile 或 tablespace，并附加相应的数据文件 file-id 或表空间名称即可。

（4）全库恢复

1）restore database。

2）recover database。

（5）恢复数据文件

1）restore datafile 数据文件 ID | 数据文件。

2）recover datafile 数据文件 ID | 数据文件。

（6）恢复表空间

1）restore tablespace 表空间名。

2）recover tablespace 表空间名。

5.3.7 CentOS 7.6 下 Oracle 数据库卸载方法

Oracle 数据库卸载应该遵循一定的操作步骤和方法才能卸载完成。

（1）Oracle 基本目录结构

1）Oracle 安装文件目录：/home/data。

2）ORACLE_BASE：/home/data/oracle。

3）ORACLE_HOME：/home/data/oracle /product/11.2.0/db_1。

4）oraInventory：/home/data/app/oraInventory。

5）Oracle 数据目录：/home/data/app/。

（2）卸载方法一

使用 Oracle 自带的 deinstall 卸载。

1）cd $ORACLE_HOME/deinstall

2）./deinstall

3）rm /etc/oraInxt. loc

（3）卸载方法二

手动删除相关文件和目录。

1）关闭实例。

① sqlplus /as sysdba。

② shutdown immediate。

2）关闭 listener。

lsnrctl stop

3）删除/etc/oratab。

rm -f /etc/oratab。

4）删除/etc/oraInst. loc。

rm -f /ect/oraInst. loc。

5）删除 oracle 用户和用户组。

① userdel -r oracle。

② groupdel oinstall。

③ groupdel dba。

④ groupdel oper。

6）删除启动服务。

chkconfig -del oracle。

7）删除 Oracle 目录。

① rm -rf ORACLE_HOME。

② rm -rf ORACLE_BASE。

③ rm -rf /etc/oraInst. loc。

④ rm -rf /etc/oratab。

⑤ rm -rf /etc/oracle。

⑥ rm -rf /etc/inittab. cssd。

⑦ rm -rf /usr/local/bin/coraenv。

⑧ rm -rf /usr/local/bin/dbhome。

⑨ rm -rf /usr/local/bin/oraenv。

⑩ rm -rf /opt/oracle。

⑪ rm -rf /tmp/ora * 。

⑫ rm -rf /data/oracle/ * 。

第6章 应用管理系统维护

6.1 Libsys 管理系统

Libsys 图书馆管理系统是全国图书馆界公认的著名品牌，因其高效、稳定、专业被国内用户推崇。目前，近千家知名高校和公共图书馆选用该图书馆管理系统。

6.1.1 管理系统特色

Libsys 系统作为较成熟的图书管理系统，该系统常用的管理软件主要包括以下几个部分：客户端管理系统、数据库客户端系统、数据库服务器端系统和 OPAC 图书检索系统。Libsys 管理系统具有以下三个特点。

1. 开放的系统平台

采用 Client/Server 和 Browse/Server 体系结构，运用中间件技术，创建开放的、创新的、可扩展的、基于图书馆文献资源共享和文献服务共享的分布式应用软件系统。

2. 支持多种操作系统平台

如 Windows 2003、各种 Linux 版本、Solaris、AIX、HP-UNIX 和 SCO UnixWare 等。

3. 采用大型关系型数据库 Oracle 作为数据库服务平台

Oracle 作为大型商用数据库，发展成熟，运行稳定，可以最大程度上确保业务工作数据安全。

6.1.2 安装 Libsys 管理系统

Libsys 系统采用图形化运行向导安装界面，基本采用系统默认配置安装，同时安装过程中还可以根据用户自身需要进行相关的设置。

图书管理系统包括采访、编目、典藏、流通和连续出版物等模块，采用统一安装程序进行安装部署。

图书管理系统具体安装步骤如下。

1）通过汇文公司官网下载 setup56 安装包，解压后打开 libsys 程序安装目录 setup56，双击安装程序 setup. exe，如图 6-1 所示。

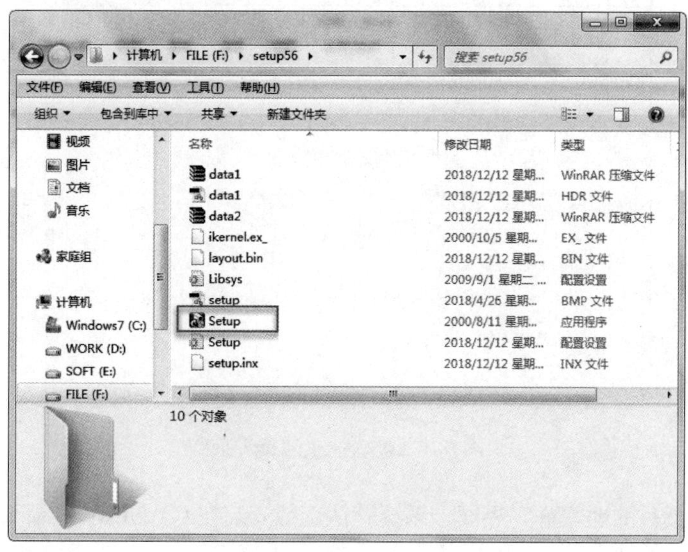

图 6-1 打开安装程序目录

2）进入安装欢迎界面后，系统自动完成运行向导环境，如图 6-2 所示。

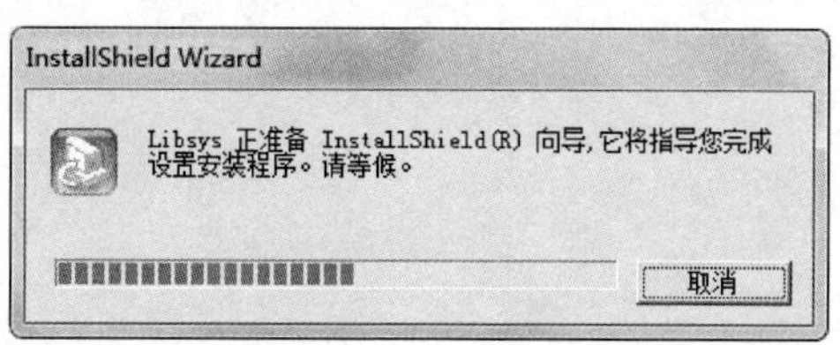

图 6-2 系统自动运行向导

3）同意许可证协议后继续安装，单击“是”按钮，如图 6-3 所示。

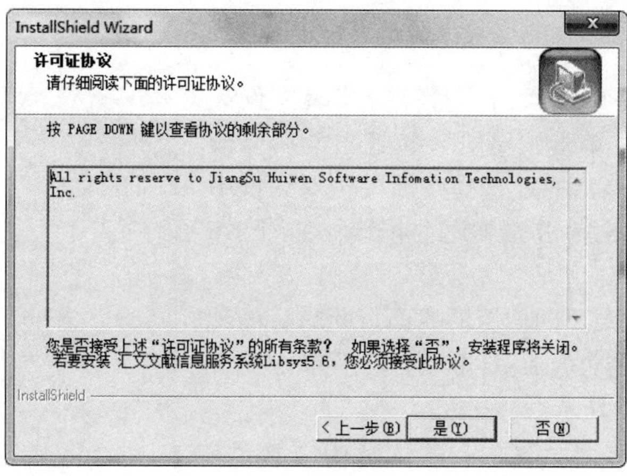

图 6-3 许可证协议界面

4）进入版本信息阅读界面，阅读完后，单击“下一步”按钮，如图6-4所示。

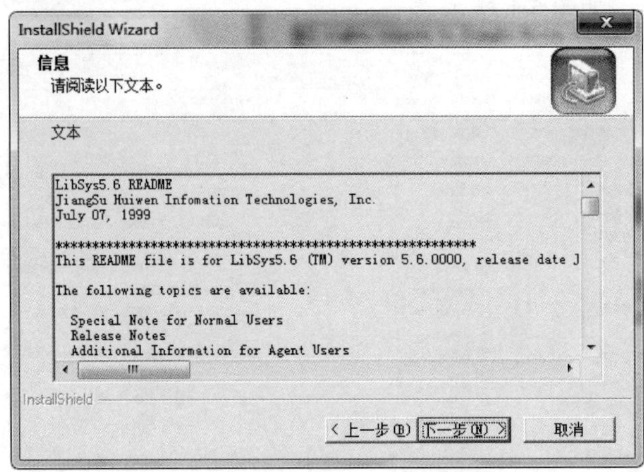

图6-4　版本信息阅读界面

5）进入“选择目的地位置”界面，系统默认选择安装在C:\Libsys目录下，如图6-5所示。

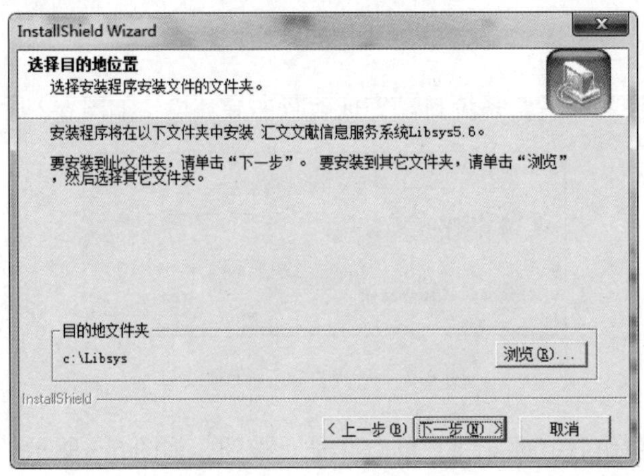

图6-5　选择目的地位置

6）为减少系统空间磁盘占用量，将安装文件夹修改到D:\Libsys下，单击“浏览”按钮，然后修改相应的路径，直接在弹出的“选择文件夹”对话框中将C改成D即可，然后单击“确定”按钮，如图6-6所示。

图6-6　手动选择安装文件夹

7）弹出修改后安装目的位置的界面。此时目的地文件夹显示已经修改成功为D:\Libsys，然后单击“下一步”按钮，如图6-7所示。

8）进入“安装类型”界面。默认选中“典型”单选按钮，直接单击“下一步”按钮即可，如图6-8所示。

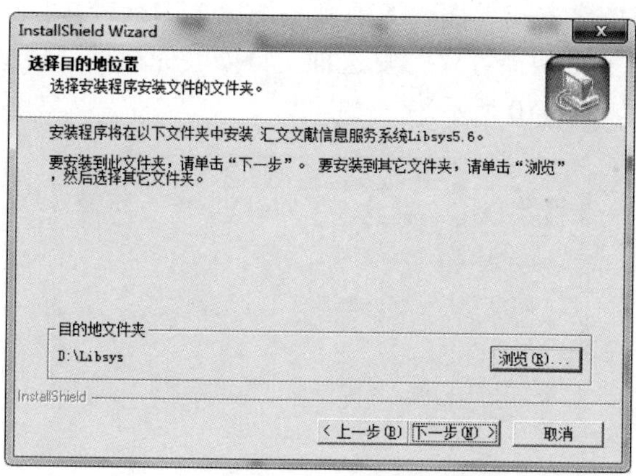

图 6-7　确定目的地位置

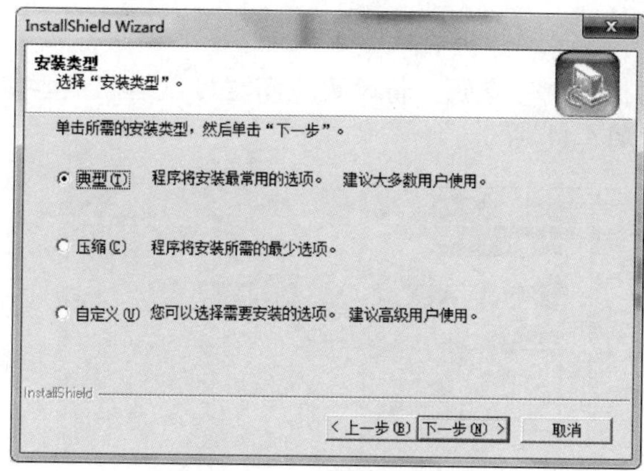

图 6-8　选择安装类型

9）进入“选择程序文件夹”界面，采用默认 Libsys 5. 6 程序文件夹不变，单击“下一步”按钮，如图 6-9 所示。

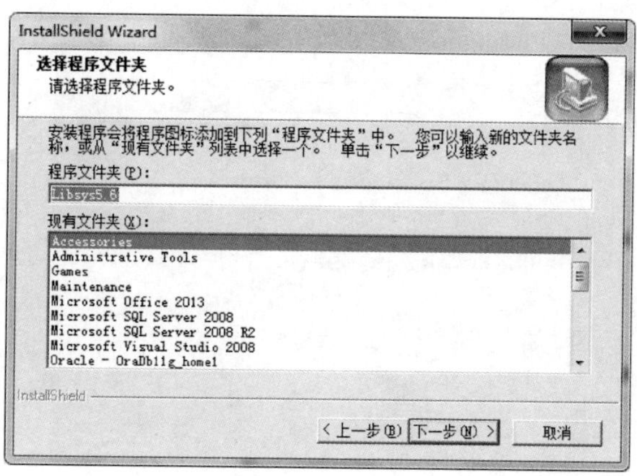

图 6-9　选择程序文件夹

10）弹出桌面添加快捷方式界面。考虑到系统菜单图标较多，根据需要可以取消勾选“在桌面上添加 Libsys 5.6 的快捷方式”复选框，待安装完成后，根据工作需要直接将需要的图标拖放到桌面上，如图 6-10 所示。

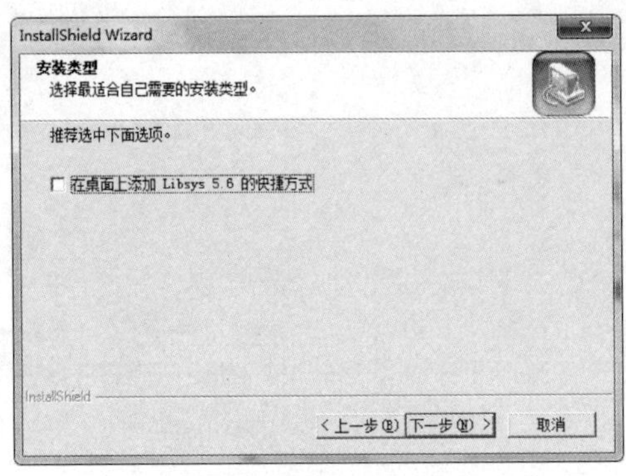

图 6-10　选择是否添加快捷方式

11）进入“开始复制文件”界面，若设置不满意可以返回继续修改设置，否则直接单击“下一步”按钮，如图 6-11 所示。

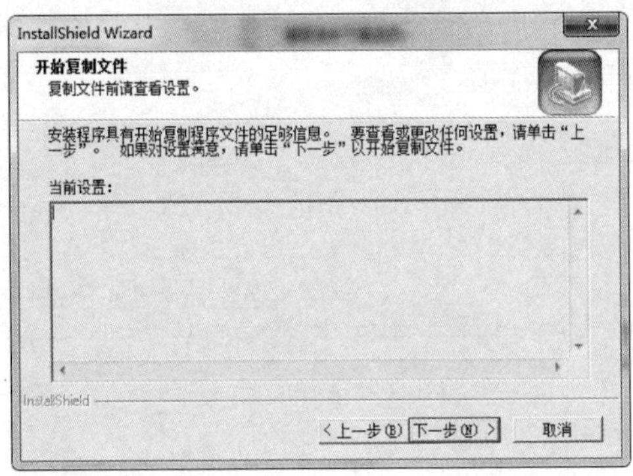

图 6-11　复制程序文件

12）进入“安装状态”界面，等待复制安装完成，如图 6-12 所示。

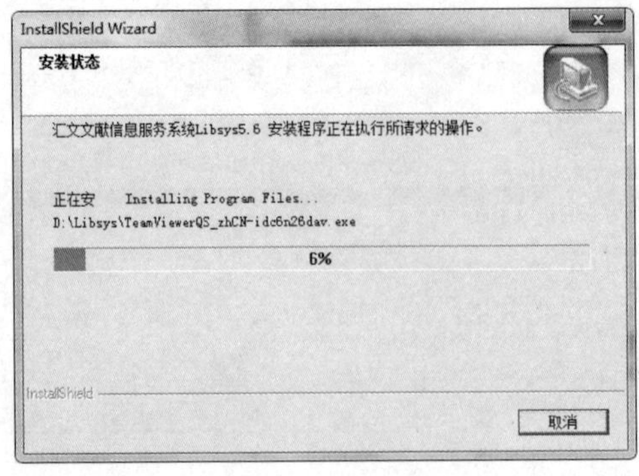

图 6-12　显示安装进度

13）复制完成，单击“完成”按钮，完成系统安装，如图 6-13 所示。

图 6-13 安装完成

6.2 安装 Oracle 11g R2 客户端系统

伴随着 Libsys 系统不断升级，Oracle 数据库版本也应作相应调整，目前已经升级使用 Oracle 11g R2 版安装程序。汇文图书馆管理系统和 OPAC 检索系统均需要安装 Oracle 客户端，而且两个系统均可使用统一的安装程序配置。

6.2.1 Oracle 11g R2 客户端安装方法

Oracle 11g R2 客户端安装具体步骤如下。

1）提前通过网络下载 Oracle 数据库客户端安装程序压缩包 11g_client64. zip。具体下载网址为：http：//libsys. com. cn/download/orad/11g_client64. zip。下载完成后解压到相应目录，然后双击 setup. exe 安装程序，如图 6-14 所示。

图 6-14 运行安装程序

2）启动 Oracle Universal Installer 窗口。检查监视器，准备启动程序安装，如图 6-15 所示。

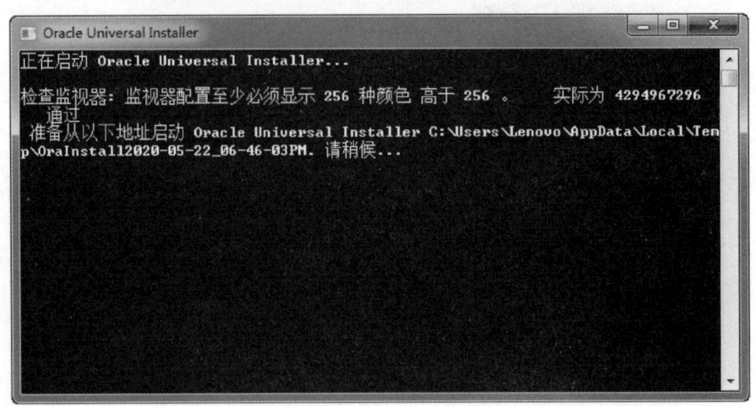

图 6-15　开始基本检测

3）选择安装类型。选中“定制”单选按钮，然后单击“下一步”按钮，如图 6-16 所示。

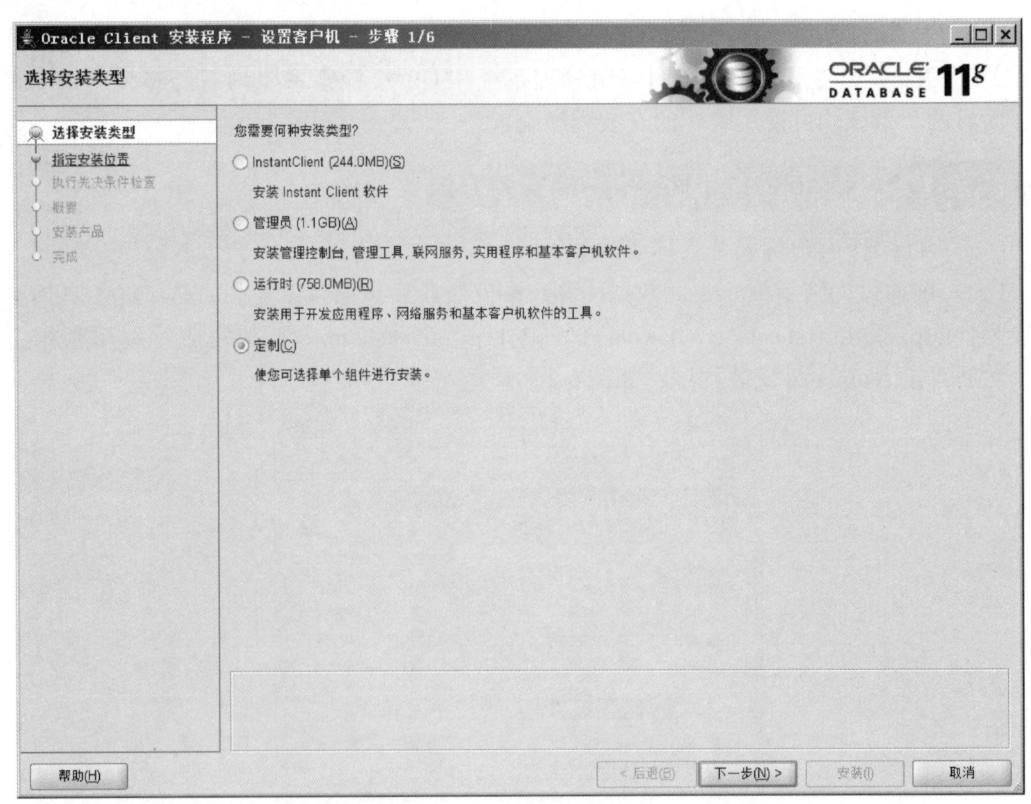

图 6-16　选择安装类型

4）进入“下载软件更新”界面，选中“跳过软件更新”单选按钮，然后单击“下一步”按钮，如图 6-17 所示。

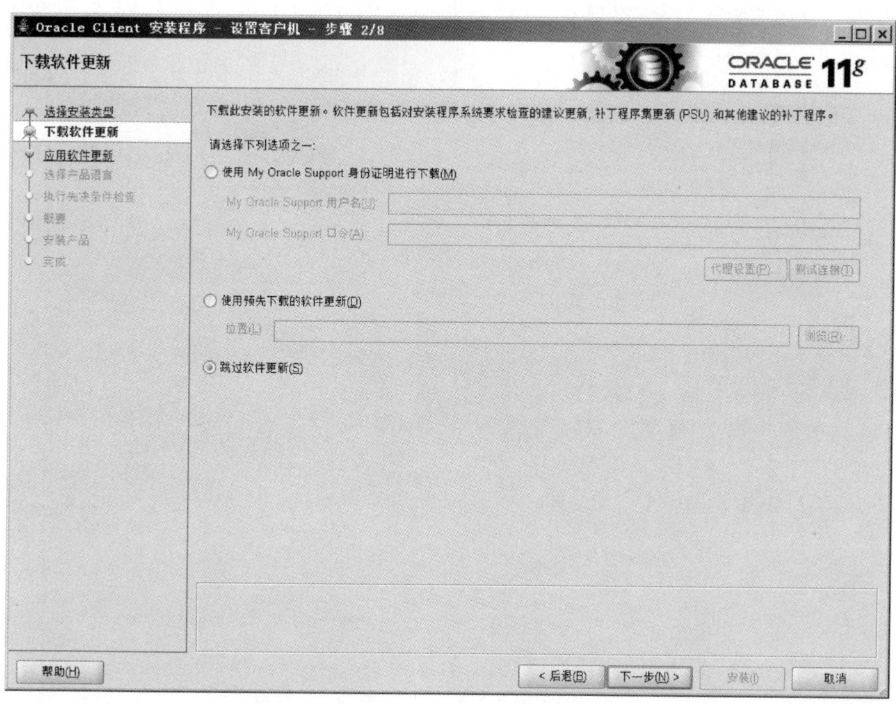

图 6-17　软件更新窗口

5）进入“选择产品语言”界面，在“所选语言”列表框中选择“简体中文”选项，然后单击“下一步”按钮，如图 6-18 所示。

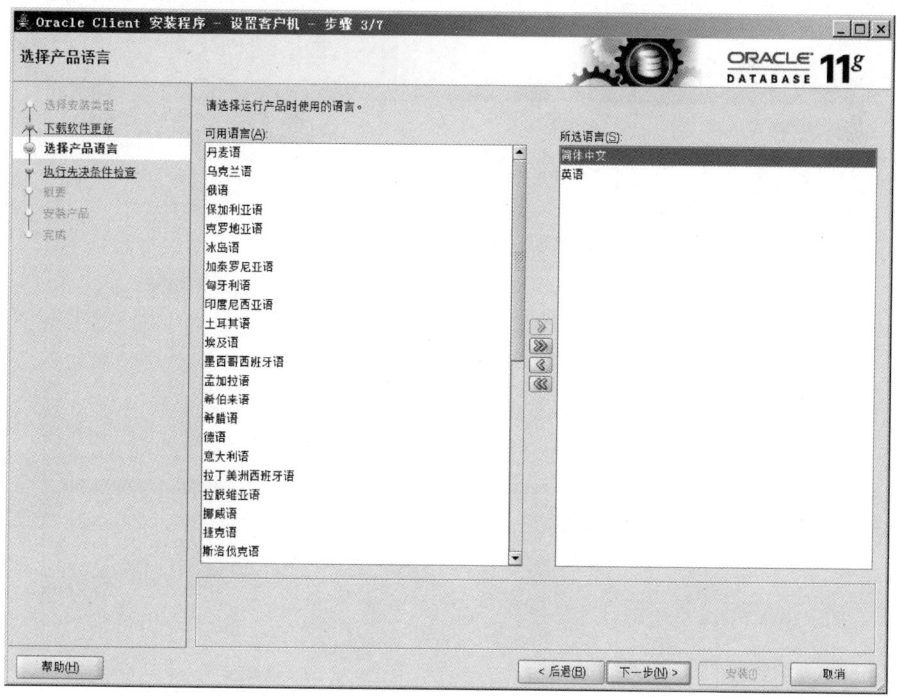

图 6-18　选择产品语言

6）进入“指定安装位置”界面，将安装分区选择在 D 分区，目录名不做更改，如图 6-19 所示。

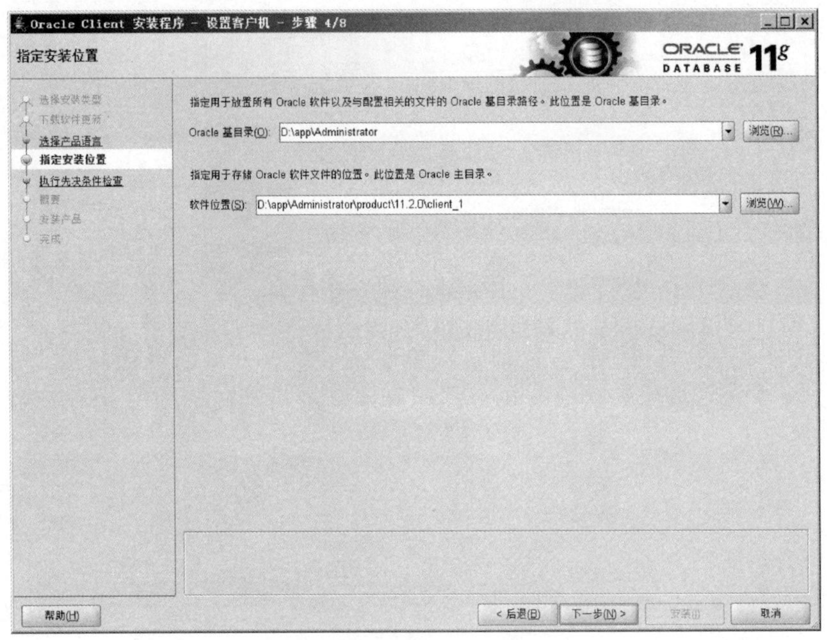

图 6-19 指定安装位置

7）选择产品安装组件，在该界面中勾选 Oracle Database Utilities、SQL ＊ PLUS、Oracle Net、Oracle Connection Manager、Oracle ODBC Driver 和 Oracle Objects for OLE 等组件复选框，如图 6-20 所示。

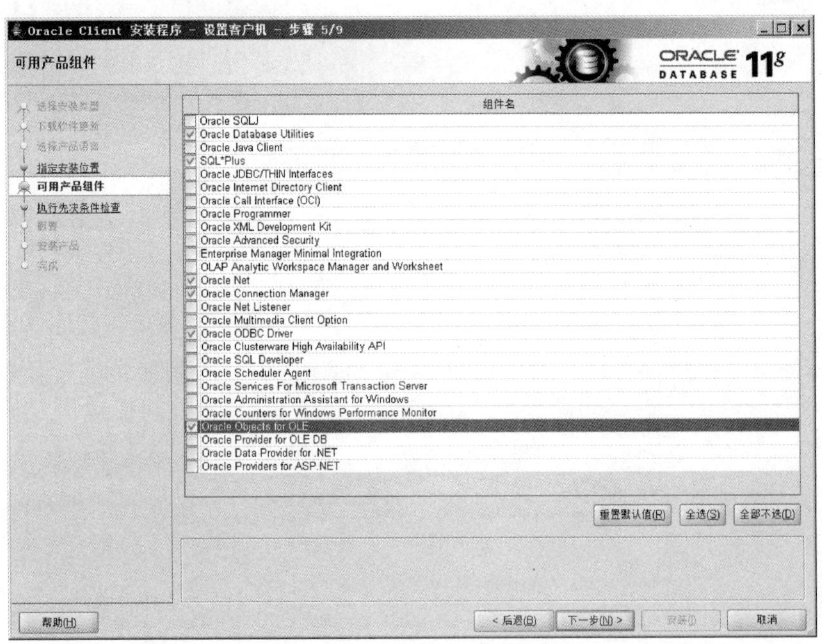

图 6-20 选择产品安装组件

8）在“执行先决条件检查”界面中检查解决系统安装配置要求，然后单击“下一步”按钮，如图 6-21 所示。

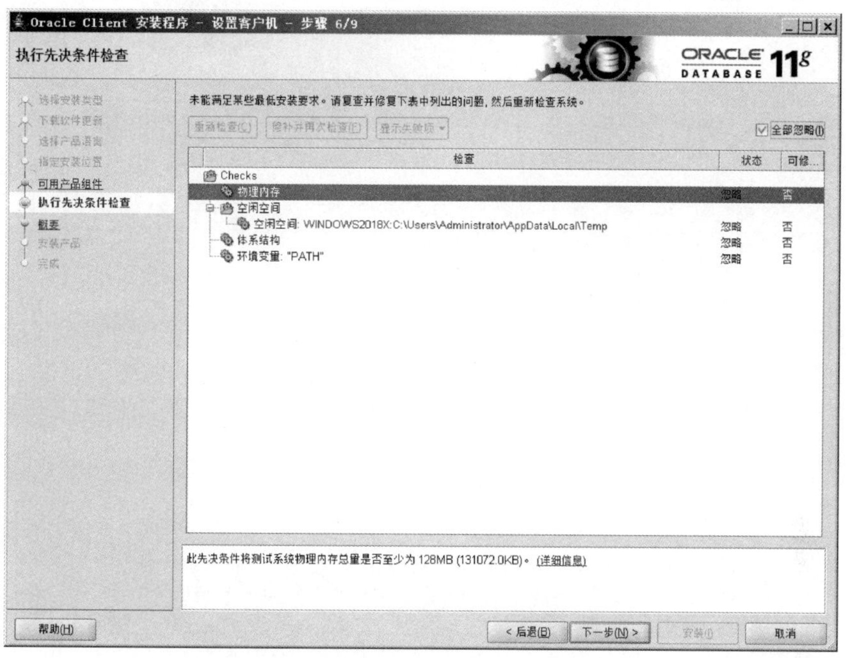

图 6-21　执行先决条件检查

9）此时的界面中产品全局设置和产品清单信息进行了概要显示。需要修改单击“后退”按钮，否则继续单击“安装”按钮，如图 6-22 所示。

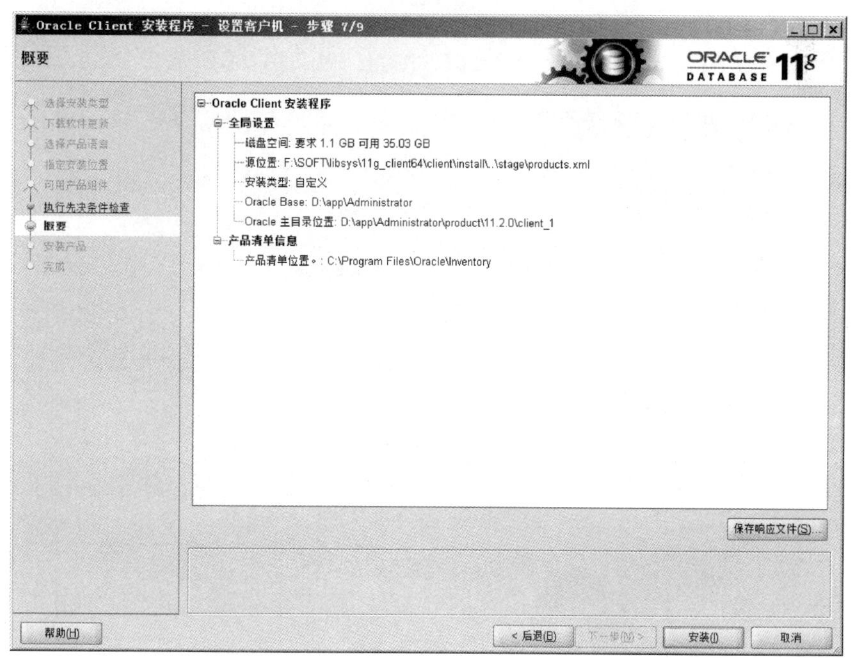

图 6-22　全局设置概要

10）在“安装产品”界面中系统会自动开始按序安装并显示安装进度，如图6-23所示。

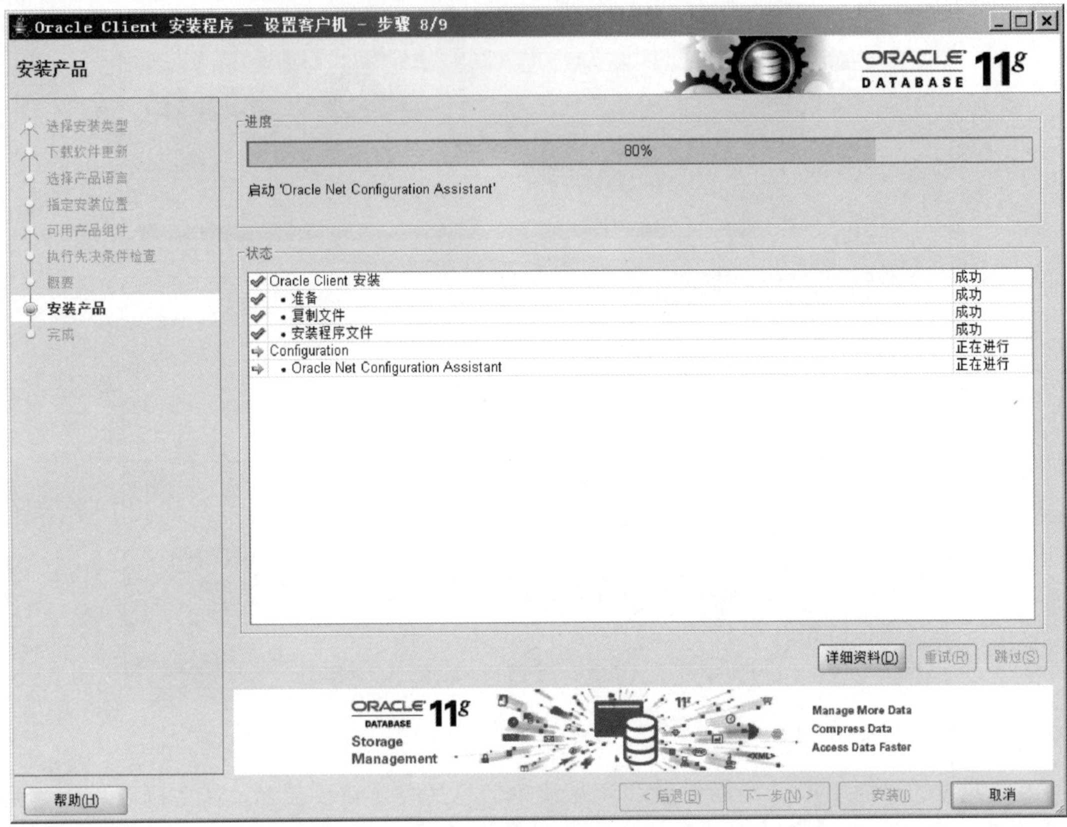

图6-23　安装程序进度

11）在“欢迎使用”界面单击“下一步”按钮，如图6-24所示。

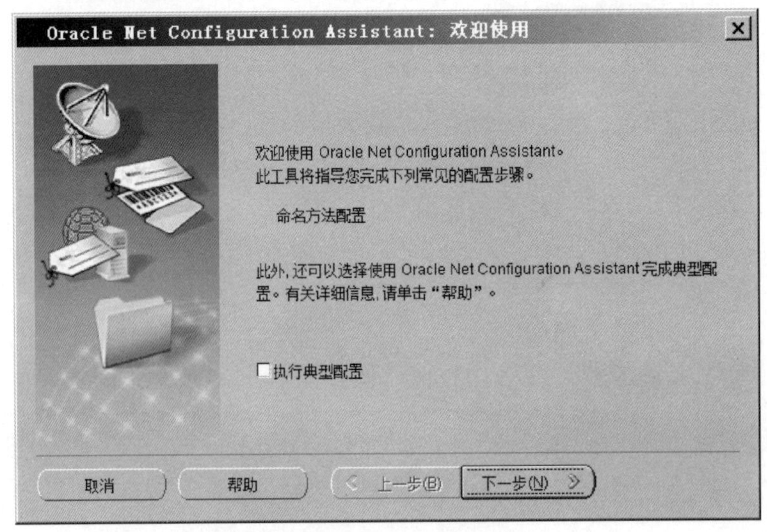

图6-24　“欢迎使用”界面

12）在弹出的对话框中先单击“是”按钮，然后再在下一界面中单击“下一步”按钮，如图 6-25 所示。

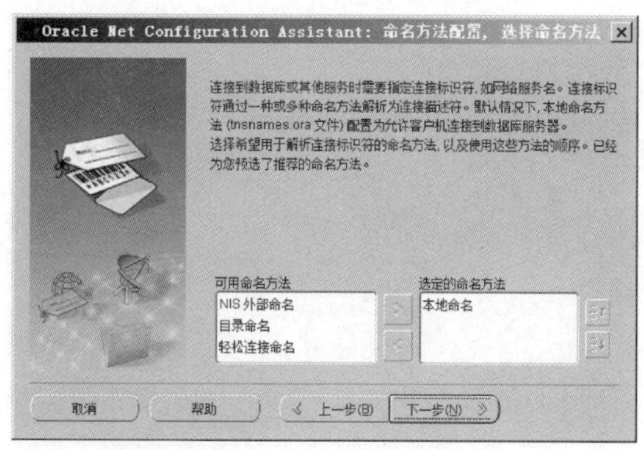

图 6-25　选择本地命名方法

13）在“服务名”文本框中输入全局数据库名 orcl，然后单击“下一步”按钮，如图 6-26 所示。

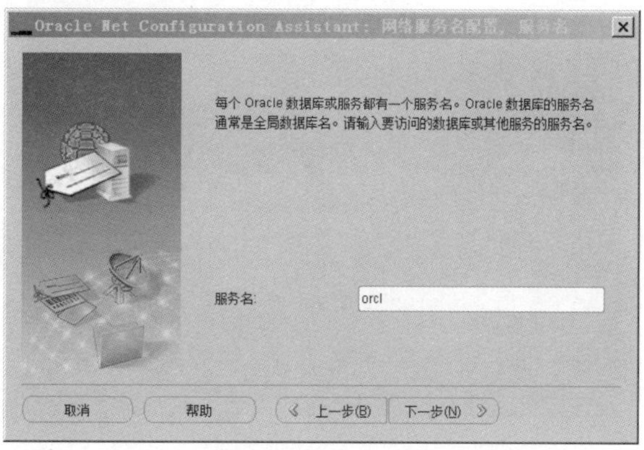

图 6-26　输入服务名

14）默认选择列表框中 TCP 协议，然后单击“下一步”按钮，如图 6-27 所示。

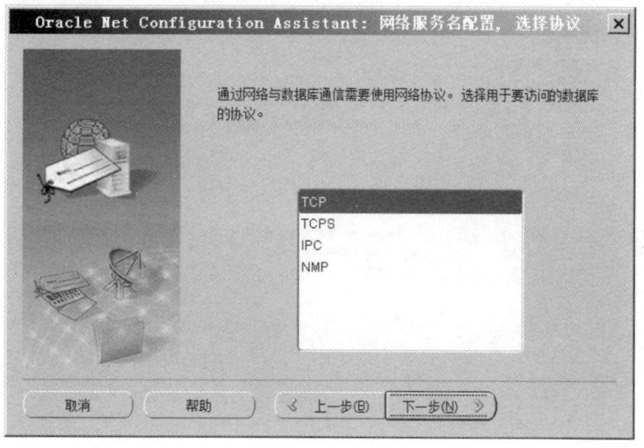

图 6-27　选择 TCP 协议

15）在“主机名”文本框中输入内部数据库主机 IP 地址，比如 211.69.226.22，然后单击“下一步”按钮，如图 6-28 所示。

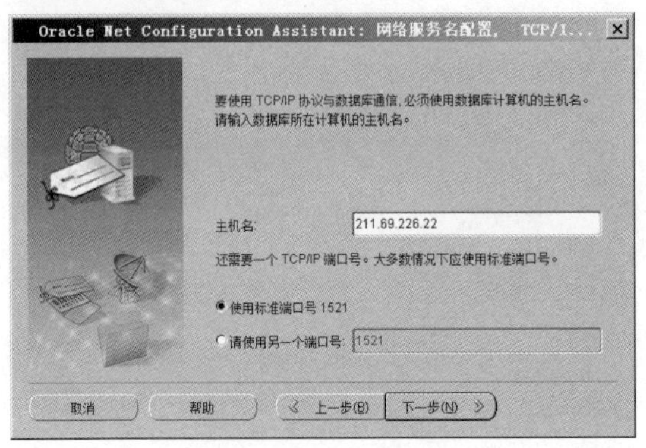

图 6-28　输入主机名信息

16）询问是否进行数据库测试，选中“是，进行测试”单选按钮，然后单击“下一步”按钮，如图 6-29 所示。

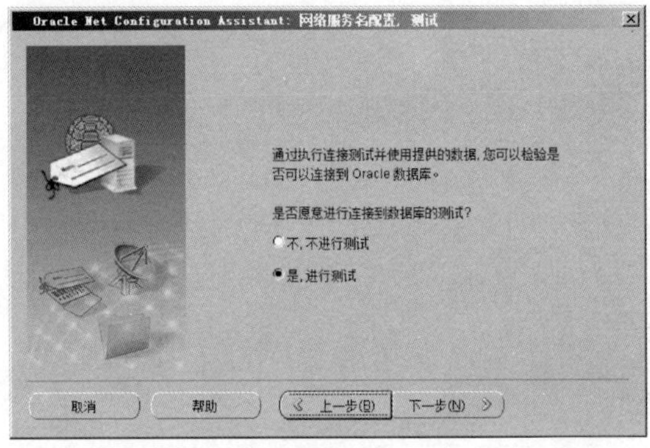

图 6-29　测试选择

17）弹出“更改登录”对话框，输入合法的用户名和口令，然后单击“确定”按钮，如图 6-30 所示。

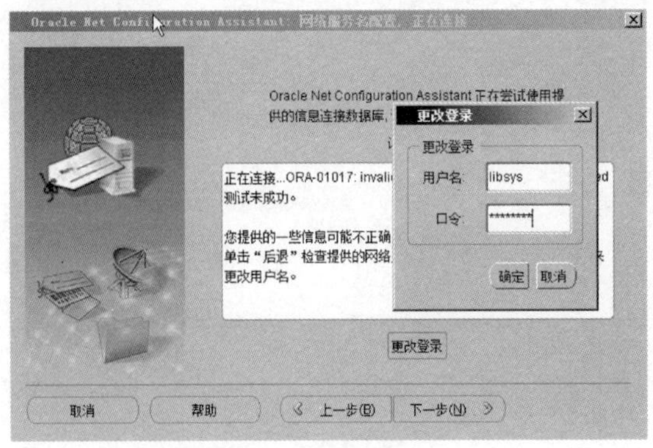

图 6-30　登录测试对话框

18）测试 Oracle 服务器成功，如图 6-31 所示。

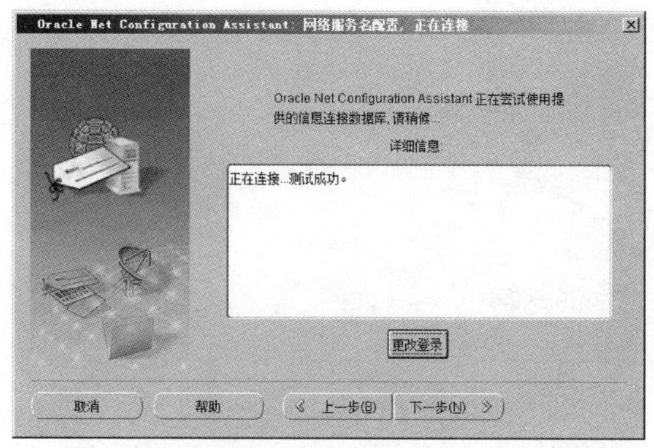

图 6-31　测试成功

19）在“网络服务名”文本框中输入事先获取的网络服务名 libsys，然后单击“下一步”按钮，如图 6-32 所示。

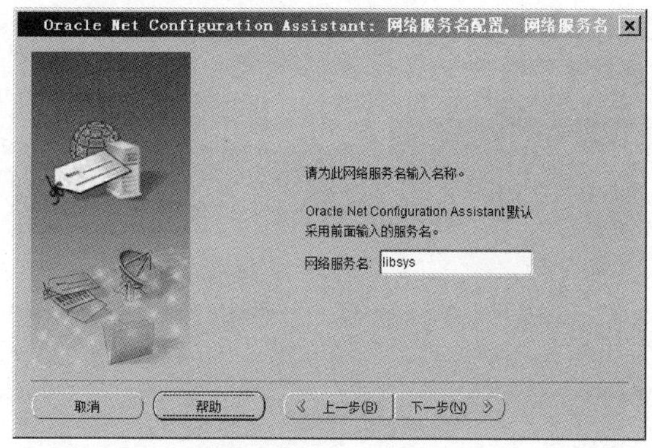

图 6-32　输入网络服务名

20）询问是否配置另一个网络服务名，选中“否”单选按钮，然后单击“下一步”按钮，如图 6-33 所示。

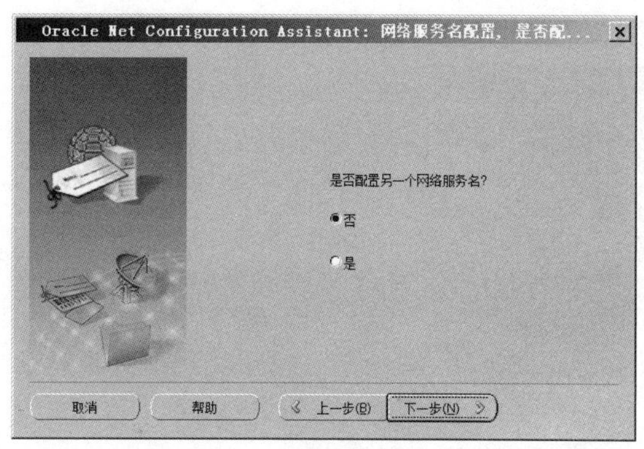

图 6-33　另一网络服务名配置询问

21）显示网络服务名配置完成，单击“下一步”按钮，如图 6-34 所示。

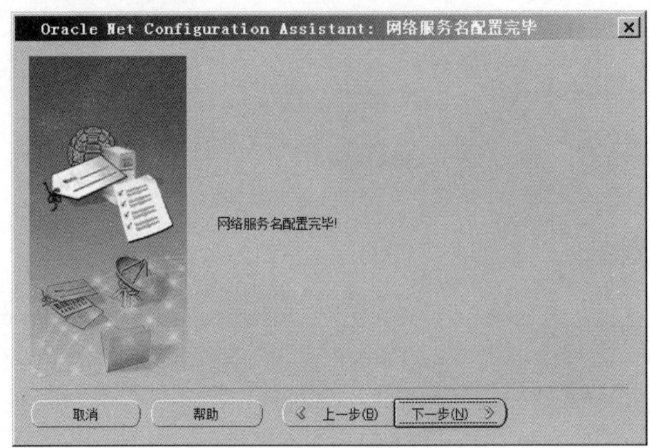

图 6-34　网络服务名配置完成

22）显示命名方法配置完成，单击“下一步”按钮，如图 6-35 所示。

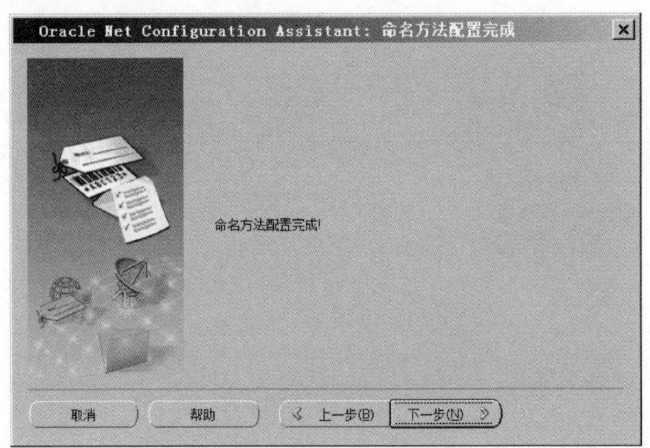

图 6-35　命名方法配置完成

23）显示网络配置完成，单击“完成”按钮，如图 6-36 所示。

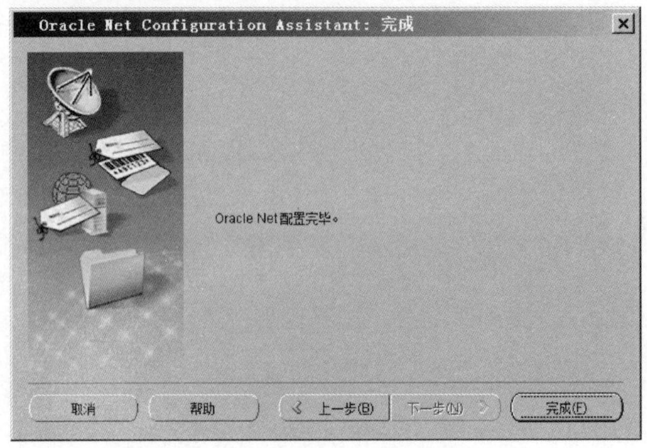

图 6-36　网络配置完成

24）显示客户端安装成功，单击“关闭”按钮，如图 6-37 所示。

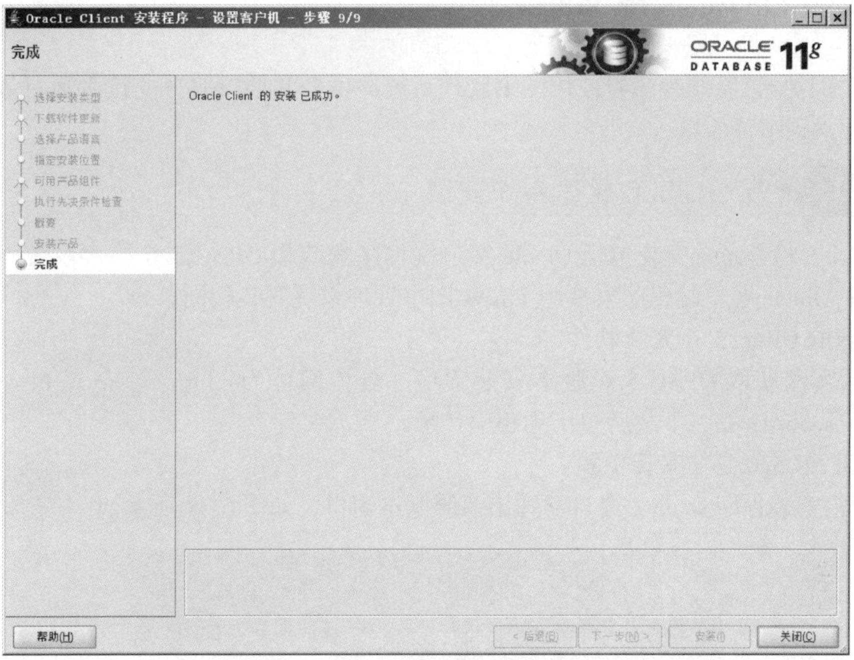

图 6-37　客服端安装完成

6.2.2　Oracle 11g R2 客户端连接测试

如果前面在安装时没有进行测试登录，则安装完成后可以测试连接服务器数据库是否正常。在命令行下输入 tnsping libsys 检查和 Oracle 的连接是否正常。若不正常，用 ping 211.69.226.22 检查本机同 Oracle 服务器之间的网络是否正常，如果网络不正常，请调试网络。测试数据库网络正常，如图 6-38 所示。

图 6-38　测试数据库网络是否正常

6.3 安装 OPAC 检索系统

OPAC 书目检索系统为读者使用图书管理系统提供公共接口服务，读者通过该平台可以很方便地检索到书目信息。

6.3.1 OPAC 5.6 检索系统安装

OPAC 5.6 检索系统安装包括 Oracle 客户端程序安装和 OPAC 5.6 检索系统软件安装两部分。其中 Oracle 客户端程序安装与 Libsys 图书管理系统安装相同。

（1）获取 OPAC 5.6 安装软件

提前从官网获取 OPAC 5.6 版本安装程序，具体网址为：http：//www. libsys. com. cn/download/opac56. 1. zip。下载后解压到相应目录。

（2）OPAC 5.6 具体安装步骤

1）双击安装程序 setup，会自动弹出系统版本窗口，如图 6-39 所示。

图 6-39　系统版本信息

2）打开安装向导窗口，单击“下一步”按钮，如图 6-40 所示。

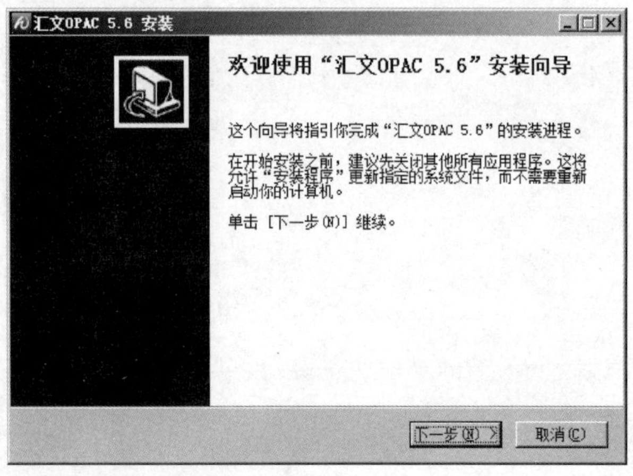

图 6-40　安装向导

3）在“许可证协议”界面，单击“我接受”按钮，如图 6-41 所示。

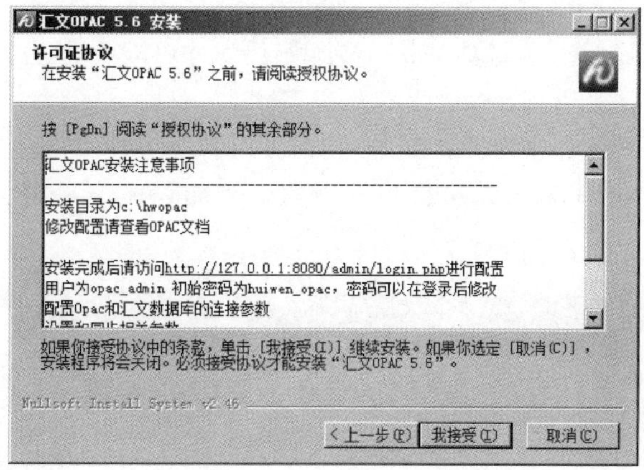

图 6-41　许可证协议

4）在“正在安装”界面，等待自动安装完成，如图 6-42 所示。

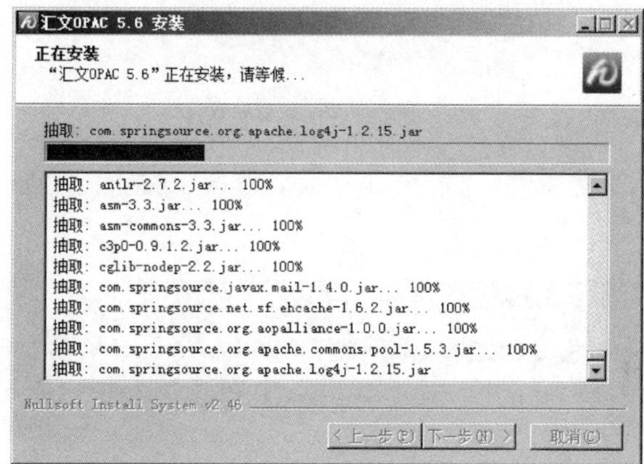

图 6-42　正在安装程序

5）安装完成后，单击“完成”按钮，关闭安装界面，如图 6-43 所示。

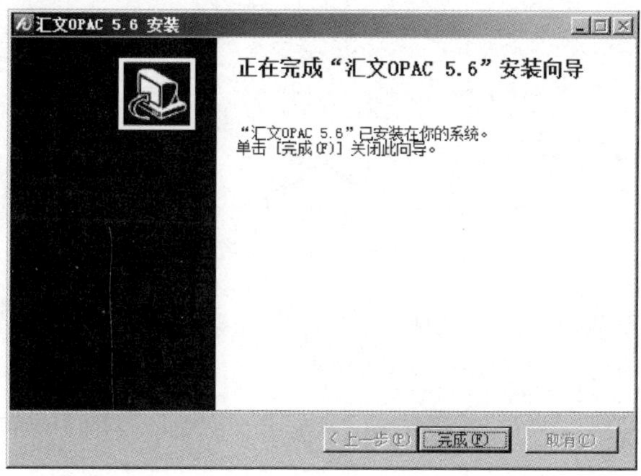

图 6-43　安装完成

6.3.2 OPAC 5.6 检索系统配置

OPAC 程序安装完成后，还需要完成一些配置任务才可能成功运行。

OPAC 具体配置方法如下。

1）通过浏览器打开配置主界面，网址：http://127.0.0.1:8080/admin/login.php，打开网页后在“密码”文本框中输入系统提供的默认密码 huiwen_opac56，单击“登录”按钮，如图 6-44 所示。

图 6-44　管理员登录界面

2）登录后，修改管理员密码，然后单击“确认修改”按钮，使更改密码生效，如图 6-45 所示。

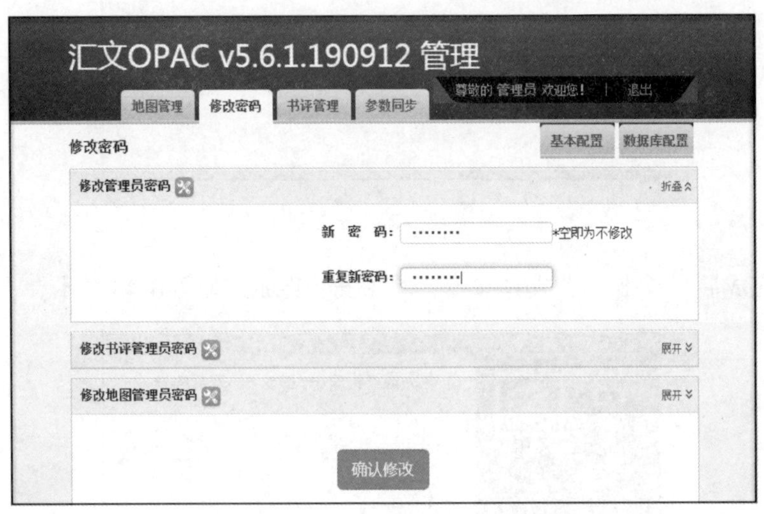

图 6-45　修改密码

3）单击“数据库配置”标签，切换至“数据库配置”选项卡，填写数据库相关信息，如图 6-46 所示。

4）信息填写完成后，单击“确认修改”按钮，窗口会显示“数据库连接信息修改成功”，如图 6-47 所示。

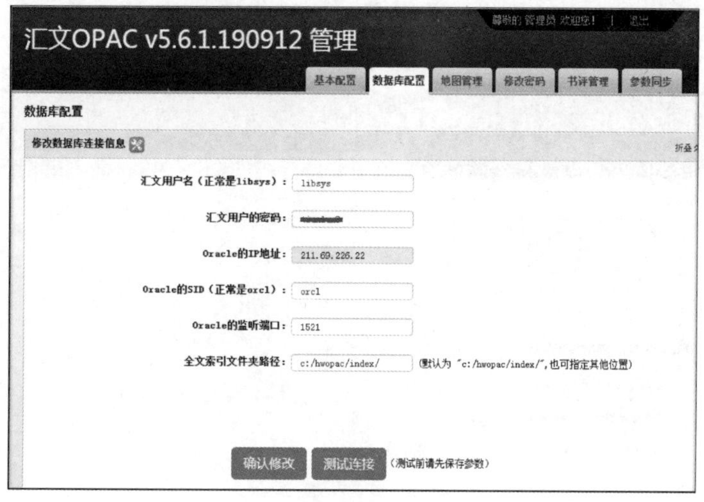

图 6-46　数据库配置

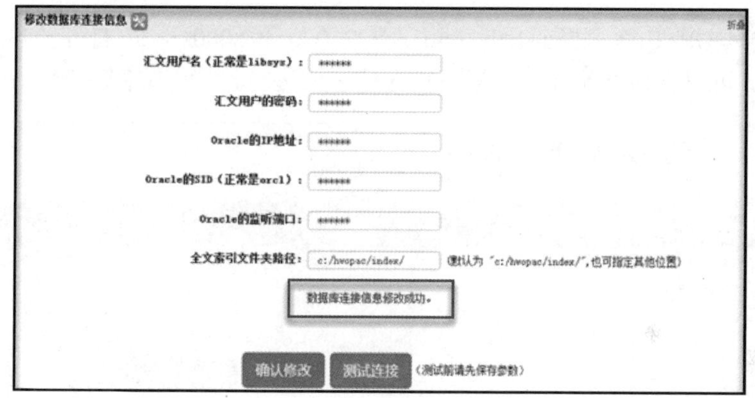

图 6-47　确认修改

5）接下来，单击“测试连接”按钮，测试连接成功后，会显示“数据库连接成功”的提示，如图 6-48 所示。

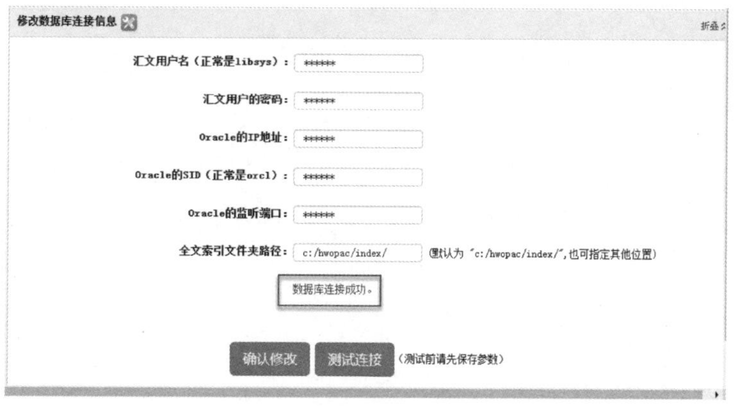

图 6-48　测试数据库连接

6）接下来，可以对“基本配置”标签下“检索参数”“信息参数”和“读者参数”等选项进行定制修改，修改完成后单击“确认修改”按钮，如图 6-49 所示。

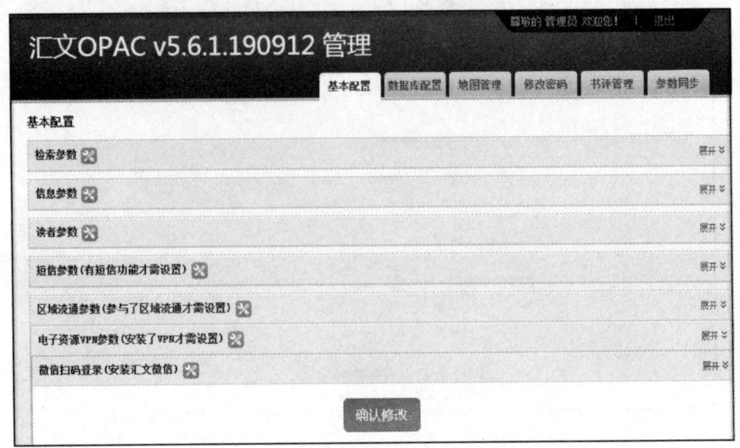

图 6-49　确认修改

7）重新输入 OPAC 检索界面地址 http://127.0.0.1:8080/opac/打开该网页，会看到检索系统主界面，可以在检索途径文本框中输入检索词进行检索，如图 6-50 所示。

图 6-50　检索主界面

第 7 章　无盘网络应用系统维护

7.1 无盘网络系统软件安装

Phantosys 云桌面是新一代高效的 IC 空间平台系统，提供了快速的部署支持、稳定的运行性能以及良好的维护策略。

7.1.1 服务器端软件安装

服务端安装包括操作系统安装和云平台服务端软件安装两部分。

1. 安装前准备

云平台作为应用软件无疑是运行在基础操作系统之上的。因此，在安装运行该软件前需要提前部署好相应的操作系统。

1）对服务器硬盘进行分区或格式化成 NTFS 文件系统，安装 Windows Server 硬件最新版本驱动、防病毒软件等。

2）安装 Phantosys License Key 设备驱动程序（Windows XP 操作系统需要手动安装驱动程序，XP 以上版本操作系统自带驱动并完成安装），安装成功后设备管理器中显示智能卡读卡器，如图 7-1 所示。

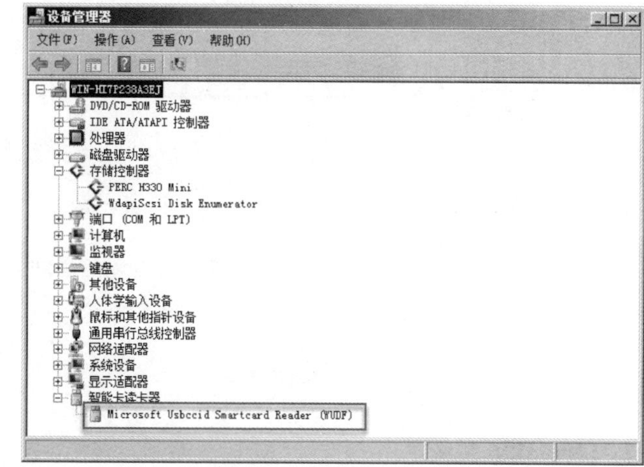

图 7-1　设备管理器

2. Phantosys Server 端软件安装

Phantosys Server 端软件是整个云平台部署并保证运行的基础性环境。因此，正确安装好服务器端软件很重要，具体安装步骤如下。

1）运行 Phantosys 安装光盘上或压缩包中的安装程序，单击“下一步”按钮，开始继续安装，如图 7-2 所示。

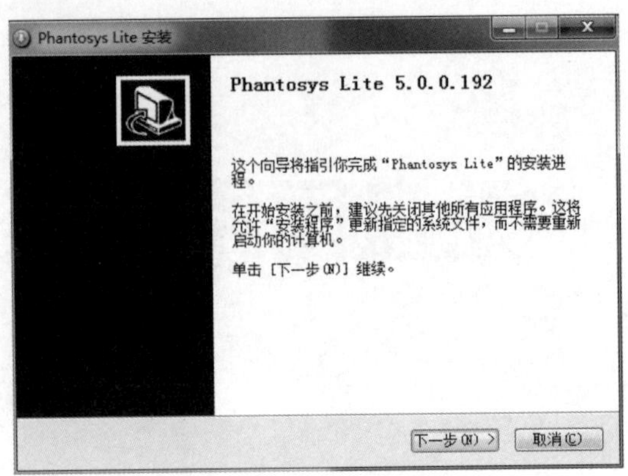

图 7-2　Phantosys 安装

2）选择安装的类型，设置安装类型为“主服务器”，单击“下一步”按钮，开始 Phantosys Server 端安装，如图 7-3 所示。

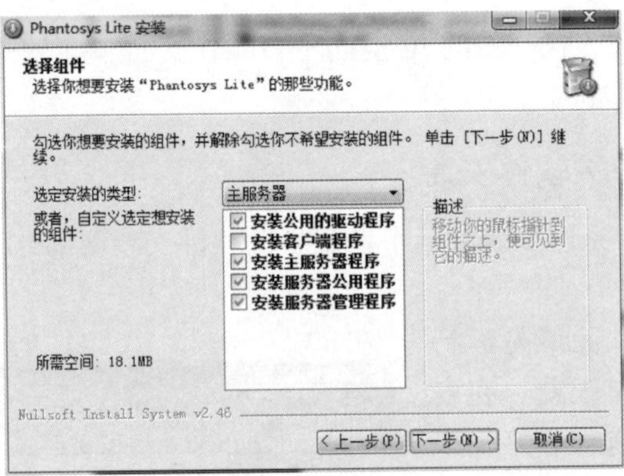

图 7-3　选择服务器端组件

3）选择 Phantosys Server 程序的安装目录，单击“下一步”按钮开始安装，如图 7-4 所示。

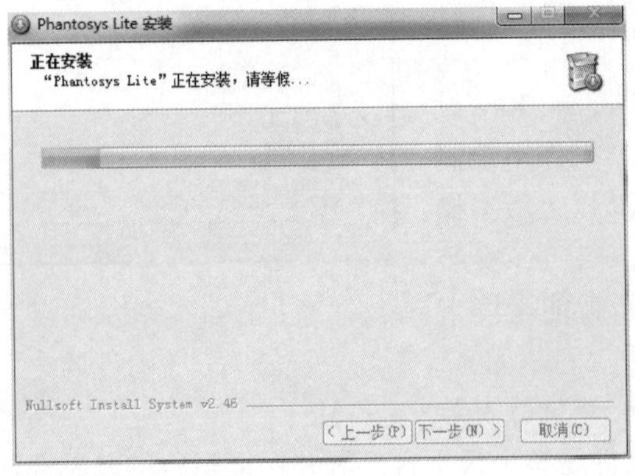

图 7-4　显示安装进度

4）在弹出的安装提示对话框中单击“安装”按钮，开始安装 WDAP SCSI Miniport adapter 相关驱动，如图 7-5 所示。

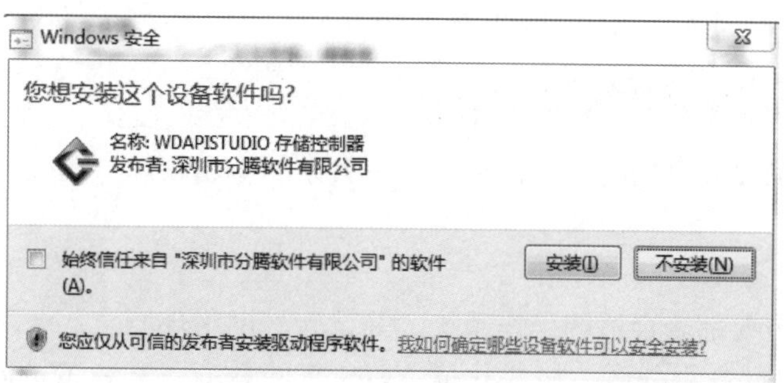

图 7-5　设备软件安装提示

5）单击“仍然继续”按钮，开始安装 WDAPINET Miniport，如图 7-6 所示。

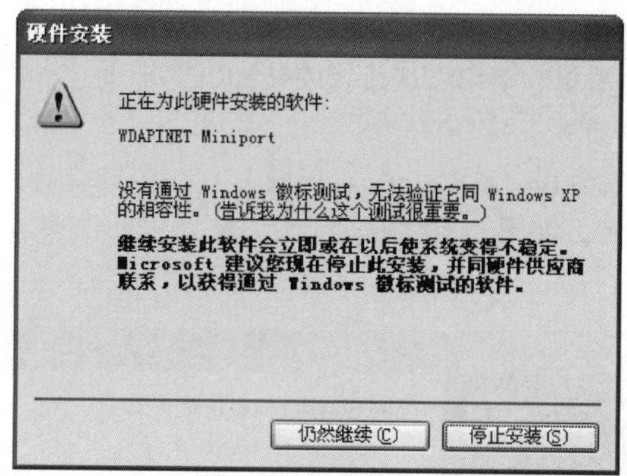

图 7-6　设备软件硬件安装提示

6）保持默认设置，单击“完成”按钮重新启动，完成 Phantosys Server 端安装，如图 7-7 所示。

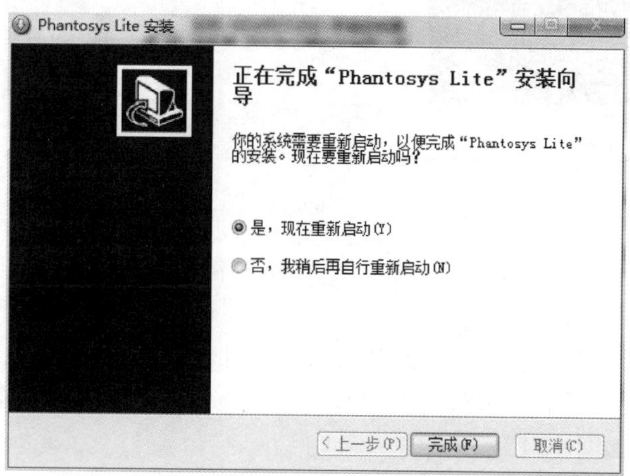

图 7-7　安装过程重启提示

7）安装完 Phantosys Server 端，单击“完成”按钮重新启动机器的时候，请务必将 Phantosys Server 端的 USB Key 插入机器上的 USB 口，并确认 Server 服务器与网络处于联机状态（网卡灯亮），否则将无法启动 Phantosys Server 端。

7.1.2 客户端软件安装

客户端软件是确保客户端同服务器建立管理关系的应用软件。因此，客户端安装是部署云平台的必要步骤。

1. 安装前准备

客户端安装前需要部署合适的操作系统，并设置好网络环境。

1）对客户端硬盘进行分区、格式化成 NTFS 文件系统、安装 Windows 正版操作系统、安装硬件最新版本驱动、防病毒软件和系统经常使用的应用软件等，将客户端计算机运行环境配置到位。

2）确保客户端与服务端处于同一网段，实现互访。

2. Phantosys Client 端软件安装

客户端软件安装相应简单，采用默认设置安装即可。

客户端软件安装步骤如下。

1）复制压缩包中的安装程序或 Phantosys 安装光盘在客户端上，双击主程序运行，单击“下一步”按钮，开始安装，如图 7-8 所示。

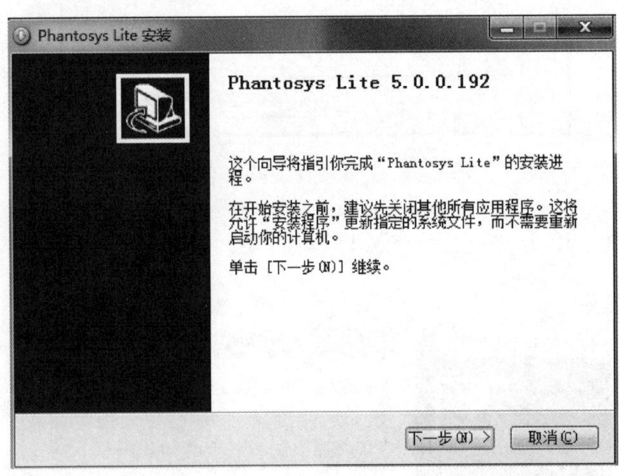

图 7-8　Phantosys 安装

2）勾选“安装公用的驱动程序”和“安装客户端程序”复选框，然后单击“下一步”按钮，继续安装，如图 7-9 所示。

3）保持目标文件夹不变，安装在默认目录中，如图 7-10 所示。

4）安装完成，提示重启。默认选中“是，现在重新启动”单选按钮，单击“确定”按钮，系统开始重启，如图 7-11 所示。

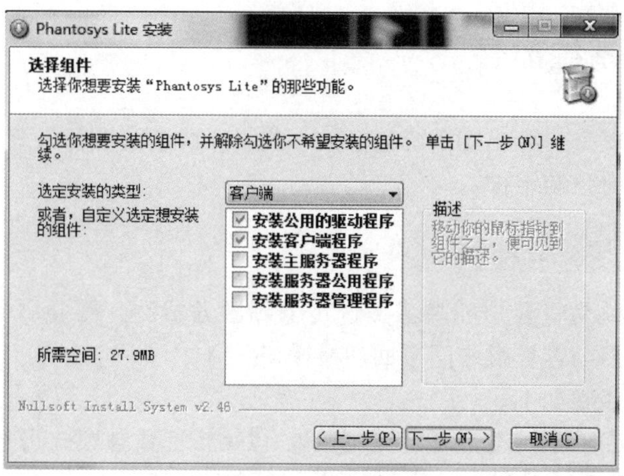

图 7-9 选择组件

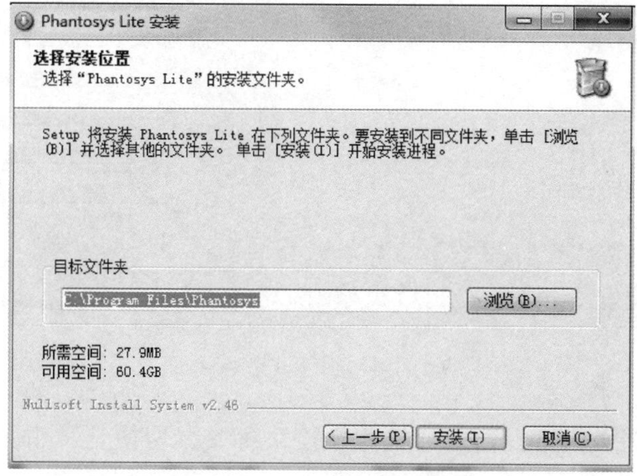

图 7-10 选择安装位置

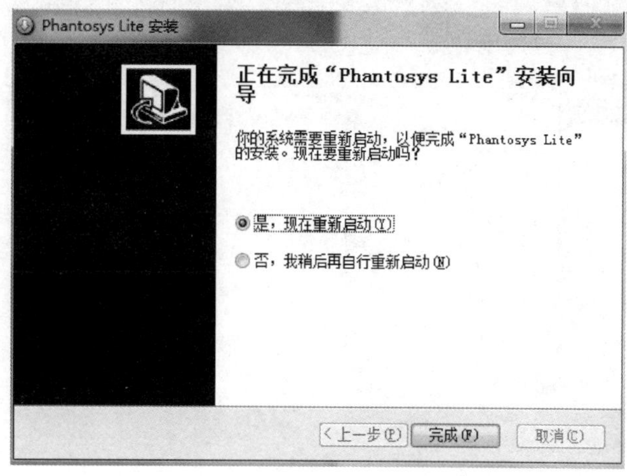

图 7-11 安装完成重启提示

7.2 无盘网络系统部署

部署云平台实质就是将客户端系统信息加入到服务器端云平台系统中去，实现客户机依赖服务器端运行和实时控制维护。

7.2.1 客户端模板系统上传

上传客户端系统就是将客户端映像文件传输到服务器端，需要服务器与客户端网络畅通，而且需要在服务器与客户端之间来回切换操作。

具体操作方法与步骤如下。

1）采用默认的用户名：admin 和用户密码：123456，登录模式可选择“只读”或“无限制”，然后单击“确定”按钮，登录服务器，如图 7-12 所示。

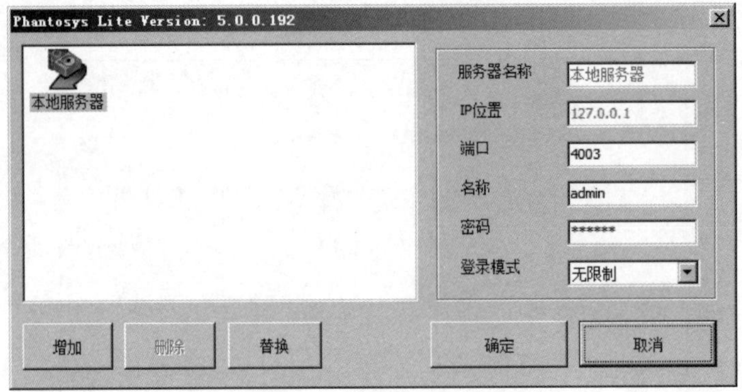

图 7-12 打开服务器登录界面

2）单击服务器端操作主界面中“群集文件”标签，切换至“群集文件”选项卡，如图 7-13 所示。

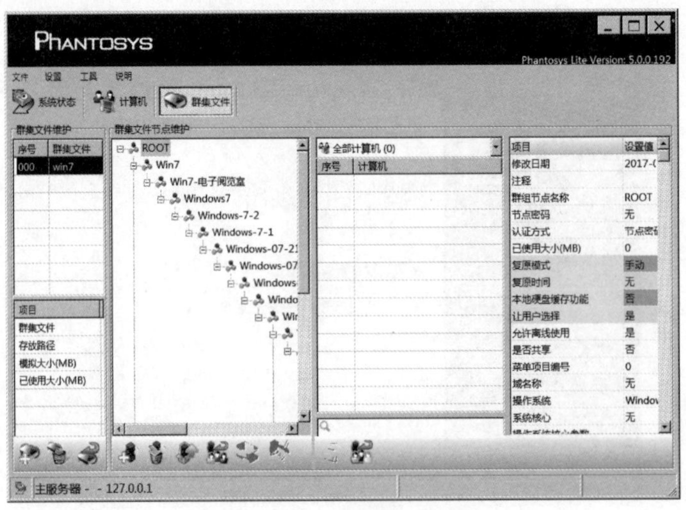

图 7-13 服务器端主界面

3）单击主界面左下角“增加群集文件”工具按钮，如图 7-14 所示。

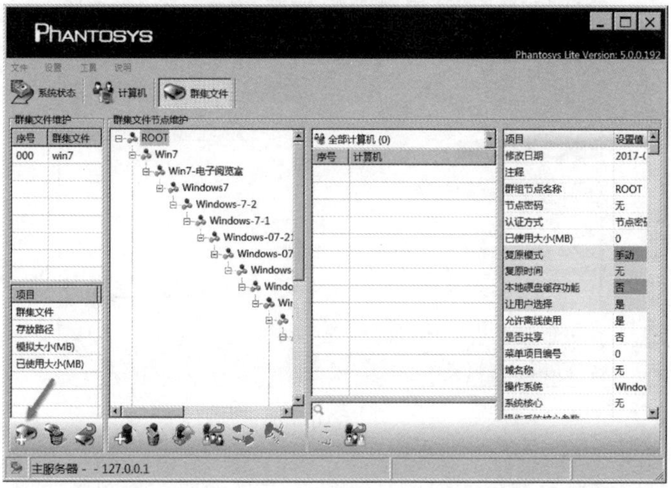

图 7-14　增加群集文件

4）打开“建立新群集文件”对话框，名称设为 win8、磁盘大小为 50G、存放路径为 D 区（注意不能放在 C 区，谨防映像文件写满系统分区造成系统崩溃），单击“确定”按钮，如图 7-15 所示。

图 7-15　建立新群集文件

5）展开 ROOT 根节点，可以看到自动产生群集文件根节点 ROOT 和群集文件 win8，如图 7-16 所示。

图 7-16　群集文件节点

6）要添加客户端计算机，则首先单击工具栏“群集文件”标签，再单击“计算机”标签，如图 7-17 所示。

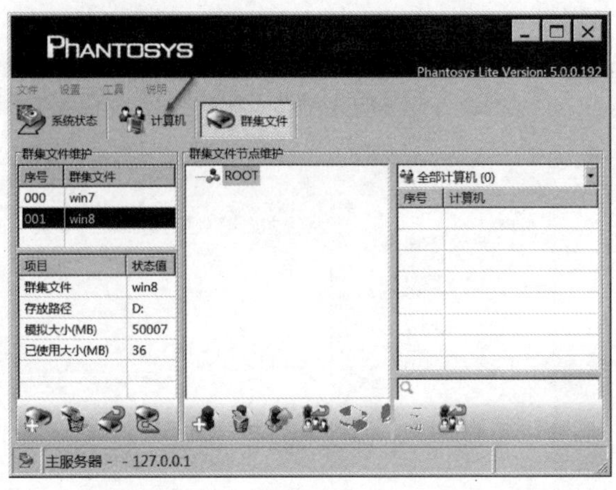

图 7-17　群集文件界面

7）弹出新窗口，单击左下角“新增计算机”工具按钮，如图 7-18 所示。

图 7-18　新增计算机界面

8）在弹出的“新增计算机”对话框中输入计算机名称和提前获取的要新增加的客户机网卡物理地址编号，单击“确定”按钮，如图 7-19 所示。

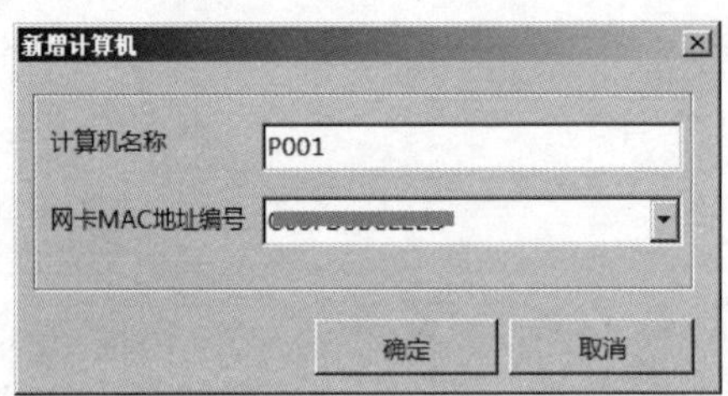

图 7-19　新增计算机

9）在弹出的“加入计算机”对话框中选中客户端计算机，加入到右边计算机列表，单击“确定”按钮，如图 7-20 所示。

图 7-20　“加入计算机”对话框

10）显示成功加入计算机后，单击“确定”按钮，完成添加，如图 7-21 所示。

11）打开主界面，可以看到刚添加的计算机 P001，如图 7-22 所示。

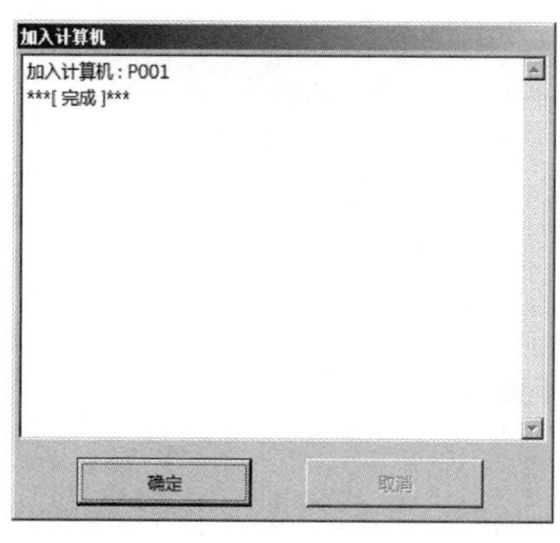

图 7-21　完成计算机的添加

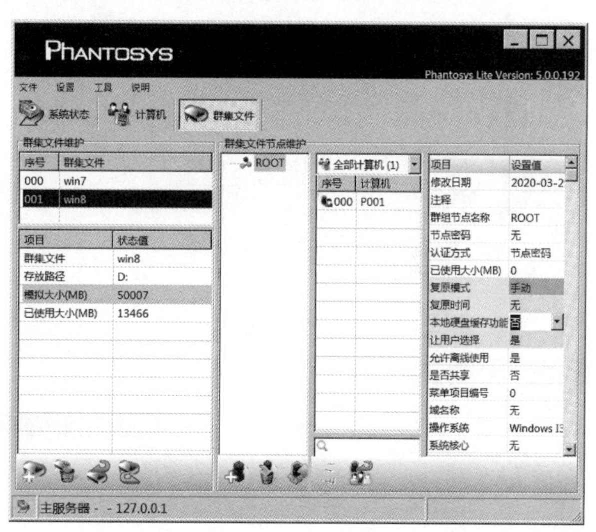

图 7-22　群集文件主界面

12）单击客户端右下角“客户端”工具按钮，打开“客户端”界面，然后单击左边“登录服务器”工具按钮，如图 7-23 所示。

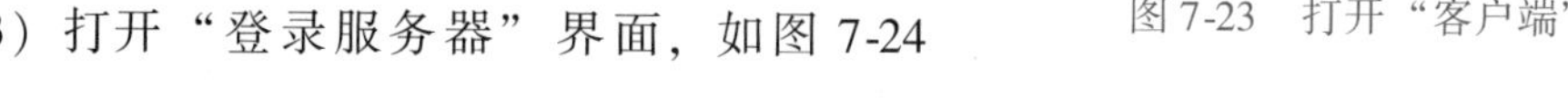

图 7-23　打开“客户端”界面

13）打开“登录服务器”界面，如图 7-24 所示。

14）修改服务器 IP 地址为真实服务器地址，网关可省略，然后单击“下一步”按钮，如图 7-25 所示。

图 7-24 “登录服务器”对话框

图 7-25 修改登录服务器信息

15）选择服务器群集文件节点，如图 7-26 所示。

16）单击“格式化磁盘”按钮，对创建群集节点文件的虚拟磁盘进行格式化，如图 7-27 所示。

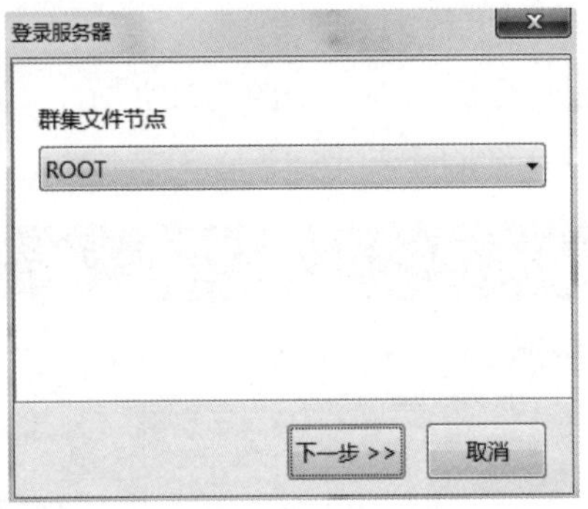

图 7-26 选择服务器群集文件节点

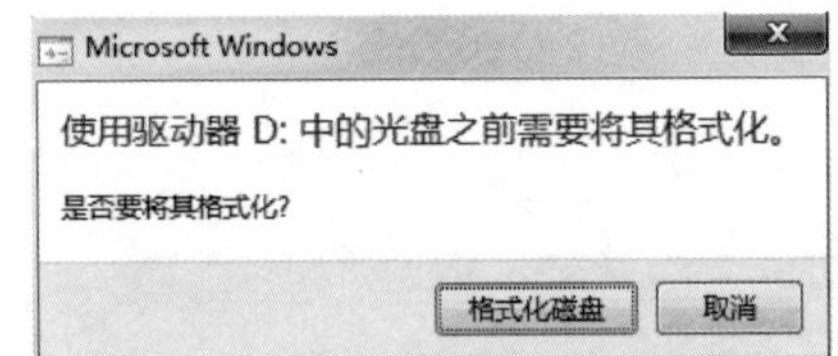

图 7-27 格式化前提示对话框

17）格式化前设置虚拟磁盘参数。单击“开始”按钮，正式将虚拟磁盘进行格式化，如图 7-28 所示。

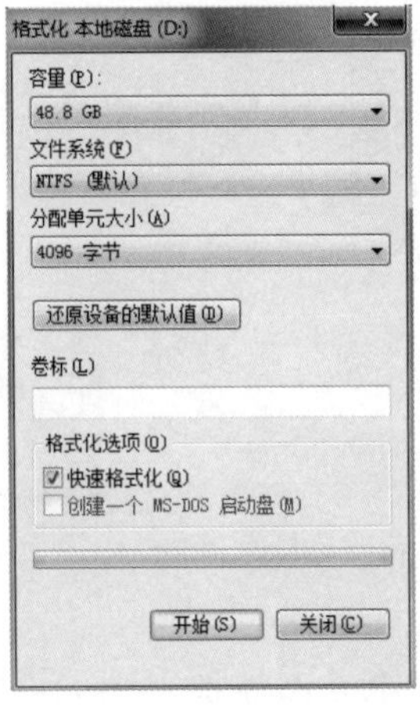

图 7-28 格式化虚拟磁盘

18）格式化完成后，本地硬盘中会出现刚才格式化的服务器虚拟磁盘的映射 D 盘，如图 7-29 所示。

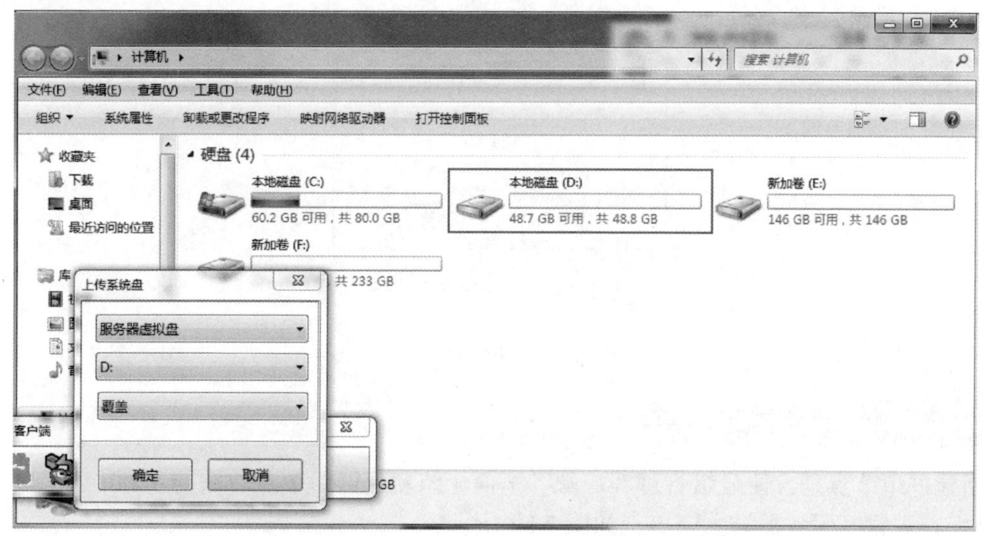

图 7-29　显示虚拟磁盘

19）在“客户端”窗口中单击“上传系统盘”工具按钮，如图 7-30 所示。

图 7-30　上传系统盘

20）打开“上传系统盘”对话框，保持默认设置，单击“确定”按钮，如图 7-31 所示。

21）上传系统盘前需删除目标盘，单击“是”按钮，如图 7-32 所示。

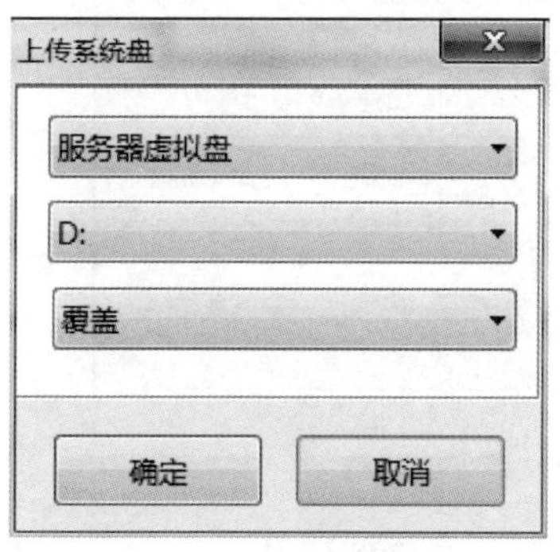

图 7-31　上传系统盘

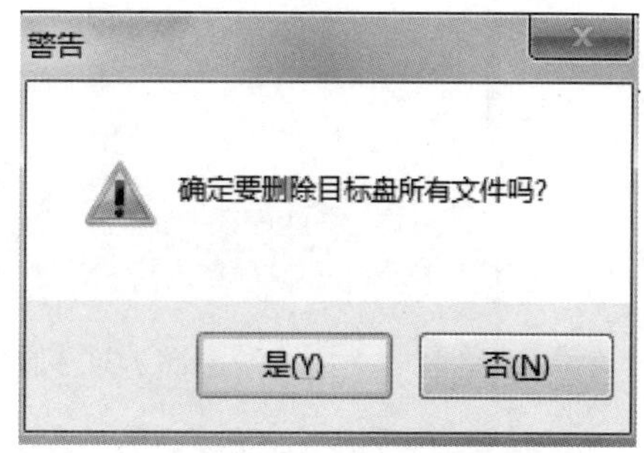

图 7-32　上传系统盘前提示

22）正在上传系统盘，根据硬件网络配置与系统文件大小不同耗费时间不同，如图 7-33 所示。

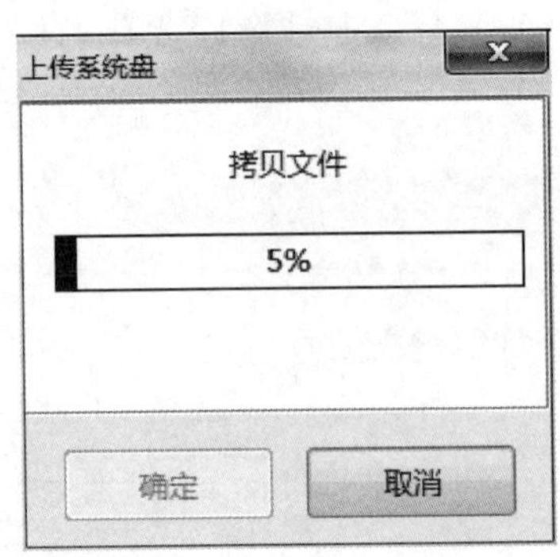

图 7-33　正在上传系统盘

23）拷贝（复制）完成后，关闭客户端计算机。

7.2.2 新建群组节点

新建群组节点是方便分组管理客户端，下面介绍新建群组节点方法与步骤。

1）首先打开服务器端主窗口，如图 7-34 所示。

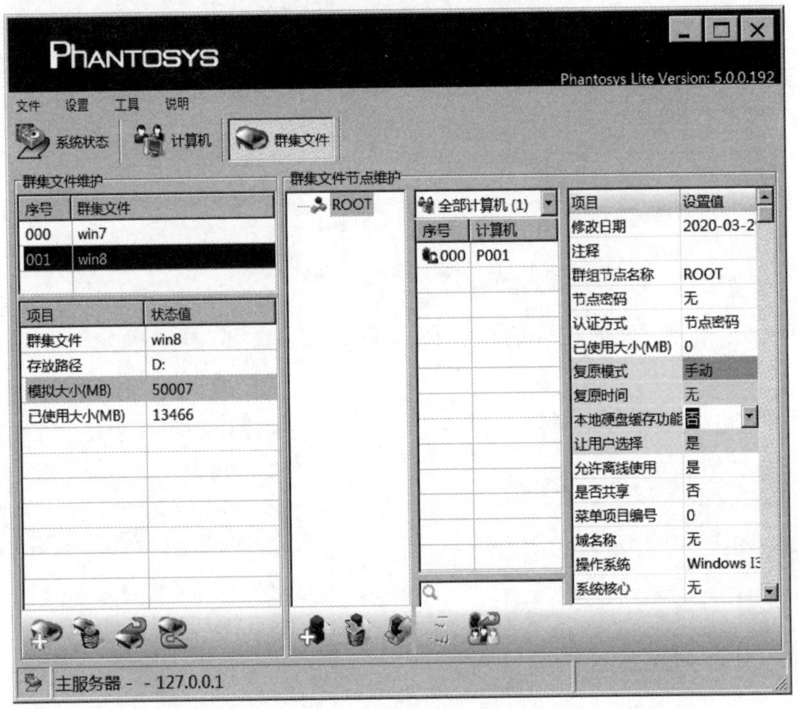

图 7-34　服务器端管理程序主界面

2）右击群集文件下面计算机名，在快捷菜单中选择“新建群组节点”命令，如图 7-35 所示。

3）弹出“建立新节点”对话框，修改群组节点 ROOT 名称改为 win8，勾选相关复选框，然后单击“确定”按钮，如图 7-36 所示。

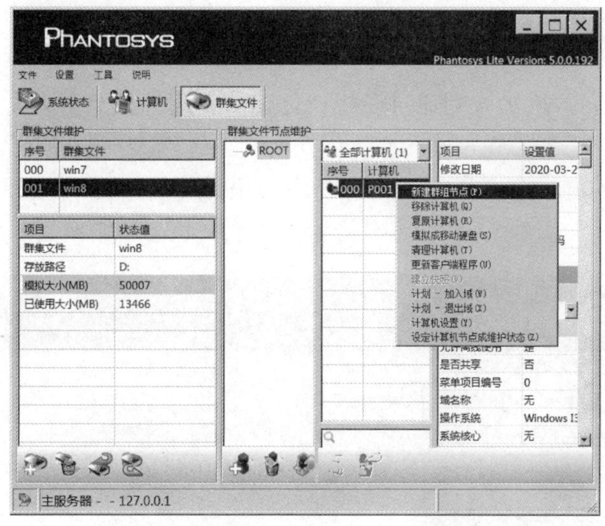

图 7-35　新建群组节点

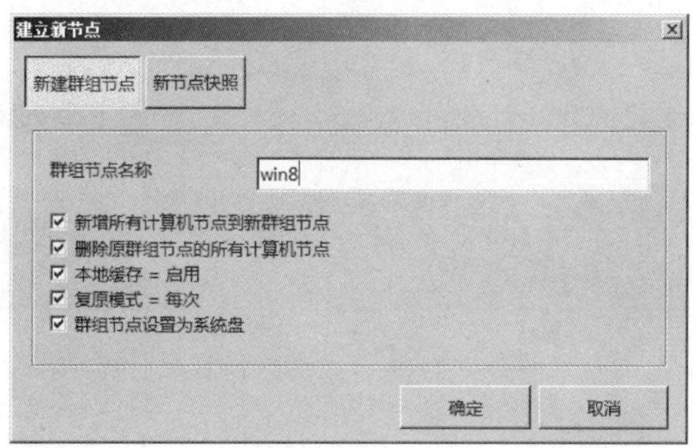

图 7-36　建立新节点

4）完成新建节点后，窗口会显示刚建立的新节点，如图 7-37 所示。

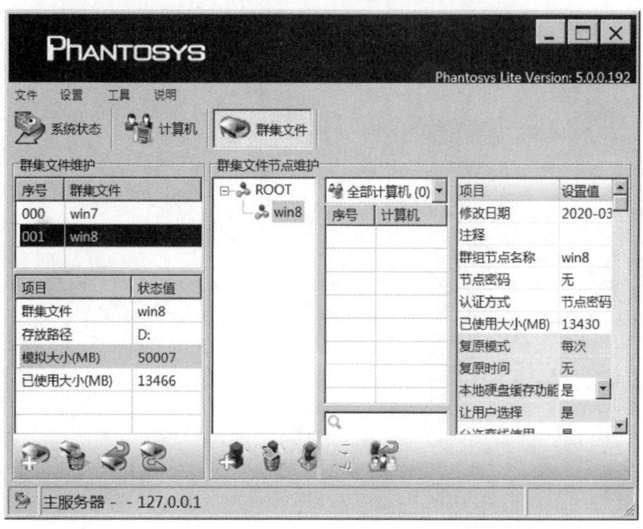

图 7-37　显示新节点

7.2.3 客户机添加

加入客户机是将客户机加入到通过模板机创建的新建群组节点中去。客户机的添加方法与具体步骤如下。

1）右击新建立的群组节点名 win8，在弹出的快捷菜单中选择“加入计算机”命令，如图 7-38 所示。

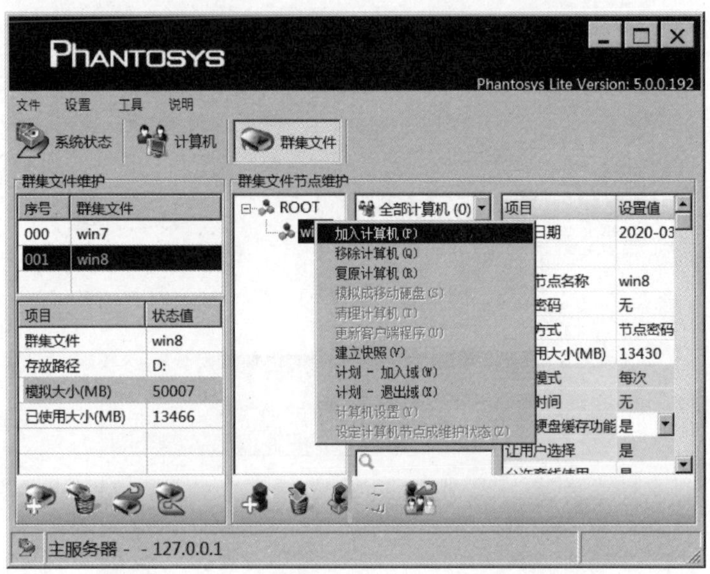

图 7-38　将节点加入计算机

2）弹出“加入计算机”对话框，将左侧的 P001 客户机移入右侧窗口，如图 7-39 所示。

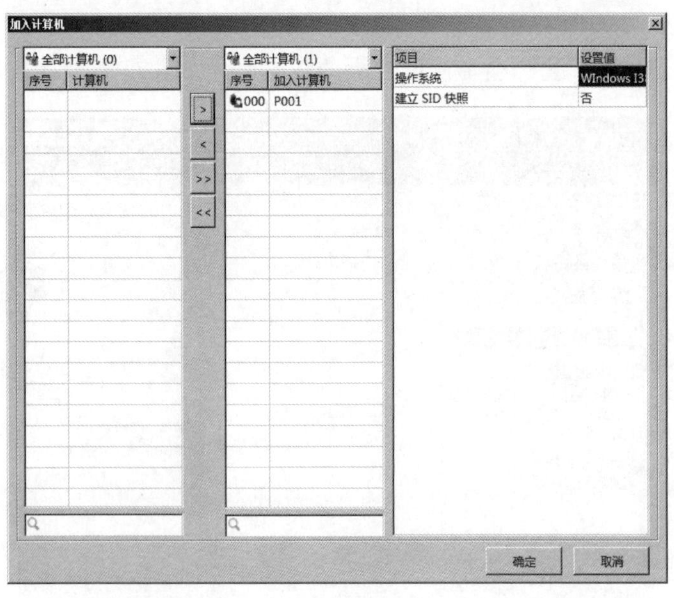

图 7-39　“加入计算机”对话框

3）在弹出的对话框中完成加入计算机任务，如图 7-40 所示。

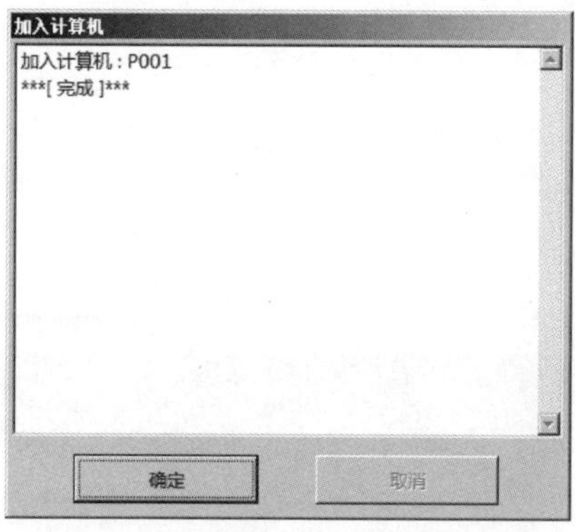

图 7-40　显示加入计算机状态

4）继续添加客户端。为方便后期管理维护，先依序一次开启一台新待加入的客户端，设置从网卡启动，开机过程如图 7-41 所示。

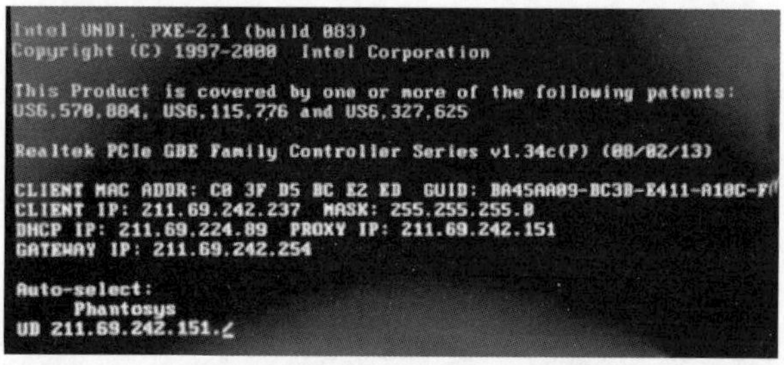

```
Intel UNDI, PXE-2.1 (build 083)
Copyright (C) 1997-2000  Intel Corporation

This Product is covered by one or more of the following patents:
US6,570,884, US6,115,776 and US6,327,625

Realtek PCIe GBE Family Controller Series v1.34c(P) (08/02/13)

CLIENT MAC ADDR: C0 3F D5 BC E2 ED  GUID: BA45AA09-BC3B-E411-A10C-F
CLIENT IP: 211.69.242.237  MASK: 255.255.255.0
DHCP IP: 211.69.224.89  PROXY IP: 211.69.242.151
GATEWAY IP: 211.69.242.254

Auto-select:
     Phantosys
UD 211.69.242.151./
```

图 7-41　客户机网卡启动

5）在服务器端界面中单击“新增计算机”工具按钮后，在“新增计算机”对话框中会自动获取客户端网卡物理地址并填入网卡地址编号，然后手动输入计算机名称，单击“确定”按钮，如图 7-42 所示。

图 7-42　新增计算机

6）加入完成后，重启客户端，服务端会显示本客户端登录状态为“开机菜单［已登录］”，客户端开机后会显示系统选择界面，如图 7-43 所示。

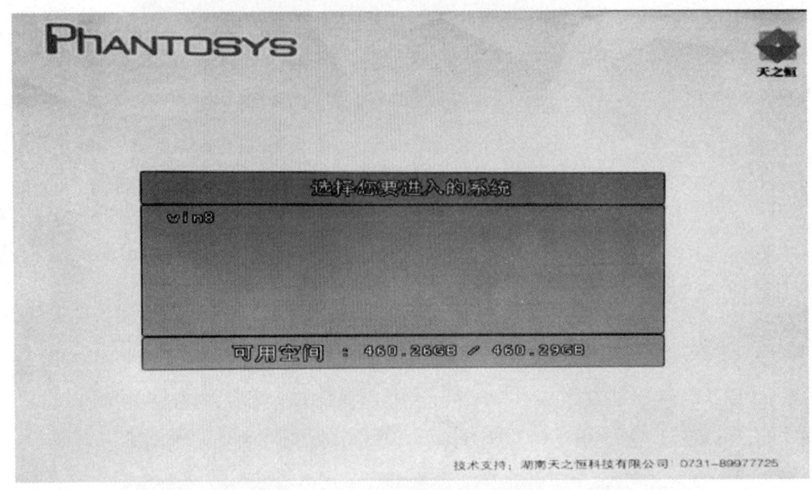

图 7-43　客户端系统选择界面

7）服务器端会显示客户端登录状态为“开机菜单［已登录］”，如图 7-44 所示。

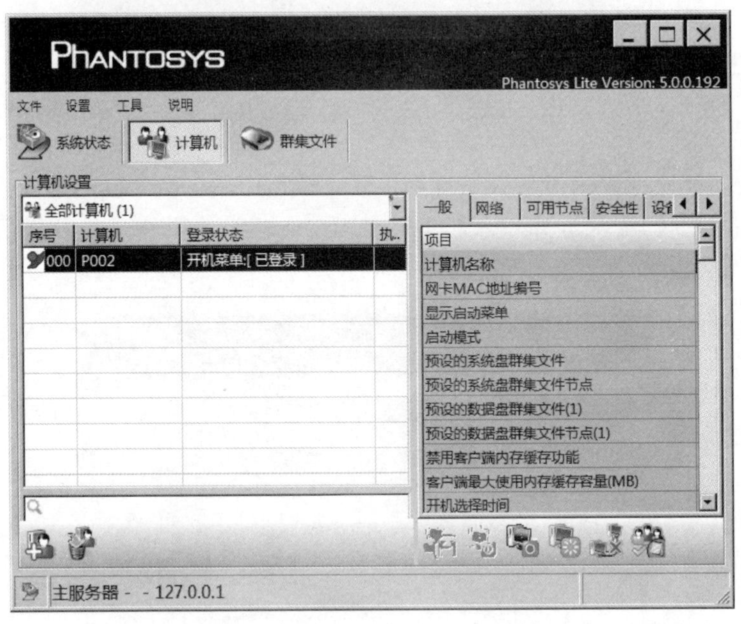

图 7-44　新增客户机状态显示

8）然后将此客户端加入到群集文件中群组节点，如图 7-45 所示。

9）此时客户机加入成功，如图 7-46 所示。

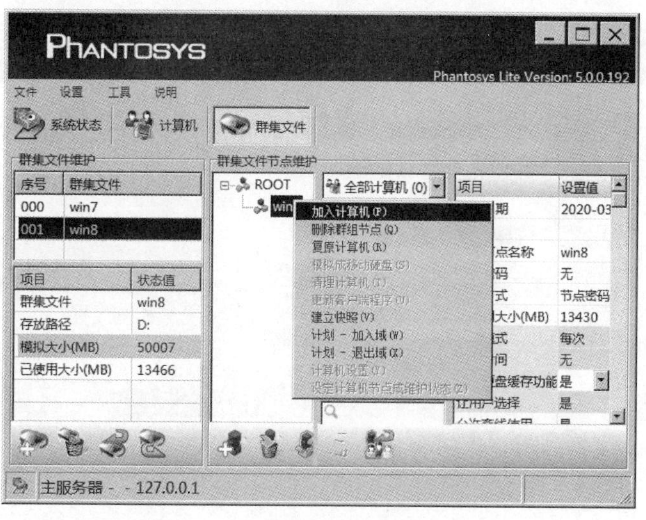

图 7-45 将客户机加入群组节点

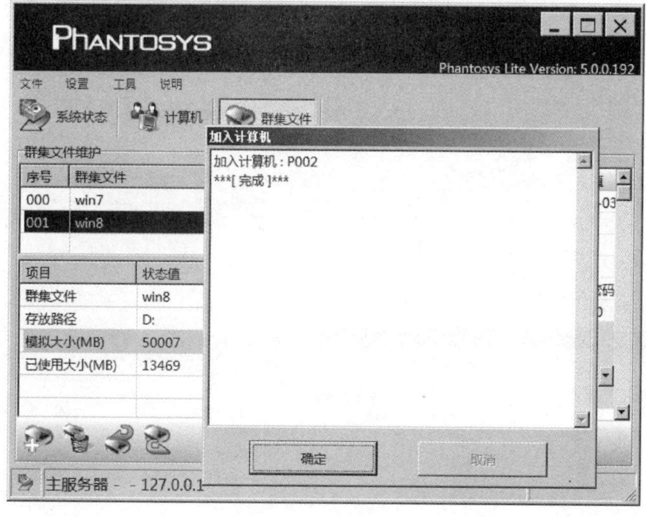

图 7-46 完成加入计算机

7.2.4 本地缓存安装

客户端本地缓存驱动安装，方便后期系统部署到本地。用户可以先启动客户机进入登录界面，然后开启本地缓存安装程序。客户机本地缓存安装步骤如下。

1）单击“计算机”标签，切换至“计算机”选项卡，右击下面的计算机，在弹出的快捷菜单中选择“本地缓存”→“本地缓存安装”命令，如图 7-47 所示。

2）弹出“警告”对话框，单击“是”按钮，初始化客户端硬盘，如图 7-48 所示。

3）弹出“本地缓存安装”对话框，设置“初始化硬盘”“本地引导管理”选项均为“是”，然后单击“确定”按钮，如图 7-49 所示。

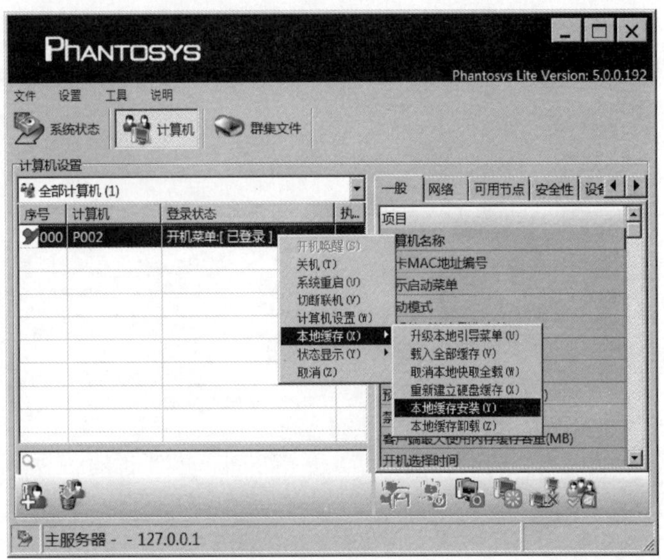

图 7-47 选择“本地缓存安装”命令

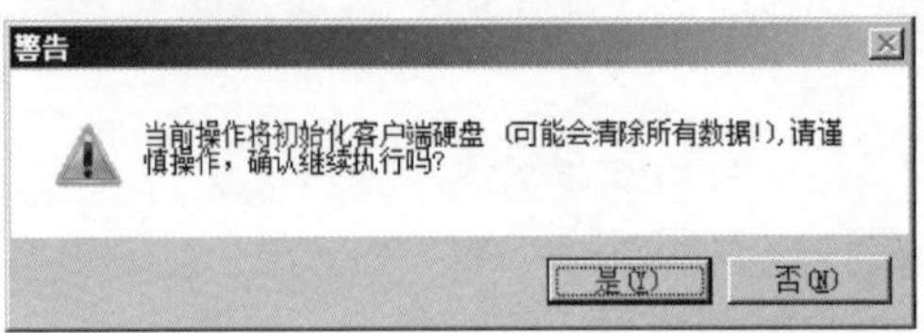

图 7-48 安装警告提示

图 7-49 本地缓存安装相关设置

4）本地缓存驱动安装完成后，单击“确定”按钮，如图 7-50 所示。

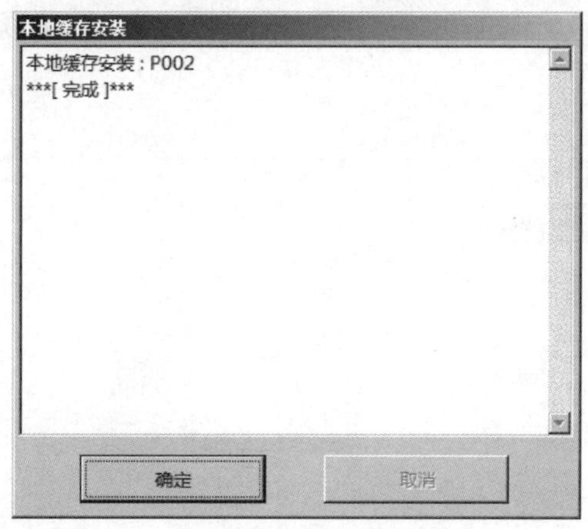

图 7-50　本地缓存安装完成

7.2.5 客户端还原设置

客户端还原设置是让客户端使用过程中发生的修改在重启后失效，恢复到上次开机前的状态，确保客户端系统安全稳定，不被普通用户篡改。客户端还原保护设置步骤如下。

1）单击“群集文件”标签，切换至“群集文件”选项卡，然后选择任意一台客户端后，将右侧的“复原模式”选项设为“每次”，“本地硬盘缓存功能”设为“是”，再单击窗口下方“存入节点设置”工具按钮，将该客户端设置保存起来，如图 7-51 所示。

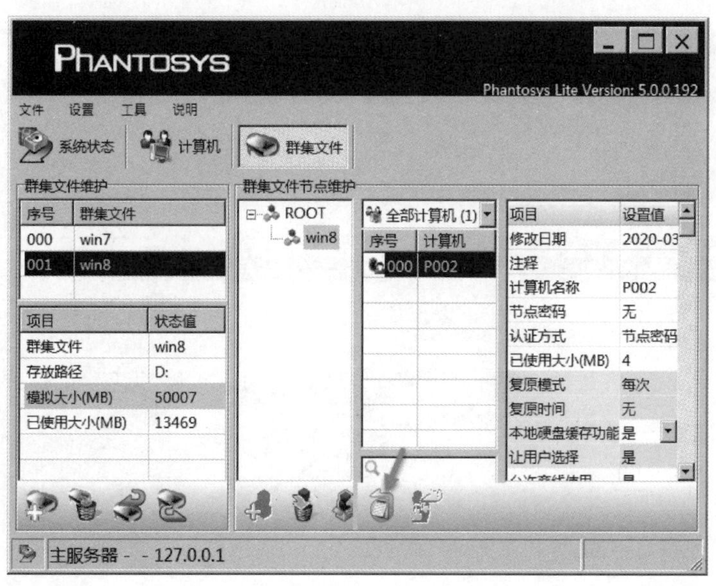

图 7-51　设置客户端

2）选中其他全部客户端，再单击窗口下面“套用群组节点设置到计算机节点”工具按钮，将此节点设置套用到节点其他计算机，如图 7-52 所示。

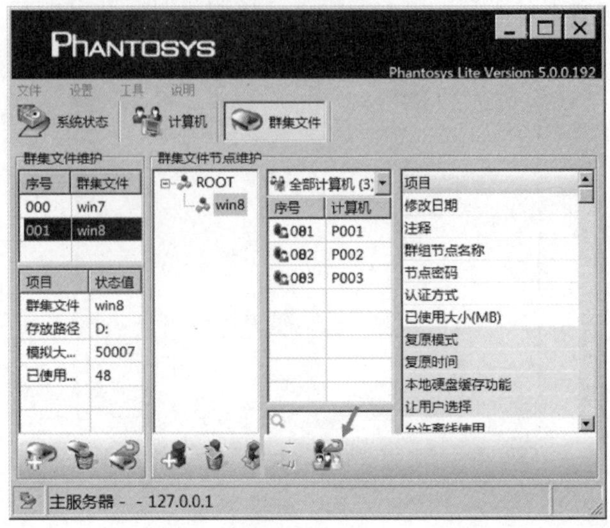

图 7-52 节点设置

7.2.6 客户端系统部署

部署工作实际是将系统映像复制到本地化客户端机器。下面介绍客户端系统本地化的具体操作步骤。

1）先单击“计算机”标签，切换至“计算机”选项卡，然后右击客户端 P001 选项，在弹出的快捷菜单中选择“本地缓存”→“载入全部缓存”命令，如图 7-53 所示。

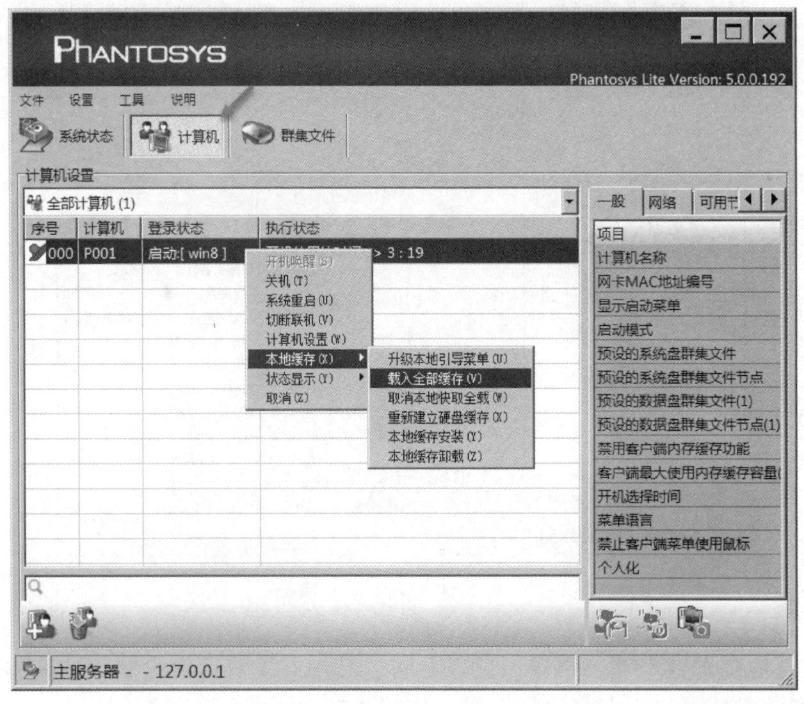

图 7-53 选择“载入全部缓存”命令

2）弹出“载入全部缓存”对话框，将计算机移入右边区域，单击“确定”按钮，如图 7-54 所示。

图 7-54 “载入全部缓存”对话框

3）载入全部缓存完成，单击“确定”按钮，如图 7-55 所示。

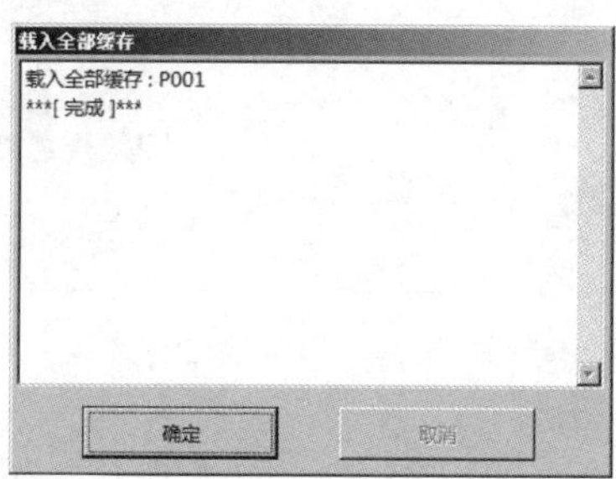

图 7-55 载入全部缓存完成

4）启动客户端，客户端开始缓存本地化过程，如图 7-56 所示。

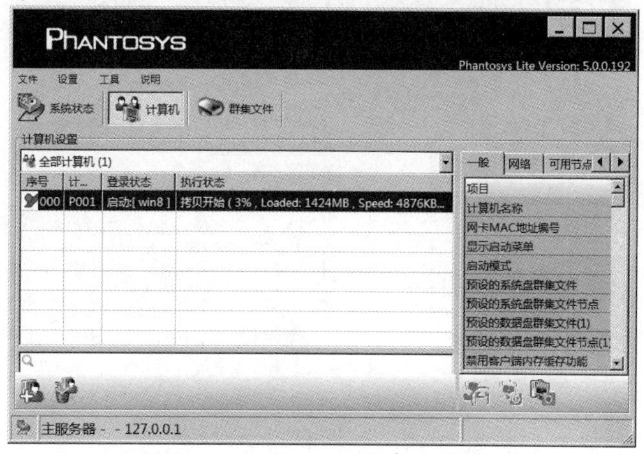

图 7-56 客户端本地化进程显示

7.2.7 客户端更新

客户端管理过程中需要更新系统或添加软件满足使用需求。因此，客户端需要不定期更新。

客户端更新方法主要是在服务器管理端上提前设定模板机为手动还原成维护状态，再去修改客户机运行状态，然后将修改后的客户机状态应用于该节点使所有的客户机取得新修改的状态。客户端更新具体步骤如下。

1）先将准备作为客户端更新模板机的机器关闭，登录管理端窗口，然后右击该客户机，将该客户端机器设置为维护状态，如图7-57所示。

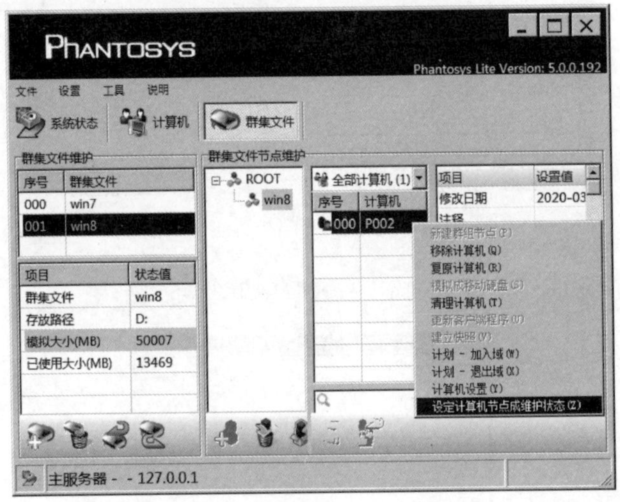

图7-57 打开服务端管理窗口

2）设置该模板机“复原模式”为“手动”，“本地硬盘缓存功能”为“否”，单击“存入节点”工具按钮，如图7-58所示。

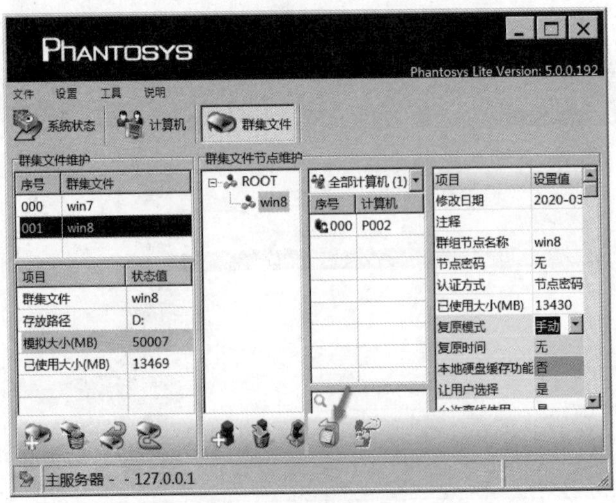

图7-58 设置该客户机

3）启动该维护客户端，安装相应的程序，对系统进行相应地安装修改。客户端修改完成以后，关闭客户端。

4）右击该修改的模板机，在弹出的快捷菜单中选择“新建群组节点”命令，如图 7-59 所示。

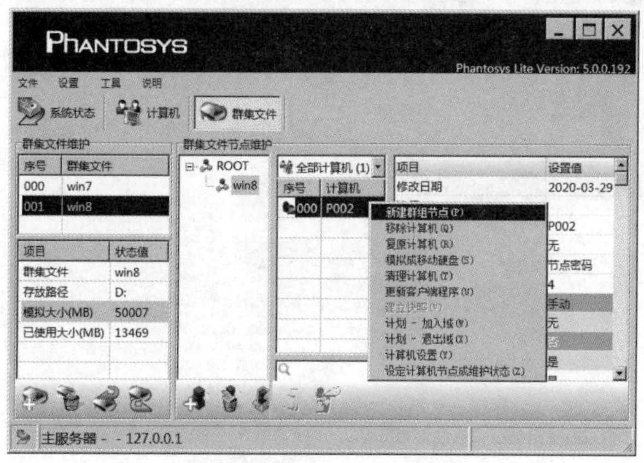

图 7-59　新建群组节点

5）在打开的对话框中输入新建的群组节点名称，拟定为 win8-01，如图 7-60 所示。

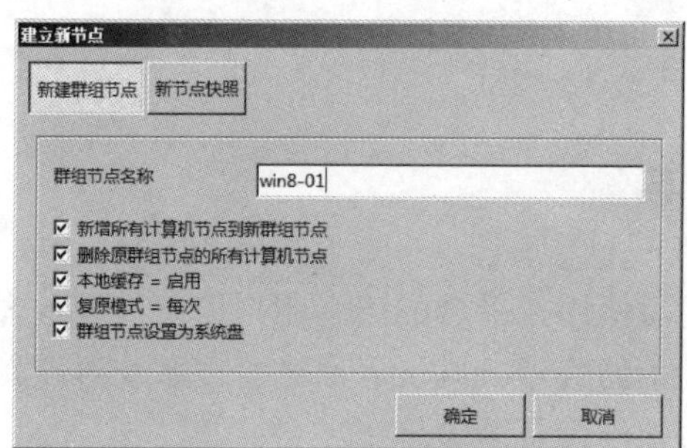

图 7-60　输入新节点名称

6）单击“确定”按钮，完成新节点的建立，如图 7-61 所示。

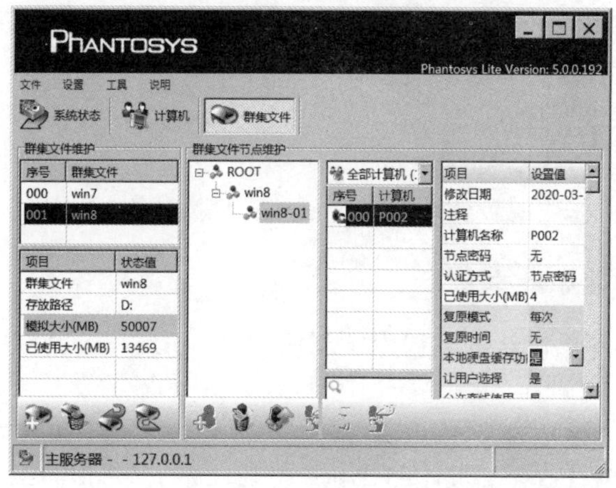

图 7-61　完成新节点的创建

7）将全部计算机加入新节点，然后全选所有客户端机器并右击，在弹出的快捷菜单中选择“本地缓存”→“载入全部缓存”命令，如图7-62所示。

图7-62　修改后重新载入全部缓存

7.3 无盘网络管理系统

云平台学生管理系统是对使用云平台的读者用户信息与平台客户端设备进行日常管理的软件系统，方便日常平台设备的管理，既可以通过管理系统对读者信息进行添加、修改或者授权，也可以加强对客户端硬件设备的管理。

7.3.1 服务器数据库安装

在日常管理中，若仅需要对读者信息进行简单处理，使用SQL2005或SQL2008等SQL版本的数据库即可以完全满足管理需要。因此，数据库安装过程可以参照数据库相关章节即可，具体安装步骤不再赘述。

安装过程中应注意以下两点。

1）一般采用默认的方式安装。

2）注意安装过程中采用混合认证模式，输入管理员密码。

7.3.2 纯软数据库安装

纯软数据库是将云平台默认的数据库定制添加到SQL Server 2005数据库中去。纯数据库安装步骤如下。

1）单击纯软数据库安装程序（DB-setup），弹出安装界面，如图7-63所示。

2）系统自动恢复默认格式数据库到管理系统数据库中，如图7-64所示。

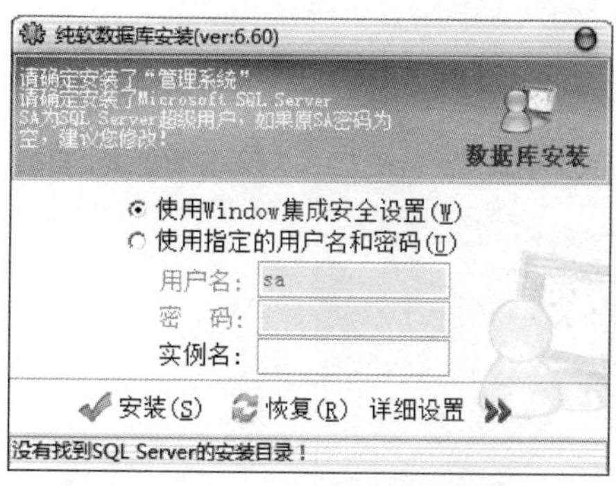

图 7-63 纯软数据库安装主界面

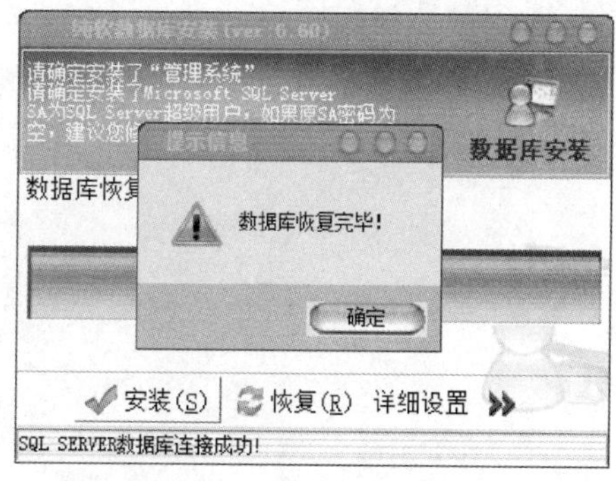

图 7-64 数据库恢复

7.3.3 无盘管理软件安装

云平台管理软件是满足客户端日常管理使用的应用软件，安装管理系统软件包括管理端和监控端两部分。管理软件具体安装步骤如下。

1）双击管理软件程序（jfsoft. exe），弹出安装主界面，如图 7-65 所示。

图 7-65 管理软件安装主界面

2）阅读完安装前提示，单击“下一步”按钮，如图 7-66 所示。

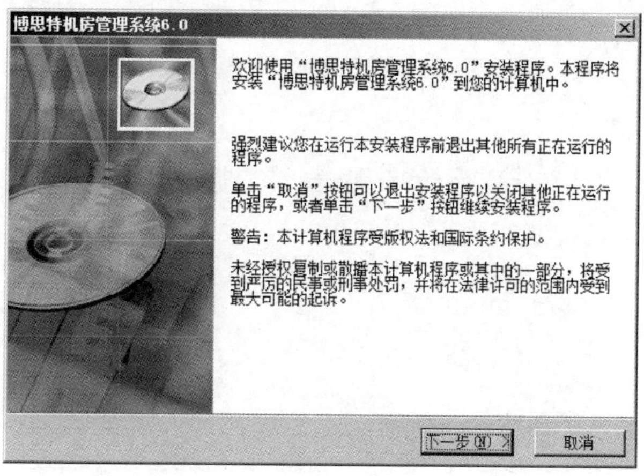

图 7-66 安装前提示

3）采用默认目录路径，直接单击“下一步”按钮，如图 7-67 所示。

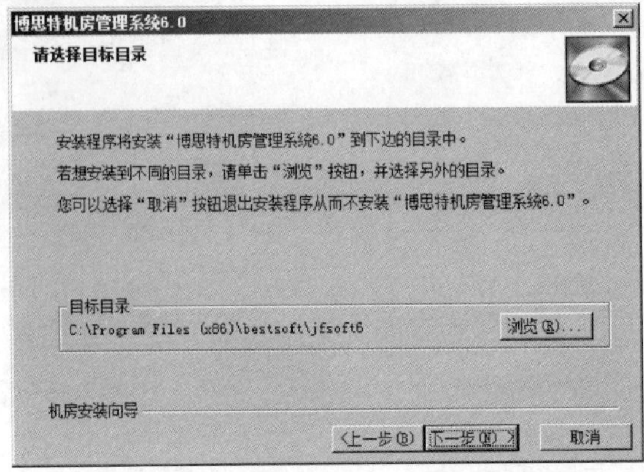

图 7-67　保持默认目录

4）在“选择组件”界面中勾选“管理系统”和“Sql server 客户端网络实用工具”复选框，如图 7-68 所示。

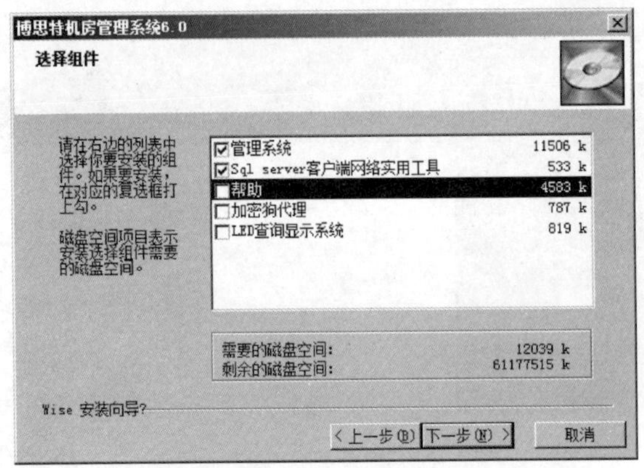

图 7-68　选择安装组件

5）在“开始安装”界面中。单击“下一步”按钮，如图 7-69 所示。

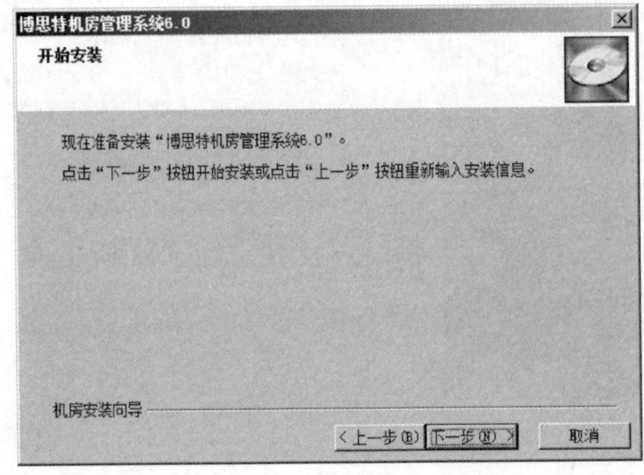

图 7-69　正式安装前提示

6）正式安装程序，如图 7-70 所示。

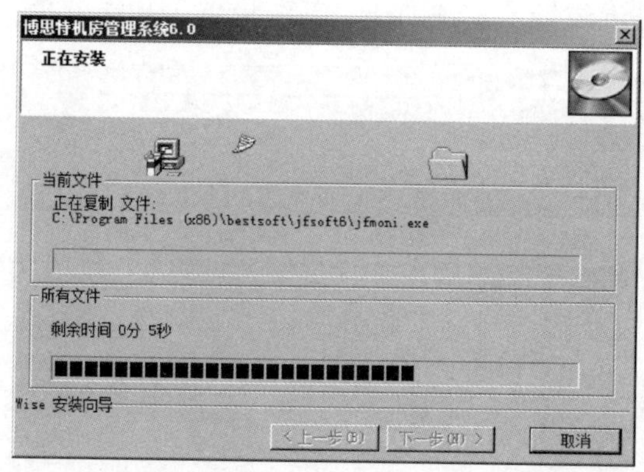

图 7-70　安装程序进度

7）安装完成，单击“完成”按钮退出安装程序，如图 7-71 所示。

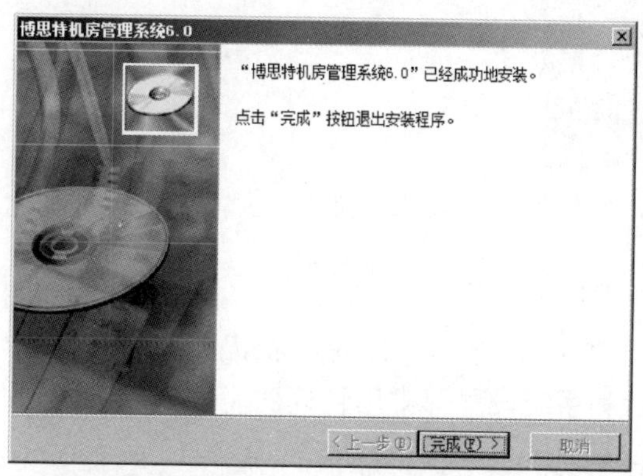

图 7-71　安装完成界面

7.3.4 无盘网络日常管理

日常管理过程中凡涉及上课管理、账务管理、查询管理、系统功能、系统设置和效能评估等功能方面均需要管理软件登录，具体步骤如下。

1）双击桌面“机房管理”程序图标，打开登录界面，直接输入密码登录机房管理系统，如图 7-72 所示。

图 7-72　登录机房管理系统

2）进入机房管理系统主窗口，通过该窗口可以对机房实行管理，具体包括上课管理、账务管理、设备管理、查询统计、系统功能、系统设置等功能管理，如图 7-73 所示。

图 7-73　机房管理系统主界面

3）双击桌面“机房监控”程序图标，进入系统监控程序界面，可以完成日常的上机管理、网络监控、查询统计和系统设置等常用管理功能，如图 7-74 所示。

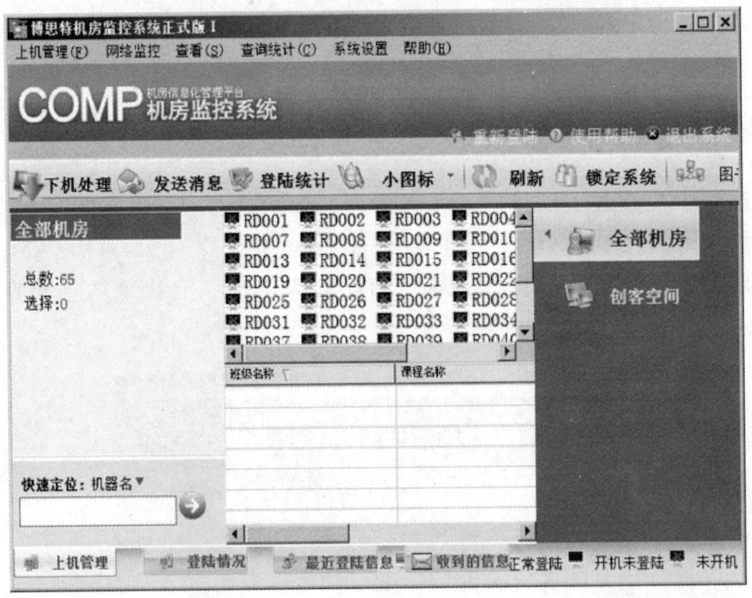

图 7-74　机房监控系统主界面